热电联产

化学水处理设备与运行

程世庆　姬广勤　史永春　等编著

周广文　审　阅

中国电力出版社

CHINA ELECTRIC POWER PRESS

内 容 提 要

本书结合中小型热电联产机组的实际情况，系统介绍了该类机组的水质、化学水处理和化学监督的工作内容。主要内容包括补给水处理工艺中的预处理、膜处理、离子交换处理；重点介绍处理工艺原理、设备结构、运行操作及故障处理；介绍了给水和炉水水质调节、循环水处理、供热站水处理等工艺；并介绍了锅炉、凝汽器及热力网换热器化学清洗的原理和工艺。

本书可供热电联产从业技术人员和管理人员阅读，也可以作为热能工程和相关专业设计、施工、研究人员及在校师生的参考书。

图书在版编目（CIP）数据

化学水处理设备与运行/程世庆等编著. —北京：中国电力出版社，2008.1（2021.10重印）
（热电联产机组技术丛书）
ISBN 978-7-5083-5967-0

Ⅰ.化⋯　Ⅱ.程⋯　Ⅲ.水处理：化学处理　Ⅳ.TQ085

中国版本图书馆 CIP 数据核字（2007）第 114429 号

中国电力出版社出版、发行

（北京市东城区北京站西街 19 号　100005　http://www.cepp.sgcc.com.cn）
北京雁林吉兆印刷有限公司印刷
各地新华书店经售

*

2008 年 1 月第一版　2021 年 10 月北京第四次印刷
787 毫米×1092 毫米　16 开本　16.75 印张　408 千字
印数 5501—6000 册　定价 **56.00** 元

热电联产机组技术丛书

编 委 会

主　编　孙奉仲

副主编　黄新元　张洪禹　张居民　马传利　高玉君

　　　　江心光　秦箴林　蔡新春　陈美涛　黄胜利

编　委　（按姓氏笔画为序）

　　　　丁兴武　马思乐　王乃华　史月涛　任子芳

　　　　刘伟亮　李光友　李树海　杨祥良　宋　伟

　　　　张卫星　张开菊　张　明　陈莲芳　姬广勤

　　　　高　明　盖永光　程世庆　潘贞存

前　言

　　提高能源的利用效率，合理利用能源是关系到国民经济发展、建设节约型社会、实施循环经济的重要内容，而且影响到生态环境和人类的生存，也是从事能源研究的学者和工程技术人员重点研究的课题。热电联产和集中供热就是可以达到上述目的的重要技术规划和措施之一。热电联产，已经问世一百多年，我国发展热电联产也走过了半个多世纪的路程。由于热电联产对于节能和环境保护意义重大，尤其是在 21 世纪的今天，世界各国非常重视。1997 年制定的《中国 21 世纪议程》和《中华人民共和国节约能源法》、2000 年制定的《中华人民共和国大气污染防治法》等法规，都明确鼓励发展热电联产。2000 年原国家计划委员会、经济贸易委员会、建设部、环境保护总局联合下发的《关于发展热电联产的规定》，是指导我国热电联产发展的纲领性文件。国家发展和改革委员会 2004 年颁布的《节能中长期专项规划》中，明确把热电联产列入 10 项重点工程。规划指出：在严寒地区、寒冷地区的中小城市和东南沿海工业园区的建筑物密集、有合理热负荷需求的地方将分散的小供热锅炉改造为热电联产机组；在工业企业（石化、化工、造纸、纺织和印染等用热量大的工业企业）中将分散的小供热锅炉改造为热电联产机组；分布式电热（冷）联产的示范和推广；对设备老化、技术陈旧的热电厂进行技术改造；以秸秆和垃圾等废弃物建设热电联产供热项目的示范；对热电联产项目给予技术、经济政策等配套措施；到 2010 年城市集中供热普及率由 2002 年的 27% 提高到 40%，新增供暖热电联产机组 40GW。形成年节能能力 3500 万 t 标准煤。

　　《国家中长期科学和技术发展规划纲要》中也把能源的综合利用放在了首要位置，在与热电联产技术有关的部分，指出应重点突破基于化石能源的微小型燃气轮机及新型热力循环等终端的能源转换技术、储能技术、热电冷系统综合技术，形成基于可再生能源和化石能源互补、微小型燃气轮机与燃料电池混合的分布式终端能源供给系统。

　　到 2003 年底，全国已建成 6MW 及以上供热机组 2121 台，总装机容量达到 43.7GW。预计到 2020 年，中国热电联产机组容量将达到 200GW，年节约 2 亿 t 标准煤，减少 SO_2 排放 400 万 t 以上，减少 NO_x 排放 130 万 t，减少 CO_2 排放 718 亿 t。热电联产将为能源节约、环境保护、经济和社会发展做出重大贡献。

　　《热电联产机组技术丛书》的出版，是应时之作，是应需之作。该套丛书由七个分册组成，包括《热电联产技术与管理》、《热力网与供热》、《锅炉设备与运行》、《汽轮机设备与运行》、《电气设备与运行》、《化学水处理设备与运行》和《热工过程监控与保护》。内容涉及到热电联产机组的最新技术、管理知识；涉及到热力网的运行与管理维护，国内外的发展与政策，环境保护与节约能源，热电联产生产工艺中具体过程和设备的工作原理、基本结构、工作过程、运行分析、事故处理、最新进展等；涉及到供热的可靠性分析；涉及到供热的分户计量；涉及到代表最新技术发展趋势的热力设备和热工过程的计算机控制技术等。可以说，热电联产的每一个重要环节均涉及到了。其中，不少内容是第一次出现在科技专著上。丛书主要面向热电联产的运行、检修、管理人员，从设备的结构、原理到运行以及事故处理，从系统组成到管理控制，从运行监督到经济性分析、可靠性分析等，既有传统的热力设备理论基础作为铺垫，又有现代科学技术的融入，兼顾到了各个层面，还介绍了具体的运行实例和事故实例。

该套丛书既体现了丛书的系统性、专业性、权威性，又体现了实用性。

随着我国对节约能源和环境保护的重视，热电联产事业将会得到更快的发展，热电联产技术水平也会获得快速提升，一批大容量、高参数的热电联产机组也将逐步建成投产。该套丛书的出版，将对发展热电联产，提高热电联产企业运行、检修技术和管理水平，具有重要意义！

丛书编委会

编 者 的 话

　　本书是《热电联产机组技术丛书》之一。近几年来，一大批热电联产机组相继投产，为满足广大技术人员和现场生产人员的工作需要，特编写了本书。

　　本书结合热电联产机组的实际情况，按照理论和实践相结合的原则，重点介绍了热电联产机组中各种用水的处理方法和设备结构、运行操作，并配以部分例题以便于读者实际操作。本书可供从事热电联产机组电厂化学专业设计、安装、调试等工程技术人员及管理人员阅读，可作为现场运行、检修人员的培训教材，也可作为高等院校电厂热能动力工程、热力系统自动化、电厂化学等专业师生的参考资料。

　　本书由程世庆、姬广勤、史永春、程菲、冯玉滨、田园、孔德浩编著。山东省阳光设计院李武生高工在本书编写过程中提供了大量资料和宝贵意见，在此表示衷心感谢。本书由山东省电力科学研究院周广文高工审阅，他提出了很多宝贵意见，在此表示诚挚的谢意！殷炳毅、尚琳琳、张海清、于俊红等同志在本书编写中做了大量资料整理工作，一并感谢。

　　由于目前热电联产机组水处理设备种类繁多，部分设备厂家资料不全，加之时间仓促，编者水平所限，难免存在疏漏与不足之处，敬请广大读者批评指正！

编 者

2007 年 12 月

热电联产机组技术丛书
化学水处理设备与运行

Contents

目　录

水 处 理 概 述

第一章

第一节　溶 液 及 其 浓 度

一、溶液

溶液在工农业生产、科学实验以及日常生活中起着十分重要的作用，它在水处理工作中，也应用得相当广泛。

所谓溶液，是指由两种或两种以上物质所形成的均匀而没有界面分开的混合体系。若这种均匀的混合体系为固态，则称为固态溶液（或固溶体），如各种合金等；若混合体系为气态，则称为气态溶液，如空气。一般常见的为液态溶液，如各种水溶液。

溶液是由溶质和溶剂组成的。通常把溶液中含量较少的物质称为溶质，而含量较多或与溶液聚集状态相同的物质称为溶剂。对于具体溶液，需指明溶质与溶剂的关系。水是最常用的溶剂，水处理中通常所说的溶液一般是指水溶液。

以上所介绍的溶液是指属于不浑浊、外观为均一状态的均匀体系。在这个体系里，溶质以分子或离子形式均匀地分布在溶剂分子间，通常把这种溶液叫做真溶液。

还有一种体系，被分散后的物质微粒是由较多的分子或离子所组成的，由于它们聚集的颗粒较小、肉眼仍然观察不到，外观也表现为均一的透明状态，但在光线照射下，却能看见由这些颗粒所散射的光束，这种现象叫丁达尔现象，这种体系称为胶体溶液。

如果分散在水中的颗粒很大，甚至用肉眼都能观察出来的，从外观看它就是不均一的，而且经过静置后，大部分分散物质会沉降下来，这种体系通常称为悬浊液，如江河中含有泥沙的水，即属悬浊液。

二、溶液的浓度

溶液浓度的表示方法很多，主要可分为两类：一类是用溶质和溶剂的相对量表示，也可用物质的量表示；另一类则是用一定体积溶液中含有溶质的物质的量表示，现分别介绍如下。

1. 单位体积溶液中含有溶质的质量

对于单一溶质或某一类溶质，溶液的浓度通常采用单位体积溶液中含有的溶质的质量表示。溶液的体积通常用升（L）或毫升（mL）表示，溶质的质量通常用克（g）或毫克（mg）、微克（μg）表示。天然水中溶质含量一般较少，比较普遍地采用 mg/L、μg/L 等单位，如水中钙离子含量 $[Ca^{2+}]=34mg/L$，含盐量为 200mg/L 等。

2. 质量分数

用溶质的质量与全部溶液质量的比值来表示溶液中溶质的含量，称为质量分数，如以百分数表示则叫百分含量（质量百分比浓度）。这种表示方法比较简便，在生产中经常使用。溶质的质量分数计算式为

$$w = \frac{溶质质量}{溶质质量+溶剂质量} \tag{1-1}$$

【**例 1-1**】 将 10gNaCl 固体溶于 100g 水中，求此溶液中 NaCl 的质量分数。

解
$$w_{NaCl} = \frac{10}{10 + 100} \times 100\% = 9.1\%$$

式中 w_{NaCl}——NaCl 的质量分数。

由于水的密度为 1g/mL，稀溶液密度近似等于水的密度，为了方便起见，工程上常将 100mL 溶液中含有溶质的克数表示为百分数形式，作为百分比浓度。例如，在 100mL 溶液中含有 5gNaCl，则此溶液表示为 5%浓度的 NaCl 溶液。

另外，对于液体溶质，也经常用溶质的体积占全部溶液体积的百分数来表示，称为体积百分含量。如配制 10%乙醇溶液 1000mL，则需要 100%的乙醇 100mL 和水 900mL。

3. 物质的量浓度

（1）摩尔。摩尔是国际制单位中的基本单位，用以表示物质的量。如果一个体系中含有 6.022×10^{23} 个某种物质时，那么这些物质的数量就称为 1 个摩尔。摩尔的缩写符号为 mol，用字母 n 来表示。摩尔表示参与化学反应的基本单元，它们可以是原子、分子、离子、电子、其他粒子或这些粒子的特定组合。例如：6.022×10^{23} 个碳原子称为 1 摩尔碳原子；6.022×10^{23} 个氯分子称为 1 摩尔氯分子；6.022×10^{23} 个氢离子称为 1 摩尔氢离子；6.022×10^{23} 个电子称为 1 摩尔电子。应当注意的是，摩尔是物质的量的单位，而不是物质质量的单位。

（2）摩尔质量。1 摩尔物质的质量称为摩尔质量，单位常用 g/mol 表示。当某元素、原子的摩尔质量单位为 g/mol 时，其摩尔质量在数值上等于其原子量。同理，可推广到分子、离子等微粒，如水分子的摩尔质量为 18g/mol，OH^- 的摩尔质量为 17g/mol。

（3）物质的量浓度。

1）物质的量。计算式为

$$n = \frac{m}{M} \tag{1-2}$$

式中 m——质量，g；

M——摩尔质量，其值相当于基本单元的相对粒子质量，g/mol。

对于高价粒子，常用其一价粒子作为基本单元来衡量其物质的量。如 $n\left(\frac{1}{2}H_2SO_4\right)$，$n\left(\frac{1}{3}Al^{3+}\right)$ 等。

【**例 1-2**】 质量为 98mg 的 H_2SO_4，其物质的量为多少？

解 以 $\frac{1}{2}H_2SO_4$ 为基本单元，$M_{\frac{1}{2}H_2SO_4}$ 为 49g/mol，则

$$n_{\frac{1}{2}H_2SO_4} = 2(mol)$$

2）物质的量浓度。用单位体积的溶液中所含溶质的物质的量来表示的溶液浓度称为物质的量浓度，简称浓度，以符号 c 表示。如果溶液的体积以 L 为单位，物质的量以 mol 为单位，则浓度的单位通常为 mol/L。计算式为

$$物质的量浓度(mol/L) = \frac{溶质的物质的量(mol)}{溶液的体积(L)}$$

【例 1-3】 9.1%NaCl 溶液，密度（ρ）为 1.07g/mL，求该 NaCl 溶液物质的量浓度。

解 NaCl 的摩尔质量为 58.5g/mol，则该溶液的物质的量浓度 c_{NaCl} 为

$$c_{NaCl} = \frac{1000 \times 1.07 \times 9.1\%}{58.5} = 1.66(mol/L)$$

三、水溶液的 pH 值

水是一种极弱的电解质，只能微弱地电离出 H^+ 和 OH^-，即

$$H_2O \rightleftharpoons H^+ + OH^-$$

电离常数式计算为

$$K_{H_2O} = \frac{[H^+][OH^-]}{[H_2O]} \tag{1-3}$$

此处，$[H_2O]$ 表示水的浓度，即每升水或水溶液中含有水分子的量。在 25℃时，测得纯水中的 $[H^+]$ 和 $[OH^-]$ 都是 10^{-7}mol/L，可见，水的电离度很小，因此，纯水中已电离的水分子数相对于水分子总量来说可以忽略不计，纯水几乎是不导电的。可将 $[H_2O]$ 作为一个定值，并以 K_{SH} 表示 $K_{H_2O}[H_2O]$，即

$$K_{SH} = [H^+][OH^-] \tag{1-4}$$

式中 K_{SH}——水的离子积，此值随温度升高而升高，在一定温度下为常数。

水溶液中如果 $[H^+]$ 和 $[OH^-]$ 相等，叫做中性溶液；如果 $[H^+] > [OH^-]$，叫做酸性溶液；如果 $[H^+] < [OH^-]$，叫做碱性溶液。但无论在酸性溶液还是在碱性溶液中，当温度一定时，$[H^+]$ 和 $[OH^-]$ 的乘积总是保持一个定值，即等于该温度时的 K_{SH}。22℃和 100℃时，水的离子积分别为 10^{-14} 和 49.0×10^{-14}。

虽然可用 $[H^+]$ 来表示溶液的酸碱性，但在实际生产中，常用溶液的酸性或碱性一般都很弱，$[H^+]$ 很小，而在不同条件下它们的大小又常常有很大的差别。用物质的量浓度和其他浓度表示都很不方便。因此，现在常用 $[H^+]$ 的负对数来表示溶液的酸碱性，这个数值称为水溶液的 pH 值，即

$$pH = -\lg[H^+] \tag{1-5}$$

中性溶液中，$[H^+] = 10^{-7}$mol/L，则它的 $pH = -\lg 10^{-7} = 7$。在酸性溶液中，$[H^+] > 10^{-7}$mol/L，pH < 7。溶液的酸性越强，则 pH 值越小。碱性溶液的 $[H^+] < 10^{-7}$mol/L，则它的 pH 值 > 7，溶液的碱性越强，pH 值越大。溶液的 pH 值、$[H^+]$、$[OH^-]$ 和溶液酸碱性之间的关系见表 1-1。

表 1-1　　　　溶液的 pH 值、$[H^+]$、$[OH^-]$ 和溶液酸碱性之间的关系（22℃）

pH 值	1	2	3	4	5	6	7	8	9	10	11	12	13
$[H^+]$	10^{-1}	10^{-2}	10^{-3}	10^{-4}	10^{-5}	10^{-6}	10^{-7}	10^{-8}	10^{-9}	10^{-10}	10^{-11}	10^{-12}	10^{-13}
$[OH^-]$	10^{-13}	10^{-12}	10^{-11}	10^{-10}	10^{-9}	10^{-8}	10^{-7}	10^{-6}	10^{-5}	10^{-4}	10^{-3}	10^{-2}	10^{-1}
性质	← 酸性增强						中性		碱性增强 →				

例如，22℃时，在 0.001mol/L HCl 溶液中，$[H^+] = 10^{-3}$mol/L，则 $pH = -\lg 10^{-3} = 3$，而

$$[OH^-] = \frac{K_{SH}}{[H^+]} = \frac{10^{-14}}{10^{-3}} = 10^{-11} \ (mol/L)$$

第二节　水在火力发电厂中的作用

一、水的特性

水分子是一种极性很强的分子。它对许多物质（包括金属）具有很强的分散能力，并与其形成分散体系。因此，在自然界中几乎不存在纯水。多种物质不但在水中有很大的溶解度，并有很大的电离度，水中分散的物质之间可以发生各种化学反应，而且水本身很容易参与化学反应，因此，各种水溶液都有极为复杂的性质。

任何状态下的水分子都处在不断运动的状态中，例如，在液态水中，动能较大的分子足以冲破表面张力的影响进入气空间，反之，液面上的水蒸气分子，由于受到液体分子的吸引或外界压力抵抗而能够回到液体中，这就是水的蒸发和凝聚过程。在一定条件下，这两个过程达到平衡时的蒸汽称为饱和蒸汽，饱和蒸汽所产生的压力称为饱和蒸汽压力，简称蒸汽压。

水的饱和蒸汽压力随着温度的升高而增大。蒸汽压力与温度的关系见表1-2。

表 1-2　　　　　　　　　　　水的饱和蒸汽压力与温度的关系

温度（℃）	0	40	80	100	120	140	180	374
饱和蒸汽压力（Pa）	6.1×10^2	7.4×10^3	4.7×10^4	1.0×10^5	2.0×10^5	3.6×10^5	1.0×10^6	2.2×10^7

在一定压力下，当水的温度升高到一定值时，水就开始沸腾，此时的温度称为在该压力下水的沸点。水的沸点与外界压力的关系见表1-3。

表 1-3　　　　　　　　　　　水的沸点与外界压力之间的关系

压力（MPa）	0.196	0.392	0.588	0.98	1.96	21.37
沸点（℃）	120	143	158	179	211	374

从锅炉产生出来的饱和蒸汽常带有少量水分，通常称为湿饱和蒸汽；通过过热器进一步加热，清除饱和蒸汽中的湿分后的蒸汽，称为干饱和蒸汽。

随着饱和温度和压力的提高，蒸汽密度增大，水的密度降低，当温度和压力提高到一定程度时，蒸汽和水的密度相同，此时称为临界状态。水的临界压力为21.37MPa，在此压力下水的沸点为374℃，称为临界温度。处于临界状态的水体汽液两相界面已消失，这时汽液的各种性质也基本相同。

我国制造的锅炉、汽轮机机组就是根据蒸汽参数（压力和温度）来进行分类的。中小型火力发电机组的蒸汽参数和容量见表1-4。

表 1-4　　　　　　　　　　　火力发电机组的蒸汽参数和容量

蒸汽参数 机组名称	蒸汽压力（MPa）		蒸汽温度（℃）		机组容量范围（MW）
	锅炉	汽轮机	锅炉	汽轮机	
低温低压机组	1.4	1.3	350	340	1.5～3
中温中压机组	4.0	3.5	450	435	6～50
高温高压机组	10.0	9.0	540	535	25～100

水是一种弱电解质。当水中没有任何杂质时，水体中有水分子（H_2O）及电离出来的极少量的 H^+ 和 OH^-，因此，纯水也具有一定的导电能力。随着水中各种离子的增多，水的导电能力也增大。在火电厂水处理工艺中，衡量水的净化程度，通常都用电导率来表示，因为它测量方便、实用性强。电导率是电阻率的倒数，可以用电导仪测量。20℃时不同水质的电导率见表1-5。

表 1-5	不同水质的电导率		$(\mu S/cm)$
水质名称	电导率	水质名称	电导率
高压锅炉和电子工业用水	0.1～0.3	天然淡水	50～500
新鲜蒸馏水	0.5～2	高含盐水	500～1000

二、水循环

水是地球上分布最广的物质之一，地球上水的总量为 $1.36\times10^9\,km^3$。如果将这些水全部均匀地铺在地球表面上，厚度可达 3km。海洋中的水占地壳总水量的 97.2%，覆盖面积为地球总面积的 70% 以上。陆地上分布着的江河、湖泊、沼泽等构成地面水，其水量为 $2.3\times10^5\,km^3$，其中，淡水有一半左右，约占地壳总水量的万分之一。土坡、岩层及地下深层中所含的水叫做地下水，总量约为 $8.4\times10^6\,km^3$。

在高山和南北极地区，积存有巨量的冰雪和冰川，它们大约占地面水总量的 3/4。水还以蒸汽和云的形式分布在大气中。

自然界中的水在不断地循环运动着。地面水不断蒸发变成水蒸气，受气候条件变化的影响，水蒸气凝结成雨或雪降至大地，称为降水。降水分成两路流动：一路在地面上汇集成江河、湖泊，称为地面径流；另一路渗入地下，形成地下水层和水流，称为地下渗流。这两路水流，又相互交流转化，最后汇入海洋，如此完成了水在自然界中的循环运动。这种自然循环的推动力是太阳的热能和地球的重力。

人类为了满足生活和生产的需要，要从各种天然水体中取用大量的水。人体的生理用水量约为每日 2.5L，一个人全部的生活用水量每日需几十至几百升。所有的各类生产部门的用水量都很大，且日益增长。生活用水和工业用水，在使用后就成为生活污水和工业废水，经过处理后，最终又流入天然水体。这样，水在人类社会中也构成了一个循环体系。这个局部循环体系称为社会循环。社会循环中所形成的生活污水和各种工业废水是天然水体最大的污染来源。

虽然自然循环的水量只占地球上总水量的 0.031% 左右，而其中经过径流和渗流的只有 0.003%，社会循环从中取用的水量又不过是径流和渗流水量的 2%～3%，这个数量只占地壳总水量的数百万分之一。然而，就是取用这些在比例上似乎微不足道的水，却在社会循环中表现出人与自然在水量和水质方面存在的巨大矛盾。这就需要我们不断调查研究和控制解决这些矛盾，以保证水的社会循环能够顺利进行，更好地满足人类的生活和生产需要。

三、水在火力发电厂中的作用

火力发电厂是依靠水作为传递能量的介质而进行发电的，也是依靠水作为冷却介质来完成能量交换工作的。因此，水在火力发电厂中起着十分重要的作用。

在火力发电厂中，水进入锅炉后，吸收燃料（煤、石油或天然气）燃烧放出的热能，转变成蒸汽后，被导入汽轮机，在汽轮机中，蒸汽的热能转变成机械能，然后汽轮机带动发电机，将机械能转变成电能。所以，锅炉和汽轮机为火力发电的主要设备。为了保证它们正常运行，对锅炉用水的质量有很严格的要求，而且机组中蒸汽的参数越高，要求也越严格。

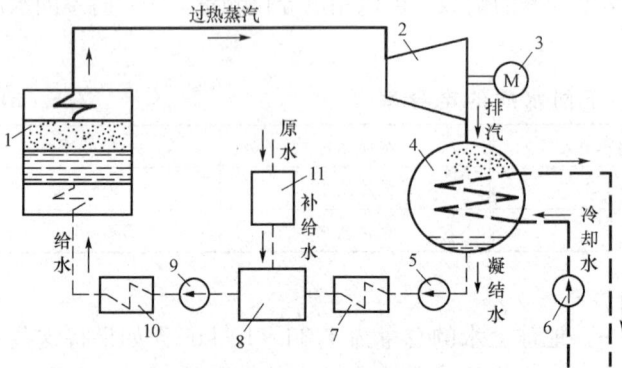

图 1-1　凝汽式发电厂水汽循环系统主要流程
1—锅炉；2—汽轮机；3—发电机；4—凝汽器；5—凝结水泵；
6—冷却水泵；7—低压加热器；8—除氧器；9—给水泵；
10—高压加热器；11—水处理设备

在凝汽式发电厂中，水汽呈循环状运行。锅炉产生的蒸汽经汽轮机后进入凝汽器，在这里被冷却成凝结水，凝结水经凝结水泵送到低压加热器，加热后送入除氧器。再由给水泵将已除氧的水送到高压加热器，进入锅炉。发电厂水汽系统的主要流程如图 1-1 所示。

在上述系统中，汽水的流动虽然构成一定的循环，但这仅仅是其主流，并非全部，在实际运行中总不免有些损失。为了维持发电厂热力系统的水汽循环运行正常，就要用水补充这些损失，这部分水称为补给水，前者称为循环水。凝汽式发电厂在正常运行情况下，补给水量一般不超过锅炉额定蒸发量的 2%～4%。例如，额定蒸发量为 100t/h 的锅炉，补给水量不超过 2～4t/h。

有些发电厂除发电外，还向附近的工厂和住宅区供生产用汽和生活用蒸汽或热水，这种电厂称为热电厂。在热电厂中，由于用户用热方式不同和供热系统复杂等原因，送出的蒸汽大部分不能回收，汽水损失很大，因此在热电厂中补给水量通常比凝汽式电厂大得多。热电厂水汽循环系统的主要流程如图 1-2 所示。

由于水在发电厂水汽循环系统中所经历的过程不同，在热力系统不同的位置，水质常有较大的差异。因此，根据实际的需要，常给予这些水不同的名称。

（1）原水。原水是指未经任何处理的天然水（如江河、湖泊、地下水、海水）。原水是制取锅炉补给水的原料，也用来作为冷却转动机械、消防和工业水的介质。

（2）补给水。原水经过各种方法净化处理后，用来补

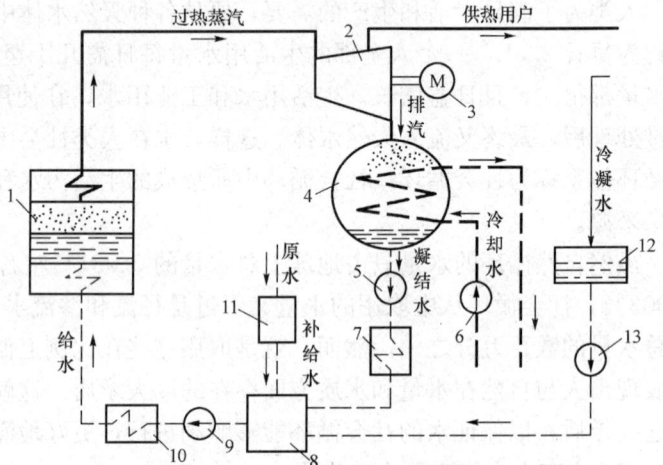

图 1-2　热电厂水汽循环系统主要流程
1—锅炉；2—汽轮机；3—发电机；4—凝汽器；5—凝结水泵；6—冷却水泵；
7—低压加热器；8—除氧器；9—给水泵；10—高压加热器；
11—水处理设备；12—返回凝结水箱；13—返回水泵

充热力设备汽水循环过程中损失的水，称为锅炉补给水。锅炉补给水按其净化处理方法的不同，又可分为软化水、除盐水等。

（3）凝结水。在汽轮机中做功后的蒸汽冷凝而成的水，称为凝结水。

（4）疏水。各种蒸汽管道和用汽设备中的蒸汽凝结水，称为疏水。它经疏水器汇集到疏水箱或并入凝结水系统中。

（5）返回凝结水。热电厂向热用户供热后，回收的蒸汽冷凝水，称为返回凝结水，简称返回水。返回水又有热网加热器凝结水和生产返回凝结水之分。

（6）给水。送往锅炉的水称为给水。凝汽式发电厂的给水，主要由凝结水、补给水和各种疏水组成。热电厂的给水组成中，还包括返回水。

（7）锅炉水。在锅炉本体的蒸发系统中流动着的水，称为锅炉水，习惯上称为炉水。

（8）循环冷却水。用作冷却介质的水称为冷却水。在电厂中，它主要是指通过凝汽器用以冷却汽轮机排汽的水。由于水资源紧缺，电厂冷却水通常采用循环方式运行。

第三节 电厂水处理的重要性

长期的实践使人们认识到，热力系统中水的品质，是影响发电厂热力设备（锅炉、汽轮机等）安全、经济运行的重要因素之一。没有经过净化处理的天然水中含有许多杂质，这种水如进入水汽循环系统，将会对热力设备造成各种危害。为了保证热力系统中有良好的水质，必须对水进行适当的净化处理，并且严格地监督汽水质量。

火力发电厂中，由于汽水品质不良而引起的危害如下：

1. 热力设备结垢

进入锅炉或其他热交换器的水质不良，则经过一段时间运行后，在与水接触的受热面上，会生成一些固体附着物，这种现象称为结垢，这些固体附着物称为水垢。因为水垢的导热性能比金属低的多，而这些水垢又极易在热负荷很高的锅炉炉管中生成，所以结垢对锅炉（或热交换器）的危害性很大。

锅炉一旦结垢，可使结垢部位的金属管壁温度过高，引起金属强度下降。这样在管内压力的作用下，就会发生管道局部变形、产生鼓包，甚至引起爆管等严重事故。

结垢不仅危害机组安全运行，而且还会大大降低发电厂的经济性。例如，火力发电厂锅炉的省煤器中，结有 1mm 厚的水垢时，其燃料消耗量就比原来未结垢的多 $1.5\% \sim 2.0\%$。由于发电厂锅炉的容量一般都很大，每年使用的燃料量也很大，所以燃料的消耗量虽只有微小的增加率，绝对增加量却会给国家造成巨额的经济损失。

另外，在汽轮机凝汽器内结垢会导致凝汽器真空度下降，从而使汽轮机的热效率和出力下降。加热器内的结垢会使水的加热温度达不到设计值，使整个热力系统的经济性降低。而且，热力设备结垢以后，必须及时进行清洗工作，这就要停止运行，减少了设备的年利用小时数。此外，还要增加检修工作量和费用等。

2. 热力设备的腐蚀

发电厂热力设备的金属经常与水接触，若水质不良，则会引起金属的腐蚀。火力发电厂的给水管道、各种加热器、锅炉省煤器、水冷壁、过热器和汽轮机凝汽器等，都会因水质不良而遭到腐蚀。腐蚀不仅要缩短设备本身的使用期限，造成经济损失，而且金属腐蚀产物转入水中，使给水中杂质增多，从而加剧在高热负荷受热面上的结垢过程，结成的垢又会加速锅炉炉管腐蚀。此种恶性循环，会迅速导致爆管事故。此外，金属的腐蚀产物被蒸汽带到汽轮机中沉积下来后，也会严重地影响汽轮机的安全、经济运行。

3. 过热器和汽轮机的积盐

水质不良使锅炉不能产生高纯度的蒸汽，造成蒸汽污染。随蒸汽带出的杂质就会沉积在蒸汽通过的各个部位，如过热器和汽轮机，这种现象称为积盐。过热器管内积盐会引起金属管壁过热甚至爆管；汽轮机内积盐会大大降低汽轮机的出力和效率，特别是高温、高压、大容量汽轮机，它的高压部分蒸汽流通的截面积很小，所以少量的积盐也会大大增加蒸汽流通的阻力，使汽轮机的出力下降。当汽轮机积盐严重时，还会使推力轴承负荷增大，隔板弯曲，造成汽轮机振动甚至事故停机。

火力发电厂水处理工作就是保证热力系统各部分具有良好的水汽品质，以防止热力设备的结垢、腐蚀和积盐。因此，火力发电厂水处理工作对保证发电厂的安全、经济运行具有十分重要的意义。

火力发电厂的水处理工作，主要包括以下内容：

(1) 净化原水，制备热力系统所需质量和数量的补给水。包括混凝、澄清、过滤等处理，用来除去天然水中的悬浮物和胶体状态杂质；软化处理，除去水中溶解的钙、镁离子等硬度成分；除盐处理，除去水中全部溶解盐类。补给水的处理，通常称为炉外水处理。

(2) 对给水进行除氧、加药等处理，除去水中溶解气体，防止发生溶解氧腐蚀。

(3) 对汽包锅炉进行炉水的加药处理和排污，使水中杂质不结成水垢，这些工作称为炉内水处理。

(4) 在热电厂中，对生产返回水进行除油、除铁等净化处理。

(5) 对冷却水进行防垢、防腐和防止有机附着物等处理。

(6) 正确取样、化验，监督热力系统各部分（给水、炉水、蒸汽、凝结水等）的水汽质量。

(7) 进行各种水汽调整试验、锅炉热化学试验以及热力设备的清洗工作。

(8) 热力设备停用期间，做好设备防腐及化学监督工作。

第四节　天然水中的杂质

天然水中的杂质是多种多样的，杂质按其颗粒大小的不同，可分成三类：颗粒粒径最大的称为悬浮物，其次是胶体，最小的是离子和分子，即溶解物质。水中杂质分类见表1-6。

表1-6　　　　　　　　　水中杂质分类

颗粒尺寸 (mm)	10^{-7}	10^{-6}	10^{-5}	10^{-4}	10^{-3}	10^{-2}	10^{-1}	1	10
分散颗粒	溶解物（分子、离子）		胶体颗粒		悬浮物				
特征	透明		光照下浑浊		浑浊				

一、悬浮物

悬浮物是分散在水体中粒径大于 10^{-4} mm 的微粒。由于这类物质的存在，水体变的浑浊。悬浮物主要是动植物生存过程中产生的物质或死亡后的腐败产物，是一些有机化合物。悬浮物颗粒由于大小和相对密度的不同，在静止的水中有些会上浮到水面，称为漂浮物（如动植物肢体在水中分解的碎片等有机质），有些在自身重力作用下而下沉到水底（如泥沙及矿渣等无机质），称为可沉物。这类杂质在水流平稳时，由于重力作用，容易从水中分离出来，因此这类杂质很不稳定，很容易除去。

二、胶体

胶体颗粒粒径范围为 $10^{-6} \sim 10^{-4}$ mm，介于悬浮物和溶解物之间，是由许多分子和离子构成的集合体。由于胶体颗粒粒径较小，比表面积（指单位体积颗粒所具有的表面积）很大，显示出良好的表面活性，所以表面上常常吸附许多结构相似的分子和离子，而带正电荷或负电荷。

天然水中的胶体主要有两种成分：一种是无机类胶体，大多是铁、铝、硅的化合物；另一种是有机类胶体，主要是动植物肢体的分解产物，它们的表面大多带有负电荷。由于同类胶体带有同性电荷，存在静电斥力，它们难以聚结成大颗粒，因此胶体颗粒在水中相当稳定，长时间静止后也不会自然沉降。因此，将它们从水中分离出来是十分困难的。

另外，溶于水中的有机高分子物质，如腐殖质等，它们虽然不属于胶体，但由于分子量较大，某些特性与胶体有类似之处，一并归入胶体范围。在湖泊中腐殖质最多，它常常使水呈黄绿色或褐色。在水处理工艺中，通常采用与胶体和悬浮物相同的处理方法将它们从水中除去，但在实施中较前两种杂质的去除还要困难得多。

三、溶解物

溶解物是水体流经地层过程中被溶解的一些矿物盐类。它们在水中几乎都被电离成阴、阳离子，粒径不大于 10^{-6} mm。另外，水流经过某些矿层时，可能溶解矿层中产生的气体，当水体与大气接触时也会溶解大气中的某些气体分子。这些杂质与水体组成的分散体系都属于单相体系，通常称为真溶液。在水处理工艺中不能采用与悬浮物和胶体相同的方法将它们从水体中除去。天然水中常见的各种离子见表 1-7。

表 1-7　　　　　　　　　　　　　天然水中溶解离子概况

类别	阳离子		阴离子		浓度的数量级 (mg/L)
	名　称	符　号	名　称	符　号	
I	钠离子 钾离子 钙离子 镁离子	Na^+ K^+ Ca^{2+} Mg^{2+}	重碳酸根 氯离子 硫酸根 偏硅酸氢根	HCO_3^- Cl^- SO_4^{2-} $HSiO_3^-$	几百至几万
II	铵离子 铁离子 锰离子	NH_4^+ Fe^{2+} Mn^{2+}	氟离子 硝酸根 碳酸根	F^- NO_3^- CO_3^{2-}	十分之几 至几个

类 别	阳离子		阴离子		浓度的数量级 (mg/L)
	名 称	符 号	名 称	符 号	
Ⅲ	铜离子	Cu^{2+}	硫氢酸根	HS^-	$< \dfrac{1}{10}$
	锌离子	Zn^{2+}	硼酸根	BO_3^{3-}	
	镍离子	Ni^{2+}	亚硝酸根	NO_2^-	
	钴离子	Co^{2+}	溴离子	Br^-	
	铝离子	Al^{3+}	碘离子	I^-	
			磷酸氢根	HPO_4^{2-}	
			磷酸二氢根	$H_2PO_4^-$	

1. 呈离子状态的杂质

(1) 钙离子（Ca^{2+}）、镁离子（Mg^{2+}）、重碳酸根（HCO_3^-）和硫酸根（SO_4^{2-}）的来源。含有游离 CO_2 的水流经地层时，对石灰石（$CaCO_3$）、白云石（$MgCO_3 \cdot CaCO_3$）和石膏（$CaSO_4 \cdot 2H_2O$）有溶解作用，其溶解反应式为

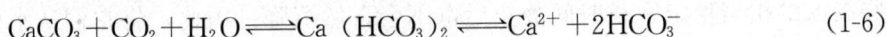

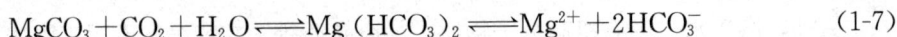

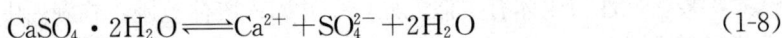

$$CaCO_3 + CO_2 + H_2O \Longleftrightarrow Ca(HCO_3)_2 \Longleftrightarrow Ca^{2+} + 2HCO_3^- \tag{1-6}$$

$$MgCO_3 + CO_2 + H_2O \Longleftrightarrow Mg(HCO_3)_2 \Longleftrightarrow Mg^{2+} + 2HCO_3^- \tag{1-7}$$

$$CaSO_4 \cdot 2H_2O \Longleftrightarrow Ca^{2+} + SO_4^{2-} + 2H_2O \tag{1-8}$$

(2) 钠离子（Na^+）和氯离子（Cl^-）来源。当水流经地层时，溶解了氯化物，是钠离子、氯离子的主要来源。由于氯化物的溶解度大，故可随地下水或河流带入海洋，并逐渐蒸发浓缩，使海水中含有大量氯化物，特别是氯化钠。

2. 溶解气体

以分子状态存在于天然水中的杂质主要是某些气体，其中对水处理影响较大的溶解气体是二氧化碳（CO_2）和氧气（O_2），它们的存在是使金属发生腐蚀的主要原因。

(1) 氧的来源是由于水中溶解了空气中的氧。天然水中氧的含量一般在 $0 \sim 14mg/L$ 之间。由于水温、气压不同以及水中有机物的含量和种类的不同，使天然水中氧的含量相差很大，通常地下水的含氧量比地表水的少得多。

(2) 二氧化碳的来源是由于水中或泥土中有机物的分解和氧化。天然水中 CO_2 含量在几十到几百毫克每升之间变化，由于大气中的 CO_2 含量只有 $0.03\% \sim 0.04\%$（体积百分数），故地表水 CO_2 含量一般不超过 $20 \sim 30mg/L$，而地下水 CO_2 含量有时很高。

如果天然水体受到污染，那么水中的离子成分会有很大的变化，这是值得注意的问题。

第五节 水 质 指 标

天然水中总是含有许多杂质，可以用水中各种杂质数量的多少（即水质指标）来反映水质的好坏。电厂水处理工艺中常用的水质指标见表 1-8。

表 1-8 电厂常用的水质指标

项 目	符 号	单 位	项 目	符 号	单 位
全固形物	QG	mg/L	pH 值		
悬浮物	XG	mg/L	二氧化碳	CO_2	mg/L
浊 度	ZD	mg/L 或度	碳酸氢根	HCO_3^-	mg/L
透明度	TD	cm 或 mm	碳酸根	CO_3^{2-}	mg/L
溶解固形物	RG 或 S	mg/L	氯离子	Cl^-	mg/L
含盐量	c	mg/L 或 mmol/L	硫酸根	SO_4^{2-}	mg/L
灼烧残渣	SG	mg/L	硅酸根	SiO_3^{2-}	mg/L
电导率	DD_κ	$\mu S/cm$	磷酸根	PO_4^{3-}	mg/L
酸 度	SD	mmol/L	硝酸根	NO_3^-	mg/L
碱 度	JD 或 B	mmol/L	钙离子	Ca^{2+}	mg/L 或 mmol/L
硬 度	YD 或 H	mmol/L	镁离子	Mg^{2+}	mg/L 或 mmol/L
碳酸盐硬度	YD_T 或 H_T	mmol/L	钠离子	Na^+	mg/L
非碳酸盐硬度	YD_F 或 H_F	mmol/L	钾离子	K^+	mg/L
化学耗氧量	COD	mg/L	铵离子	NH_4^+	mg/L
含油量		mg/L	铁离子	Fe^{2+}，Fe^{3+}	mg/L
稳定度			铜离子	Cu^{2+}	mg/L
溶解氧	O_2	mg/L	铝离子	Al^{3+}	mg/L

1. 悬浮物和浊度

悬浮物是表征水中颗粒较大的一类杂质的指标。由于这类杂质没有同一的物理和化学性质，所以很难确切地表示它们的含量。通常采用某种过滤材料分离水中不溶性物质的方法来测定悬浮物。选用的过滤材料不同，测得的悬浮物含量也不同，因此必须按照标准规定的过滤材料进行分离。目前国标规定采用上玻 G_4 过滤器或铺有 5mm 厚的石棉层的古氏坩埚过滤器进行测量。

悬浮物的测定方法比较繁琐，因而只作定期检测，不适合作为运行控制项目。

在水质分析中，常用浊度近似表示水中悬浮物和胶体的含量。早期采用杰克逊浊度（JTU），即采用特殊精制的漂白土或硅藻土的悬浮液所产生的光学阻碍现象为标准，单位为度或 mg/LSiO$_2$。如所测定的水样的光学效应与配制的 1 mg/L 硅化物标准样的光学效应相近时，则该水样的浊度为 1 度或 1mg/L SiO$_2$。现在人们更多采用福马肼浊度（FTU）。即先用 1g 硫酸肼，溶于 100mL 水中，制成溶液 A，然后用 10g 六次甲基四胺溶于 100mL 水中，制成溶液 B，各取 5mL A、B 溶液混合，稀释至 100mL，便可配得 FTU 等于 400 的标准液。采用无浊水可将上述标准液制成一系列各种浊度的标准液。

2. 含盐量、溶解固形物和电导率

水中各种阳离子和阴离子的总和即为含盐量。溶解固形物是水经过滤，在 $105 \sim 110℃$ 温度下干燥后的剩余物质。含盐量高，溶解固形物也大，但含盐量不等于溶解固形物，因为在测量溶解固形物过程中，水中的某些杂质会发生一些化学变化。如碳酸氢根在蒸发和加热过程中会分解出 CO_2 而析出，使其含量减少。此外由于硫酸盐晶体的析出和氯化物的潮解，也会使溶解固形物的量变化。溶解固形物与含盐量的关系可近似表示为

$$含盐量 \approx 溶解固形物 + \frac{1}{2} HCO_3^-$$

水中含盐量的大小也可用电导率来近似表示。电导率是电阻率的倒数，单位为 $\mu S/cm$。当水中各种离子的相对量一定时，离子浓度越大，其电导率越大，所以可以用电导率反映水的含盐量。电导率除与离子浓度有关外，还与离子的种类有关，因此实际应用中，需要测出所采用水的电导率与含盐量的关系曲线。

3. 硬度

硬度是表示水中某些容易形成水垢的高价金属离子的总量的指标。天然水中，最常见的高价金属离子是钙、镁离子，通常把硬度看作是钙、镁离子的总浓度。

根据水中阴离子的存在状况，硬度可分为碳酸盐硬度和非碳酸盐硬度。碳酸盐硬度是指水中钙、镁的碳酸氢盐、碳酸盐含量之和，主要是碳酸氢盐。非碳酸盐硬度是指钙、镁的氯化物和硫酸盐等。总硬度等于碳酸盐硬度和非碳酸盐硬度的和。

硬度单位常用 $mmol/L$ 表示，以 $\frac{1}{2}Ca^{2+}$ 和 $\frac{1}{2}Mg^{2+}$ 作为基本单元。

【例1-4】 水分析结果为 $[Ca^{2+}] = 34.1mg/L$， $[Mg^{2+}] = 8.4mg/L$，试计算水的硬度。

解

$$M_{\frac{1}{2}Ca^{2+}} = 20 \ (mg/mmol)$$

$$M_{\frac{1}{2}Mg^{2+}} = 12.15 \ (mg/mmol)$$

则硬度

$$H = \frac{34.1}{20} + \frac{8.4}{12.15} = 2.4 \ (mmol/L)$$

4. 碱度

碱度是表示水中 OH^-、CO_3^{2-}、HCO_3^- 及其他弱酸盐类含量的总和的指标，单位为 $mmol/L$。因为这些盐在水溶液中都呈碱性，可以用酸中和，所以归纳为碱度。天然水中，碱度主要由 HCO_3^- 组成，而锅炉水中碱度主要由 OH^- 和 CO_3^{2-} 组成，在锅炉内加磷酸盐处理时，还有 PO_4^{3-} 碱度。

在酸碱中和滴定中，采用的指示剂不同，则滴定的终点不同，测得的碱度数值上也会有差别。当用酚酞作为指示剂时，滴定终点 $pH = 8.3$，所测得的碱度称为酚酞碱度；而用甲基橙作为指示剂时，滴定终点 $pH = 4.4$，所测得的碱度为甲基橙碱度，或称总碱度。

5. 酸度

酸度是指水中含有能与强碱（如 $NaOH$、KOH 等）起中和作用的物质的量，主要有强酸、弱酸、强酸弱碱盐等，单位为 $mmol/L$。

与碱度滴定相同，用甲基橙指示剂测得的酸度称为强酸酸度，用酚酞测得的酸度称为全酸度。

天然水中一般只含有游离的 H_2CO_3 和 HCO_3^- 的盐，不含强酸酸度，但在水处理过程中，某些过程会产生强酸酸度。

6. 化学耗氧量

天然水中含有一些有机杂质，这些有机杂质种类繁多，难以精确测定，常用水中有机物氧化分解消耗的氧量来近似表示有机物的多少。在一定条件下，常用氧化剂高锰酸钾或重铬酸钾处理水样，测定反应过程中氧化剂的消耗量，单位为 mg/L 。

第六节 电厂水汽质量标准

为了防止锅炉及其热力系统结垢、腐蚀和蒸汽污染，确保锅炉及其他热力设备能长期安全经济运行，锅炉的给水、炉水及蒸汽的质量都应达到一定的标准。在制定我国各种水、汽质量标准时，不仅考虑了锅炉的结构、蒸发量、工作压力、蒸汽温度、水处理技术水平和多年来的运行经验，而且还参照了国外现行的各项水、汽质量标准。因此，对已经制定的标准应认真执行，同时还要随着生产技术的发展，不断地加以修改完善。

我国现行的 GB/T 12145—1999《火力发电机组及蒸汽动力设备水汽质量标准》于 1999 年 10 月 1 日起实施。该标准规定了火力发电机组和蒸汽动力设备在正常运行和停、备用机组启动时的水汽质量标准。该标准适用于锅炉出口压力为 3.8～25.0MPa（表压）的火力发电机组及蒸汽动力设备。该标准中所列标准值为极限值，期望值是为了更有利保证机组的安全运行。本书只介绍涉及中小型机组（≤10MPa）部分的内容。

一、蒸汽质量标准

由于蒸汽的机械携带和溶解携带使蒸汽中含有一些盐类物质，为了防止这些物质在过热器中或者在汽轮机中沉积，造成过热器和汽轮机的损坏，自然循环汽包炉的饱和蒸汽和过热蒸汽质量应符合表 1-9 的规定。为了防止汽轮机沉积金属氧化物，还应检查蒸汽中铜和铁的含量，蒸汽的质量一般还应符合表 1-10 的规定。

表 1-9　　　自然循环汽包炉的饱和蒸汽和过热蒸汽质量标准

项　目	炉型、压力（MPa）	汽包炉		
		3.8～5.8	5.9～18.3	
		标准值	标准值	期望值
蒸汽含钠量（μg/kg）	磷酸盐处理	≤15	≤10	—
	挥发性处理		≤10	≤5
电导率（氢离子交换后25℃）（μS/cm）	磷酸盐处理	—	≤0.30	
	挥发性处理			
	中性水处理及联合水处理	—	—	
二氧化硅（μg/kg）		≤20	≤20	

二、给水质量标准

（1）进入锅炉的给水中的杂质可能导致锅炉结垢和腐蚀，因此，必须对给水中可能导致锅炉结垢和腐蚀的杂质的浓度进行限制。给水中的硬度、溶解氧、铁、铜、钠和二氧化硅的含量及电导率（氢离子交换后）等指标应符合表 1-11 的规定。液态排渣炉和原设计为燃油的锅炉，其给水的硬度和铁、铜的含量应符合高一级的标准规定。

表 1-10　　蒸汽中铜和铁的含量

炉型、压力（MPa）	汽包炉	
	3.8～15.6	
项目	标准值	期望值
含铁量（$\mu g/kg$）	≤20	—
含铜量（$\mu g/kg$）	≤5	—

表 1-11　　锅炉给水质量标准

炉型	锅炉过热蒸汽压力（MPa）	电导率（H^+交换后 25℃）（$\mu S/cm$）		硬度（$\mu mol/L$）	溶解氧（$\mu g/L$）	铁（$\mu g/L$）	铜（$\mu g/L$）		钠（$\mu g/L$）		二氧化硅（$\mu g/L$）	
		标准	期望		标准	标准	标准	期望	标准	期望	标准	期望
汽包炉	3.8～5.8	—	—	≤2.0	≤15	≤50	≤10				应保证蒸汽中二氧化硅符合标准	
	5.9～12.6	—	—	≤2.0	≤7	≤30	≤5					

（2）为了防止锅炉及热力系统的腐蚀，锅炉的给水还通常采用加药处理。给水中的 pH、联氨和油的含量应符合表 1-12 的规定。

表 1-12　　给水中的 pH、联氨和油的含量

炉型	锅炉过热蒸汽压力（MPa）	pH（25℃）	联氨（$\mu g/L$）	油（mg/L）
汽包炉	3.8～5.8	8.8～9.2	—	<1.0
	5.9～12.6	8.8～9.3（有铜系统）或 9.0～9.5（无铜系统）	10～50 或 10～30（挥发性处理）	≤0.3

注　1. 对于压力为 3.8～5.8MPa 的机组，加热器为钢管，其给水 pH 值可控制在 8.5～9.5 之间。
　　2. 用石灰石－钠离子交换水为补给水的锅炉，应改为控制汽轮机凝结水的 pH 值，最大不超过 9.0。

三、汽轮机凝结水质量标准

凝结水是电厂锅炉给水的主要来源，除满足基本的给水质量要求外，由于凝结水来源于洁净的蒸汽，对其质量提出了更严格的要求。凝结水的硬度、溶解氧及二氧化硅的含量应符合表 1-13 的规定。

表 1-13　　凝结水的硬度、溶解氧和二氧化硅的含量

锅炉压力（MPa）	硬度（$\mu mol/L$）	溶解氧（$\mu g/L$）	二氧化硅（$\mu g/L$）
3.8～5.8	≤2.0	≤50	保证炉水中二氧化硅含量符合标准
5.9～12.6	≤1.0	≤50	

四、锅炉炉水质量标准

（1）汽包炉炉水的含盐量、氯离子和二氧化硅的含量应根据制造厂的规范并通过水汽品质专门确定，见表 1-14。

（2）当锅炉进行协调磷酸盐处理时，其炉水的 Na^+ 与 PO_4^{3-} 的摩尔比值，一般应维持在 2.3～2.8。若炉水的 Na^+ 与 PO_4^{3-} 的摩尔比值低于 2.3 或高于 2.8 时，可加药剂进行调节。

表 1-14　　　　　汽包炉炉水的含盐量、氯离子和二氧化硅的含量标准

锅炉过热蒸汽压力（MPa）	处理方式	含盐量（mg/L）	二氧化硅（mg/L）	磷酸根（mg/L）			pH（25℃）	电导率（25℃，μS/cm）
				单段蒸发	分段蒸发			
					净段	盐段		
3.8～5.8	磷酸盐处理	—	—	5～15	5～12	≤75	9～11	—
5.9～12.6		≤100	≤2.0*	2～10	2～10	≤50	9～10.5	<150

* 汽包内有洗汽装置时，其控制指标可适当放宽。

五、补给水质量标准

进入离子交换器的水，应保证水中浊度、有机物和残余氯的含量符合标准。一般按下列数值进行控制：固定床顺流再生时浊度小于 5FTU；固定床对流再生时浊度小于 2FTU；残余氯<0.1mg/L；化学耗氧量<2mg/L。补给水质量，以不影响给水质量为标准。离子交换器出水标准控制规定见表 1-15。

表 1-15　　　　　　　　　补 给 水 质 量 标 准

种类	硬度（μmol/L）	二氧化硅（μg/L）	电导率（25℃，μS/cm）		碱度（μmol/L）
			标准值	期望值	
一级化学除盐系统出水	≈0	≤100	≤5*	—	
一级化学除盐＋混床系统出水	≈0	≤20	≤0.30**	≤0.20**	
石灰、二级钠离子交换系统出水	≤5.0	—	—	—	0.8～1.2
氢－钠离子交换系统出水	≤5.0	—	—	—	0.3～0.5
二级钠离子交换系统出水	≤5.0	—	—	—	

* 对于用一级化学除盐－混床系统的一级除盐水的电导率可放宽至 10μS/cm。

** 离子交换器出水质量应能满足炉水处理的要求。

六、减温水质量标准

锅炉蒸汽采用混和式减温器时，其减温水质量应保证减温后蒸汽中的钠、二氧化硅和金属氧化物的含量符合蒸汽质量标准表 1-9、表 1-10 中的规定。

七、疏水和生产返回水质量标准

疏水和生产返回水质量以不影响给水质量为前提，控制规定见表 1-16。

表 1-16　　　　　　　　疏水和生产返回水质量标准

名　称	硬度（μmol/L）		铁（μg/L）	油（μg/L）
	标准值	期望值		
疏　水	≤5.0	≤2.5	≤50	—
生产回水	≤5.0	≤2.5	≤100	≤1（经处理后）

八、停、备用机组启动时的水、汽质量标准

锅炉启动后，并汽或汽轮机冲转前的蒸汽质量一般可参照表 1-17 的规定控制，且应在

8h 内达到正常标准。

表 1-17 锅炉启动后蒸汽质量

炉　型	锅炉压力 （MPa）	电导率（H$^+$交换后， 25℃，μS/cm）	二氧化硅 （μg/L）	铁（μg/L）	铜（μg/L）	钠（μg/L）
汽包炉	3.8～5.8	≤3.0	≤80	—	—	≤50
	5.9～18.3	≤1.0	≤60	≤50	≤15	≤20

锅炉启动时，给水质量应符合表 1-18 的规定，且应在 8h 内达到正常标准。

表 1-18 锅炉启动时给水质量标准

炉　型	锅炉压力 （MPa）	硬　度 （μmol/L）	铁（μg/L）	溶解氧（μg/L）
汽包炉	3.8～5.8	≤10.0	≤150	≤50
	5.9～12.6	≤5.0	≤100	≤40

九、热网补充水质量

热网补充水质量标准见表 1-19。

表 1-19 热网补充水质量标准

溶解氧（μg/L）	总硬度（μmol/L）	悬浮物（mg/L）
＜100	＜700	＜5

水 的 预 处 理

天然水中含有很多杂质，如悬浮物、胶体和离子态杂质等，所以，天然水不能直接送往火力发电厂的热力系统，否则，将会直接影响热力设备（锅炉、汽轮机等）的安全和经济运行。天然水必须经过一系列净化处理，才能作为火力发电厂锅炉的补给水。习惯上将混凝、沉淀、澄清、过滤等净化处理称为水的预处理。这种处理的目的主要是去除水中的悬浮物和胶体杂质，利于后面的离子交换器的安全和经济运行，减轻离子交换的负担，以保证补给水的品质。经过预处理的水，再进行软化或除盐处理，方可作为锅炉的补给水。

第一节 水 的 混 凝 处 理

一、混凝处理的化学基础

（一）胶体的稳定性

胶体颗粒较小，粒径约在 $10^{-6}\sim10^{-4}$ mm 之间，不能自行沉降，它们能长时间在水中保持悬浮分散状态，这种现象通常称为分散颗粒的稳定性。

分散在水中的各种悬浮颗粒，随时都受到水分子热运动的撞击。当悬浮颗粒直径比较大时，每一个颗粒从各个方向同时受到水分子的数次撞击，所以各个方向的撞击力可以相互平衡抵消，使这种颗粒能在重力作用下沉降分离。胶体颗粒在水溶液中受来自各个方向水分子撞击的次数相对来说较少，各撞击力相互抵消的可能性也较小，加之胶体微粒因质量很小而受到重力的影响甚微，因此它们在水中会做不规则的运动，这种运动称为布朗运动。由于胶体微粒的布朗运动，使它们在水溶液中不会发生明显的沉降现象。这种由布朗运动所引起的稳定性称为胶体颗粒的稳定性。布朗运动的速度与颗粒的直径大小有关，粒径越大，布朗运动的速度就越小，当颗粒直径达到 $3\sim5\mu m$ 以上时，布朗运动就停止了。

有些胶体颗粒在水溶液中因为颗粒间的静电排斥力或胶体微粒表面形成水合层（或称水化层）而不易相互聚集成较大的颗粒，而是呈稳定的分散状态，这种不易于聚集的性能称为聚集稳定性。

促使水中胶体具有聚集稳定性的原因为：胶体表面带电；胶体表面有水化层；胶体表面吸附某些能促使胶体稳定的物质。

（二）胶体的亲水性与憎水性

胶体表面水化层的形成是由于胶体对水的亲和力。根据胶体颗粒对溶剂（水）的亲和力的强弱，胶体可分为亲水胶体和憎水胶体两类。明胶、淀粉、蛋白质和细菌等都是亲水的，未水化的金属氧化物与卤化银等是典型的憎水胶体。另外，水中有些胶体对水的亲和力介于典型的亲水胶体和憎水胶体之间，例如由无定形二氧化硅和金属氢氧化物等形成的胶体。

现已得知，所谓亲水胶体实际上是一些可溶于水的大分子化合物，因这些分子的大小已达到胶体颗粒的范畴，它们具有胶体的许多特性，故它们的溶液被看作胶体溶液。所以，有人把亲水胶体的溶液称为大分子溶液，而把溶胶这个名称用于由难溶化合物分子聚集成的憎水胶体溶液。

（三）胶体颗粒的结构

根据胶体化学的概念，胶体颗粒由胶核、吸附层和扩散层三部分组成。胶体的中心通常是由许多分子所组成的集合体，称为胶核。胶核表面有一层离子，所以它带有电荷。

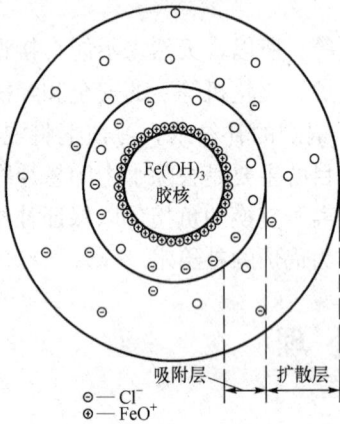

图 2-1　胶团的结构

由于胶核表面电荷的电性，在其外侧就会围绕许多相反符号电荷的离子，这样就形成了如图 2-1 所示的带电结构。这种具有两层符号相反电荷的结构形式称为双电层结构。

自然界中的物质大都是电中性的，胶态物质也是如此，在双电层中正负电荷的量相等。这种包括双电层中全部离子在内的电中性颗粒称为胶团，如图 2-1 所示。至于胶体这个名称，一般是用来泛指胶体状态物质的，并无严格的定义。

以上所讲的胶体结构是指胶团在静止时的情况。实际上，溶液中的胶体颗粒是在不断地运动着的。胶体颗粒在溶液中运动时，并不是整个胶团在迁移，在扩散中有一部分离胶核较远的离子不会跟着一起移动，因为它们与胶体的结合比较松散。因此，当胶体运动时，在其扩散层中有一个滑动界面，在此界面内的颗粒才是一个独立运动的单元，它是带电的，此种颗粒称为胶粒。

胶体的这种结构也可以用简单的式子来表示，如以 $FeCl_3$ 水解而形成的 $Fe(OH)_3$ 胶体为例，则为

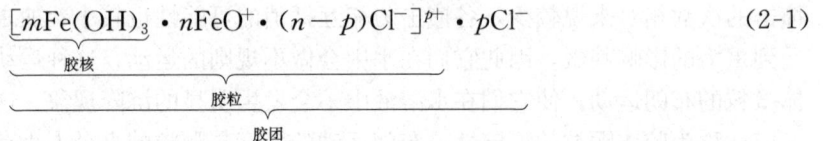

$$\underbrace{\underbrace{\underbrace{[m Fe(OH)_3 \cdot n FeO^+}_{\text{胶核}} \cdot (n-p)Cl^-]^{p+}}_{\text{胶粒}} \cdot pCl^-}_{\text{胶团}} \tag{2-1}$$

式中　m，n，p —— 任何正整数。

胶粒除了带有正电荷以外，也可能带负电荷。天然水中的胶粒基本上都带负电。

（四）胶体的电位

由于胶体为带电结构，在胶体颗粒和溶液之间有三种特征电位：胶核表面处的电位（φ_0），即热力学电位；吸附层与扩散层分界处的电位（φ_d）；滑动界面处的电位（ζ），此电位称为电动电位。这三种电位和胶体双电层的关系如图 2-2 所示。

电位 φ_d 是胶体双电层的主要特征值，但该值无法测定，现只能测定与 φ_d 相近的 ζ 电位。对于天然淡水来说，因水中电解质很少，可以认为 ζ 和 φ_d 两种电位大致相等。

一般而论，胶体的 ζ 电位都会随水溶液中盐类含量的增大而减小。此种影响主要是由于水中电解质数量增多时，它的渗透压加大，因而促使胶体扩散层中的水向溶液本体中渗透，结果使扩散层压缩，ζ 电位下降（见图 2-3）。当扩散层被压缩到一定程度时，ζ 电位可以降至零，这一点称为该胶体的等电位点，此时，胶体实质上已不具有带电性能。

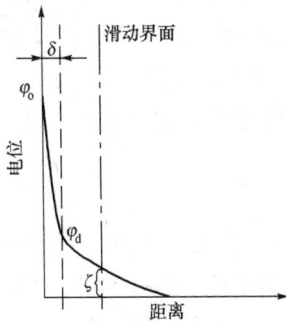

图 2-2 胶体双电层的结构和
相应的电位

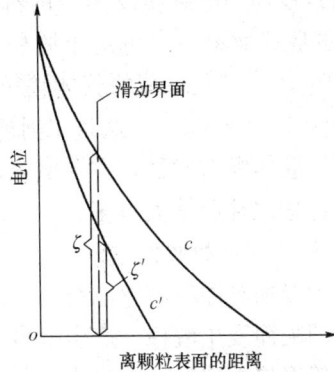

图 2-3 电解质含量对双电层厚度和
ζ电位的影响（电解质浓度 $c'>c$）

ζ电位的大小直接影响胶体颗粒的凝聚性，ζ电位越高，颗粒之间的斥力越大，凝聚稳定性就越高。反之，ζ电位越低，颗粒之间的斥力越小，也就越不稳定。ζ电位可用微电泳仪测定胶体颗粒的电泳速度（也称电泳迁移率）u 计算得出。有资料认为，在 25℃的水中，ζ 与 u 之间的大致关系式为

$$\zeta = 12.8u(\text{mV}) \tag{2-2}$$

式（2-2）中在颗粒直径大于 $1\mu\text{m}$ 时，ζ 值在小于或等于 $50\sim60\text{mV}$ 的范围内是正确的。

（五）胶体颗粒间的排斥力与吸引力

电荷符号相同的两个胶体颗粒之间，除了有同性电荷间的静电斥力之外，还存在吸引力，这种吸引力称为分子间的范德华引力。这两种力都是随颗粒间距离的增大而减小的，但它们存在本质的区别，所以随距离而变化的规律不同。

图 2-4 吸引能和排斥能
与颗粒间距离的关系

根据吸引能（E_R）和排斥能（E_A）与颗粒间距离的关系，可得如图 2-4 所示的典型曲线。在此图中综合能有一个极大值，它处于排斥区，是阻碍颗粒间相互接近的能量障碍，此值称为排斥能峰。当两个颗粒相接近时，它们的动能必须足以克服此能峰，才能相互吸引，才会发生聚集过程。

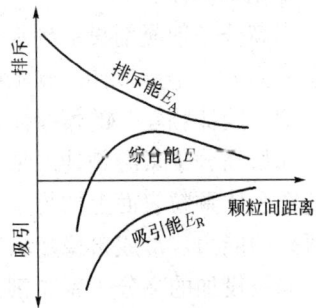

（六）胶体的脱稳

胶体颗粒的脱稳是指通过降低胶体颗粒的ζ电位或减小水化膜层的厚度来破坏它的稳定性，使相互碰撞的颗粒聚集成大的絮凝物，最后从水中沉降分离出来的过程。下面介绍在水处理领域内经常采用的几种脱稳方法。

1. 投加带高价反离子的电解质

在含有带负电荷的黏土胶体颗粒的水中，投加带高价反离子的电解质后，水中反离子浓度增大，胶体颗粒的扩散层因受到压缩而变薄，ζ电位降低或消失。此时颗粒之间的排斥位能减小或消失，总位能为吸引位能，颗粒之间很容易凝聚。ζ电位等于零的状态，称为等电位点。但凝聚不一定在ζ电位降至等电位点时才开始发生，而在ζ电位大致等于 0.03V 时就开始凝聚，这一ζ电位值是胶体颗粒保持稳定的限度，故称临界电位值。

试验证明，投加的电解质反离子的价数越高，脱稳的效果越好。在投加量相同的情况下，2 价离子的脱稳效果为 1 价离子脱稳效果的 $50\sim60$ 倍，3 价离子为 1 价离子的 $700\sim1000$ 倍，即要使水中带负电荷的胶体颗粒脱稳，所需正 1 价、正 2 价、正 3 价离子的投加量之比，大致为 $1:10^2:10^3$，这条规则被称为 Schulze-Hardy 法则。

要使亲水性胶体颗粒脱稳，主要措施是压缩水化层的厚度，也可由投加电解质来完成，只是投加量要比憎水性胶体大得多。

2. 投加带相反电荷的胶体

向天然水中投加与原有胶体电荷相反的胶体后，由于电性中和作用，使两种胶体的 ζ 电位值均降低或消失而发生脱稳，产生凝聚。为使两种胶体凝聚，必须控制适当的投加量，如投加量不足，仍保持一定的 ζ 电位值，凝聚效果不好。但如果投加量过大，由于原水中带负电荷的颗粒吸附了过多的正电荷胶体而带正电荷，使胶体颗粒发生再稳现象，这称为电荷变号。例如，向水中投加带正电荷的十二烷基铵离子（$C_{12}H_{25}NH_3{}^+$），可使水中黏土颗粒脱稳而凝聚。但它与加入相同价数的 Na^+ 不同，一是十二烷基铵离子的凝聚能力比 Na^+ 大很多，二是 Na^+ 过量投加不会使胶体颗粒发生再稳现象，而十二烷基铵离子过量投加，会发生再稳。这说明它是一种吸附和电性中和作用，这种作用还可能伴随其他一些物理化学作用，如范德华引力、形成共价键或氢键等。

3. 投加高分子絮凝剂

高分子絮凝剂是一种水溶性的线形化合物，分子呈链状，由多个键节组成，每一个键节是一个化学单体。

当高分子絮凝剂投加到水中后，多链节架凝剂上的某一个链节的官能团吸附在某一个胶粒上，而另一个链节伸展到水中吸附在另一个胶粒上，从而形成了一个"胶体颗粒—高分子絮凝剂—胶体颗粒"的絮凝体，即高分子絮凝剂在两个颗粒之间起到吸附架桥作用。

如果高分子絮凝剂伸展到水中的链节没有被另一个胶体颗粒所吸附，就有可能折回吸附到所在胶体颗粒表面上的另一个吸附位上，使胶体颗粒表面的吸附位全部被占据，从而失去再吸附的能力，形成再稳定状态。

如果投加的高分子絮凝剂过多，致使每一个胶体颗粒的吸附位都被高分子絮凝剂所占据，失去同其他胶体颗粒吸附架桥的可能性，胶体颗粒的稳定性不但不被破坏，反而得到加强，这种现象称为胶体的保护作用。

如果胶体溶液受到强烈的搅动，通过吸附架桥作用形成的絮凝体将被打碎，断裂的高分子链节就会折转过来再吸附在本身所占颗粒的其他吸附位上，又重新成为分散稳定状态。

除了链状高分子化合物以外，无机高分子化合物如铁盐、铝盐的水解产物，也能起到吸附架桥作用。

二、水的混凝处理

（一）混凝原理

水中有些悬浮物，在水的流速很慢或静置的情况下会自行沉降下来。但各种悬浮物沉降的速度不一，这与悬浮物的性质有关，特别是和其颗粒大小有关。颗粒越小，沉降越慢；当颗粒尺寸处于胶体范围时，实际上颗粒已不会自行沉降。天然水中悬浮物的颗粒是各种大小不一的混杂物，只用自然沉降法不能除尽水中的悬浮物；只用普通的过滤法也不能除去胶体。实际上经常采用的方法，是在混凝处理后再进行过滤。

混凝处理就是向水中投加一种名为混凝剂的化学药品，这种药品在水中会促使微小的颗粒变成大颗粒而快速下沉。我国用明矾来澄清水，已有几千年的历史，这就是一种混凝处理。

常用的混凝剂有铝盐和铁盐两类。现以混凝剂硫酸铝［$Al_2(SO_4)_3$］为例说明混凝过程。当硫酸铝投入水中后，首先发生的是它的电离和水解，结果生成氢氧化铝。

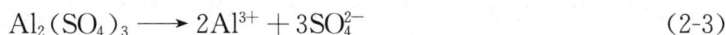

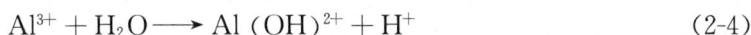

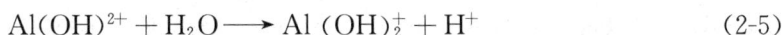

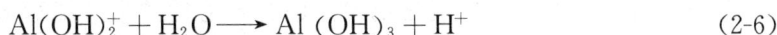

$$Al_2(SO_4)_3 \longrightarrow 2Al^{3+} + 3SO_4^{2-} \tag{2-3}$$

$$Al^{3+} + H_2O \longrightarrow Al(OH)^{2+} + H^+ \tag{2-4}$$

$$Al(OH)^{2+} + H_2O \longrightarrow Al(OH)_2^+ + H^+ \tag{2-5}$$

$$Al(OH)_2^+ + H_2O \longrightarrow Al(OH)_3 + H^+ \tag{2-6}$$

电离和水解过程很快，通常在 30s 内就完成了。

氢氧化铝是溶解度很小的化合物，它从水中析出时形成胶体。这些胶体在近于中性的天然水中带正电荷。随后，它们在负离子（如 SO_4^{2-}）的作用下渐渐凝聚成粗大的絮状物（通常称为凝絮或矾花），然后在重力的作用下沉降。这是用铝盐处理时它本身所发生的变化。

氢氧化铝胶体、悬浮物和生水中天然胶体之间的关系，大致如图 2-5 所示。氢氧化铝胶体会吸附天然胶体，此时，有可能发生正负电荷胶体之间的电中和现象，压缩双电层，降低 ζ 电位，减少胶体颗粒之间的斥力，使颗粒之间发生碰撞而凝聚。由于氢氧化铝胶体的表面积大，吸附能力强，还可通过与水中脱稳的胶体颗粒发生吸附，结成长链或形成网状沉淀物，起架桥作用。这些网状物在下沉的过程中起网捕作用，它们包裹着悬浮物和一些水分，形成絮状物（凝絮）的共同沉降。由此可见，用硫酸铝处理水是一种较复杂的过程，常常伴有各种聚沉反应，故称为混凝处理。

图 2-5 凝絮的形成
1—架桥（氢氧化铝）；2—悬浮物；
3—自然胶体

硫酸铝混凝过程中也可能有 Al^{3+} 对天然胶体扩散层的压缩作用，但因 Al^{3+} 在水中存在的时间极短，所以这不是混凝的主要反应。

（二）影响混凝处理效果的因素

混凝处理的目的是除去水中的胶体、悬浮物和部分有机物，所以，常以生成絮状物的大小、沉降速度的快慢以及水中胶体和悬浮物残留量的多少来评价水的混凝效果。因为混凝处理包括电离、水解、形成胶体、吸附和聚沉等许多过程，所以影响混凝效果的因素很多。现以铝盐作混凝剂为例，讨论各种因素的影响。

1. 水温

水温对混凝处理效果有明显影响，低温水是水处理中较难解决的一个问题。高价金属盐类的混凝剂，其水解反应是吸热反应，水温低时，混凝剂水解更加困难，特别是当水温低于 5℃时，水解速率极其缓慢，形成的絮状物结构疏松，含水多，颗粒细小；水温低时，水的黏度大，水流的剪切力大，使絮状物不易长大，已长大的絮状物也可能被水流切碎；水温低时，胶体颗粒的溶剂化作用增强，形成絮状物的时间长，沉降速度小。

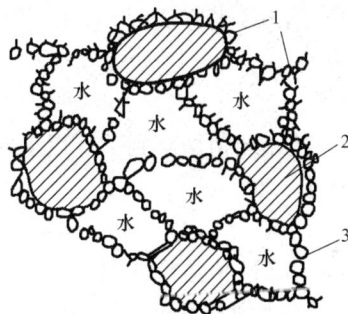

在电厂水处理中，可以利用锅炉连续排污的余热对补给水进行加热，以提高混凝处理的效果；也可增加投药量或投加高分子助凝剂，来改善混凝处理效果。不同混凝剂受温度的影响是不同的。用硫酸铝对天然水进行混凝时，最优水温为 $25 \sim 30 ℃$。用铁盐作混凝剂时，水温对混凝效果的影响不大。

2. 水的 pH 值

天然水中加入 $Al_2(SO_4)_3$ 后，由于 $Al_2(SO_4)_3$ 属于强酸弱碱盐，铝离子水解后释放出 H^+，水的 pH 值会稍有降低。不同 pH 值下会产生不同的水解产物，当 pH＜4.0 时，水解受到抑制，水中存在的主要是 Al^{3+}；当 pH＝4～5 时，水中出现 $[Al(OH)]^{2+}$、$[Al(OH)_2]^+$ 以及少量的 $Al(OH)_3$；当 pH＝7～8 时，水中主要是中性的 $Al(OH)_3$ 沉淀物；当 pH＝8～9 时，氢氧化铝被溶解为可溶性的带负电荷的络合阴离子。所以，在某一 pH 值条件下，可能有几种不同形态的水解中间产物同时存在，只是各自所占的比例不同，其值与化学平衡常数有关。所以水的 pH 值对混凝过程的影响非常大，而且它的影响是多方面的。

(1) pH 值对 $Al(OH)_3$ 溶解度的影响。$Al(OH)_3$ 是典型的两性氢氧化物，水的 pH 值太高或太低都会促使其溶解，使水中残留的铝含量增加。

1) 当 pH 值降低到 5.5 以下时，$Al(OH)_3$ 就明显地呈碱性，使水中 Al^{3+} 含量增多。反应式为

$$Al(OH)_3 + 3H^+ \longrightarrow Al^{3+} + 3H_2O \tag{2-7}$$

2) 当 pH 值增高到 7.5 以上时，$Al(OH)_3$ 表现为酸性，使水中出现偏铝酸根（AlO_2^-）。反应式为

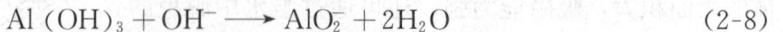

$$Al(OH)_3 + OH^- \longrightarrow AlO_2^- + 2H_2O \tag{2-8}$$

3) 当 pH 值达到 9 以上时，$Al(OH)_3$ 溶解度迅速增大，最后成为铝酸盐溶液。

4) 当水中有 SO_4^{2-} 时，在 pH＝5～7 的范围内，沉淀物中有溶解度很小的碱式硫酸盐。在该范围内，pH 值偏高时，碱式硫酸盐为 $Al_2(OH)_4SO_4$ 形态；pH 值偏低时，呈 $Al(OH)SO_4$ 形态。

(2) pH 值对氢氧化铝胶粒电荷的影响。胶粒在水溶液中所带的电荷和水中离子的组成有关，特别是氢离子浓度，在 5＜pH＜8 时，胶粒带正电。在 pH＜5 时，胶粒因吸附 SO_4^{2-} 而带负电；当 pH 值在 8 附近时，以中性氢氧化物的形态存在，因而最容易沉淀下来。

(3) pH 值对水中有机物的影响。水中的有机物如腐殖质，当 pH 值低时为带负电的腐殖酸胶体，此时易于用混凝剂除去；当 pH 值高时，为溶解性的腐殖酸盐，去除效果较差。用铝盐作混凝剂去除腐殖质最适宜的 pH 值为 6.0～6.5。

(4) pH 值对胶体凝聚速度的影响。胶体的凝聚速度和 ζ 电位有关，ζ 电位的数值越小，胶粒间的斥力越弱，因此其凝聚速度越快。当 ζ 电位为零（即达到等电位点）时，其凝聚速度最大。由两性化合物形成的胶体，其 ζ 电位和等电位点，主要决定于水的 pH 值。氢氧化铝和组成天然水中胶体的腐殖质、黏土，都具有两性，所以 pH 值是影响凝聚速度的重要因素。

由于上述原因，对于一种具体的水质，进行混凝处理的最优 pH 值目前尚无法进行精确计算，只有通过实验来确定。不同的水质，最优的 pH 值不相同；即使是同一水质，在不同的季节，其最优 pH 值也会改变。用铝盐作混凝剂时，最优 pH 值一般介于 6.5～7.5 之间。

具体控制中，当原水浊度较小、混凝剂加入量较少时，水中天然胶体主要依靠它本身的凝聚过程而析出，故宜用稍低的 pH 值，因为此时氢氧化铝胶体带的正电荷量较大，有利于中和天然胶体的负电荷，降低其 ζ 电位；当原水浊度较大、加药量较多时，主要是使混凝剂本身所形成的氢氧化铝胶体更好地凝聚，而水中的悬浮物和天然胶体的去除，则是依靠氢氧化铝胶体的吸附作用，因为 pH 值控制在 8 左右时氢氧化铝最易沉淀下来，所以 pH 值控制在 8 附近最合适。

如果原水的碱度太低，在混凝处理时不足以抵消混凝剂水解所产生的酸性，就会使加药后水的 pH 值低于最优值。这时可以用添加碱的办法调节水的 pH 值。一般添加的碱有烧碱、纯碱或石灰。但在实际工程应用中，由于天然水多呈中性，较少看到混凝处理时通过加酸或碱调整 pH 值。

3. 混凝剂剂量

混凝剂的加入量也是影响混凝效果的重要因素。当混凝剂加入量不足时，不能起到完全脱稳作用，出水中的剩余浊度较大；当混凝剂加入量过大时，由于水中的胶体颗粒吸附了过量的混凝剂，引起胶体颗粒电性变号，发生再稳定现象，出水中的剩余浊度重新增加；只有当混凝剂加入量适当时，才能起到良好的脱稳作用，使出水剩余浊度降低，混凝效果最好。

混凝过程不是一种单纯的化学反应，故所需加药量不能根据计算来确定，应根据不同的情况，通过试验求得最优加药量。以试验结果为参考，在运行中再根据实际处理效果加以调整。用不同混凝剂处理天然水的最优加药量一般为 0.1～0.5mmol/L，如用 $Al_2(SO_4)_3 \cdot 18H_2O$，则相当于 10～50mg/L。

4. 水和混凝剂的混合速度

水和混凝剂的混合速度关系到混凝剂在水中分布的均匀性和胶体颗粒间碰撞的机会，它是影响混凝过程的一个重要因素。搅拌速度，最好由快转慢。在水中刚加入混凝剂时，需要通过快速搅拌使混凝剂迅速均匀地扩散到水的各个部位，以生成大量均匀的氢氧化物胶体，使水中胶体颗粒与混凝剂接触机会增加，利于除去所有悬浮杂质和胶体杂质；一旦凝絮形成，搅拌的速度就不宜过快，否则凝絮将不易长大，甚至有可能将已形成的凝絮打碎，而破坏凝聚。

5. 水中杂质

水中反离子是影响胶体凝聚的一类杂质。当用 $Al_2(SO_4)_3$ 作为混凝剂时，生成的 $Al(OH)_3$ 胶体常带正电荷，故阴离子是影响此种胶体凝聚的杂质。当水中含有大量 HCO_3^-、SO_4^{2-}、Cl^- 等阴离子时，都会使混凝效果恶化，只有当它们的量适中时效果较好。但阴离子对混凝的影响情况很复杂，现在还不能完全掌握其规律。

当天然水中含有大量分子较大的有机物（如腐殖质）时，它们会吸附在胶体的表面上，起到保护胶体的作用，使胶粒之间不容易聚集，结果使混凝的效果变差。在这种情况下，可以用加氯或加臭氧的办法，来破坏这些有机物。

6. 接触介质

当进行混凝或其他沉淀处理时，如在水中保持一定数量新鲜的泥渣充当接触介质，则可以使沉淀过程更完全，沉淀速度加快。新鲜的泥渣层具有很大的表面积和表面活性，其表面能够吸附微小的胶体颗粒，同时还具有催化以及结晶核心的作用。所以现在的混凝及沉淀设备等，大都设计成有泥渣层的运行方式。

三、混凝剂

（一）混凝剂

可用作混凝剂的化合物有多种。常见的混凝剂是一些含有高价阳离子的无机盐类。

1. 铝盐

可用作混凝剂的铝盐有多种，如硫酸铝 $[Al_2(SO_4)_3 \cdot 18H_2O]$、明矾 $[Al_2(SO_4)_3 \cdot K_2SO_4 \cdot 24H_2O]$、铝酸钠（或称偏铝酸钠 $NaAlO_2$）、聚合铝等。在电厂水处理系统中，常用的混凝剂是硫酸铝和聚合铝，因为它们的铝含量比明矾高。

用作水处理剂的硫酸铝有固体和液体两种产品，分子式可表示为 $Al_2(SO_4)_3 \cdot xH_2O$，分子量为342.15[以 $Al_2(SO_4)_3$ 计]。固体产品外观为白色或微带灰色的粒状或块状，液体产品外观呈微绿色或微灰黄色。其水溶液呈酸性，腐蚀性很强。在硫酸铝的工业产品中，常含有少量游离的 H_2SO_4。

当硫酸铝用于不同的水处理目的时，其最优 pH 值范围有所不同。当主要用于除去水中的有机物时，应使 pH＝4.0～7.0；当主要用于除去水中的悬浮物时，应使水的 pH＝5.7～7.8；当处理浊度高、色度低的水时，应使水的 pH 值＝6.0～7.8。

硫酸铝虽然是一种广泛采用的混凝剂，但毕竟会受到水解中间产物种类及所占比例的限制，很难对各种水质和处理条件都产生理想的效果。

聚合铝是一类化合物的总称，在这类化合物中包含有 $Al(OH)_3$ 聚合成的无机高分子和其他组成物。水处理工艺中常用的聚合铝属于聚氯化铝（简称 PAC），它是一种由碱式氯化铝聚合而成的无机高分子化合物。它的化学式可以表示成碱式盐 [称为碱式氯化铝 $Al_n(OH)_mCl_{3n-m}$] 或聚合物 {称为聚氯化铝 $[Al_2(OH)_nCl_{6-n}]_m$}，其中 $n=1～5$，m 则为小于 10 的整数。也可以按其所含羟基和氯离子的比值来表示，例如 $Al_2(OH)_5Cl$。

聚合铝是在一定温度和一定压力下，用碱和氧化铝制取的一类聚合物。因此，聚合物中 $[OH^-]$ 与 $[1/3Al^{3+}]$ 的相对比值可在一定程度上反映它的成分，这个比值称为碱化度 B，表示它们浓度的百分比，即

$$B = \frac{[OH^-]}{\left[\frac{1}{3}Al^{3+}\right]} \times 100\% \tag{2-9}$$

式中 $[OH^-]$——聚合铝中 OH^- 的浓度，mol/L；

       $\left[\frac{1}{3}Al^{3+}\right]$——聚合铝中 $\frac{1}{3}Al^{3+}$ 的浓度，mol/L。

碱化度是聚合氯化铝的一个重要指标，它对该混凝剂的影响是：碱化度在 30% 以下时，混凝剂全部由小分子构成，混凝能力低；随着碱化度的上升，胶性增大，混凝能力上升。碱化度越高，越有利于吸附架桥凝聚，但碱化度越高越容易生成氢氧化铝的沉淀物。目前生产的聚合铝，碱化度一般控制在 45%～85%。市售的聚合铝有固体和液体两种。固体外观为无色、淡灰色或淡黄色、棕褐色晶粒或粉末；液体外观呈无色、淡灰色、淡黄色、棕褐色，为透明或半透明液体，无沉淀。

由于聚合铝加到水中时可直接形成高效能的聚合离子，不需要水解和聚合反应，因此能适应各种水质和处理条件，产生比较理想的处理效果。

聚合铝与硫酸铝相比有以下优点：

（1）适用范围广。对于低浊度水、高浊度水、高色度水和某些工业废水等，都有优良的

混凝效果。

（2）用量少。按 Al_2O_3 计，其用量只相当于硫酸铝的 1/3 左右。

（3）操作容易。一般 pH 值为 7~8 都可取得良好的效果，低温时效果仍稳定。

（4）形成絮凝物的速度快，而且密实易沉降。

（5）腐蚀性小，即使过量投加也不会使水质恶化。

2. 铁盐

常用作混凝剂的铁盐一般为硫酸亚铁（$FeSO_4 \cdot 7H_2O$），此外也可用三氯化铁（$FeCl_3 \cdot 6H_2O$）和硫酸铁 $[Fe_2(SO_4)_3]$、聚合硫酸铁等，其中以硫酸亚铁和聚合硫酸铁应用广泛。

硫酸亚铁又名绿矾，是一种绿色透明的晶体。在空气中，由于常有一些 Fe^{2+} 氧化成 Fe^{3+} 而带棕色。硫酸亚铁易溶于水，水溶液呈酸性，有较强的腐蚀性。

用铁盐作混凝剂时，其水解、胶体的形成和混凝等过程和铝盐相似。但当用 $FeSO_4 \cdot 7H_2O$ 时，电解出来的 Fe^{2+} 只能生成比较简单的单核络合离子，混凝效果不如 Fe^{3+}，而且水解产生的 $Fe(OH)_2$ 溶解度较大，混凝效果不好，所以必须在混凝过程中将 Fe^{2+} 氧化成 Fe^{3+}。通常有两种氧化方法：

（1）调节水的 pH 值到 8.5 以上。在此条件下，Fe^{2+} 易于被水中的溶解氧氧化成 Fe^{3+}。当 pH 值较低时，完成此过程的速度缓慢，不切实际。为此常与石灰沉淀联合处理，提高水的 pH 值，加速 Fe^{2+} 氧化成 Fe^{3+}。

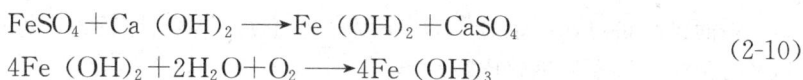

$$FeSO_4 + Ca(OH)_2 \longrightarrow Fe(OH)_2 + CaSO_4$$
$$4Fe(OH)_2 + 2H_2O + O_2 \longrightarrow 4Fe(OH)_3 \tag{2-10}$$

（2）加入氧化剂（如氯或漂白粉）进行强制氧化。

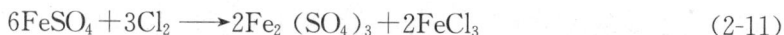

$$6FeSO_4 + 3Cl_2 \longrightarrow 2Fe_2(SO_4)_3 + 2FeCl_3 \tag{2-11}$$

在混凝过程中，铁盐生成的氢氧化铁胶休带正电，当用硫酸盐作混凝剂时，形成胶团的结构为

$$[mFe(OH)_3 \cdot 2nFe^{3+} \cdot (3n-p)SO_4^{2-}]^{2p+} pSO_4^{2-}$$

氢氧化铁也是两性的氢氧化物，但其碱性强于酸性，只有当 pH 值很高时才起酸的作用。当 pH<3 时，其中铁成 Fe^{3+} 而溶解。所以铁盐所适用的 pH 值范围很广，可为 4~10，但只有当 pH 值高于 9 时，残留的铁含量才非常小。

与铝盐相比，铁盐生成的絮凝物密度大，沉降速度快，最优 pH 值范围宽；混凝效果受温度的影响比铝盐小；一旦运行不正常，出水中的铁离子会使水带色；当 pH>6.0 时，Fe^{3+} 会和腐殖酸生成不沉淀的有色化合物。所以铁盐不适合作为处理带有有机物的水的混凝剂。将铁盐与铝盐联合使用，有利于处理低温水。

三氯化铁是以铁屑为原料经氯化制成的，产品可以是无水氯化铁或氯化铁溶液。固体三氯化铁吸水性很强，易溶于水，具有很强的腐蚀性。在水处理中采用的三氯化铁有两种型号：Ⅰ型为无水氯化铁，为外观呈褐绿色的晶体；Ⅱ型为红棕色液体。

三氯化铁与硫酸亚铁一样，形成的絮凝物密度大，沉降性能好，对低温水、低浊度水的混凝效果比铝盐好。三氯化铁加入水中后与天然水中的碱度反应，形成氢氧化铁胶体，化学反应式为

$$2FeCl_3 + 3Ca(HCO_3)_2 \longrightarrow 2Fe(OH)_3 + 3CaCl_2 + 6CO_2 \tag{2-12}$$

氯化铁不存在 Fe^{2+} 向 Fe^{3+} 转化的过程，其混凝效果优于硫酸亚铁，当水中碱度不足时，可考虑与石灰处理联合使用。

聚合铁混凝剂有聚合氯化铁和聚合硫酸铁两种。前者与聚合氯化铝相似，是在一定温度和压力下用碱中和氯化铁溶液制成的，分子表达式为 $[Fe_2 (OH)_n Cl_{6-n}]_m$；后者是以硫酸亚铁和硫酸为原料，以亚硝酸钠为催化剂，用纯氧作氧化剂，在高压反应釜中缩合制成，分子表达式为 $[Fe_2 (OH)_n (SO_4)_{3-n/2}]_m$。同样，聚合物中 $[OH^-]$ 与 $[1/3Fe^{3+}]$ 的相对比值称为碱化度。

目前在水处理中，多采用聚合硫酸铁。聚合硫酸铁产品按状态分为 I 型和 II 型。I 型为液体，为外观呈红褐色的黏稠透明液体，相对密度为 $1.45\sim1.50$，碱化度在 $8\%\sim14\%$ 之间；II 型为固体，为外观呈淡黄色的无定形固体粉末。

聚合硫酸铁有以下优点：适应原水浊度变化范围（$60\sim225mg/L$）比较宽，在投药量为 $9.4\sim22.5g/m^3$ 的情况下，均可使澄清水浊度达到饮用水标准；原水经聚合硫酸铁处理后，pH 值变化小，既能符合国家饮用水规定（$6.5\sim8.5$）的标准，也能满足锅炉补给水的要求；对原水中溶解性铁的去除率可达 $97\%\sim99\%$，在设备运行正常的情况下，不会发生混凝剂本身铁离子后移的现象；药剂用量少。由运行经验得知，聚合硫酸铁的混凝能力强，除色和除有机物的效果优于一般铁盐，对于低温和低浊度水，也能取得良好效果。聚合硫酸铁无毒，经处理后的水中未发现有铁残留量过高的现象。

3. 铁、铝盐

前面已经讲过，用铝盐作为混凝剂，受温度的影响比较大，每当冬季水温低时，生水如不经过预热，混凝处理就比较困难。

如果单用 $FeCl_3 \cdot 6H_2O$ 作混凝剂，则在大块凝絮沉淀完成后，水中还会在长时间内残留有微小的氢氧化铁凝絮，而当混合使用 $FeCl_3$ 和 $Al_2 (SO_4)_3$（两者之比不超过 $1:1$）时，凝絮均匀、沉淀完全，因此滤池的负担轻，工作周期长。

为了克服这些困难，可以采用铁盐、铝盐作混合处理，即先后加入氯化铁和硫酸铝。$FeCl_3$ 和 $Al_2 (SO_4)_3$ 加入量的比例，一般取 $1:1$（以无水化合物的重量计）。在用这种方法处理时，氢氧化铝被氢氧化铁吸附，共同形成凝聚并沉淀，所以净化效果主要决定于氢氧化铁。因而它保持有用铁盐作混凝剂的优点，如适用于低温和凝絮的沉降速度较快等。用这种净化方法一般不会在过滤时在滤层中产生淤积物，因为其凝絮的形成和沉降过程在过滤前就基本上结束了。

4. 镁盐

氢氧化镁 $[Mg (OH)_2]$ 和氢氧化铝 $[Al (OH)_3]$ 相似，在水中也会形成含水量很多的黏性沉淀物，所以它同样起混凝作用。

用镁盐作混凝剂时，pH 值应高于 10.5，在这样的条件下，才会形成 $Mg (OH)_2$ 的黏性沉淀物，使用时一般需加石灰。用镁盐作混凝剂的一个优点是可以直接利用天然水中的 Mg^{2+}，因此，只要天然水中镁含量合适就无需另加。

（二）电化学混凝

采用化学混凝处理时，需向水中投加混凝剂如 $Al_2 (SO_4)_3$、$FeSO_4$ 和 $FeCl_3$ 等，从而使水中 SO_4^{2-}、Cl^- 含量增加，给后续阴离子交换器增加了负担。此外，用铝盐处理低温水和低浊水的效果也不好。因此在 20 世纪 60 年代，国外有些电厂开始用电混凝的方法取代传统的化学混凝。

电混凝的过程是，将金属铝或铁作为电极置于被处理水中，然后通以直流电，此时阳电极会进行电化学溶解，溶解下来的 Al^{3+} 或 Fe^{3+} 起的作用与化学混凝基本相同。

在电化学混凝过程中，将电化学过程中金属的实际溶解量 W_1 和理论溶解量 W_2 的百分比 β 称为电流效率，即

$$\beta = \frac{W_1}{W_2} \times 100\% \tag{2-13}$$

影响电化学溶解的因素有多种，现分述如下：

（1）水的温度。在电化学混凝过程中，当温度由 2℃ 升高到 30℃ 时，铝阳电极的溶解量明显增大，电流效率 β 平均增大 8%。如再升高温度，溶解量的增大速度会减慢。

（2）水的 pH 值。在酸性和碱性介质中，铝阳极的电流效率比在中性介质中大，特别是在碱性介质中。例如，pH 值由 7 增至 12，β 增大 25.2%。实践表明，用电混凝法处理地表水时，在 pH=3～10 范围内，都可获得良好的效果。

（3）电流密度。在一定的温度下，铝电化学溶解的电流效率随电流密度的增大而增大。当电流密度增大到 $2mA/cm^2$ 以上时，在两极上会有大量氢气泡析出。此时，$Al(OH)_3$ 会黏着在气泡上，形成气泡和凝聚的疏松集合体，浮在水层表面。为此，电流密度不宜太大。

（4）水中离子的组成。铝阳极的电流效率与水中常见阴离子 Cl^-、SO_4^{2-} 和 HCO_3^- 的含量有关。大致情况为，对于碳酸盐型水来说，随 Cl^- 含量的增加，电流效率增大；随 SO_4^{2-} 含量的增加，电流效率下降。

电化学混凝的优点为：凝絮的形成速度快且牢固，不受 pH 值影响。缺点是电能消耗大。为此，常常在水中加入少量硫酸铝后再通电，这样可以保留其优点而降低耗电量。

电化学混凝装置的运行参考数据为：电流密度为 $2mA/cm^2$ 和 Al^{3+} 剂量为 3mg/L。电混凝处理效果大致为：出水浊度小于 10mg/L，色度降低 80%，总硬度降低 15%～20%，铁含量降低 60%，硅含量降低 70%，溶解氧降低 50%。

在电混凝设备的运行过程中，电极表面会生成沉淀物。为了消除这些沉淀物，可定期倒换正负电极，也可设置可移动的刷子，清除这些沉淀物。

（三）混凝辅助剂

在进行混凝处理时，为了提高其效果，有时需要添加些辅助药剂，这种混凝辅助剂称为助凝剂。例如，前面提到的，用来调节 pH 值的酸、碱和用来氧化亚铁离子（Fe^{2+}）的氯，都属于混凝辅助剂。

此外，还有用来加快凝絮过程和增加凝絮牢固性的混凝助凝剂。助凝剂本身不起混凝作用，而是充当凝絮的骨架材料。过去，常用的助凝剂为活性二氧化硅。它是用水玻璃加酸（常用硫酸）的方法制取的。制得的溶液在放置几小时以后，便变成凝胶，失去助凝能力，所以不易贮存。因为活性二氧化硅的制备工艺较复杂，且可能出现在运行异常时增加水中二氧化硅含量的危险，所以现在火力发电厂水处理中都不用它作助凝剂。

除活性硅酸外，膨润土也可以用作助凝剂。膨润土是一种黏土，用作助凝剂的产品是能通过 200 目筛孔的膨润土细末。使用时，应先使它吸水成胶状，搅拌均匀后投加。另外，沉淀池中的污泥也可用作助凝剂，可以将污泥稀释到一定浓度后加至原水中，再用混凝剂进行混凝处理。

（四）有机高分子絮凝剂

在早期的水处理中，曾使用过一些天然的聚合物作为助凝剂，如明胶、骨胶和藻酸钠等，但近些年来人工合成了许多有机高分子絮凝剂，它们作为助凝剂与铝盐或铁盐等无机混凝剂联合使用，可获得良好的效果，目前也单独作为混凝剂使用。这类絮凝剂大都是水溶性的聚合物，分子有的呈链状，有的呈不同程度的枝状；有的只含有一种化学单体，有的含有两种或三种不同的化学单体。由于单体的数目不同，分子量也不同。一般分子量由数千到数百万，为各单体分子量之和。

这种高分子聚合物作混凝剂使用时，有两种作用：一是离子性作用，即利用离子性基团的电荷进行电中和起凝聚作用；二是利用高分子聚合物的链状结构，借助吸附架桥起凝聚作用。

用作有机高分子絮凝剂的化合物必须是线形或带枝节的线形聚合物。有机高分子絮凝剂在水中可电离，是一种高分子聚合电解质。根据其电离后聚合离子所带电荷性质的不同，可分为阳离子型、阴离子型和非离子型三类。按照其高分子的组成，又可分为聚乙烯、聚酰胺、聚胺和聚丙烯等型。典型的有机高分子絮凝剂见表2-1。

表 2-1　　　　　　　　　　　　　　　　有机高分子絮凝剂

阳离子型	阴离子型	非离子型
聚二烯丙基二甲基胺 （PDADMA）	聚丙烯酸（PAA） 水解聚丙烯酰胺（HPAM）	聚丙烯酰胺（PAM）

阳离子型高分子聚合电解质，在水中电离后，高分子链节上带有许多正电荷，所以叫阳离子型聚合电解质。它对天然水体中带负电荷的胶体颗粒主要起电性中和、压缩双电层和吸附架桥作用。因此，它适应的pH值范围较宽，对大多数水质都有效。

阴离子型高分子聚合电解质，在水中电离后，高分子的链节上带有许多负电荷，所以叫阴离子型聚合电解质。它对天然水体中带负电荷的胶体颗粒主要起吸附架桥作用。

非离子型高分子聚合电解质是一种没有解离基团的高分子化合物，主要起吸附架桥作用，适宜的pH值范围也比较宽。目前使用较多的聚丙烯酰胺（PAM）就是一种典型的非离子型絮凝刑。

有机高分子絮凝剂的水净化作用机理主要是吸附与架桥，生成沉淀性能优良的絮凝体，故也称为絮凝剂。影响絮凝效果的因素主要是高分子在溶液中的形态和絮凝剂高分子在溶液中的伸展状态。用作絮凝剂的线形高分子应有足够的长度，此长度应在200nm以上，因为当胶体微粒未脱稳或未完全脱稳时，两个微粒不可能接近到某一距离，所以高分子的链长必须大于该距离。高分子的各个链节应当尽量伸展。当高分子卷曲时，除了其作用范围缩小外，还会因吸附位被掩盖在卷曲分子的内部，而降低与水中胶体的作用力，这些都不利于絮凝过程。

聚合物高分子在溶液中伸展的情况主要决定于链上的电荷，而这个电荷与聚合物的水解状态有关。在同一高分子链上，如沿着其长度带有许多同号电荷，则由于它们之间有相斥的力，分子将伸展开来；如有异号电荷，则由于有吸引力，分子将卷曲。例如，未水解的聚丙烯酰胺分子中有少量—$CONH_3^+$基团而呈弱阳性，分子稍有伸展。当酰胺基进行水解时，生成的羧基会电离出带负电的—COO^-。在水解度不大的情况下（例如水解为10%时），会因正负电荷相吸，分子卷曲，导致它的絮凝能力降低。但当水解度增加到超过等电点时，则成为以负电荷为主的分子链，水解度越大，负电荷越多。当水解度达 33％时，负电荷间的斥力使分子链大为伸展，此时，可以取得良好的絮凝效果。如果水解度再增大，则随着负电荷的增多，分子虽更加伸展，但由于溶液中胶体负电荷与絮凝剂负电荷之间的斥力也增大，会发生絮凝作用减弱的现象。

在我国，使用最广的有机高分子絮凝剂为聚丙烯酰胺（常称三号絮凝剂）。其商品为白色粉剂和无色或淡黄色胶状物两种，粉剂含聚丙烯酰胺 80％，胶状物含聚丙烯酰胺 8％~9％。

聚丙烯酰胺常作为助凝剂，与其他混凝剂一起使用。对于低浊度水，其他混凝剂的投药点宜在前，使杂质颗粒先行脱稳，待水流约经 30s 后加聚丙烯酰胺，以产生絮凝作用；水浊度较高时，宜先加聚丙烯酰胺，使它能充分发挥吸附作用，后加其他混凝剂，使其余胶粒脱稳和絮凝。

在使用有机高分子絮凝剂时，搅拌速度不宜过快，否则会打碎絮凝体，使高分子链折回到已被吸附胶体的另一吸附位上，从而起不到架桥作用。加药量过多，会使一个胶体上吸附几个高分子，起再稳定作用。有机高分子絮凝剂的最优加药量应通过试验求得。聚丙烯酰胺的投加量一般不超过 1mg/L。

在商品聚丙烯酰胺中含有少量未聚合的丙烯酰胺单体。这种单体是有毒的，我国规定饮用水中单体丙烯酰胺的最高容许含量为 0.01mg/L。在价格方面，有机高分子絮凝剂较贵，这些都影响到推广。

高分子聚合电解质与铁盐和铝盐相比，有以下特点：因为这类化合物是人工合成的产物，它可根据人们的意图改变其分子量、分子结构及电荷密度等，所以它的药剂用量应该更低，适应的水质范围也应该更宽；由于这类化合物易受水的 pH 值及离子强度的影响，所以水的 pH 值、水中离子浓度、种类及使用方法都影响混凝效果。一般来说，阳离子型适用于 pH 值较低的水质，阴离子型适用于 pH 值较高的水质，非离子型受 pH 值影响很小。

四、混凝试验

对于某种具体的水质，如何选用混凝剂和最优混凝条件等问题，目前还不能从理论上解决，需要通过试验来寻找答案。模拟试验的内容一般只需确定最优加药量和 pH 值。在电厂水处理中，往往以出水残留浊度及硅化合物和有机物的去除率判断混凝效果的好坏。

模拟试验的设备目前大都采用定时变速搅拌机，搅拌机叶片的旋转速度可以在 25~160r/min 内变化。由于水样是在完全相同的条件下进行混凝的，所以可由混凝效果的差异，确定最优加药量。

确定最优加药量的方法如下：

（1）测定原水的浊度、pH 值、温度。

（2）在每一个 1000mL 的烧杯中，分别加入代表性水样 1000mL，将烧杯放入搅拌机中，并与叶片位置相适应。

（3）在各个烧杯中，同时加入不同的混凝剂量。即开动搅拌机，待旋转速度在 160r/min 稳定后，转动加药柄，同时向各烧杯中倾注混凝溶液，2min 后，搅拌机转速降至 40r/min，持续 20min 后停止。

（4）从倾注混凝剂开始，注意观察各个烧杯产生絮凝物（矾花）的时间、大小及疏密程度。

(5) 搅拌结束后，轻轻提起搅拌机叶片，使水样静止沉降 20min，观察矾花沉降情况。

(6) 在各烧杯水面下 1.5cm 处取水样，测定各水样的残留浊度、硅化合物和有机物，计算去除率，画出加药量与去除率的关系曲线，通过分析确定最优加药量。

在实际设备投运时，还需根据出水水质对最优加药量进行调整，同时确定其他最优混凝条件，如污泥沉降比、水力负荷变化速度、最高设备出力、最低设备出力、最佳水温等。

【例 2-1】 求取硫酸铝的最优加药量。此时，对于加药量以外的其他运行条件，可按实际情况或一般经验选取。温度按给定的实际水温，搅拌情况为先是 2min 以 160r/min 的快速搅拌，后是 20min 以 40r/min 的慢速搅拌。

解 根据一般经验，将加药量范围暂定为 $10 \sim 60mg/L$ $Al_2(SO_4)_3$。可以按等间隔的方法定出 6 个试验，它们的加药量分别为 10、20、30、40、50、60mg/L；也可按 0.618 的优选法定出 4 个加药量分别为 10、29、41、60mg/L。

测量开始出现凝絮的时间，凝絮颗粒的大小，澄清所需的时间。必要时，还应对其他情况进行描述，如过滤后水的浊度和颜色，沉淀泥渣的量等。

$Al_2(SO_4)_3$ 混凝剂的试验结果见表 2-2。

表 2-2　　　　　　　　　　　　　　　$Al_2(SO_4)_3$ 混凝效果试验

烧杯号	原水	1	2	3	4
$Al_2(SO_4)_3$ 加药量（mg/L）		10	29	41	60
水温（℃）	20	20	20	20	20
pH 值	7.2	7.1	6.8	6.6	6.2
碱度（mmol/L）		2.4	2.2	2.0	1.9
出现凝絮时间（min）		不明显	2	1.5	2
凝絮粒度		烟雾状	中等粒度，密实	中等粒度，密实	大粒松散
凝絮沉淀情况		不易沉	10min 以内澄清	5min 以内澄清	10min 后水中仍有凝絮
小结		最差	优	最优	差

由表 2-2 可以看出，加药量在 $29 \sim 41mg/L$ 之间为最优。为了进一步求得更精确的数值，可以将加药量范围定为 $29 \sim 41mg/L$ 之间，再做一次试验，试验方法相同。经过这样的两次试验，一般都可获得比较满意的结果。

对于某些特殊的水质，譬如色度较高或含有较多有机物的水质，则在混凝处理时要用加酸或加碱的办法来调节水的 pH 值。此时，必须先做最优 pH 值的试验。

取若干份水样，加入不同量的酸或碱，然后在各水样中加入一定量的混凝剂［如 30mg/L $Al_2(SO_4)_3$］。试验方法相同，由此可找出最优 pH 值。然后，可进一步进行最优加药量试验。此时，在各烧杯中根据加药量的不同加入一定量的酸或碱，以保持其 pH 值为先前所求得的最优值。

五、混凝处理设备

（一）混凝剂的配制与计量设备

混凝剂的投加方式有两种：一种为干投法，它是按规定的投药量连续或间断地投入水中，一边计量，一边投加。干投法适用于干燥易溶的粉末状固体药剂，它虽有占地面积小的优点，但由于对药剂的粒度要求比较严格，投药量难于控制，所以目前在锅炉水处理中较少采用。另一种为湿投法，先将混凝剂在溶解池中溶解，然后在溶液箱内配制成一定的浓度，由计量设备进行定量投加。由于湿投法便于操作，目前采用较多。

1. 药剂的配制

溶解池的作用是将固体药剂溶解成浓溶液。为了加速溶解过程，在溶解池上需配制搅拌装置。目前采用的搅拌装置有机械搅拌、压缩空气搅拌、水泵搅拌或水力搅拌装置等。机械搅拌采用较广，它是由电动机驱动桨板或蜗轮搅拌溶液，促进药剂溶解。压缩空气搅拌就是向溶解池内通入压缩空气，由于水溶液中没有转动设备，维护工作量较小，但动力消耗大。水泵搅拌是通过水泵将水溶液从溶解池内抽出再送回溶解池进行循环，促使药剂溶解。水力搅拌是利

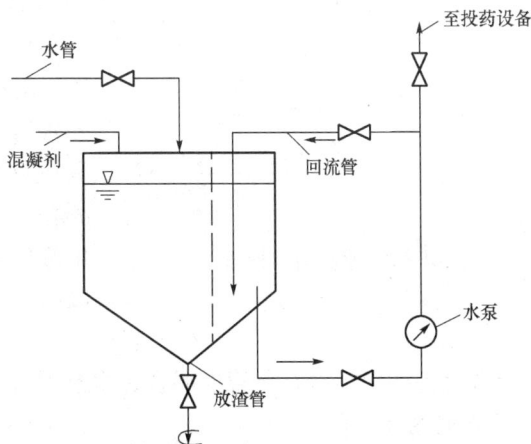

图 2-6　混凝剂的溶解与配制

用一股压力较高的水流冲动药剂促使溶解，所以水泵搅拌也是一种水力搅拌。由于水泵搅拌方式在溶解池内没有转动机械，所以在药剂用量不太大的火力发电厂采用较多，如图 2-6 所示。

将溶解完的浓溶液用泵打入溶液池，并在此配制所需要的浓度，一般为 5%～20%。当药剂用量不大时，可将药剂溶解池和溶液池合并为一个溶液计量箱，同时进行药剂溶解和配制两个过程。

2. 计量设备

药液必须通过计量设备投加，而且应能随时调节投药量。计量设备有多种，如活塞式计量泵、转子流量计、电磁流量计及孔口计量设备等。活塞泵可通过调节活塞的冲程或调节药液浓度调节投药量；孔口计量设备是药液通过浮球阀进入恒位水箱，箱中液位由浮球阀保持恒定，如图 2-7 所示。在恒定液位下 H 处接出液管，因作用水头 H 恒定，药液流量也恒定。因为这种计量设备的投药量是事先根据处理水量和水质条件调节好的，所以它不随运行条件而改变，故称定量投药设备。目前在电厂水处理中多采用活塞泵计量设备，它不仅计量准确，运行可靠，而且调节也很方便。

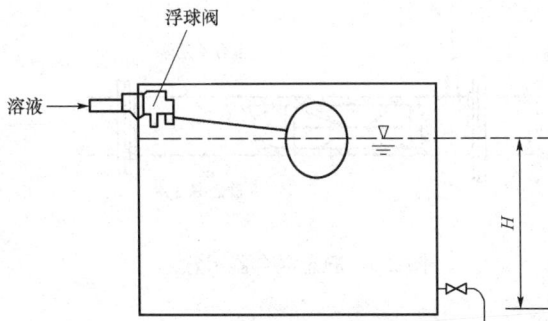

图 2-7　浮球阀定量投加设备

另外，还有采用高位重力投加或水力喷射器投加的。前者将溶液箱（计量箱）设置在澄清池上部，利用液位差产生的重力将混凝药液加入设备底部或进水管中。后者是利用高压水通过喷射器喷嘴时产生的真空抽吸作用，将药液吸入，并利用喷射器的扩压将药液注入原水

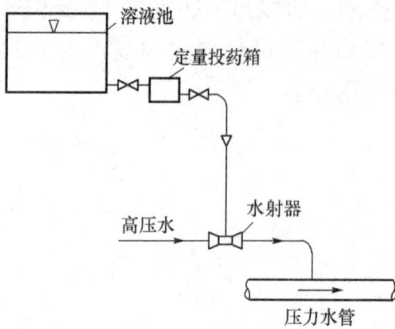

图 2-8　水喷射器投药

管道中。喷射器能量消耗大、易磨损，但使用方便、设备简单、维护工作量小，而且不受溶液池高度的限制。在电厂水处理中，喷射器多用于酸、碱液的配制，如图 2-8 所示。

（二）混合设备

混合设备的作用是让药剂迅速而且均匀地扩散到水流中，使形成的带电胶体颗粒与原水中的胶体颗粒及其他悬浮颗粒充分接触，形成许多微小的絮凝物（俗称小矾花）。因此，这一过程要求水流产生激烈的湍动，所需要的时间很短，一般在 2min 以内。为使水流产生湍流可利用水力或机械设备来完成。

混合设备种类很多，分管道混合、水泵混合、水力混合和机械混合等。

1. 管道混合

管道混合是将配制好的药液直接加到进入混凝沉降设备或絮凝池的管道中。因为它不需要设置另外的混合设备，布置比较简单，所以应用较多。为使药剂能与水迅速混合，加药管应伸入水管中，伸入距离一般为水管直径的 1/3～1/4。另外，管道混合时投药点至水管末端出口的距离应大于或等于 50 倍的水管直径，管道内的水流速度为 1.5～2.0m/s，投药后的管道内产生的水头损失 294～392Pa。

2. 水泵混合

水泵混合是一种机械混合，它是将药剂加至水泵吸水管中或吸水喇叭口处，利用水泵叶轮高速旋转产生的局部涡流，使水和药剂快速混合，它不仅混合效果好，而且不需要另外的机械设备，也是目前经常采用的一种混合方式。

管道混合与水泵混合都常用在靠近沉降澄清设备的场合，因为距离太长，容易在管道内形成絮凝物，导致在管道内沉积而堵塞管路。

3. 水力混合

水力混合是将药剂加至水流的旋涡区，利用激烈旋转的水流达到快速混合。"静态混合器"混合装置的结构如图 2-9 所示。

这种混合装置呈管状，接在待处理水的管路上，与管道混合类似。但在管内设计装设了若干

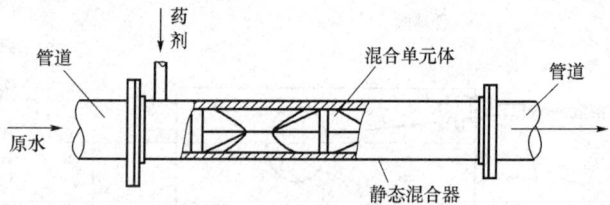

图 2-9　静态混合器示意

个固定混合单元，每一个混合单元由 2～3 块挡板按一定角度交叉组合而成，形式多种多样。当水流通过这些混合单元时被多次分割和转向，达到快速混合的目的。它有结构简单、安装方便等优点。

4. 机械混合

机械混合是利用电动机驱动桨板或螺旋器进行强烈混合，混合时间在 10～30s 以内。一般认为螺旋器的效果比桨板好，因为桨板容易使整个水流随桨板一起转动，混合效果较差。

（三）絮凝池

絮凝池也称反应池，它的作用是使失去稳定性的胶体颗粒或刚开始进行絮凝的小絮凝物，继续进行絮凝反应，最后形成大颗粒的絮凝物。絮凝池在水处理的工艺流程中被放在混合设备的后面，是完成混凝处理的最后设备。为了使絮凝反应顺利进行，也象混合设备一样对絮凝池内水流的搅拌强度和搅拌时间进行控制。絮凝池的形式也有许多种。下面介绍在净水处理中常见的几种。

1. 隔板式絮凝池

隔板式絮凝池是一种水力搅拌式反应池，主要借助水流转弯处的水头损失促使絮凝反应进行。为了使水流在隔板间产生有利于絮凝反应的紊流状态，有的将隔板做成折板状或波纹状，有的将隔板平行布置，有的交错布置，如图 2-10 所示。

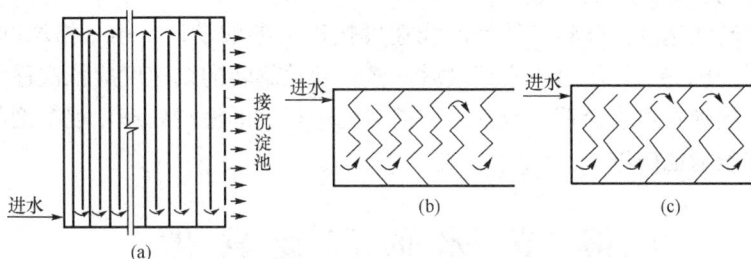

图 2-10　隔板式凝絮池

（a）往复隔板凝絮池；（b）平行布置的折板凝絮池；（c）交错布置的折板凝絮池

隔板絮凝池主要设计参数为

（1）隔板间（又称廊道）的水流速度。起始端一般为 $0.5\sim0.6\mathrm{m/s}$，末端一般为$0.15\sim0.2\mathrm{m/s}$。因此设计中将隔板间距从水流进口到出口逐渐加宽，池底相平；或者是使隔板间距保持不变，池底逐渐加深，以达到水流速度逐渐减小的目的。

（2）停留时间。水流在絮凝池中的停留时间一般为 $20\sim30\mathrm{min}$，对色度或有机物含量比较高的水，设计中取上限。

（3）隔板间距。从施工、清除淤泥及检修等方面考虑，隔板间距不宜小于 $0.5\mathrm{m}$。为便于排泥，池底应有 $0.02\sim0.03$ 的坡度，并设置排泥管道，直径不小于 $150\mathrm{mm}$。

（4）过水面。为了避免水流在转弯处过于激烈旋转，使已长大的絮凝物被水流撕裂，转弯处的过水断面比隔板间的过水断面大 $1.2\sim1.5$ 倍。

2. 机械搅拌絮凝池

机械搅拌絮凝池是利用电动机经减速器驱动搅拌器对水流进行搅拌。按搅拌器桨板（或叶轮）的形状分为桨式、透平式和轴流桨式等多种，我国大都采用桨板式。按搅拌器转轴的布置又分为水平轴式和垂直轴式两种，目前采用垂直轴式的较多，如图 2-11 所示。

为了避免水流短路，沿絮凝池水流方向，用导流墙将絮凝池分成几格，每一格装一个搅拌器。通过改变转速或桨板数量和桨板面积，使搅拌强度逐渐减小，以免将逐渐长大的絮凝物打碎。

桨板式机械搅拌絮凝池的主要设计参数如下：

（1）桨板。每台搅拌器的桨板总面积不宜超过水流截面积的 25%，一般为 $10\%\sim20\%$。

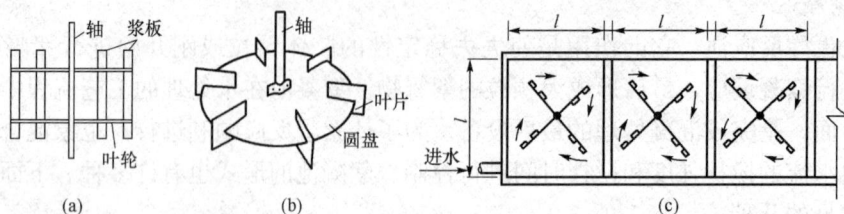

图 2-11　机械搅拌器形式与布置

（a）桨板式；（b）透平式；（c）垂直轴式

桨板宽度取 10～30cm，长度不大于叶轮直径的 75%。

（2）停留时间。停留时间一般为 15～20min。

（3）叶轮旋转线速度。叶轮半径处的线速度按以下参数设计：第一格取 0.5～0.6m/s，最后一格取 0.1～0.3m/s，从第一格到最后一格，叶轮旋转的线速度应依次逐渐降低。

火力发电厂锅炉补给水处理一般都采用澄清池进行水的澄清处理，混凝剂与水的混合和絮凝反应可以在澄清池内进行。

第二节　水 的 沉 淀 软 化

一、沉淀软化原理

通过化学反应使水中溶解性物质转化为难溶性物质而析出的过程称为沉淀。把天然水中的钙、镁离子转变成难溶于水的化合物，使其沉淀出来，以降低水硬度的过程，称为水的沉淀软化。常用的水的沉淀软化法是用石灰将钙离子（Ca^{2+}）转变成难溶的碳酸钙（$CaCO_3$），镁离子（Mg^{2+}）转变成难溶的氢氧化镁[$Mg(OH)_2$]。此外，也可用加磷酸盐的办法，使钙离子转变成更难溶的 $Ca_3(PO_4)_2$。

沉淀软化属于化学软化法。化学软化法就是在水中加化学药品，促使钙、镁离子转变成难溶的化合物而沉淀。化学软化法中，常用的药品是石灰（CaO），因为它价格便宜、来源广泛。

二、石灰处理

1. 石灰的作用

未加水的石灰称生石灰（CaO），石灰加水后反应生成熟石灰或称消石灰[$Ca(OH)_2$]。水的石灰处理就是向水中投加生石灰，CaO 在水中转变成 $Ca(OH)_2$，并电离出 OH^-，与水中的一部分 H^+ 中和，因而使碳酸平衡向右转移，即向生成 CO_3^{2-} 的方向转移：

$$H_2O+CO_2 \rightleftharpoons H^++HCO_3^- \rightleftharpoons 2H^++CO_3^{2-} \tag{2-14}$$

这样，便可将水中碳酸化合物转化成难溶的 $CaCO_3$ 或其他难溶的碱性物质而沉淀析出。$Ca(OH)_2$ 和水中各种不同碳酸化合物的反应式为

$$Ca(OH)_2+CO_2 \longrightarrow CaCO_3\downarrow+H_2O \tag{2-15}$$

$$Ca(HCO_3)_2+Ca(OH)_2 \longrightarrow 2CaCO_3\downarrow+2H_2O \tag{2-16}$$

$$Mg(HCO_3)_2+Ca(OH)_2 \longrightarrow MgCO_3+CaCO_3\downarrow+2H_2O \tag{2-17}$$

最易于和 $Ca(OH)_2$ 反应的是水中游离的 CO_2，其次是 $Ca(HCO_3)_2$，最后是 $Mg(HCO_3)_2$。水中加入一定量的消石灰后，首先消失的是游离 CO_2，当加入的石灰量有富余时，才能和 $Ca(HCO_3)_2$ 以及 $Mg(HCO_3)_2$ 进行反应。这三种反应进行程度的不同，实际上正是式（2-14）反应平衡逐步向右转移的结果。

事实上，式（2-17）生成的 $MgCO_3$ 在水中有少量可溶，如果石灰加药量足够，则它可以进一步转化成溶解度更小的 $Mg(OH)_2$ 沉淀，即

$$MgCO_3 + Ca(OH)_2 \longrightarrow Mg(OH)_2\downarrow + CaCO_3\downarrow \tag{2-18}$$

由此可知，$Ca(HCO_3)_2$ 和 $Mg(HCO_3)_2$ 两者对 $Ca(OH)_2$ 的反应过程是不一样的，这两种反应所消耗的石灰量不同，1mol $Ca(HCO_3)_2$ 需要1mol $Ca(OH)_2$，而 1mol $Mg(HCO_3)_2$ 却需要 2mol $Ca(OH)_2$，综合反应式为

$$Mg(HCO_3)_2 + 2Ca(OH)_2 \longrightarrow 2CaCO_3 + Mg(OH)_2 + 2H_2O$$

反应式（2-15）～式（2-18）进行的结果，不仅除去了水中游离的 CO_2 和碳酸盐硬度，而且也除去了与碳酸盐硬度相对应的碱度。

用石灰处理不能消除水中的非碳酸盐硬度。镁的非碳酸盐硬度，虽也可与 $Ca(OH)_2$ 作用，生成 $Mg(OH)_2$ 沉淀，但与此同时，生成了等物质量的钙的非碳酸盐硬度。反应式为

$$\left.\begin{array}{l}MgCl_2\\MgSO_4\end{array}\right\} + Ca(OH)_2 \longrightarrow Mg(OH)_2 + \left\{\begin{array}{l}CaCl_2\\CaSO_4\end{array}\right. \tag{2-19}$$

对于碱性水，其过剩碱度部分也会与 $Ca(OH)_2$ 反应，但反应的结果只是 $NaHCO_3$ 转化成 Na_2CO_3，反应式为

$$2NaHCO_3 + Ca(OH)_2 \longrightarrow Na_2CO_3 + CaCO_3\downarrow + 2H_2O \tag{2-20}$$

所以，石灰处理不能去除水中的过剩碱度，此种反应不能起降低碱度的作用。然而，在需要降低水中 Mg^{2+} 含量的情况下，此反应必然要发生，因为只有将水中 HCO_3^- 全部转化成 CO_3^{2-} 后，才有 $Mg(OH)_2$ 生成。

由此可知，石灰处理起到的作用，主要是消除水中钙、镁的碳酸氢盐，所以处理结果是水中硬度和碱度都有所降低。在热力发电中采用石灰处理的目的，主要是降低水中的碱度，即减少碳酸氢盐的含量；至于硬度，虽然也可以降低，但还不能满足锅炉用水的要求，需要作进一步处理。因此，石灰处理的效果，常以处理水中残留碱度的大小作为评价标准。

石灰有粉末飞扬的缺点，所以运行人员的劳动强度大、劳动条件差，此外，由于现在市场供应的石灰纯度较低，常含有大量渣子，因此还有易使设备发生堵塞和磨损的问题。

2. 石灰的用量

在进行石灰处理时，它的加药量无法准确计算，因为石灰处理发生的反应很复杂。式（2-15）～式（2-18）所指出的只是其中的主要反应，在实际的沉淀物中还可能夹杂有碱式盐、共沉淀的盐类和吸附的物质等。而且，应加的石灰量还与要求达到的水质有关。因此，运行中的最优加药量，不能按理论来估算，而需要用调整试验来求取。然而，在进行设计工作或拟定试验方案时，需要预先知道石灰加药量的近似值，下面介绍其估算方法。

如果石灰处理过程中只要求除去钙的碳酸盐硬度时，则发生的反应为式（2-15）和式（2-16），故加药量估算式为

$$D_{SH} = \left[\frac{1}{2}CO_2\right] + \left[\frac{1}{2}Ca(HCO_3)_2\right] \tag{2-21}$$

式中　　　　　　　　　　D_{SH}——石灰加药量，mmol/L;

$\left[\frac{1}{2}CO_2\right]$、$\left[\frac{1}{2}Ca(HCO_3)_2\right]$——这些化合物在原水中的浓度，mmol/L。

　　这种处理方案常用于以下两种情况：一种是原水属于钙硬水，水中没有 $Mg(HCO_3)_2$，因此石灰处理不需要除去镁硬度；另一种是只要求将 $Ca(HCO_3)_2$ 反应成 $CaCO_3$，不希望有 $Mg(OH)_2$ 析出。

　　如果要求在处理过程中同时去除水中钙和镁的碳酸盐硬度时，为了要使 Mg^{2+} 生成 $Mg(OH)_2$，应投加过剩石灰量，而且当原水中有过剩碱度（$NaHCO_3$）时，应考虑它所消耗的石灰量。则石灰的加药量可根据式（2-22）进行估算，即

$$D_{SH}=\left[\frac{1}{2}CO_2\right]+\left[\frac{1}{2}Ca(HCO_3)_2\right]+2\left[\frac{1}{2}Mg(HCO_3)_2\right]+[NaHCO_3]+\alpha \quad (2\text{-}22)$$

式中　　$\left[\frac{1}{2}Mg(HCO_3)_2\right]$、$[NaHCO_3]$——它们在原水中的浓度，mmol/L;

　　　　　　　　　　α——过剩石灰量，一般可取 $0.1\sim0.3$mmol/L。

　　前面已指出，在石灰处理时有时需要加混凝剂。此时，情况较复杂，因为原水、混凝剂和石灰三者在一起反应。为了便于计算石灰加药量，可以先按照水与混凝剂反应来估算出一种假想的中间水质，然后再按此水质估算石灰加药量。混凝剂（以铁盐为例）与原水中的 HCO_3^- 会发生反应，即

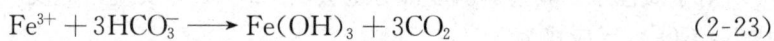

$$Fe^{3+}+3HCO_3^-\longrightarrow Fe(OH)_3+3CO_2 \quad (2\text{-}23)$$

　　反应的结果是原水中的 HCO_3^- 减少、CO_2 增多。下面的例子说明该情况下石灰加药量的估算方法。

【例 2-2】　原水分析结果为 $CO_2=11$mg/L，$\left[\frac{1}{2}Ca^{2+}\right]=3.0$mmol/L，$\left[\frac{1}{2}Mg^{2+}\right]=1.0$mmol/L，$[HCO_3^-]=3.0$mmol/L，混凝剂 $\left[\frac{1}{3}FeCl_3\right]$ 的加药量为 0.3mmol/L，试估算石灰加药量。

　　解　因原水中无 $Mg(HCO_3)_2$，故只需生成 $CaCO_3$ 的沉淀物，设 $FeCl_3$ 先与原水中的 HCO_3^- 按式（2-23）反应，由此可知，水中 $[HCO_3^-]$ 减少 0.3mmol/L，$\left[\frac{1}{2}CO_2\right]$ 增加 0.6 mmol/L，故处理后的水质为

$$\left[\frac{1}{2}CO_2\right]=2\times\frac{11}{44}+0.6=1.1(\text{mmol/L})$$

$$\left[\frac{1}{2}Ca(HCO_3)_2\right]=3-0.3=2.7(\text{mmol/L})$$

$$\left[\frac{1}{2}Mg(HCO_3)_2\right]=0.0(\text{mmol/L})$$

石灰石加药量为　　$D_{SH}=\left[\frac{1}{2}CO_2\right]+\left[\frac{1}{2}Ca(HCO_3)_2\right]=1.1+2.7=3.8$ (mmol/L)

　　如果不加混凝剂，则水质为

$$\left[\frac{1}{2}CO_2\right]=0.5\ (mmol/L)$$

$$\left[\frac{1}{2}Ca\ (HCO_3)_2\right]=3\ (mmol/L)$$

$$\left[\frac{1}{2}Mg\ (HCO_3)_2\right]=0.0\ (mmol/L)$$

$$D_{SH}=\left[\frac{1}{2}CO_2\right]+\left[\frac{1}{2}Ca\ (HCO_3)_2\right]=0.5+3.0=3.5\ (mmol/L)$$

【例 2-3】 原水分析结果为 $CO_2=11mg/L$, $\left[\frac{1}{2}Ca^{2+}\right]=3.0mmol/L$, $\left[\frac{1}{2}Mg^{2+}\right]=1.0mmol/L$, $[HCO_3^-]=3.5mmol/L$, 混凝剂 $\left[\frac{1}{3}FeCl_3\right]$ 的加药量为 0.3mmol/L, 试估算石灰加药量。

解 因原水中有 $Mg(HCO_3)_2$, 故石灰处理时有 $CaCO_3$ 和 $Mg\ (OH)_2$ 两种沉淀物, 先求加混凝剂后的中间水质(方法与例 2-2 相同)。

$$\left[\frac{1}{2}CO_2\right]=2\times\frac{11}{44}+0.6=1.1\ (mmol/L)$$

$$\left[\frac{1}{2}Ca\ (HCO_3)_2\right]=3.0\ (mmol/L)$$

$$\left[\frac{1}{2}Mg\ (HCO_3)_2\right]=3.5-0.3-3=0.2\ (mmol/L)$$

$$[NaHCO_3]=0\ (mmol/L)$$

取 $\alpha=0.3mmol/L$

故
$$D_{SH}=\left[\frac{1}{2}CO_2\right]+\left[\frac{1}{2}Ca\ (HCO_3)_2\right]+2\left[\frac{1}{2}Mg\ (HCO_3)_2\right]+[NaHCO_3]+\alpha$$

$$=1.1+3.0+2\times0.2+0+0.3$$

$$=4.8mmol/L$$

如果不加混凝剂, 则
$$D_{SH}=0.5+3.0+2\times0.5+0+0.3=4.8\ mmol/L$$

上述计算表明, 在不同的情况下, 加混凝剂对于石灰加药量的影响是不一样的。

在运行中, 石灰用量要掌握适当, 不能太多或太少。太少会使反应不完全, 太多会使水中残留有 $Ca(OH)_2$, 这都会使出水中残留的硬度和碱度偏高。所以为了使出水中残留碱度最小, 应令出水的碱度完全是 CO_3^{2-} 为最好, 即按中和滴定法测得的数据推算, 水中既无 HCO_3^- 也无 OH^-。但在实际运行中由于石灰用量的波动, 使得出水中有时出现 OH^-, 有时出现 HCO_3^-, 即出水水质不稳定, 会在后面的滤池中产生 $CaCO_3$ 沉淀。

为使水质稳定, 可采用以下两种工艺: 一种称作氢氧根规范, 另一种称作碳酸氢盐规范。所谓氢氧根规范, 就是出水的碱度中除了有 CO_3^{2-} 以外, 还保持有少量 OH^-。通常

OH^- 量是在 $0.05\sim0.20$ mmol/L 的范围内。同理，碳酸氢盐规范就是维持 HCO_3^- 在 $0.05\sim0.20$ mmol/L 的范围内。

这两种工艺规范的差别为，氢氧根规范的出水 pH 维持得较高，约为 $9.6\sim10.4$，碳酸氢盐规范的 pH 值稍低，约为 9.5。氢氧根规范是目前采用得较广的工艺规范。此时，石灰的加药量与 $Mg(OH)_2$ 的沉淀量均比用碳酸氢盐规范时大。而碳酸氢盐规范，适用于不希望有 $Mg(OH)_2$ 沉淀的情况下。

在有些水处理系统中，希望通过石灰处理后尽量降低水中残留的碳酸盐量，则可将石灰加药量适当增大。

3. 水温

提高水温对石灰处理是有利的。首先，可以使水中的残留碱度降低，提高出水质量；其次，还可加快沉淀物的生成和分离的过程，因为水温升高会使水的黏度降低和形成沉淀物的速度加快。

4. 经石灰处理后的水质

水经过石灰处理后，水质发生了明显变化，主要有以下几个方面：

（1）游离 CO_2。水经过石灰处理后，pH 值一般在 $10.1\sim10.3$ 左右，其中的游离 CO_2 应全部除去。

（2）碱度。经石灰处理后的残余碱度一般为 $0.7\sim1.1$ mmol/L，其中包括因 $CaCO_3$ 溶解产生 $0.6\sim0.8$ mmol/L，另外一部分是石灰的过剩量 $0.1\sim0.3$ mmol/L。因为 $CaCO_3$ 的溶解度与原水的非碳酸盐硬度有关，水中 Ca^{2+} 含量越高，出水 CO_3^{2-} 碱度就越少。如原水中无过剩碱度，出水的残留碱度可以按表 2-3 所列数据评价。

表 2-3   水经石灰处理后可达到的残留碱度   (mmol/L)

出水的 $\left[\frac{1}{2}Ca^{2+}\right]$ 含量	>3	1~3	0.5~1
残留碱度	0.5~0.6	0.6~0.7	0.7~0.75

（3）硬度。水经石灰处理后非碳酸盐硬度（H_F）不变，碳酸盐硬度（在没有过剩碱度的情况下）降至和残留碱度（B_c）相等。当加有混凝剂时，有相应量的碳酸盐转化为非碱性盐。所以总的残留硬度（H_c）可按式 2-24 估算。

$$H_C = H_F + B_C + D_N \tag{2-24}$$

式中 H_C——经石灰处理后水中残留的硬度，mmol/L；

       H_F——原水的非碱性硬度，mmol/L；

       B_C——经石灰处理后水中残留碱度，mmol/L；

       D_N——混凝剂加入量，mmol/L。

（4）有机物和耗氧量。经石灰（或与混凝处理一起）处理后，水中有机物可降低 20%～40%，主要是通过沉淀物或絮凝物的吸附和共沉淀作用除去的，所以沉淀物或絮凝物越多，活性越强，对有机物的去除率越高。对于未被工业排水所污染的地表水，不论其原水的耗氧量多大，通过石灰混凝处理的耗氧量都可降至约 $2\sim4$ mg/L。

（5）硅化合物。经石灰处理后水中硅化合物含量的降低和处理时析出的氢氧化镁量有关，即氢氧化镁的析出量越多，硅化合物的量降得越低。用泥渣作为接触介质也可使硅化合物量降低。当温度为 40℃时，经石灰处理后水中残留硅含量，通常可降到原水的 30％～35％；但如果不采用专门除硅的措施，残留的硅含量不会小于 3～5mg/L。如向水中补加 MgO，则可以做到将 SiO_3^{2-} 含量降至 1mg/L。

（6）铁。经石灰处理后的水中，铁的残留量极微。但如果亚铁的氧化不完全，原水中含有铁的有机化合物或者沉淀过程不完全，则出水中铁的含量可能较大。

（7）镁。经石灰处理后水中的残留镁含量和所加的石灰量有关。当石灰的加入量较大时，由于引入水中的 OH^- 较多，出水的 pH 值高，因此残留的 Mg^{2+} 就少。

三、其他沉淀软化处理

石灰处理只能降低水的碳酸盐硬度，不能除去非碳酸盐硬度和过剩碱度。如果要去除 H_F 和 B_G，可采用如下沉淀软化方法。

1. 石灰—纯碱处理

在水中同时投加石灰和纯碱，石灰$[Ca(OH)_2]$处理原理与前面叙述相同，用纯碱 (Na_2CO_3) 处理的目的是消除非碳酸盐硬度。反应式为

$$\left.\begin{array}{l}CaSO_4\\CaCl_2\end{array}\right\}+Na_2CO_3\longrightarrow CaCO_3\downarrow+\left\{\begin{array}{l}Na_2SO_4\\2NaCl\end{array}\right. \tag{2-25}$$

$$\left.\begin{array}{l}MgSO_4\\MgCl_2\end{array}\right\}+Na_2CO_3+Ca(OH)_2\longrightarrow CaCO_3\downarrow+Mg(OH)_2\downarrow+\left\{\begin{array}{l}Na_2SO_4\\2NaCl\end{array}\right. \tag{2-26}$$

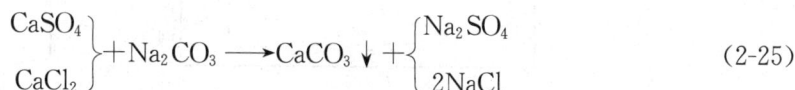

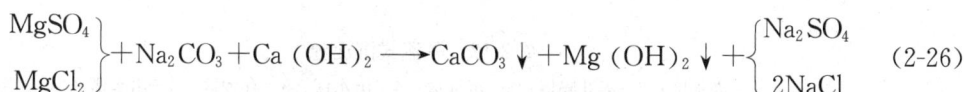

2. 石灰—氯化钙处理

这个方法可用来消除水中的过剩碱度。石灰处理的目的和前述相同。氯化钙消除过剩碱度的反应式为

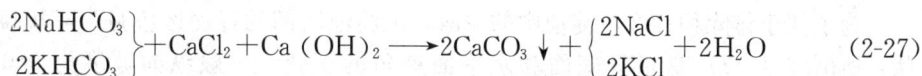

$$\left.\begin{array}{l}2NaHCO_3\\2KHCO_3\end{array}\right\}+CaCl_2+Ca(OH)_2\longrightarrow 2CaCO_3\downarrow+\left\{\begin{array}{l}2NaCl\\2KCl\end{array}\right.+2H_2O \tag{2-27}$$

$CaCl_2$ 也可用 $CaSO_4$ 来代替。

注意上述两个处理工艺中，去除 Mg^{2+} 的非碳酸盐硬度和过剩碱度时，均需另外消耗一定量的石灰，因此石灰的投加量需要考虑这部分的消耗。

3. 磷酸盐处理

上述各法是将 Ca^{2+} 转变成 $CaCO_3$ 和将 Mg^{2+} 转变成 $Mg(OH)_2$ 而沉淀析出的，但由于这些化合物在水中还有少量溶解，所以不能将水中硬度降得很低。如要进一步降低硬度，则可以用磷酸三钠 (Na_3PO_4) 将经过初步软化的水进行补充处理。用磷酸盐处理时，要在 98℃ 或 130～150℃ 的高温下进行，可使残留硬度降至 0.035mmol/L。其反应式为

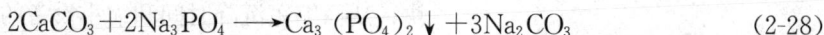

$$2CaCO_3+2Na_3PO_4\longrightarrow Ca_3(PO_4)_2\downarrow+3Na_2CO_3 \tag{2-28}$$

$$2Mg(OH)_2+2Na_3PO_4\longrightarrow Mg_3(PO_4)_2\downarrow+6NaOH \tag{2-29}$$

四、沉淀澄清设备

沉淀处理用的设备可分成沉淀池和澄清池两类。运行时池中不带悬浮泥渣层的设备称沉淀池，带泥渣层的称澄清池。

沉淀池是利用悬浮颗粒的重力作用来分离固体颗粒的设备，是一种用来使浑水中悬浮物进行沉降分离的池子。当生水中悬浮物量经常很大（3000mg/L 以上）时，沉淀池可用作预

处理设备，以利下一步的水处理工艺过程。沉淀池也可用来进行混凝处理或做其他加药沉淀处理，此时，应将加有药品的水先通过混合器和反应器，再进入沉淀池。

（一）沉淀池

沉淀池有间歇式和连续式之分，以采用连续式的居多。按池内水流方向，连续式沉淀池又分为平流式、竖流式、辐流式和斜板（管）式等。

1. 平流式沉淀池

平流式沉淀池是一种广泛使用的连续式沉淀池。池子中水是按水平方向流动的，此时，由于池子有较大的纵向面积，水流缓慢，水中悬浮物颗粒受自身重力的作用而下沉。

常用的平流式沉淀池是一个长方形池子，如图 2-12 所示，水流入进水区 1，经沉淀区 3 和出水区 4 流出，泥渣沉淀在存泥区 5 中。进水区设有多孔隔墙，使进水能均匀分配，避免局部水流速过快，以利于悬浮物颗粒沉淀和防止冲起池底存泥。

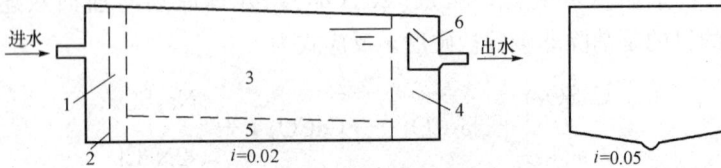

图 2-12　平流式沉淀池
1—进水区；2—多孔隔墙；3—沉淀区；4—出水区；5—存泥区；6—出水槽

沉淀区应能保证有合适的水平流速和足够的停留时间。池内平均水平流速，在有混凝处理时一般可取 5～15mm/s；在无混凝、靠自然沉淀时不大于 3mm/s。水在池内停留时间一般为 1～2h，池子的长宽比一般不小于 4:1，长深比不小于 10:1。

为了便于排除积存在沉淀池中的泥渣，沉淀池底部的存泥区应是带有坡度（i）的倾斜状，所谓坡度（i）是指其底面和水平面夹角的正弦。一般纵向坡度为 0.02，横向坡度为 0.05。

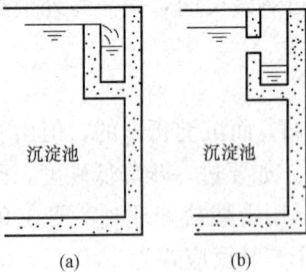

图 2-13　出水区
（a）出水堰；（b）淹没孔口

出水区的作用是使清水从池中均匀流出，其构筑方式常有出水堰和淹没式孔口两种（见图 2-13）。在施工中，要求堰顶水平或淹没孔口大小均一，沿池宽均匀布置以使出水导出均匀。

2. 斜板（管）式沉淀池

在沉淀池的沉降区中设置一簇斜板或斜管，沉降过程就在这些装置中进行，结果使水中悬浮物的分离速度加快，从而缩短沉降时间和缩小设备的体积。

斜板或斜管之所以能提高沉淀效率，一是由于沉淀池的沉降区被斜管或斜板分割成许多小部分，所以水流比较稳定，不易产生涡流，有利于颗粒的沉降；二是颗粒沉降的路程较短，相当于斜管管壁间或两块相邻斜板间的垂直距离，故沉降所需的时间较短。

斜板（管）的水流断面，常用的有六边形、方形、长方形、波纹网眼形等，如图 2-14 所示。

从沉降分离效果来说，斜板（管）与水平线的倾斜角越小越好，但太小了会使泥渣淤积在斜面上，以 55°～60°为宜。

制造斜板（管）的材料要求质轻而坚固，无毒，并且价廉。现常用的材料有塑料板、石棉水泥板、塑料贴面板、玻璃钢、木质、纸质等。

目前用得最多的是蜂窝式斜管沉淀池。

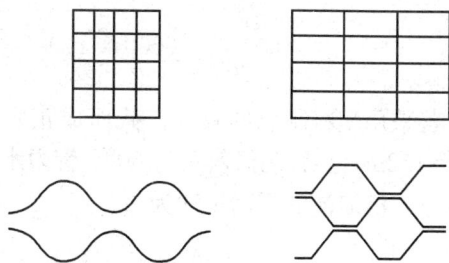

图 2-14 斜管（板）的水流断面

按水流和悬浮物泥渣流相对流动的方式，可将斜板分为上向流（又称异向流）、下向流（又称同向流）和平向流（又称垂直流）三种类型，如图 2-15 所示。上向流的水流方向是自下向上流动的，而泥渣是自上向下滑动的，两者流动的方向正好相反，故也称为异向流，斜管沉淀池均属异向流。下向流的水流方向和泥渣的滑动方向都是自上向下的，故常称为同向流。同流向的特点是，泥渣和水为同一流向，但清水流至沉淀区底部后仍需返回到沉淀池顶部引出，使沉淀区的水流过程复杂化。平向流的水流方向是水平的，而泥渣仍然是自上向下滑动的，两者的流动方向正好垂直。目前，在电厂水处理中多采用异向流方式。

斜板（管）沉淀池应注意及时排泥和控制进出泥渣量的平衡，因为这种沉淀池的沉淀效率较高，使单位面积上的泥渣量较大。

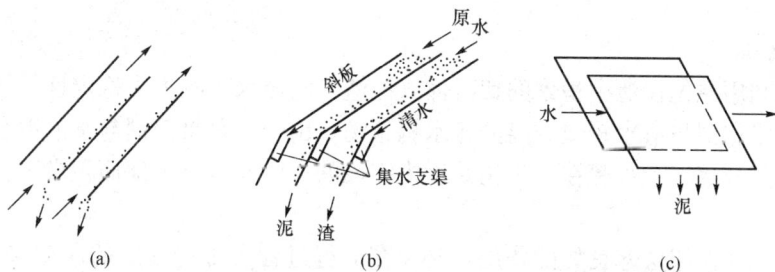

图 2-15 斜管（板）沉淀池中的流动方式
（a）异向流；（b）同向流；（c）平向流

3. 沉淀池的设计

斜板（管）沉淀池按照表 2-4 参数进行设计。

表 2-4　　　　　　　　　斜板（管）沉淀池的设计参数

项　目	水流速度 v (mm/s)	沉降速度 u (mm/s)	倾斜角 α	斜板（管）长 l (m)	断面高度 h (mm)
异向斜流管	2～4	0.3～0.6	55°～60°	1.0～1.2	25～35
异向斜流板	3～4	0.3～0.6	55°～60°	1.0～1.2	35～50
同向斜流板	20～25	0.3～0.6	30°～40°	2.0～2.5	35～50

【例 2-4】 某厂需水量为 $6000\text{m}^3/\text{d}$，水厂本身的自用水量为 5%。设计两个上向流斜管沉淀池，试计算池子的基本尺寸。

解 每个沉淀池的设计水量为

$$q_v = \frac{6000 \times 1.05}{2 \times 24} = 132(\text{m}^3/\text{h}) = 0.037(\text{m}^3/\text{s}) \tag{2-30}$$

若采用塑料制成的斜管，截面成正六边形，内切圆直径 d 为 40mm，壁厚为 0.5mm，长 $l = 1.2$m，斜管的倾斜角为 60°，管内水平流速 $v = 4.0$mm/s，则：

（1）沉淀池的平面尺寸为

$$A = \frac{Kq_V}{v\sin\alpha} = \frac{1.3 \times 0.037}{0.004 \times \sin 60°} = 13.9(\text{m}^2) \tag{2-31}$$

式中　K——考虑斜管管壁所占面积的加大系数。

如果将以上的斜管 100 根组成一个部件，按蜂窝六边形排列，可以得到每个部件的截面尺寸大约是 500mm×430mm。池子宽 B 按 6 个这样的部件排列，则 $B = 6 \times 0.5 = 3$（m）。

斜管的倾斜角为 60°，所以靠近池壁不能得到利用的面积 A' 为

$$A' = Bl\cos\alpha = 3 \times 1.2\cos 60° = 1.8(\text{m}^2) \tag{2-32}$$

池子的总面积为　　　$A_0 = A + A' = 13.9 + 1.8 = 15.7$（m²） $\tag{2-33}$

池子长度为　　　　　$l = \dfrac{A_0}{B} = \dfrac{15.7}{3} = 5.2$（m）

（2）沉淀池的高度：考虑超高 $H_1 = 0.3$m，清水区高度 $H_2 = 1.0$m，斜管区高度 $H_3 = l\sin\alpha = 1.2 \times 0.866 = 1.0$m，配水区高度 $H_4 = 1.2$m，排泥槽高度 $H_5 = 0.5$m，则总高度 $H = 4.0$m。

（二）澄清池

澄清池是利用原先在池中积聚的絮凝体（泥渣）与原水中刚失去稳定性的微观颗粒相互接触、吸附，以达到与清水较快分离的净水构筑物。由于它是将药剂与水的混合、沉淀反应和沉淀物的沉降分离三个步骤在一个构筑物内完成的，因此具有占地面积少、设备小、沉淀效率高等优点。

为了保证悬浮泥渣层起良好的作用，必须在运行过程中维持一定的泥渣层高度和浓度，通常泥渣层中悬浮物颗粒的平均浓度在 2～20g/L 范围内，层高控制在 1.5～3.0m 范围内。

澄清池类型多，结构各异，按其工作原理可分为两大类。

1. 泥渣悬浮式澄清池

在这类设备的沉淀区内，已形成的大粒径絮凝颗粒处于和上升水流成平衡的静止悬浮状态，构成所谓的悬浮泥渣层。投加混凝剂的原水通过搅拌作用所生成的微小絮凝颗粒随上升水流自下而上通过悬浮泥渣层时被吸附和絮凝，迅速生成结实易沉的粗大絮凝颗粒，从而使水得到净化。因为絮凝过程发生在两种絮凝颗粒表面上，所以称为接触絮凝过程。从整体来看，悬浮泥渣层和滤层所起的作用类似，所以也称这种接触絮凝为泥渣过滤。

2. 泥渣循环式澄清池

在这类设备的沉淀区内，除了有悬浮泥渣层以外，还有相当一部分泥渣从分离区回流到进水区，与加有混凝剂的原水混合，进行接触絮凝过程，然后再返回分离区。这类澄清池常见的有机械搅拌加速澄清池和水力循环澄清池。

（1）机械搅拌加速澄清池。机械搅拌加速澄清池，又称加速澄清池，如图 2-16 所示，它通常是由钢筋混凝土构成的，横断面呈圆形。池体主要由第一反应室、第二反应室和分离

室三部分组成，并设置有相应的进出水系统、排泥系统、搅拌机及导流系统。另外还有加药管、排气管和取样管等。它的特点是利用机械搅拌的提升作用来完成泥渣回流和接触絮凝作用。

1）运行流程。机械搅拌加速澄清池的运行流程如下：原水由进水管进入截面为三角形的环形进水槽，通过槽下面的出水孔或缝隙均匀地流入第一反应室（又称混合室），水与药剂以及从分离区回流的泥渣在搅拌装置的搅动作用下充分混合。混合后夹带泥渣的水被搅拌装置上的叶轮提升到第二反应室，在

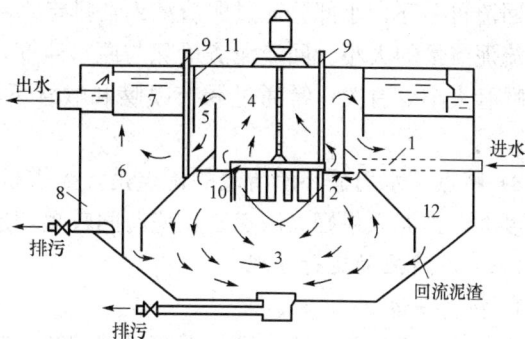

图 2-16　机械搅拌加速澄清池

1—进水管；2—进水槽；3—第一反应室；4—第二反应室；
5—导流室；6—分离室；7—集水槽；8—泥渣浓缩器；
9—加药管；10—机械搅拌器；11—导流板；12—伞形板

这里基本上完成混凝过程。从第二反应室出来的水，通过第二反应室上部四周设置的导流板，进入导流室，以消除水的旋流运动，促使水和泥渣能在分离室内良好地分离，然后进入分离室，由于其截面增大，水流速度减慢，有利于泥渣和水的分离。澄清水经集水槽排出。回流泥渣经回流缝流回到第一反应室，其余的泥渣通过泥渣浓缩器浓缩至一定浓度后排出池外，以便节省耗水量。环形三角配水槽上设置有排气管，以排除进水中带入的空气。药剂可加入第一反应室，也可加至环形三角配水槽或进水管中。回流泥渣水量为进水量的 3～5 倍，可通过调节叶轮的转速或升降叶轮来改变回流泥渣水量。澄清池底部设有排泥管，当池子直径较大时，一般还设有刮泥装置。

2）特点。机械搅拌加速澄清池的优点是：效率高且较稳定；对原水水质（如浊度）、温度和处理水量的变化适应性较强，操作运行比较方便。缺点是设备维修工作量大。

（2）水力循环澄清池。水力循环澄清池中，泥渣的循环不是依靠机械搅拌，而是依靠喷射器的高速射流所产生的动力来完成，所以，这种澄清池没有转动部件。

1）结构。水力循环澄清池的结构如图 2-17 所示。池体通常是由钢筋混凝土构成的，横断面呈圆形。池本体由混合室、喉管、第一反应室、第二反应室和分离室五个部分组成。加有混凝剂的原水，由池子底部中心进入池内，经喷嘴高速喷出，此时在喷嘴周围形成负压，高速水流将数倍于进水量的泥渣吸入混合室。水、混凝剂和泥渣在喉管和混合室中得到快速而充分的混合。混合的水进入第一反应室，很快形成凝絮，然后经第一反应室喇叭口流入第二反应室，因第二反应室的过水断面增大，使水流速度减小，有助于凝絮进一步长大。混凝过程在第二反应室内已基本完成，在水和泥渣由第二反应室流入分离室时，由于过水断面急剧增大，使水流速度大幅度减小，泥渣在重力作用下与水分离。从分离室中分离出来的泥渣，大

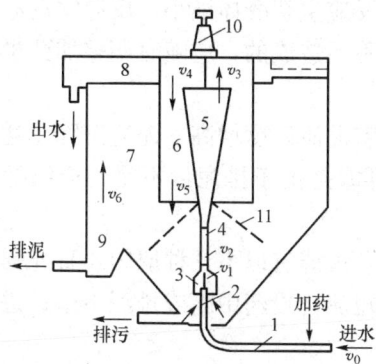

图 2-17　水力循环澄清池

1—进水管；2—喷嘴；3—混合室；4—喉管；
5—第一反应室；6—第二反应室；7—分离室；
8—集水槽；9—泥渣浓缩器；10—调节器；
11—伞形挡板

部分回流再循环，小部分通过泥渣浓缩器排走。喷嘴是水力循环澄清池的关键部件，它决定了回流泥渣量的大小。回流泥渣量除与原水浊度、泥渣浓度有关外，还与进水压力、喷嘴流速、喉管大小等有关。常通过调节喷嘴和喉管下部喇叭口的间距或更换喷嘴来调整回流泥渣量。

2）特点。水力循环澄清池的优点是：无需机械搅拌设备，运行管理方便，成本低；锥底角度大，排泥效果好。缺点是反应时间较短，造成设备运行不够稳定；单台出水量较小。

（三）澄清池的运行管理

1. 初次投运

澄清池在投运前，应先进行混凝模拟试验，确定最佳混凝剂和最佳剂量，并检查各部件是否正常。

（1）尽快形成所需泥渣浓度，使进水量为设计出水量的 1/2～2/3，并增加混凝剂量（一般为正常药量的 1～2 倍），减少第一反应室的提升水量。

（2）在泥渣形成过程中，逐步提高泥渣回流量，加强搅拌措施，并经常取水样测定泥渣的沉降比，若第一反应室和池底部的泥渣浓度开始逐步提高，则表明泥渣层在 2～3h 后即可形成，若发现泥渣比较松散、絮凝体较小或原水水温和浊度较低，可适当投加黏土促使泥渣尽快形成。

（3）当泥渣形成以后，出水残留浊度应达到设计要求，如残留浊度小于 5～20 度，这时应适当减少混凝剂投加量，一直到正常加药量，然后再逐步增大进水量，直到设计值。

（4）当泥渣面达到规定高度时，应开始排泥，使泥渣层高度稳定，为使泥渣保持最佳活性，应控制第二反应室的泥渣 5min 的沉降比在 10%～20%。

2. 停运后的重新投运

澄清池停运后（小于 24h），泥渣处于压实状态，所以重新投运时，应先开启底部放空阀门，排出底部少量泥渣，并加大进水量和投药量，使泥渣松动，然后调整到设计值的 2/3 左右运行，待出水水质稳定后，再逐步减少药量和提高水量，直到设计值。

3. 运行中的故障处理

（1）当清水区出现细小絮凝体、出水水质浑浊、第一反应室絮凝体细小、反应室泥渣浓度变小时，都可能是由于加药量不足或原水碱度（浊度）不足造成的，应随时调整加药量或投加助凝剂。

（2）当分离室泥渣层逐渐上升、出水水质变坏、反应室泥渣浓度增高、泥渣沉降比达到 25% 以上、或泥渣斗的泥渣沉降比超过 80% 以上时，都可能是由于排泥量不足，应缩短排泥周期，加大排泥量。

（3）清水区出现絮凝体明显上升，甚至出现翻池现象，可能有以下几种原因：日光强烈照晒，造成池水对流；进水量超过设计值或配水不均造成短流；投药中断或排泥不适；进水温度突然上升等。应根据不同原因进行调整。

第三节　水 的 过 滤 处 理

天然水经过混凝沉淀处理后，可将其浊度降至 20mg/L 以下，这还远远不能满足火力发电厂后续处理对水质的要求，因此，必须经过过滤处理，将水中浊度进一步降至 2～5mg/L

以下。过滤与混凝、沉淀处理的目的是相同的，都是水处理工艺中使固—液进行分离的工艺过程。

一、概述

（一）过滤过程

水的过滤是使水通过一定厚度的粒状或非粒状滤料，有效地去除水中悬浮杂质，使水澄清的过程。水的过滤设备称为滤池或过滤器，其中起着截留水中悬浮杂质作用的多孔材料称为滤料，由滤料堆积至一定的厚度称为滤层。过滤工艺主要包括过滤和对滤层进行反冲洗两个过程。

1. 过滤

含有悬浮杂质的水流经滤层后，水中大部分悬浮杂质被截留，滤出水的浊度降低，这一过程即为过滤过程。

在过滤过程中，随着滤层中杂质截留量的增加，滤料层中水流阻力也随之增大，即水头损失增加，当水头损失增加至一定程度以至滤池的产水量锐减，或由于滤过水质不符合要求时，滤池的过滤功能丧失，应立即停止产水。

2. 反冲洗

当滤料层中截留的悬浮杂质多到一定程度时，需要用较强的水流自下而上对滤料进行冲洗，这个过程称为反冲洗。在反洗水流的作用下，滤料间的距离拉大，滤层增高，体积增大，这一现象称为膨胀。滤料层在反冲洗时膨胀增加的高度与滤料层原厚度的百分比，称为膨胀率。因为滤层膨胀后滤料之间空隙增加，在水力冲刷和滤料间相互摩擦的作用下，沉积在滤料表面的悬浮物即被洗掉。冲洗结束后，过滤重新开始。从过滤开始到冲洗结束后的时间，称为滤池的工作周期。工作周期直接影响滤池的效率，因为工作周期的长短涉及滤池实际工作时间和冲洗水量的消耗。周期过短，滤池的产水量必然减少，一般工作周期规定在12～24h。在保证滤后水质前提下，设法提高滤速和延长工作周期，一直是过滤技术研究的一个主要课题，并因此推动了过滤技术的发展。

3. 反冲洗过程中的水力筛分作用

当滤层由一种滤料组成（称单层滤料），对其进行反冲洗时，由于滤料颗粒大小不一，在上升水流中所受的自身重力也不同，沿着反洗水流方向滤料颗粒从大到小排列。当反冲洗结束后，以同样的规律由大到小逐次降落而堆积起来，这就出现了滤料在滤池分布中自上而下粒径由小到大，孔隙尺寸也依次增大的现象，这种现象称为水力筛分。水力筛分对过滤过程有重要影响。

（二）水的过滤原理

过滤工艺去除水中杂质的机理并不是简单的机械截留作用。杂质之所以能在滤料层中被截留除去，主要是因为杂质脱离流线在滤料颗粒表面被吸附。这种吸附过程是杂质颗粒脱离流线达到滤料表面的迁移和在滤料表面的吸附，以及杂质颗粒从滤料表面脱落到水中的综合过程。

1. 悬浮颗粒向颗粒表面的迁移机理

（1）筛分截留作用。这种作用是水流在滤料孔隙沟道的收缩处流线集合造成的。悬浮物截留率与杂质粒径的平方成正比，与滤料粒径的三次方成反比。

（2）惯性碰撞作用。流线绕过滤料颗粒时，动能较大的杂质颗粒借助惯性撞击到滤料表面，其几率与杂质粒径、密度和水的流速成正比，而与滤料粒径和水的黏度成反比。

（3）重力沉降作用。杂质颗粒沿着重力的方向沉降到滤料表面，其几率与杂质粒径的平方和杂质颗粒与水的密度差成正比，而与水的流速成反比。

（4）布朗运动的作用。由于水分子的热运动引起水中微小杂质颗粒（粒径<1μm）的不规则运动，脱离流线到达滤料表面。布朗运动引起的杂质颗粒的平均位移与绝对温度的1/2次方成正比，而与杂质粒径的1/2次方成反比。

（5）水力输送作用。因为水流在滤料孔隙沟道中具有一定的速度梯度，所以杂质颗粒会随机性地偏移流线与滤料表面接触。

以上各种作用机理都不可能单独存在，迁移过程是各种作用的综合结果。

2. 悬浮杂质在滤料表面的吸附机理

（1）静电作用。若滤料表面带有负电荷，而水中悬浮物带有正电荷时，则因静电引力将悬浮颗粒吸附在滤料表面。

（2）范德华引力。杂质颗粒借助分子间的万有引力吸附在滤料表面。

（3）水合作用。杂质颗粒和滤料表面之间通过水分子的氢键作用使杂质颗粒吸附在滤料表面。

（4）互相吸附。已吸附在滤料表面上的杂质颗粒与未吸附的杂质颗粒、电解质和（或）金属离子的水解产物由于架桥作用而互相吸附。

3. 杂质从滤料表面的脱落机理

（1）流速改变引起杂质脱落。突然提高过滤速度，会使部分吸附在滤料表面的杂质颗粒脱落而进入水中，但在正常的流速范围内缓慢改变流速不会引起脱落。

（2）水力冲刷和滤料的相互摩擦作用。当用水对滤料进行逆流冲洗，或同时用空气冲洗时，因为水力冲刷和滤料间的相互摩擦作用而使被吸附的杂质脱落。这种过程也就是滤池的反冲洗过程。

（三）滤料

滤料应具备以下条件：化学性能稳定，不影响出水水质；机械强度高，使用中不碎裂；粒度适当。此外，还应当价廉，便于取材。常用的滤料有石英砂、无烟煤、大理石等。现对滤料各项指标分述如下。

1. 化学稳定性

为了试验滤料的稳定性，可在一定条件下，用中性、酸性和碱性水溶液浸泡各种滤料，以观察此水溶液被污染的情况。某些滤料的性能实验数据见表2-5。由此表可知，石英砂适用于中性和酸性的水。碱性的水，例如经石灰处理的水，过滤处理时不能用石英砂作滤料，因为 SiO_2 会溶解，可用无烟煤或半烧白云石作滤料。

2. 机械强度

滤料应有足够的机械强度，以减少反洗时因颗粒间互相摩擦而破碎的现象。当滤料在运行中有碎末产生时，这些碎末就会被反洗水冲走而造成滤料损失；如不将碎末冲走而让它淤积在滤层的表面，则会增大水流阻力，使每次冲洗后过滤的时间（称过滤周期）缩短，出水量减少。

关于机械强度的测试，现尚无统一的方法。故可以根据实际运行情况进行模拟实验，或采用其他专门拟定的破碎试验法测试。

表 2-5　　　　　　　　　　各种滤料在不同介质中稳定性的比较

名称	中　性			酸　性			碱　性		
	溶解固形物（mg/L）	耗氧量（mg/L）	SiO₂（mg/L）	溶解固形物（mg/L）	耗氧量（mg/L）	SiO₂（mg/L）	溶解固形物（mg/L）	耗氧量（mg/L）	SiO₂（mg/L）
石英砂	2～4	1～2	1～3	4	2	0	10～16	2～3	5.7～8
大理石	13	1	—	—	—	—	6	1	—
无烟煤	6	6	1	4	3	0	10	8	2
半烧白云石	16	2	2	—	—	—	10	4	1

注　试验条件为 19℃，中性溶液用 NaCl（500mg/L）配成，pH 值为 6.7；酸性溶液用 HCl 配成，pH 值为 2.1；碱性溶液用 NaOH 配成，pH 值为 11.8。浸泡 24h，每 4h 摇动一次。

3. 粒度

粒度是指一堆粒状物料颗粒大小的情况。因为滤料大都是由许多大小不一的颗粒组成的，所以不能用一个单一指标来表示。一般用粒径范围表示颗粒的大小，用不均匀系数表示不同颗粒大小的分布情况。

（1）粒径范围。按滤料的最小和最大颗粒的粒径来表示颗粒大小的范围，例如粒径为 1～2mm 表示最小粒径为 1mm，最大粒径为 2mm，所有颗粒的粒径都介于该范围之间。这种方法比较直观，是工业上常用的表示法，但它不能表示滤料中大小不同颗粒的分布情况。

（2）粒径和不均匀系数。用两个指标来表示滤料的粒度。表示颗粒大小的指标，称"粒径"，表示不同大小颗粒的分散程度的指标为"不均匀系数"。

1）粒径。粒径分平均粒径和有效粒径。平均粒径 d_{50} 指 50％（按重量计）滤料能通过的筛孔孔径（常以 mm 表示）；有效粒径 d_{10} 表示有 10％（按重量计）滤料能通过的筛孔孔径。标准筛所对应的筛目和孔径见表 2-6，不同的滤料和不同的过滤工况，对滤料粒径有不同的要求，使用时应根据具体情况选取，不宜过大或过小。滤料粒径过大时，细小的悬浮物会穿过滤层，而且在反洗时不能使滤层充分松动，造成反洗不彻底，使沉积物和滤料结成硬块，产生水流不均匀、出水水质降低和滤池很快失效的问题；粒径过小时，则水流阻力大，过滤时滤层中水头损失增加得很快，从而缩短过滤周期，反洗水的消耗量也就会相对增加。

表 2-6　　　　　　　　　　　　筛　目　表　　　　　　　　　　　（mm）

筛　目	孔　径	筛　目	孔　径	筛　目	孔　径
10	2.00	20	0.84	45	0.35
12	1.68	25	0.71	50	0.297
14	1.41	30	0.59	60	0.25
16	1.19	35	0.50	80	0.177
18	1.00	40	0.42	100	0.149

2）不均匀系数。不均匀系数（也有称均匀系数的）常以 K_{80} 表示，是指 80％（按质量计）滤料能通过的筛孔孔径（d_{80}）与 10％滤料能通过的筛孔孔径（d_{10}）之比，即

$$K_{80} = \frac{d_{80}}{d_{10}}$$

也有用 60％滤料能通过的筛孔孔径 d_{60} 与 d_{10} 之比表示不均匀系数的，则可写成

$$K_{60} = \frac{d_{60}}{d_{10}}$$

滤料颗粒的大小不均匀，有两种不良后果：一是使反洗操作困难，反洗强度太大会带出细小颗粒，而反洗强度太小又不能松动下部滤层；二是过滤情况恶化，颗粒大小不匀通常意味着有细小的滤料颗粒，于是这些细小的颗粒会集中在滤层表面，而这部分小颗粒具有很强的截污能力，结果，污物都堆积在表面，使水头损失增加得很快，过滤周期变短。

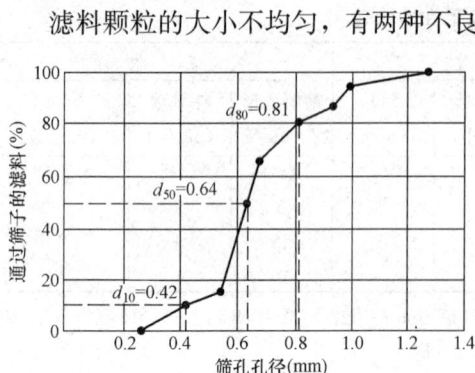

图 2-18　滤料的筛分曲线

3) 粒径和不均匀系数的测定。滤料的粒径和不均匀系数，可以用筛分分析来求得：取滤料 100g，用筛孔大小不同的一系列筛子过筛，测得其通过各种筛孔的滤料量，并将这些量对其相应筛孔孔径画成曲线，如图 2-18 所示，由曲线可求得粒径和不均匀系数；图 2-18 的曲线表明：平均粒径 $d_{50} = 0.64$mm，有效粒径 $d_{10} = 0.42$mm，$d_{80} = 0.81$mm，则不匀系数 $K_{80} = \dfrac{d_{80}}{d_{10}} = \dfrac{0.81}{0.42} = 1.93$。

4) 过滤设备中滤料选择。对于普通过滤设备，当用石英砂或大理石作滤料时，有效粒径可为 0.35mm，不均匀系数 K_{80} 应不大于 2；当用无烟煤时，有效粒径可采用 0.6mm，不匀系数应不大于 3。

（四）过滤工艺

1. 过滤运行

过滤运行常由过滤、反洗和正洗三个步骤组成一个周期过程。

当粒状滤料工作到滤层中截留有大量泥渣时，为了恢复它的过滤能力，需要将滤层进行冲洗。冲洗的第一步是用快速水流由下向上通过滤层，将滤层中截留下来的泥渣和因滤料颗粒碎裂而生成的碎末冲走，称为反洗。第二步是按与过滤运行相同的方向通水，只是将不合格的出水排走，称为正洗。待正洗至出水合格时，便可回收出水投入过滤运行。

2. 过滤效果

过滤的运行效果，通常由两个指标来评价：一是出水水质，也就是水中残留悬浮物的多少；二是滤层的截污容量。

滤层的截污容量又称泥渣容量，可以按每平方米过滤面积或每立方米滤料所能除去泥渣的质量来表示。对于一定的进水水质，实质上间接体现了一个运行周期中滤层处理的水量。

3. 滤速

水流通过滤层的真实流速应该是水在滤料的颗粒与颗粒之间孔隙中的流速。然而，由于同一滤层中不同颗粒间孔隙的大小是不均匀的，水流在各个孔道中的流速不会相同，滤层的真实流速难以确定，且应用价值不大。

实用的滤速是根据滤池中没有滤料的假设条件算出来的，称为空塔流速，是表示滤池中水流快慢的相对指标。计算式为

$$v = \frac{q_V}{A}　　　　　　　　　　　　　(2-34)$$

式中　　v——滤速，m/h；

q_V——滤池的出力，m^3/h；

A——滤池的过滤截面，m^2。

滤池的滤速不宜过慢或过快。滤速过慢意味着单位过滤面积的出力小，为了要达到一定的出力，必须增大过滤面积，这样不仅要增加投资，而且设备变得庞大。滤速太快会使出水水质下降，运行时的水头损失增大，缩短过滤周期。在过滤经过混凝和澄清处理的水时，滤速一般为 $10\sim12m/h$。

过滤运行的最大允许滤速主要取决于滤料的粒径，粒径越小，允许的滤速越小。

4. 反洗强度

通常按单位时间（s）内流过单位过滤截面（m^2）的反洗水量（L）来表示反洗强度。反洗强度大小应该适当，一方面保证滤层充分松动，使颗粒间能发生相互碰撞和摩擦，并使颗粒受到水流的冲刷作用；另一方面，反洗水流还应使泥渣和微小的滤料碎末被冲走，但正常的滤料颗粒不会被带走。

反洗强度与滤料颗粒的粒径和密度以及水温等许多因素有关，难以估算，最适宜的反洗强度应通过试验求得。一般而言，石英砂的反洗强度为 $15\sim18L/（m^2\cdot s）$，而无烟煤因密度较小，反洗强度为 $10\sim12L/（m^2\cdot s）$。反洗时，滤层的膨胀率应为 $25\%\sim50\%$，反洗时间一般取 $5\sim6min$。

每次反洗应将滤层中的泥渣清除干净，否则，积累在滤层中的污物会使滤料颗粒相互黏结起来，发生滤料结块现象。

为了改进滤层的冲洗效果，许多滤池中设有压缩空气管道，以进行气水混合洗。

（五）滤池的维护

1. 反洗强度和膨胀率

滤池在运行中如果清洗效果不好，则会发生过滤运行的周期缩短，出水的浑浊度增大等现象。造成这种后果的主要原因是反洗强度不够，滤料层的膨胀率太小。为此，必要时需通过试验，求取使滤层达到必要的膨胀率应维持的反洗水流速度。

在一定的温度下，滤层的膨胀率和反洗强度的关系可以通过下述试验来确定：采用直径为 $25\sim30mm$ 的玻璃管，内装一定量的滤料，玻璃管的下端和自来水管道连接。先用水自下而上慢慢地灌满玻璃管，并冲洗去微小的碎粒。然后，停止冲洗，待滤料层平稳后，量出其高度并通入反洗水进行试验。先使反洗强度达到滤料层有 $5\%\sim10\%$ 的膨胀率，经 $5min$ 的冲洗，待管中已膨胀的滤料层达到稳定后，测量滤层的高度和反洗强度。反洗强度可根据一定时间内从玻璃管中流出的水量来计算。然后，增大反洗强度，使滤料层膨胀 $15\%\sim20\%$，再进行试验。这样，一直到膨胀率达到 80% 或 100%，就可得到反洗强度与膨胀率的关系曲线。

当水温升高时，由于水的黏度和密度下降，必须用更大的反洗水流速，才能使滤料层达到同样的膨胀率。所以在进行试验时必须测定温度。

如实际运行温度不同于测试时温度，应另外进行试验或根据式（2-35）估算。

$$v_2 = v_1 + 0.47(t_2 - t_1) \tag{2-35}$$

式中　v_1 和 v_2——温度为 t_1 和 t_2 时的反洗强度，$L/（s\cdot m^2）$。

2. 化学清洗

即使是合理的冲洗操作，也不能完全使滤料层中的污物清除干净，有些污物黏附在滤料颗粒的表面上，不易用水冲去，所以日积月累，就会影响到滤层的运行。当过滤器运行一段时间后，有必要采取化学清洗的措施，清除冲洗不掉的污物。由于这些污物的种类不一，有些是有机物质，有些是沉淀处理的析出物，所以化学清洗所用的方法也就不同。要采用什么化学药品和在怎样的条件下进行清洗，应采取样品通过试验来解决。一般是用盐酸（HCl）或硫酸（H_2SO_4）来清除碳酸盐类、氢氧化铝、氢氧化锰和氢氧化铁等碱性物质，用苛性钠（NaOH）或碳酸钠（Na_2CO_3）溶液来洗去有机物，必要时可用氯水或漂白粉溶液来清除有机物。

试验可以用浓度为 2% 的酸液或碱液，采用浸泡的方式进行。清洗可以在滤池中进行，但酸液对混凝土有侵蚀作用，所以在用混凝土筑成的滤池中不能进行酸洗，要将滤料移至专用箱或其他设备中进行。

化学清洗时，先用水把滤料强烈反洗 10min，将水排放至滤料层面上 $100\sim150mm$ 处，加入化学清洗药液，然后，用静置、搅动和反洗等方式处理，最后，以较大水流速进行反洗，直至出口水不显酸性或碱性。药液的加入量根据滤料层的污染程度而定，一般每平方米过滤面积需用 NaOH$0.5\sim5kg$，$Na_2CO_3$$1\sim10kg$ 或 HCl$1\sim5kg$，用酸时应加入缓蚀剂。

氯清洗方法：在长时间清洗滤池后，向滤层表面的水中注入沉淀后的漂白粉溶液或氯水，使水中活性氯含量为 $40\sim50mg/L$。搅拌滤池中的水，并将水慢慢通过滤层，排入地沟；当由滤池放出的水中出现显著的氯臭味时，停止放水，在滤层中充有氯水的情况下，静置 $1\sim2$ 昼夜；此后，慢慢地把水放空，自上而下进行清洗，直到滤池出口的水中无氯的臭味为止。

二、过滤设备

粒状滤料过滤设备有多种类型。按工作压力可分为压力式和重力式；按滤层的组成可分为单层和多层；按水的流向可分为下向流、上向流和双流；按运行工况可分为恒流量和恒压力。

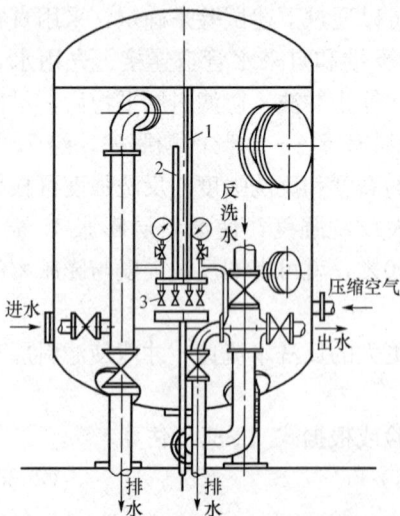

图 2-19　普通过滤器
1—空气管；2—监督管；3—采样阀

习惯上，把密闭的容器式过滤设备称为过滤器。工业上用的过滤器通常为圆柱形钢制容器，在压力下运行，属于压力式过滤器。

（一）机械过滤器

1. 普通过滤器

最简单的压力式过滤器采用单层滤料、下向流式。这种过滤器的结构和运行比较简单。

普通过滤器结构如图 2-19 所示。过滤器本体内安置的装备有：进水装置、配水系统，有时还有进压缩空气的装置。在本体的外面设有各种必要的管道、阀门和仪表等。

（1）进水装置。进水装置用来均匀分配需过滤的水，有时兼起反洗排水的作用。在普通过滤器中，进水装置和滤层之间有一定的空间，称为水垫层。它是为了反洗时滤层的膨胀而设置的，在过滤运行时，此空间内一直充满着水。水垫层的存在，起到促进水流

均匀的作用，所以在普通过滤器中，进水装置的结构形式往往比较简单，如在进水管出口处设置一个开口向上的漏斗。

（2）配水系统。普通过滤器下部设置配水系统，用来均匀排出过滤水和送入反洗用水。它的作用除了保证水流在滤层中分布均匀外，还可防止滤料泄漏。配水系统的类型较多，现在常用的有配水帽式、滤布式和砂砾式等。

1）砂砾式。砂砾式配水系统是由细砂和大颗粒砾石堆积而成的。砂砾式配水系统铺设方法简单，在过滤器底部安置一个放置砂砾的支撑装置（穹形板），将砂砾按颗粒大小不同分成几个级别，按下部颗粒大、上部颗粒小依次递减的方式，将砂砾铺设在此支撑装置上，这样就由砂砾间的空隙，构成了能使水流均匀分布的配水系统。这种配水系统的优点为加工简单，配水效果好且下部无死水区；缺点为砂砾需占据一部分空间，因而增大了设备体积。

2）配水帽式。配水帽是一种带有缝隙（或小孔）的部件，它安装在配水支管上，水由配水帽的缝隙流经支管进入配水总管。配水帽可由塑料、铜锡合金或陶瓷等制成。配水帽形式很多，有缝隙式、叠片式、长柄式等。配水帽可定型生产，应用方便。和砂砾式相比，利用水帽作过滤器配水系统可减小设备的体积，无需砂砾铺底层。其缺点为，在运行中有时会发生个别水帽破裂或丝口损坏而使滤料漏出问题，特别是当制作水帽的材料强度不够或易于变形时。另外，在水帽底部的四周存在局部死水区，它会影响出水水质。有时在该死水区用浇注水泥的办法把它填满，但当有水帽损坏时，检修工作比较困难，所以在有些设备中采用塑料填板将此死区堵塞。

3）支管开缝式。配水支管直接做成开缝形式，水由开缝处流经支管进入总管。缝的宽度应根据滤料大小而定，一般比滤料的最大颗粒小 0.4mm。配水支管要用不锈钢或优质塑料制成。

4）滤布式。近年来，由于人造纤维工业的发展，出现了许多机械强度大且耐腐蚀的织物。采用滤布包在带孔的配水支管上，或者将滤布铺在两块穿孔板之间，构成滤布式配水系统。为防止滤料泄漏，滤布的网孔比较小，一般为 40～60 目。在运行中，由于滤料碎末堵塞滤布的网眼会使过滤阻力增大。但对于运行周期不长的过滤设备，例如每周期不超过24h，网眼堵塞增大值往往比滤层中阻力的增大值小得多，经反洗后，水流通过滤布的压降能恢复到原有的状态，由此造成的水头损失不会影响运行过程。

（3）运行参数。普通过滤器的运行流速约为 8～10m/h，当运行到水流通过滤层的压力降达到规定值时，应停止过滤运行，开始反洗。将过滤器内的水排放到滤层的上缘，然后送入强度为18～25L/（m²·s）的压缩空气，吹洗 3～5min，在继续供给空气的情况下，向过滤器内送入反洗水，应使滤层膨胀 10%～15%，反洗水送入 2～3min 后，停止送空气，继续用水再反洗 1～1.5min，此时反洗水的强度应使滤层膨胀率达到40%～50%。最后正洗至出水合格后，转入正式过滤运行。普通过滤器中装载的滤料（石英砂）的粒径一般为 0.5～1.2mm，滤层高约 0.7m，其容许压力降约为 49kPa。实际上，为了使滤层不至因过度污染而冲洗不干净，同时考虑防止发生滤层破裂现象，实际控制反洗时的压力降为 19.6～29.4kPa。另外，这种过滤器除了可以按照水流通过滤层的压力降来确定是否需要清洗外，也可按一定的运行时间来确定清洗。容许的运行周期，应通过调整试验求得。

2. 双流式过滤器

在普通过滤器中虽然有机械筛分和接触凝聚两种作用，但由于反洗后使滤料呈现上小下

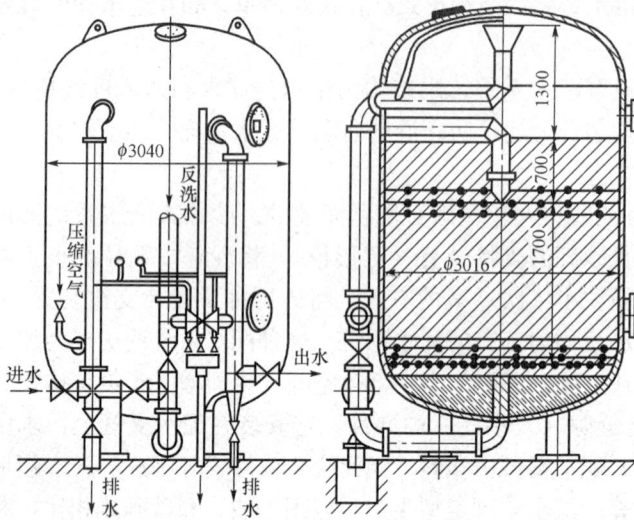

图 2-20 双流式过滤器

大的分布，过滤运行时，水流先通过小颗粒滤料，后通过大颗粒滤料，所以起主要作用的是表层小颗粒滤料的截留作用，而滤层中滤料颗粒的接触凝聚能力，并不能充分发挥出来。为此，可采用双流式过滤器。双流式过滤器如图 2-20 所示。

双流式过滤器中，进水分为两路：一路由上部进，另一路由下部进，经过过滤的出水，都由中部流出。这样，由上部进入的水的过滤作用和普通过滤器相同，主要是表面滤层的过滤作用；由下部进入的水，由于先遇到颗粒大的滤料，后遇到颗粒直径逐渐减小的滤层，主要起接触凝聚作用。

双流式过滤器的内部结构和普通过滤器不同的地方，是中间设有配水系统；且滤料层较高，在中间配水系统以上的滤层高为 0.6～0.7m，以下为 1.5～1.7m。所用滤料的有效粒径和不均匀系数均较普通过滤器的大。如用石英砂时，滤料的颗粒直径为 0.4～1.5mm，平均粒径为 0.8～0.9mm，不均匀系数 K_{80} 为 2.5～3.0。

双流式过滤器开始运行时，上部和下部进水约各占 50%；运行一段时间后，上层由于阻力增加快，其通过水量比下层通过水量要少，其滤速为 12～18m/h。反洗时先用压缩空气吹 5～10min，然后用清水从中间引入，自上部排出，先反洗上部。然后，停止送入压缩空气，由中部和下部同时进水，上部排出，进行整体反洗，反洗强度控制在 16～18L/（m²·s），反洗时间为 10～15min。最后，停止反洗，进行运行清洗，待水质变清时开始过滤送水。

与普通过滤器相比，双流式过滤器出力较大，但对滤料的要求较高，运行操作和维护等较复杂。

3. 多层滤料过滤器

为了改变普通过滤器中滤料上细下粗的不利排列方式，可以采用双层或三层等多层滤料过滤器。

双层滤料过滤器的结构与普通过滤器相同，只是在滤床上分层放置两种不同的滤料。上层为密度相对较小、粒径较大的滤料，下层为密度相对较大、粒径较小的滤料，通常上层为无烟煤（密度为 1.5～1.8g/cm³），下层为石英砂（密度为 2.65g/cm³）。

滤料颗粒呈上大下小的分布对过滤过程很有利，因为进水由上部送入时，首先遇到的是颗粒较大的无烟煤滤料，过滤作用可以深入到滤层中，发生渗透过滤作用。下层较小的颗粒能有效截留泥渣，起保证出水水质的作用。

与单层滤料过滤器相比，双层滤料过滤器截污能力较大，水头损失增加缓慢，滤速提高，工作周期延长了。

普通的石英砂过滤器可以改为双层滤料过滤器，将其上层 200～300mm 高度的小颗粒石英砂滤料取走，然后装入粒径为 1.0～1.25mm 的碎无烟煤。

三层滤料过滤器的原理和结构与双层滤料过滤器相似，相当于在双层滤料下面又加了一层密度更大、颗粒更小的滤料。三层滤料一般由无烟煤、石英砂和石榴石组成。三层滤料的级配是：大粒径（1～2mm）、相对密度小的无烟煤在上层；中等粒径（0.4～0.8mm）、相对密度中等的石英砂在中层；小粒径（0.2～0.4mm）、相对密度大的石榴石在下层。此种过滤器的优点为滤速高，截污能力大，对于流量突然变动时的适应性好，出水水质较好。它的水流阻力与普通过滤器的相当。

4. LLY-B 高效过滤器

LLY-B 高效过滤器的结构如图 2-21 所示。LLY-B 高效过滤器是以纤维丝束为滤料，若干纤维束以一定的密度垂直挂在多孔板上，下端挂料坠，组成滤料层。为调节滤层的密度，在纤维滤料内设置有不透水的柔性材料构成的加压室（即胶囊），通过加压室的充水和排水使纤维滤料紧密和松散。过滤时，加压室内充入一定体积的水，使纤维处于一定的压实状态，过滤的水从设备下部进入，沿纤维束的伸展方向流过得到过滤，清水从设备上部引出。清洗时，排出加压室内的水，纤维束被放松，用水向下洗（同时用压缩空气从滤料下部向上吹漂），然后再用水和压缩空气向上清洗，清洗出截留物，使纤维滤层得到再生。

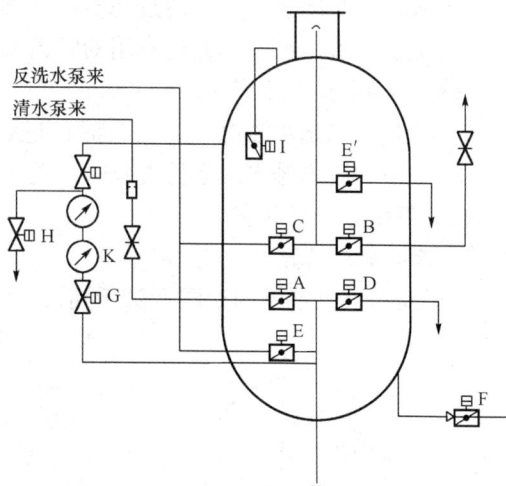

图 2-21 LLY-B 高效过滤器
A—原水入口阀门；B—清水出口阀门；C—下向洗入口阀门；D—下向洗排水阀门；E—上向洗排水阀门；F—压缩空气入口阀门；G—胶囊充水阀门；H—胶囊排水阀门；I—排气阀门；K—管道泵

滤料是一种高分子化学纤维材料，具有滤料直径小、滤料比表面积大和表面自由能大的优点，增加了水中杂质颗粒与滤料的接触机会和滤料的吸附能力。其化学性质很稳定，不带任何活性功能基因，水中悬浮物向纤维滤料表面的迁移和吸附既有物理吸附又有化学吸附。

LLY-B 高效过滤器上部布水装置为多孔板（兼挂纤维束和胶囊），下部进水装置为挡水板，进气装置为母管支管式；料坠的作用是防止运行或清洗时纤维相互缠绕和乱层，另外也起到配水、配气的作用。

（1）高效过滤器的特点。

1）截污容量较大。工作时水从滤层孔隙较大的一端流入，从孔隙较小的一端流出，悬浮物可以渗透到滤层深处被吸附截留，能有效发挥整个滤层的截污作用，提高了截污容量。

2）出水水质好。过滤器采用纤维滤料，这种滤料比表面积大，吸附能力强，出水侧滤层存在压实区，保证了足够大的滤料密度，起到保护水质作用。

3）过滤阻力较小。由于压实区的存在，将增大过滤阻力。但压实区的厚度只占整个滤层厚度的一小部分，整体滤层的空隙率较大，因此滤层总压头损失并不大。

4）操作方便。过滤器在纤维滤料内设置有七个胶囊，通过胶囊的充排水可方便地实现过滤器的运行和再生。

5）流速快。由于过滤阻力较小，滤料吸附能力强，出水侧滤层存在压实区，有很高的过滤精度，因而LLY-B高效过滤器的工作流速也较高，出力也较大。

（2）高效过滤器的运行过程。

1）下向洗。用水自上向下清洗，同时通入压缩空气，使纤维不断摆动，相互摩擦，洗掉附着的悬浮物。

2）上向洗。用水自下向上清洗，同时通入压缩空气，进行擦洗和赶走悬浮物。水流速不能太快，空气压力不能太大，否则会造成掉坠和纤维上浮堆积。

3）排气。关闭进气门，使过滤器中空气在水流冲击下排尽。

4）胶囊充水。打开胶囊充水用的管道泵进水门，启动管道泵，给胶囊充水。每个胶囊充水180～200kg，总计充水约1300kg。

5）投运。当出水浊度<2mg/L时，过滤器投入运行。

6）失效和胶囊排水。运行失效时，关小清水出口门，打开胶囊排水门，使胶囊中水全部排出，纤维呈松散状态。

5. 活性炭过滤器

活性炭过滤器的结构如图2-22所示。过滤器中所填的滤料为活性炭。活性炭是由动物炭、木炭或沥青炭等经药剂处理或高温焙烧等活化过程制成的。活化的目的是造成细孔、扩大吸附面积，活性炭内部有许多相互连通的毛细孔道，孔径由10Å到1000Å以上；活性炭粒度小，用于吸附过滤的活性炭都是制成颗粒状，其粒径通常为1～4mm，可根据需要而选取；比表面积大，约500～1500m²/g，总孔容积也较大，可达0.6～1.8mL/g；是非极性吸收剂，对有机物有较强的吸附力。当清水进入活性炭过滤器时，利用粒状活性炭的吸附性能，降低水中有机物含量以及去除水中余氯和胶体硅，有效地防止了有机物对离子交换树脂的污染。活性炭的吸附以物理吸附为主，一般是可逆的。

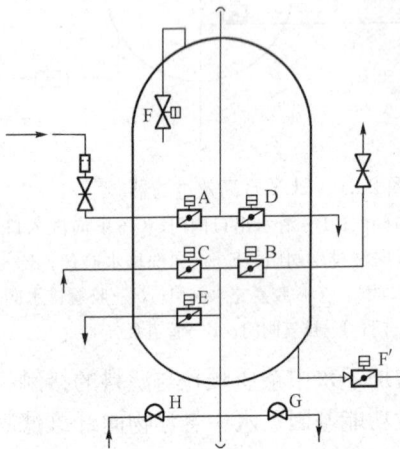

图2-22 活性炭过滤器结构

A—过滤器进水门；B—过滤器出水门；C—过滤器反洗进水门；D—过滤器反洗排水门；E—过滤器正洗排水门；F—过滤器排气门；F′—过滤器进气门；G—过滤器底部排空门；H—过滤器进活性液门

活性炭可用来降低水中有机物的含量，但由于天然水中有机物种类繁多，分子的大小也不统一，所以在不同条件下活性炭除去有机物的效率并不相同。通常它不能将有机物除尽。根据活性炭的性质和水中有机物的组成，其吸附率可达约20%～80%。活性炭过滤器在运行时，水流至活性炭层，在活件炭层的拦截、吸附作用下，水中的悬浮颗粒及胶体被截留在滤料层。由于活性炭本身对水流有阻力，因而形成了一定的压力降，即产生水头损失。随着过滤的进行，水头损失达到某一允许值时，过滤器就应停止运行，进行反冲洗以除去滤层中的悬浮颗粒及杂质，使滤层恢复吸附能力。

常用的反冲洗方法有两种：一种是用反冲洗水自下向上流动，把滤料冲呈悬浮状态后，借助于滤料颗粒间的水流产生的剪切力和相互摩擦力，把吸附截留的悬浮物冲刷剥离下来，由反冲洗水带出；另一种是在滤层的下面增装一套压缩空气管路系统，借压缩空气把滤料扰动起来，以提高反冲洗的效果及减小反冲洗用水量。

如果活性炭受污染丧失了吸附性能，则可选用下列方法再生，使其恢复吸附性能。①用蒸汽吹洗；②高温焙烧，使吸附的有机物分解与挥发；③用适当的溶液把吸附的杂质解吸下来，例如用 NaOH 溶液；④用有机溶剂萃取。然而，这些再生技术迄今还不成熟，因此怎样处理在技术和经济上最适宜，目前尚不能作定论。在有些国家，活性炭不进行再生，而是换用新的，这使得活性炭消耗较大。

（二）普通快滤池

普通快滤池应用较为广泛，其构造如图 2-23 所示。普通快滤池有四个阀门，包括控制过滤进水和出水用的进水阀（又称浑水阀）、出水阀（又称清水阀）、控制反洗进水和排水用的进反洗水阀（又称冲洗阀）、排反洗水阀（又称排水阀），所以快滤池又称四阀滤池。

快滤池的工作过程是：过滤时，关闭冲洗水阀 14 和排水阀 17，开启进水阀 3 和出水阀 10。浑水经进水总管 1、支管 2 和浑水渠 4 进入滤池。再通过滤料层 5、承托层 6 后，由配水系统支管 7 汇集起来，从干渠 8、清水支管 9、清水总管 11 流往清水池。随着滤层中截留杂质的增加，滤层产生的水头损失随之增加，滤池水位也相

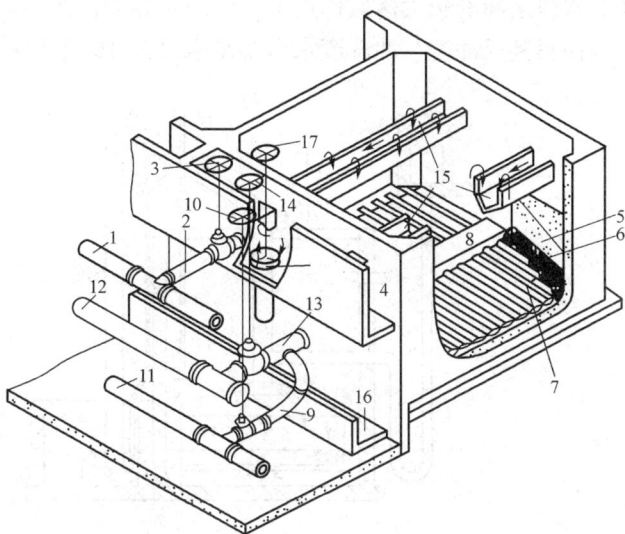

图 2-23 普通快速滤池构造

1—进水总管；2—进水支管；3—进水阀；4—浑水渠；5—滤料层；6—承托层；7—配水系统支管；8—配水干渠；9—清水支管；10—出水阀；11—清水总管；12—冲洗水总管；12—冲洗支管；14—冲洗水阀；15—排水槽；16—废水渠；17—排水阀

应上升。当池内水位上升到一定高度或水头损失增加到规定值（一般为 $19.8 \sim 24.5 kPa$）时，停止过滤，进行反洗。反洗时，关闭出水阀 10 和进水阀 3，开启冲洗水阀 14 和排水阀 17。冲洗水依次经过冲洗水总管 12、支管 13、干渠 8 和支管 7，经支管上孔眼流出再经承托层 6 均匀分布后，自下而上通过滤料层 5，滤料流态化，得到清洗。冲洗废水流入排水槽 15，经浑水渠 4、排水管和废水渠 16 排入下水道。冲洗结束后，过滤重新开始。

（三）无阀滤池

无阀滤池因没有阀门而得名，其特点是过滤和反洗过程自动进行。其结构形式很多，有压力式的，也有重力式的；截面有圆形的，也有方形的。其中以重力式无阀滤池在电厂中应用较广泛。

1. 工作过程

无阀滤池构造如图 2-24 所示。过滤时，浑水顺次经过进水分配槽 1、进水管 2、虹吸上升管 3、顶盖 4 下面的挡水板 5 后，均匀地分布在滤料层 6 上。过滤后的水通过承托层 7、

配水系统 8、底部空间 9，经底部空间和连通管 10 上升后进入到冲洗水箱 11 中。当水箱水位达到出水渠 12 的溢流堰顶后，溢入渠内，最后流入清水池。

过滤开始时，虹吸上升管与冲洗水箱中的水位差为过滤起始水头损失（h_{ft}）。随着过滤时间的推移，滤料层水头损失逐渐增加，虹吸上升管中水位相应逐渐升高，排挤管内空气从虹吸下降管出口端穿过水封进入大气。当水位上升到虹吸辅助管 13 的管口时，水从辅助管流下，下降水流在管中形成的真空使抽气管 14 不断将虹吸管中空气抽出，虹吸管中真空度逐渐增大。这种结果一方面使虹吸上升管中水位升高，另一方面虹吸下降管 15 将水封井中的水吸上一定高度。当下降管中的上升水柱与上升管中的水汇合后，在冲洗水箱水位与排水井的水位之间的较大落差作用下，促使水箱内的水沿着与过滤相反的方向进入虹吸管，滤料层因而得到反冲洗。冲洗废水由排水水封井 16 流入下水道。冲洗过程中，水箱内水位逐渐

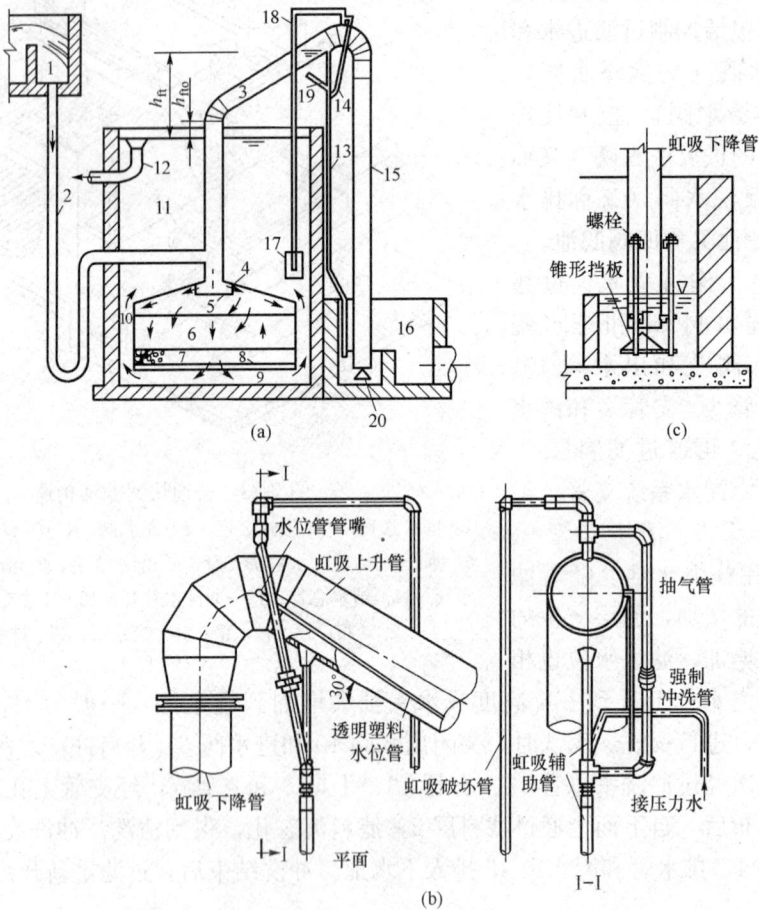

图 2-24　无阀滤池

（a）结构示意；（b）虹吸辅助管；（c）冲洗强度调节器

1—进水分配槽；2—进水管；3—虹吸上升管；4—伞形顶盖；5—挡板；6—滤料层；7—承托层；8—配水系统；9—底部配水区；10—连通管；11—冲洗水箱；12—出水渠；13—虹吸辅助管；14—抽气管；15—虹吸下降管；16—水封井；17—虹吸破坏斗；18—虹吸破坏管；19—强制冲洗管；20—冲洗强制调节器

下降。当水位下降到虹吸破坏斗 17 以下时，虹吸破坏管 18 把小斗中的水吸完，管口与大气相通，虹吸破坏，冲洗结束，过滤重新开始。通过调节冲洗强度器 20〔见图 2-24（c）〕，可减少或增加冲洗水流量。如果在滤池水头损失还未到达规定值而又因某种原因需要提前冲洗时，可进行人工强制冲洗，即打开强制冲洗阀门，高压水管 19 中的水在抽气管与虹吸辅助管连接三通处高速流出，产生强烈抽吸作用，使虹吸很快形成。

无阀滤池失效时的水头损失一般为 14.7~19.6kPa。

2. 设计运行的几个问题

（1）进水分配槽。进水分配槽如果布置太高，空气就会随水流跌落进入滤池，气泡积集在滤池伞形顶盖之下，可能造成虹吸管时断时续向排水管排水排气，浪费水量；滤池反冲洗提前、中断或连续冲洗；强制冲洗难以形成等问题。解决办法是另设气水分离器或降低分配水槽标高。

（2）进水管 U 形存水弯。其作用是防止滤池冲洗时空气通过进水管进入虹吸管破坏虹吸。常将 U 形存水弯底部置于水封井的水面以下。

（3）冲洗时的自动停止进水装置。如图 2-24 所示的无阀滤池，反冲洗时进水会直接随反洗水排出，造成浪费。目前许多单位采用了冲洗时自动停止进水装置。图 2-25 是倒 U 形虹吸管停止进水装置示意图。其工作原理是，冲洗开始时，

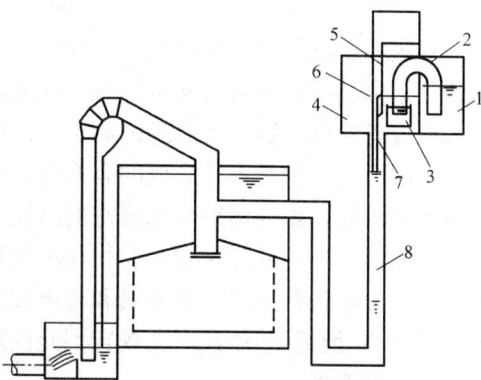

图 2-25　倒 U 形进水虹吸管自动停止进水装置示意

1—进水总渠；2—倒 U 形进水虹吸管；3—水封箱；4—配水槽；5—抽气管；6—虹吸破坏管；7—连通管；8—进水 U 形管

U 形管 8 右端水面迅速下降，虹吸破坏管 6 管口很快露出水面，进水虹吸破坏，进水停止。冲洗完毕后，冲洗水箱充水，U 形管 8 右端水位上升，破坏管 6 的管口被水封，在抽气管 5 的抽气下，倒 U 形进水虹吸管 2 又形成虹吸，过滤重新开始。这种装置的进水虹吸形成时间约需 2.5min，反洗开始到进水中断时间在 30s 左右。

无阀滤池多用于中、小型给水工程，单池面积一般不大于 16m²，少数也有高达 25m² 的。

生产实际中有的滤池只有一个阀门，这种滤池称单阀滤池。单阀滤池实际上是无阀滤池

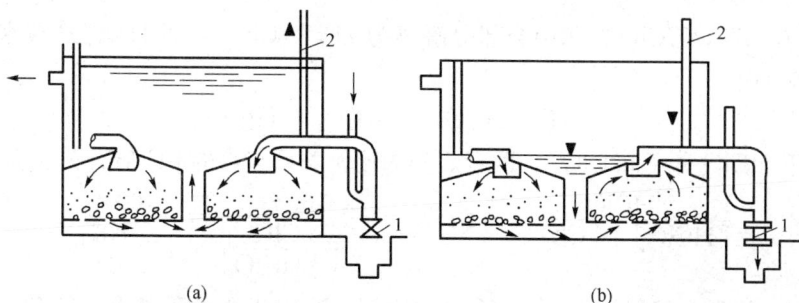

（a）　　　　　　　　　　　（b）

图 2-26　单阀滤池结构示意

（a）过滤；（b）右边反洗

1—闸阀；2—水头损失计，▲—水位上升，▼—水位下降

的简化池型，并有多种形式，最简单的单阀滤池结构如图 2-26 所示。其特征是，虹吸管在滤池伞形顶盖上接出后直接下弯，并在虹吸管上设置一个排水阀门。因省去了虹吸辅助系统无法自动形成反洗虹吸，所以不能像无阀滤池那样自动反洗自动过滤，而需通过调节排水阀门来实现。过滤时，关闭排水阀，过滤重新开始。

第四节　水 的 消 毒 处 理

在火力发电厂的锅炉补给水处理中，有时要考虑消毒处理。一方面是因为目前新建的电厂往往远离城市，城市自来水系统不能满足电厂生活用水的要求，需电厂自行解决；另一方面水中含有的微生物进入后续的离子交换设备或膜分离设备后，会对离子交换树脂或膜造成损害，因为它们都是人工合成的有机化合物。另外，如微生物进入热力系统，会分解出一些低分子有机物，影响锅炉水和蒸汽的品质。

水的消毒处理分为化学法和物理法两种：化学法包括加氯或氯化物、臭氧和二氧化氯处理等；物理法包括加热、紫外线和超声波处理等。目前我国饮用水处理中多用氯化处理，而美国已于 20 世纪 70 年代明文规定不允许加氯。

一、氯消毒

1. 氯消毒原理

氯（Cl_2）易溶于水，并迅速分解，生成 HCl 和 HClO，即

$$Cl_2 + H_2O \rightleftharpoons HCl + HClO \tag{2-36}$$

生成的次氯酸为一元弱酸，在水中会部分解离为氢离子和次氯酸根离子

$$HClO \rightleftharpoons H^+ + ClO^- \tag{2-37}$$

其平衡常数 K_{HClO} 为

$$K_{HClO} = \frac{[H^+][ClO^-]}{[HClO]} \tag{2-38}$$

平衡常数 K_{HClO} 与水温的关系见表 2-7。

表 2-7　　　　　　　　　　次氯酸的解离平衡常数 K_{HClO} 与水温的关系

水温（℃）	0	5	10	15	20	25
K_{HClO}（$\times 10^{-8}$ mol/L）	2.0	2.3	2.6	3.0	3.3	3.7

根据式（2-37），HClO 在水中会部分解离为 H^+ 和 ClO^-，而 H^+ 容易被水中碱度所中和。中和反应为

$$H^+ + HCO_3^- \longrightarrow CO_2 + H_2O \tag{2-39}$$

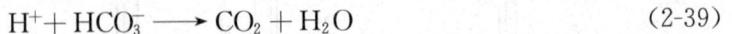

水中剩下 HClO 分子和 ClO^-，两者之间的比例关系与水的 pH 值有关。

$$\frac{HClO}{[HClO]+[ClO^-]} \times 100\% = \frac{100\%}{1 + \dfrac{[ClO^-]}{[HClO]}} = \frac{100\%}{1 + \dfrac{K_{HClO}}{H^+}} \tag{2-40}$$

式（2-40）说明，HClO 和 ClO^- 的相对比例，决定于水的温度和 pH 值。当 pH 值＞9.0 时，ClO^- 的含量接近于 100%；当水的 pH＜6.0 时，HClO 的含量接近于 100%；当 pH 值＝7.5 时，HClO 和 ClO^- 几乎各占 50%。水温的影响远远小于 pH 值的影响，如图 2-27 所示。

氯的消毒作用有两种观点：一种观点认为主要是 HClO 分子起消毒作用，因为 HClO 是一个很小的中性分子，比较容易扩散到带有负电荷的细菌表面，并通过细胞壁到达菌体内部，氧化分解细菌的酶系统使细菌死亡。而 ClO⁻ 带负电荷，不易扩散到菌体表面，所以杀菌效果差；另一种观点认为是 $HClO \longrightarrow HCl +$ [O] 分解出的活性态氧，对细菌的酶系统起氧化作用使细菌死亡。

生产实践表明，pH 低时氯的消毒能力增强，说明氯的消毒作用主要是依靠 HClO 完成的。

从式（2-36）还可看出，加入水中的 Cl_2 只有 1/2 变成了 HClO，起消毒作用，而另外的 1/2 变成 Cl^-，不起消毒作用。

图 2-27　水的 pH 值和水温
对 HClO 和 ClO⁻ 比例的影响

2. 需氯量与余氯

需氯量是指用于杀死病原微生物、氧化水中有机物和还原性物质所消耗的氯的总量。余氯是为防止残存的病原微生物在管网中再度繁殖而多加的一部分剩余的氯，也称过剩氯。我国饮用水卫生标准中规定，水厂出水余氯在接触 30min 后应不低于 0.3mg/L，管网末端水中余氯不低于 0.05mg/L，表示仍有一定的消毒能力。加氯量应为需氯量与余氯之和。

加氯处理不仅有消毒作用，使水中的病原微生物控制在水质标准以下，而且能明显地降低水的色度和有机污染物，另外还能去除水的臭味。

3. 加氯点

加氯地点可根据处理水质选用滤后加氯和滤前加氯。滤后加氯是指加氯点布置在过滤设备之后，加氯处理成为饮用水的最后处理工艺，故也称后氯化。因为前面的混凝沉降和过滤已除去了相当一部分微生物，所以加氯量比较小。滤前加氯是指加氯点布置在滤池前，加氯与混凝处理同时进行，故也称预氯化，它适宜处理有机物污染或色度较高的水。当管网较长，为保证管网末端维持足够的余氯，有时可考虑在管网中途补充加氯，但这种情况在电厂水处理中较少出现。

4. 其他氯化物消毒

水的氯化消毒除采用氯气以外，还可采用氯胺、漂白粉、漂粉精、二氧化氯和次氯酸钠等，它们都是氯的化合物，消毒的原理与 Cl_2 相同。下面只对氯胺作些说明。

由于氯胺消毒也是靠 HClO 的作用，但 HClO 是由化合性氯平衡解离出来的，所以消毒作用比自由性氯缓慢。这种消毒作用在有些情况下也有一定的优势，如当管网比较长时，HClO 在管网内不能保持太久，使管网末端达不到余氯标准。但氯胺的消毒缓慢，而且能逐渐释放出 HClO 加以补充，容易保证管网末端仍有一定的消毒作用。当水中含有酚时，自由性氯容易产生氯酚放出恶臭，氯胺则要轻得多。另外，氯胺对控制水中细菌和藻类比自由性氯效果好。

因此，当水中不含氨时，有时还人为地往水中加氨，可加液态氨、$(NH_4)_2SO_4$ 等，但大多数是用液态氨，因为它投加容易，而且不增加水中阴离子的含量。氨与氯的比例应根据

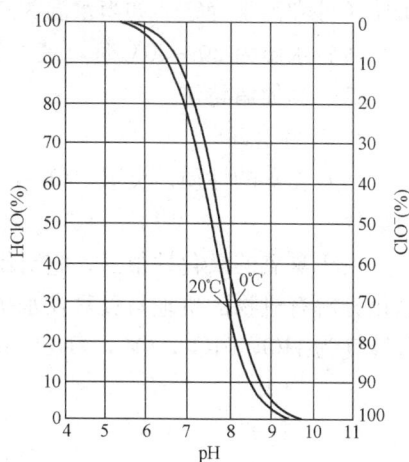

水质条件和温度确定。如当水温为 0～10℃时，氯∶氨＝5∶1；水温为 10～12℃时，氯∶氨＝4∶1；水温为 20～30℃时，氯∶氨＝3∶1。

二、其他消毒法

1. 臭氧消毒

（1）臭氧的性质。臭氧（O_3），在常温常压下是一种不稳定的淡紫色气体，很容易分解为氧气。

由于臭氧的氧化性很强，它对细菌等微生物几乎具有百分之百的杀死能力。臭氧消毒和氧化分解有机物的机理与臭氧在水中的分解机理有关。它可在水中分解为原子氧和氧气，还可转变为 HO，HO_2，O_2^-，H_2O_2 等中间产物。

$$O_3 \rightleftharpoons O_2 + [O]$$
$$[O] + O_3 \longrightarrow 2O_2$$
$$[O] + H_2O \longrightarrow 2HO$$
$$2HO \longrightarrow H_2O_2 \longrightarrow H_2O + [O]$$

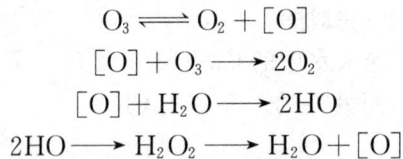

（2）臭氧在水处理方面的应用。用氯气作氧化剂和消毒剂已非常成熟，而且设备简单、价格便宜，但由于加氯的消毒效果与 pH 值等水质条件有关，而且有可能产生三氯甲烷、氯代酚等物质，使它的应用受到一定的限制。用臭氧作氧化剂和消毒剂不仅不会产生二次污染物，而且还具有氧化能力强、反应速度快、投量少和使用方便等优点。

（3）臭氧消毒特点。

有关臭氧氧化有机物和消毒的试验结果表明：

1）臭氧是一种强氧化剂，可氧化分解多种有机物，其中也包括酚类化合物。

2）在相同条件下，去除有机物的效果因各种有机物的抗氧化能力不同而有一定差异。

3）利用臭氧氧化分解去除有机物，其去除率在 30％～70％不等，有的甚至达到 100％，也有的还不到 10％，但对挥发性酚类化合物一般在 30％以上。

4）臭氧是一种极不稳定的气体，在水中随时间延长而衰减，这与水中是否存在还原性物质、有机物及微生物等因素有关。

5）臭氧氧化有机物的效果还与臭氧投加量和接触时间有关。一般臭氧投加量为 0.2～1.5mg/L，接触时间为 5～30min。

6）利用臭氧氧化有机物和杀菌处理过的水是完全无毒的，残余臭氧分解产生的氧气还补充了水中的溶解氧。

7）臭氧在水中的溶解度比氧高，在 10～30℃范围内臭氧在水中的溶解度为氧的 13 倍，但在处于常温和接近中性的天然水中，一般只有十几毫克/升。所以，臭氧发生器产生的臭氧不能充分发挥消毒和氧化作用，有将近 40％以上的量损失掉。为此，应使臭氧与水体有充分的接触时间。

8）臭氧氧化法的缺点是耗电量高，每产生 1kg 臭氧理论耗电量为 0.82kWh，而工业生产中臭氧的耗电量为 15～20kWh/kg（O_3），即有 95％以上的输入电能变成热能而损耗掉，所以需装设冷却设备。

2. 紫外线消毒

这是目前高纯饮用水及各种饮料生产常用的一种消毒方法。它的消毒作用被认为是：水中菌类微生物受到紫外线照射后，紫外光谱能量被细菌的核酸所吸收，并使核酸结构破坏，影响新陈代谢过程而死亡。试验表明，紫外线波长为 200～300nm 时，消毒效果较好，其中以波长 260nm 时消毒效果最佳。紫外线的光源有高压、低压之分，一般采用高压水银灯。它可置于水中，也可置于水面，前者称为浸入式，后者称为水面式，消毒效果前者比后者好。

紫外线消毒有以下特点：

（1）消毒速度快，效率高，只要将水体照射几十秒钟即可得到满意的消毒效果。一般大肠杆菌除去率达到 98％以上，去除细菌总数达到 96％以上。

（2）紫外线能杀死氯化法难以杀死的芽孢和病毒微生物，而且不影响水的物理性质和化学性质，也不增加水的臭味。

（3）高压水银灯消毒水量比较大，3000W 灯管每小时可消毒 50m³ 的水。

（4）水的色度、浊度和含铁量等都能吸收一定的紫外线，从而影响消毒效果，其中以色度影响最大。

（5）灯管周围水的温度也影响消毒效果，一般温度低时，消毒效果差。所以，当采用高压水银灯时，需在灯管外再装石英套管，灯管与套管之间形成一个空气夹层，使灯管能量得到发挥。

（6）消毒设备可根据处理水量大小，采用串联或并联布置。前者管路简单，但水头损失大；后者管路复杂，但操作灵活。

（7）紫外线消毒效果与水中细菌总数和大肠杆菌指数有关，在照射条件相同的情况下，消毒效果随水中细菌总数和大肠杆菌指数增加而有所降低。

（8）紫外线消毒法的缺点是耗电量大，而且管网过长时难以防止水的二次污染。

第三章

膜 脱 盐 处 理

第一节 膜分离技术概述

膜分离技术是自 20 世纪 60 年代中期发展起来的高新技术。在现代工业技术和人们日常生活中，膜与膜分离技术扮演着相当重要的角色，它已成为许多国家，特别是发达国家最受瞩目的优先发展的高新技术产业之一。

膜分离技术是以高分子材料学为基础，以天然或人工合成的高分子薄膜，依靠外界能量或化学位差为推动力，对双组分或多组分混合的气体或液体进行选择性分离、分级、浓缩、提纯及净化的方法。18 世纪末，法国的 Abbe Nollet 发现水能自然地扩散到装有酒精溶液的猪膀胱内，首次揭示了膜分离现象。历史上第一家制造滤膜的企业出现于 19 世纪前半叶，而膜分离技术的高速发展期则是始于 20 世纪 50 年代，从那时起随着高分子材料技术的快速发展，膜分离技术也得到了迅猛的发展和大规模的应用，几乎每 10 年就至少有一种新的膜技术得到工业应用——30 年代为微孔滤膜，40 年代为透析膜，50 年代为离子交换膜电渗析（ED）和微滤（MF），60 年代为反渗透（RO），70 年代为超滤（UF），80 年代是气体膜分离（GS）和纳滤（NF），90 年代为渗透汽化（PV）。其中，目前已实现商业化的膜分离过程主要有超滤（UF）、微滤（MF）、电渗析（ED）、反渗透（RO）、纳滤（NF）和渗透汽化（PV）。主要的膜分离方法及适应范围见表 3-1。本书只介绍目前比较成熟的几种膜：微滤膜、超滤膜、纳滤膜、电渗析离子交换膜和反渗透膜。几种膜的分离特性如图 3-1 所示。

表 3-1　　　　　　　　　　主要的膜分离方法及适应范围

膜的种类	膜的功能	透过物质	分离驱动力	膜的孔径（μm）
微滤膜	脱除溶液中的悬浮物、胶团、微粒子、菌类	水、溶剂和溶解物	压力差	0.1～10
超滤膜	脱除溶液中的胶体、大分子、菌类、病毒、热源、蛋白质等	水、溶剂、离子和小分子	压力差	0.01～0.1
纳滤膜和反渗透膜	脱除溶液中的无机盐、离子、低分子、糖类、氨基酸、BOD、COD	水、溶剂	压力差	0.001～0.01
透析膜	脱除溶液中的盐类及低分子物质、离子、氨基酸、糖类、BOD、COD	离子、低分子、酸和碱	浓度差	0.001～0.01
电渗析离子交换膜	脱除溶液中的无机、有机离子	离子	电位差	0.001～0.01
渗透汽化膜	溶液中的低分子与溶剂间的分离	蒸汽	压力差、浓度差	0.0001～0.001
气体分离膜	气体与气体分离、气体与蒸汽分离	气体	浓度差	0.0001～0.001

与传统的分离技术比，膜分离技术具有常温下操作、无相态变化、高效节能、分离效率高（见表 3-1，其最小分离极限可达纳米级，而以重力为基础的分离技术的最小分离极限仅为微米级）、无二次污染、工艺设备简单、操作方便、容易实现自动化控制等明显优势。

目前，膜分离技术已经发展为一门多种学科交叉的高新技术，并已成为工业上气体分离、水溶液分离、化学产品和生化产品分离与纯化所使用的一种重要工艺。膜分离技术广泛应用于水质处理、化工、医药、食品、饮料等行业，几乎已渗入到国民经济各个领域。膜分离过程已成为解决当代能源、资源和环境污染问题的重要高新技术和可持续发展技术的基础，今后它可能对工业、农业、环境工程在某种程度上带来革命性的推动作用。随着工业生产的复杂度和精密度的提高，在处理含有复杂组分的原水或对产品水质要求苛刻时，单纯使用一种膜技术并不能完全满足要求，需要采用膜技术与传统分离技术，以及不同的膜技术之间的优化组合，组成集成膜过程以实现特殊的分离目的。集成膜过程扩大了膜分离技术的应用领域，显著提高了分离效率，是当前也是今后膜技术研究的重要发展方向。

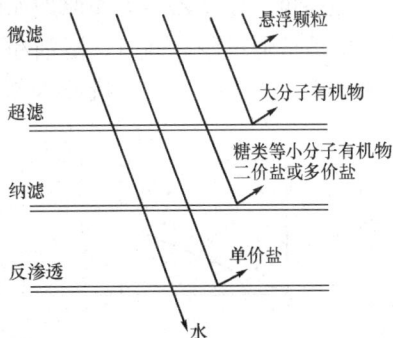

图 3-1　几种膜的分离性能

　　膜分离技术目前的主要应用范围为：①反渗透常规用于电厂锅炉水处理、超纯水制备、苦咸水淡化、饮用水制备、废水净化等；②超滤用于超纯水制备、工业废水处理、生物制品浓缩分离、饮用水制备、食品工业、制药工业等；③微滤用于生物制品、医药卫生、饮料等过滤，超纯水制备，饮用水制备；④纳滤用于电厂水的软化，饮用水有害物质的脱除，中水、废水处理，食品、饮料、制药行业，化工行业。以上大部分应用采用的是国产膜组件，但是也有一部分技术要求高的用进口膜，例如：用于贵重生物制品分离的超滤、微滤膜；用于阴极电泳漆处理的荷电膜；用于电厂锅炉水处理的低压反渗透复合膜等。

一、微滤（MF）技术

　　微滤技术是膜技术的一种，以压力为推动力，通过膜对 $0.1\sim10\mu m$ 大小的颗粒、细菌、胶体进行筛分、过滤，使其与流体分离的过程，称为微孔过滤或精过滤（micro-filtration 缩写为 MF），简称微滤。

　　流体通过滤膜时，由于膜的机械截留、内部截留作用以及微粒的架桥作用，比膜孔径大的微粒不能通过滤膜而被截留在膜孔或膜面上形成滤饼，而滤饼的形成又导致更精细过滤。微滤与普通过滤相类似，属于筛网过滤。它是深层过滤技术的发展，使过滤从一般性、粗糙性、相对性过渡到精密性、绝对性。在静压差作用下，小于膜孔的粒子通过滤膜，比膜孔径大的粒子则被截留在膜面上，使大小不同的组分得以分离、纯化与浓缩。

　　微滤技术在国外地表水和污水处理系统中有广泛的应用，在电厂污水回用处理中也已有多年的应用历史。由于一般微滤设备本身也需要较复杂的预处理，造成工程投资增加，所以实际应用较少。目前广泛采用国外的微滤设备用于反渗透的预处理。

　　微滤膜与普通的中空纤维、平板及卷式反渗透膜不同，多数为具有比较整齐、均匀的对称、多孔结构。常用的微滤膜材料有硝化纤维素（CN）、醋酸纤维素（CA）、混合纤维膜（CN-CA）、PAN、CA-CTA、PSA、尼龙等。按形状膜可分为管式膜、板式膜、卷式膜等。微滤膜价格低，使用寿命较长。

　　虽然微滤膜具有分离迅速、节约能耗、提高回收率、减少污染、设备简单、连续操作等优点，但是一般的微滤膜都需要较严格的预处理，所以在国内的水处理领域应用不广泛，一般应用于电子工业、高纯水制备等领域。

二、超滤（UF）技术

最简单的超滤器的工作原理如图 3-2 所示，即在一定的压力作用下，当含有大、小分子物质的溶液通过膜表面时，溶剂和小分子溶质（如无机盐类）将透过膜，作为透过物被收集起来，大分子溶质（如有机胶体等）则被薄膜截留成为浓缩液。

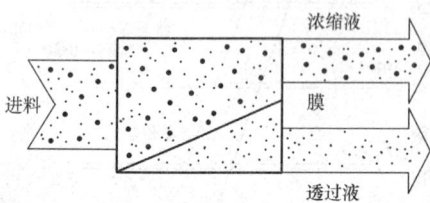

图 3-2　简单超滤器的工作原理

UF 可以理解为与膜孔径大小有关的物理筛分过程，它以膜两侧的压力差为推动力，以超滤膜为过滤介质，允许水、无机盐及小分子物质透过膜，阻止水中的悬浮物、胶体、蛋白质和微生物等大分子物质通过，以达到溶液的净化、分离与浓缩的目的。UF 膜的孔径（$0.01\sim0.1\mu m$）远大于 RO 膜孔径，截留分子量（切割分子量）为 $10^3\sim10^6$。

1867 年，第一张人工膜由 Traube 在多孔瓷板上胶凝沉淀铁氰化铜而制成。1907 年 Bechhold 较为系统地研究了超滤膜，并首次采用了"超滤"这一术语。Michaels 创建的 Amicon 公司于 1965 年首先开发成功中空纤维超滤器并很快投放市场，从而促进了超滤技术产生突破性进展。1965 年以后，又有多家公司和生产厂家推出了各种聚合物超滤膜，使超滤技术步入快速发展阶段。近年来，日本研制成功一种超微滤技术（Ultramicro filtration，或称 Superultra filtration），膜孔径 $0.07\sim0.08\mu m$，分布范围极小且分布均匀，膜通量则远大于传统 UF，有着极为广泛的应用前景。UF 主要用于除菌、除胶体以及除大分子有机物，尤其对于热敏性物质，如果汁、生物制品的分离、浓缩、精制尤为有效。在工业废水处理、特殊溶液的分离（如血液净化、大分子有机物与盐的分离）、精制（如蛋白质精制）等工业领域，有着广泛的应用。UF 是一种有效的膜分离方法，在水处理中，尤其在脱盐工艺中，往往作为 RO 等脱盐过程的预处理工序。

国内对超滤技术的开发较国外约晚 10 余年的时间。20 世纪 70 年代初起步，首先开发出 CA 管式膜及组件；80 年代是快速发展的阶段，先后研制成功中空纤维、卷式和板式超滤膜及组件；90 年代这些不同结构形式的超滤装置都获得广泛应用并取得了显著的社会、经济和环境效益。国产组件在饮用水除菌、除浊和纯水制备的前后处理方面有大量应用。国产 UF 膜的主要缺陷是品种单一、质量不稳定、通量衰减快、截留率较低，故多在一些要求不高的场合下使用。应用实践表明，研制截留小分子和开发抗污染能力更强的超滤膜及相应的组件是超滤研究领域面临的主要课题，也是超滤技术向更高水平发展的关键所在。

三、纳滤（NF）技术

1. 概述

纳滤（Nanofiltration，简称 NF，即纳米过滤技术）是在 RO 膜的基础上发展起来的。由于它去除溶质粒子的尺寸是纳米（nm）的范围，膜孔径比 RO 膜孔径大，故有疏松 RO（Loose RO）之称。鉴于 NF 膜过程操作压力比一般 RO 膜低，也有称其为部分低压 RO 或超渗透（Ultra-Osmosis）的。NF 膜多为荷电膜，又介于 RO 和 UF 之间，所以又叫荷电 RO/UF 膜。随着膜分离技术的发展，纳滤一词已逐渐为广大膜科技工作者所采用。

RO 几乎能截留所有离子，要求高的操作压力，对管路阀门有严格的要求，水通量也受到限制，对于那些要求有高的水通量，对某些物质（如单价盐）截留无严格要求的场合，RO 就不太合适。另外，超滤仅能截留分子量较大的有机物、细菌等，对于低分子量物质和离子不截留。所以需要有一种介于 RO 和 UF 之间的分离膜。纳滤膜就是近年来在此背景下发展起来的新型分离膜。

纳滤膜孔径范围在纳米级，截留分子量 100～1000 之间的物质，是一种介于反渗透和超滤之间的膜过程。它具有膜技术共同的高效节能的特点，是近年来世界各国优先发展的膜技术之一。

纳滤膜能截留高价盐而透过单价盐，能截留分子量 100 以上的有机物而使小分子有机物透过膜。它的分离特性是反渗透膜和超滤膜无法取代的。反渗透膜几乎对所有的溶质都有很高的截留率，超滤膜只能截留大分子，纳滤膜却对特定溶质具有很高的截留率，还具有反渗透、超滤技术的共性，所以应用十分广泛。纳滤技术已在水的软化、溶液脱色、染料除盐浓缩和生化物质纯化浓缩中产生了一定的经济效益和社会效益。

20 世纪 80 年代开始，美国 Filmtec 公司相继开发出 NF-40、NF-50、NF-70 等型号的纳滤膜。由于市场广阔，世界各国纷纷立项，许多公司如美国的 Osmonics 公司、Fluid systems 公司，日本的东丽和日东电工等公司，都组织力量投入到开发纳滤技术的领域中。纳滤膜的品种不断增加，性能不断提高。膜材料有醋酸纤维素系列、芳香聚酰胺和磺化聚醚砜等。膜的品种已经系列化，膜的分离性能从对 NaCl 脱除率 5％～10％一直发展到 85％。我国从 80 年代后期开始纳滤膜的研制。目前达到工业化生产的有二醋酸纤维素（CA）卷式纳滤膜和三醋酸纤维素（CTA）中空纤维纳滤膜。

2. 纳滤膜分离特性

与 RO 和 UF 相比，NF 有如下特性：

（1）NF 膜主要去除直径为 1nm 左右的溶质粒子，截留物分子量为 200～1000，介于 RO 膜与 UF 膜之间。

（2）NF 膜对一价离子的截留率低，如 NaCl 一般低于 90％，而对二价或高价离子，特别是阴离子的截留率可大于 98％，这一特征确定了它在水软化处理中的重要作用。

（3）操作压力低。一般小于 1.5MPa，而 RO 一般大于 4.0MPa。但是近年来，国外一些公司研制出了低压和超低压 RO 膜，操作压力小于 1.5MPa，最低可达 0.5MPa，而 NaCl 的截留率仍高达 99.5％，且具有高的透水率，所以 NF 还不能简单地称为低压 RO。低压 RO 的起因应归于表面具有特殊的凹凸皱纹结构形态，从而大大地增加了膜的有效面积的缘故。

（4）具有离子选择性。多数 NF 膜为荷电膜，通过静电相互作用，产生 Donnan（道南）效应，对含有不同价态离子的多元体系溶液，可实现不同价态离子的分离，故有时也称"选择性反渗透"（Selective RO）。一般来说，纳滤膜对单价盐的截留率仅为 10％～80％，而对二价及多价盐的截留率均在 90％以上。

纳滤膜对水中离子的去除率顺序为 $SO_4^{2-} > Mg^{2+} > Ca^{2+} > SiO_3^- > HCO_3^- > Na^+ > Cl^-$，$K^+ > NH_4^+ > F^- > NO_3^-$。而对 NaCl 的截留率与溶液的浓度有很大关系，当溶液浓度由 0.05mol/L 增加到 1mol/L 时，NaCl 的截留率由 45％降至 7％。在用纳滤膜处理含大量金属离子的溶液时发现，重金属离子的截留率均大于 90％，而 K、Na 等离子的截留率则小于 10%。

3. 纳滤膜

由于 NF 膜的孔径和截留性质介于 RO 和 UF 之间，NF 膜的制备也基本上是从 RO 膜和 UF 膜改性、修饰衍化而来。目前，最先进的 NF 膜是交联芳香聚酰胺复合膜，它一般是以交联芳香聚酰胺为功能层，以聚砜多孔膜为支撑层复合而成。功能层可由以下方法形成：①单独制作成超薄功能层，再复合到多孔支撑层表面上；②界面聚合法，这是美国人 Cadotte 的发明，将多孔基膜先浸到一种水溶性单体溶液中，排除过量单体溶液，然后再浸入另一有机溶剂单体溶液中，进行液—液界面聚合反应，结果在膜表面形成超薄脱盐层；③将多孔支撑层表面浸涂的活性单体溶液进行加热，辐射等后处理成膜；④在支撑层上进行气相单体等离子沉积；⑤动态成膜；⑥无机纳滤膜则多是在无机微滤膜上进行蒸汽沉积形成复合膜。

目前，商品化 NF 膜的主要材质为：醋酸纤维素（CA）、磺化聚砜（SPS）、磺化聚醚砜（SPES）、聚酰胺（PA）和聚乙烯醇（PVA）等。

4. 影响纳滤膜分离特性的因素

影响纳滤膜分离特性的因素主要有：

（1）同离子。纳滤膜对离子的截留率受到同离子的强烈影响，对同一种膜而言，在分离同种离子并在该离子浓度恒定、同离子价数相等条件下，同离子半径越小，膜对该离子的截留率越小；同离子价数越高，膜对该离子的截留率越高。纳滤膜对二价离子的截留率较一价离子截留率高得多，主要是由于离子半径和静电斥力作用影响造成的。

（2）操作条件。操作条件对纳滤膜的分离性能有直接影响。操作压力的提高可提高水通量和脱盐率，回收率的提高可降低水通量和脱盐率，提高进口流速可提高水通量和脱盐率。纳滤膜的耐压密性好，水通量和截留率随操作时间延长基本不变，对分子量数百的有机小分子和高价离子有较高的脱除率。

（3）其他条件。由于道南离子效应的影响，物料的荷电性、离子价数、离子浓度、溶液 pH 值等对纳滤膜的分离效率有一定的影响。

5. 纳滤的应用

纳滤膜主要用于水的软化处理，典型应用为对苦咸水进行脱盐软化及脱除水中的有害物质。图 3-3 是纳滤法软化水的工艺流程图，用纳滤膜代替常规的石灰软化和离子交换过程。虽然在投资、操作、维修及价格等方面与常规法相近，但具有无污泥、不需再生、完全除去悬浮物和有机物、操作简便和占地省等优点。

由于膜容易被硅酸盐、锰以及铁离子所污染，所以在前处理过程中须用过滤柱沉降这些溶盐。水通过两级 NF 进行分离。第一级 NF 后的排水进入第二级 NF 装置，减少装置耗水量。第二级 NF 器的残余水中含有大量的硫酸盐和碳酸盐，这些水被排放。进一步的氯处理可制成标准饮用水。

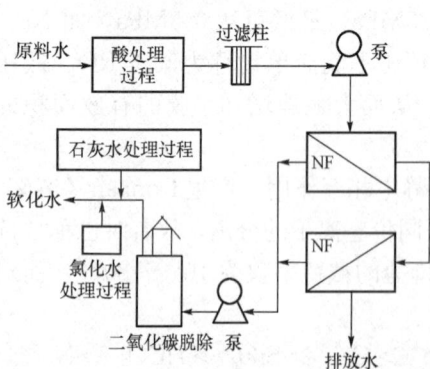

图 3-3 纳滤法软化水的工艺流程

NF 处理后水质见表 3-2。

表 3-2 NF 处理后的水质

项 目	Ca^{2+}	Mg^{2+}	Na^+	HCO_3^-	SO_4^{2-}	Cl^-	Fe^{3+}	色度
进水（mg/L）	85～139	5～9	29～44	277～286	2～5	43～66	0.1～2.9	8～105
出水（mg/L）	19	0.3	19	16	1	47	—	—
截留率（%）	83	96	48	93	71	14	＞99	＞99

第二节 电渗析技术

电渗析（ED）技术是膜分离技术的一种，它是将阴、阳离子交换膜交替排列于正负电极之间，并用特制的隔板将其隔开，组成除盐（淡化）和浓缩两大部分，在直流电场作用下，以电位差为推动力，利用离子交换膜的选择渗透性，把电解质从溶液中分离出来，从而实现溶液的浓缩、淡化、精制和提纯。

电渗析技术早在 20 世纪 50 年代就广泛应用于苦咸水脱盐。随着新型离子交换膜的出现和交换树脂填充床电渗析技术的推出，电渗析技术已普遍应用于饮用水、工业废水、医药用水处理以及食品、化学工业领域，并取得了较好的效果，具有显著的社会效益和经济效益。

近年来，许多国家因为工业迅速发展，淡水供应不足，常利用电渗析法进行海（咸）水淡化。除在苦咸水地区、岛屿设立脱盐装置外，还有小型船用淡化器，也用在锅炉用水的前处理方面。用电渗析法淡化低盐度的苦咸水或从自来水制备初纯水，耗电量都很省。在沿海地区，常因海水倒灌，水的含盐量剧增，若在离子交换树脂交换前，用电渗析器预先脱除水中大量盐分，再进入离子交换树脂床，可大大降低酸、碱的耗量，防止大量酸、碱再生剂排放对环境的污染。

电渗析的优点是：①不需像离子交换树脂那样进行酸、碱再生，药剂耗量少；②仅用电能可以连续运行制得淡水，投资少，当原水浓度在 1000～10000mg/L 时，生产淡水成本低，能量消耗低；③对原水含盐量变化适应性强；④操作简单，易于实现机械化、自动化；⑤设备紧凑耐用，预处理简单；⑥水的利用率高；⑦如果和离子交换树脂相结合，可制取高纯水。电渗析也有它自身的缺点：在运行过程中易发生浓差极化而产生结垢；与反渗透相比，脱盐率较低。

一、电渗析原理

离子交换树脂如果不是做成粒状，而是制成膜状，则它就具有如下的特性：阳离子交换树脂膜（简称阳膜）只容许阳离子透过，阴离子交换树脂膜（简称阴膜）只容许阴离子透过，即离子交换膜有选择透过性。

离子交换膜的这种特性是电渗析水处理工艺的基础，与其活性基团的结构有关。对于阳离子交换树脂膜来说，其不可移动的内层离子为负离子，在阳膜的孔眼内有由于这些负离子而产生的负电场，因此，溶液中的负离子受到排斥，使它们不能通过。而阳离子遇到阳膜时，情况则相反，它可以进入此膜的孔眼内，在电场作用下发生定向迁移，可以穿过孔眼，也可以将阳膜上原有的阳离子排斥下来。同理，阴膜的内层为正离子，所以它带有正电场，排斥阳离子，容许阴离子进入。

如果仅仅是用这样的膜把水隔成两个部分，那么是不能使各部分水质发生变化的，因为溶液为保持电中性，当一种离子减少时，另一种反符号离子必然要阻止此过程的继续进行。

然而，如果将这些膜做成电解槽的隔膜，即在膜的两侧加两个电极，通以直流电，则离子会持续发生有规则的迁移，这就是电渗析。

1. 双膜电渗析槽

双膜电渗析就是在电解槽中各设一张阴膜和阳膜，将阳膜设置在靠近阴极（一）处，阴膜设置在靠近阳极（十）处，如图 3-4 所示。

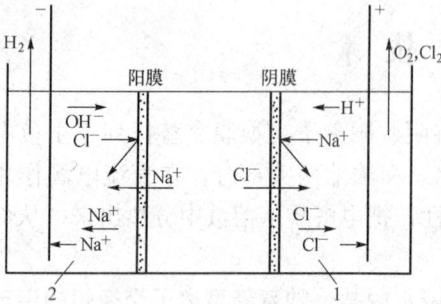

图 3-4　双膜电渗析槽示意
1—阳极室；2—阴极室

以电解 NaCl 水溶液为例，水中离子主要为 Na^+ 和 Cl^-。在直流电作用下，电解槽中间一室中的 Na^+ 不断透过阳膜迁移到阴极室，Cl^- 不断透过阴膜迁移至阳极室。阳极室中的 Na^+ 虽然也有向阴极迁移的倾向，却因它不能透过阴膜而受阻，所以不能进入中间一室，也就不会迁移到阴极室。同理，阴极室中的 Cl^- 也因不能透过阳膜而不会迁移至中间室。因此，通电的结果为，在阴、阳膜之间的水室中，离子含量越来越少，水即被净化。

必须说明，这里所谓阳离子通过阳膜和阴离子通过阴膜是比较笼统的说法，实际上如前面已指出的，可以是膜一侧的离子将膜上原有离子排挤至另一侧的过程。所以，离子迁移仍然含有离子交换的意义。如果阳膜原来不是 Na 型，则在进行 NaCl 溶液的电渗析过程中就会逐渐转化成 Na 型，并将其原有阳离子排入水中。

为使电流不断地通过，在电渗析槽的两个极室中必然要发生电极反应。

阳极反应为

$$4OH^- - 4e \longrightarrow 2H_2O + O_2 \uparrow \tag{3-1}$$

$$2Cl^- - 2e \longrightarrow Cl_2 \uparrow \tag{3-2}$$

$$H_2O \longrightarrow H^+ + OH^-$$

阴极反应为

$$2H^+ + 2e \longrightarrow H_2 \uparrow \tag{3-3}$$

$$H_2O \longrightarrow H^+ + OH^-$$

因此，阳极室将变为酸性，并释放出氯气和氧气，阴极室将变为碱性，释放出氢气。

2. 多膜电渗析槽

由于在电渗析槽中起净化作用的是阳膜和阴膜，所以一个设备的生产率取决于此设备中这些膜的面积。为此，通常需要将电渗析槽做成多膜式，以提高设备的生产率。

当电渗析槽中交替地装有多个阴、阳离子交换膜时，称为多膜电渗析槽。图 3-5 的电渗析槽中有三对交替的阴、阳离子交换膜。

在此电渗析槽中，阴、阳膜和两边的极板一起构成七个水室，靠阴极的一个水室为阴极室，靠阳极的一个室为阳极室（这两个室通称极水室），中间五个室中，有三个为淡水室，两个为浓水室。

当离子交换膜的阴、阳顺序与极板的阴、阳顺序相反的时候，即离子交换膜从左至右为阳、阴的顺序时，则它们中间形成的水室中的水会得到净化。在这些水室中，当阳离子（Na^+）在电场力的作用下向左（阴极方向）迁移时，首先遇到的是阳膜，可以通过；而阴离子（Cl^-）在向右（阳极方向）迁移时，首先遇到的是阴膜，也可以通过，所以该室的阳离子和阴离子（Na^+ 和 Cl^-）在通电过程中陆续迁移出去，而与此同时却没有离子能够迁移进来。所以，这些水室中水的离子含量便渐渐减少，水变为淡水，故这些室称为淡水室。

相反，当水室两边的膜从左至右为阴、阳顺序时，因其中阴、阳离子在迁移过程中都受到相反符号的离子交换膜的阻挡，不能迁移出去；同时却有阳离子或阴离子不断从相邻的淡水室迁移进来，故这些水室中的离子增多，水溶液渐渐变浓，因而这些室称为浓水室。

由图 3-5 中可以看出，原水从上方引入各室，在往下流动的过程中，在淡水室逐渐淡化，在浓水室逐渐变浓。最后，把淡水汇集起来送出，浓水汇集后，或者排掉，或者再循环。由前述可知，淡水室的数目，等于阴、阳膜对的数目。图 3-5 中有三对膜，故有三个淡水室，一个电渗析器，通常由几百对，甚至近 1000 对膜组成。

二、离子交换膜

离子交换膜是电渗析器的关键部件，良好的膜应具备高的离子交换透过性、渗水性低、导电性好、化学稳定性好、机械强度大等特点。离子交换膜和球状（或不定型板状）离子交换树脂在化学结构上是相同的，所以有人称它为膜状的离子交换树脂。早期是利用粉碎的离子交换树脂（250 目）加入黏合剂制成薄膜，故称为离子交换（树脂）膜。因为在膜中存在黏合剂，活性基团会分布不均，故又称为异相（非均质）离子交换膜。随着制膜技术不断发展，

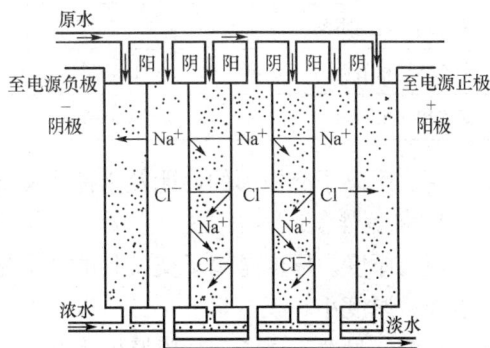

图 3-5　电渗析原理

近年来已经能够制备不加黏合剂的膜，因其活性基团分布均匀，故称为均相（或均质）离子交换膜。

在应用中，离子交换膜与离子交换树脂的作用不同，离子交换膜是与外界电解质溶液中的离子进行交替地吸附、解吸，使之穿过膜，故又称为离子选择透过性膜。而离子交换树脂只是选择性地吸附离子，需要用化学药品进行解吸再生。

（一）膜种类

离子交换膜有异相膜、均相膜和半均相膜之分。异相膜是用离子交换树脂粉和黏合剂调和制成的，有时为了增强机械强度，还覆盖有尼龙网布。均相膜是直接把离子交换树脂作成薄膜。均相膜与异相膜相比，有膜电阻小和透水性小的优点，故成为一个发展趋势。半均相膜是离子交换树脂和黏合剂混合的很均匀的一种产品。由于被吸附的离子在直流电场作用下通过相互接触的活性基团做不停的定向的迁移，直到透过膜体进入浓室为止，因此电渗析的离子交换膜在使用周期内无所谓失效，也不需再生。

常用的均相膜是将制造离子交换树脂的具体材料制成连续的膜状物作为底膜，然后在上面嵌上具有交换能力的活性基团。阳离子交换膜在 H_2SO_4 中磺化，成聚苯乙烯磺酸型 $R-SO_3H$，在水中离解为 $R-SO_3^-$，固定在母体上的离子呈负电性，使溶液中的阴离子受排斥，而阳离子被该膜吸附，在直流电场作用下向负极方向传递、交换，并透过阳离子交换膜。阴离子交换膜属聚苯乙烯季胺型 $R-CH_2(CH_3)NCl$，在水中离解成 $R-CH_2(CH_3)N^+$，排斥阳离子而吸附阴离子，并透过膜向正极传递、交换。

现在实用的膜大多是有机质的，膜体基材有聚乙烯、聚砜、聚苯酚、聚氯乙烯等多种。

与离子交换树脂相似，组成膜的树脂也有凝胶型和大孔型的区别。

（二）性能

阴、阳两种离子交换膜的性能见表 3-3。

表 3-3　　　　　　　　　　　　离子交换膜的性能

名　　称	水分（%）	交换容量（mmol/g）	面电阻（Ω/cm^2）	选择透过率（%）	厚度（湿态）（mm）	爆破强度（kg/cm^2）
聚乙烯异相阳膜	≥40	≥2.8	8～12	≥90	～0.5	≥4
聚乙烯异相阴膜	≥35	≥1.8	8～15	≥90	～0.5	≥4
聚乙烯半均相阳膜	38～40	～2.4	5～6	>95	～0.4	≥5
聚乙烯半均相阴膜	32～35	～2.5	8～10	>95	～0.4	≥5
聚乙烯均相阳膜	30～40	1.6～2.5	2～3	≥95	～0.35	
聚乙烯均相阴膜	35～40	1.8～2.4	3～10	≥96	0.2～0.3	

阴、阳离子交换膜的性能及指标意义如下：

1. 机械性能

（1）厚度。厚度是离子交换膜的基本指标。对于同一种离子交换膜来说，厚度大，膜电阻也大；厚度小，膜电阻也小。所以，在保证一定机械强度的前提下，厚度应尽可能小些为好。目前，最薄的离子交换膜厚度为 0.1mm 左右。

（2）机械强度。离子交换膜在电渗析装置中是在压力下工作的，因此其机械强度是一个很重要的指标，如强度不够，在运行中很容易损坏。

（3）膜表面状态。膜表面应平整、光滑。如有皱褶，会影响组装后设备的密封性能，引起内漏或外漏的现象。

2. 电化学性能

（1）膜电阻。离子交换膜的导电性能，常用单位面积的膜电阻来表示，称面电阻（单位是 Ω/cm^2），一般规定 25℃时，在一定成分、一定浓度的电解质水溶液（如 0.1～0.5 mol/L KCl 溶液）中测定的。

对于同一种离子交换膜来说，膜电阻的大小取决于离子交换膜中可动离子的成分和所在水溶液的温度。阳膜以 H 型的膜电阻最小（膜电导最大）；阴膜以 OH 型膜电阻为最小（膜电导最大）。温度对膜电阻的影响与电解质溶液一样，温度升高，膜电阻降低。

（2）离子选择透过率。阳离子交换膜只允许阳离子透过，阴离子交换膜只允许阴离子透过，这是指理想情况。实际上，当用离子交换膜进行电渗析时，总是有少量异号离子同时透过。也就是阳膜中有少量阴离子透过，阴膜中有少量阳离子透过。这是因为：①离子交换膜上免不了有某些微小的缝隙，使水溶液中各种离子都能通过；②膜在电解质水溶液中并不是绝对排斥异号离子，而是能透过少量异号离子。

采用选择透过率表示阳膜（或阴膜）对阳离子（或阴离子）选择透过性的强弱。该指标的意义表示为

$$P_+ = \frac{\bar{t}_+ - t_+}{1 - t_+} \tag{3-4}$$

式中　P_+——阳膜对阳离子的选择透过率；

t_+——阳离子在水溶液中的迁移数；

$\bar{t}_+$——阳离子在阳膜中的迁移数。

对于阴膜，其选择透过率的意义和式（3-4）相同，只是按阴离子的迁移数计算。为了说明式（3-4）的意义，这里先解释"迁移数"。在电化学中，某种离子的迁移数 t 就是表示通电时该种离子所搬运的电量 Q' 和通过溶液的总电量 Q 之比。迁移数表示式为

$$t = \frac{Q'}{Q} \tag{3-5}$$

在离子交换膜中，阳或阴离子迁移数的含义与此相似，只是应按膜中搬运的电量计算。所以式（3-4）中的分子（$\bar{t}_+ - t_+$，阳离子在阳膜中和溶液中迁移数的差）所表示的是由于膜的选择透过性而产生的差别；分母（$1-t_+$）表示阳膜在理想条件下，即完全不让阴离子穿透的情况下，阳离子在阳膜中的迁移数（等于 1）和在溶液中迁移数的差别。这样，实际差别和理想差别之比就表示了"率"的意义。

（3）透水性。离子交换膜能透过少量的水，这就叫做膜的透水性。原因是：与离子发生水合作用的水分子，随此离子透过；少量自由的水分子，也可能被迁移中的离子带过。膜的透水性也会影响到电渗析的效果。从实际上来看，应当尽量减少离子交换中异号离子透过的量和离子交换膜的透水性。

（4）交换容量。离子交换膜离子交换容量的含义与粒状离子交换剂的含义相同，单位为 mmol/g（干膜）。交换容量大，膜的导电性和选择性就好，但机械强度会降低。

3. 化学稳定性

膜应具有耐酸碱、耐氧化、耐温和耐有机物污染等性能，否则，会影响其使用寿命。一般地，要求离子交换膜能使用一至数年。

三、电极材料

上面所述溶液中离子在电极上的反应，实际上作为极板的金属也有可能参与反应。若阳极金属的电极电位比氯和氧的电极电位高，则在外加的电压不大，以致阳极的电极电位低于此金属的电极电位的情况下，极板不会被溶解，即不被腐蚀；相反，若所选的金属电极电位比阳极的电极电位低，则在通电过程中发生的阳极反应主要是极板金属的溶解。所以，电渗析的电极材料应该选择电极电位相当高的惰性金属，或导电的非金属。现在，用作电极材料的有：钛镀铂、钛涂钌、石墨、铅和不锈钢等。

钛镀铂电极的化学稳定性高，是一种优良的电极材料。但因为成本偏高，且电镀工艺尚不完善，镀层易剥落，所以在国内尚未推广。钛涂钌电极又称二氧化钌电极，它是以钛为基体，表面附有钌、铱、钛的混合氧化物。此种电极具有优良的耐腐蚀性，可以有较长的使用寿命。

铅的电极电位仅为 $-0.126V$，理论上在使用中腐蚀应较快，但当水中含有较多的 SO_4^{2-} 时，电极反应为 $Pb \longrightarrow Pb^{2+} + 2e$，反应中所生成的 Pb^{2+} 和水中的 SO_4^{2-} 会发生 $Pb^{2+} + SO_4^{2-} \longrightarrow PbSO_4 \downarrow$ 的反应，产生的 $PbSO_4$ 沉淀物附着在电极上会形成一层保护模，因而保护了铅电极不受腐蚀。若水中 SO_4^{2-} 含量不足，可在阳极室中加入 Na_2SO_4，使水中 Na_2SO_4 的浓度达 5%。

石墨电极耐腐蚀，价格便宜，它的缺点为质地脆，易磨损。

四、电渗析器的结构

目前世界上脱盐用电渗析器的结构形式几乎都为压滤型，日本在海水浓缩制盐方面部分

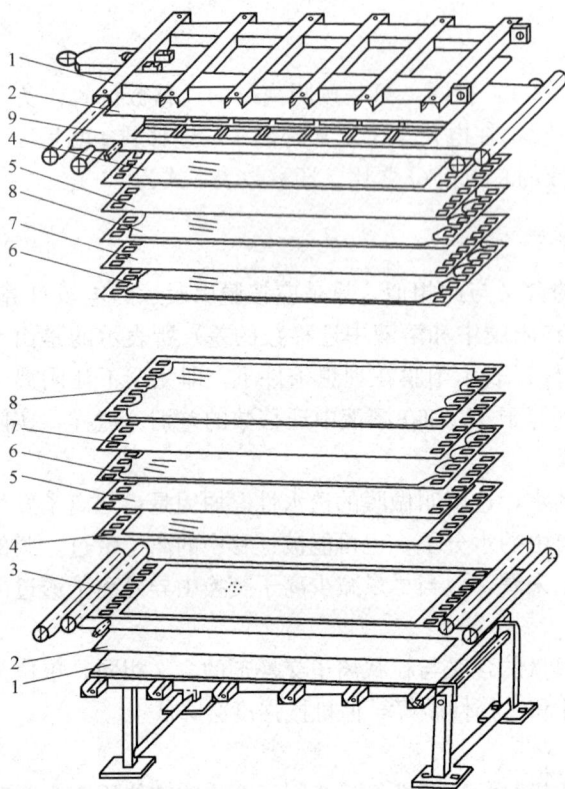

图 3-6　电渗析器结构

1—夹紧板；2—绝缘橡胶板；3—电极（甲）；4—加网橡皮圈；
5—阳离子交换膜；6—浓（淡）水隔板；7—阴离子交换膜；
8—淡（浓）水隔板；9—电极（乙）

采用水槽型电渗析器。本书主要讨论压滤型电渗析器。压滤型电渗析器由隔板、离子交换膜、电极框和上下压紧板等组成，且都为板片状结构，如图 3-6 所示。一张阳膜、一张阴膜和隔板甲、隔板乙依次交替排列，组成一个膜对，若干个膜对组成膜堆。在膜和隔板框上开有若干个孔，当膜和隔板多层重叠时，这些孔便构成了进出浓、淡液流的管状孔道，称为内流道。浓液流的内流道只与浓缩室相通，淡液流的内流道只与淡化室（脱盐室）相通，即浓、淡液流各自成系统，彼此不会相互混流。压滤型电渗析器加工、制造与部件更换、清洗都较容易，主要缺点是组装比较麻烦。

（一）部件

1. 隔板

电渗析器所以能形成许多连通的淡水室和浓水室的结构，是由于隔板（见图 3-7）的作用。隔板可用硬聚氯乙烯或其他合适的材料制成，厚度常为 2mm 以下。隔板中间开有许多槽和孔，如图 3-7（a）所示。水流由进水孔送入后沿着布水槽送入流水槽，然后沿着各流水槽和过水槽流动，最后由布水槽和出水孔送出。

隔板上的孔是将整块板打穿的，以便组装后形成水流通道。布水槽和过水槽并不穿透隔板，可以在板上开凹槽或在板层中间开孔道，用以引导水流至各水室。流水槽是在槽中填以隔网而形成，即在隔板上先开许多穿透的槽，在槽的四周留有凸边，然后将隔网的四边黏在此凸边上。隔网可做成鱼鳞状（见图 3-8）或绞织网、平织网等，其材料可用硬聚氯乙烯或聚丙烯。隔网可以起搅动水流的作用，因而便于水中离子扩散，提高除盐效果。在不同情况下，对水在电渗析器中流程长度的要求不同，每块隔板可以根据具体情况开流水槽。流水槽可开成多槽的，也可开成单槽的。

在电渗析器中，因淡水室和浓水室中水流是分成两路的，所以此两室的隔板上开布水槽的位置不同。如图 3-7（a）

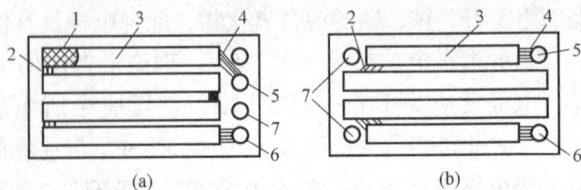

图 3-7　隔板

(a) 孔开在一侧；(b) 孔开在两侧

1—鱼鳞网；2—过水槽；3—流水槽；4—布水槽；5—进水孔；
6—出水孔；7—过水孔

所示，隔板上的布水槽是与第2、4两个孔（由上向下）相通，而另一种隔板上布水槽是与第1、3两个孔相通。这样，隔板就分成甲乙两种（淡水隔板和浓水隔板）。隔板上不带布水槽的过水孔，是用来沟通另一路水流之用的。隔板上的四个孔也可开在隔板的两端，每端两个，如图3-7（b）所示。

2. 极框

电极膜之间也要有板隔着，称为极框，其结构与隔板一样，只是没有布水槽和过水槽。

（二）组装方式

电渗析器的组装如图3-9所示，排列次序如从阳极（正极）算起为：阳电极—极框—阳膜—隔板甲—阴膜—隔板乙—阳膜—隔板甲—阴膜—隔板乙……阴膜—极框—阴电极。排列原则为阳、阴膜交替排列，靠近电极处安置极框，阳、阴膜之间安装隔板，在阳、阴膜顺序之间安一种隔板，如隔板甲，则在阴、阳膜顺序之间安另一种隔板，即隔板乙。由于阳膜比阴膜稳定，可将两端最后一个膜都设置成阳膜。

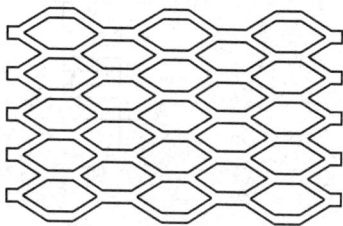

图 3-8 鱼鳞状网

一个电渗析单元包括一对电极，一个阳膜和一个阴膜，构成一个最简单的电渗析器。通常，一台电渗析器不止一个单元，而是包括几个单元。这些单元又可根据对出水水质的要求，组成串联或并联方式运行。而且还可以在一个电渗析器中设置几对电极，所以电渗析系统有多种组装方式。在实际工作中，常用"级"和"段"来区别这些组装形式，它们的意义如下：

级（或称电气级）——电极对的数目；

段（或称水力级）——进水送入电渗析系统后，连续通过电渗析单元的个数。

如图3-10所示，以四个组装例子来说明级和段。

（1）一级一段。只有一对电极，故为一级，进水到出水经过一次电渗析，故为一段，如图3-10（a）所示。

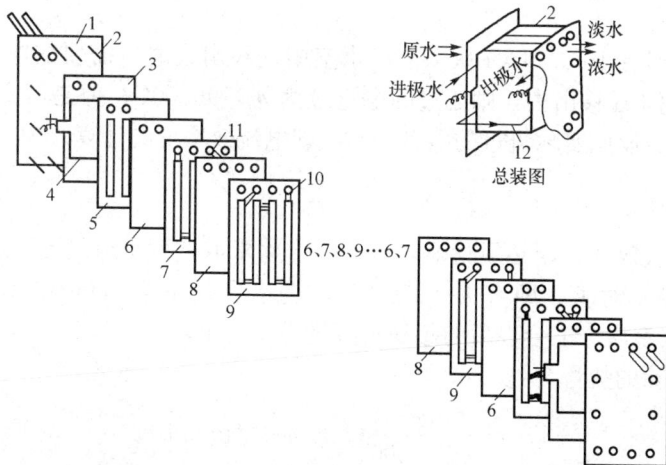

图 3-9 电渗析器组装示意

1—夹板；2—拉杆；3—极板；4—正电极；5—极框；6—阳膜；7—隔板甲；8—阴膜；9—隔板乙；10—淡水汇合孔；11—浓水汇合孔；12—连管

（2）二级一段。有两对电极（其中一个电极为共用），故为二级，水流经过一次电渗析，如图 3-10（b）所示。

（3）一级二段。只有一对电极，故为一级，但进水到出水要经过两次电渗析，故为二段，如图 3-10（c）所示。

（4）二级二段。有两对电极。水流经过两次电渗析，如图 3-10（d）所示。

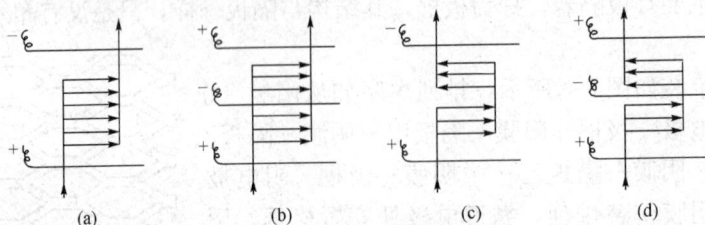

图 3-10　电渗析器的级和段

五、电渗析器的技术性能

衡量电渗析器性能好坏的指标有以下几种：

1. 除盐率

水经过电渗析处理后所除去的含盐量与进水的含盐量之比，称为除盐率，计算式为

$$\gamma = \frac{c_{\mathrm{J}} - c_{\mathrm{CH}}}{c_{\mathrm{J}}} \tag{3-6}$$

式中　γ——除盐率；

　　c_{J}——进水含盐量，mg/L；

　　c_{CH}——出水含盐量，mg/L。

除盐率的大小和许多因素有关，例如设备的结构能否保证其内部水流均匀、原水含有盐分的种类及其含量、水温，以及所加电压和排放水量等操作条件。所以在某一具体条件下的除盐率要由实测来决定，通常每段电渗析装备的除盐率为 $25\% \sim 60\%$。

2. 电流效率

从理论上讲，当有 1mol NaCl 从 1 个淡水室中迁移出去时，需要的电量为 96500C。所以，如有 $m$mol NaCl 迁移出去，则流过的电量应为 $m \times 96500$C，但是，实际上流过的电量常大于上述理论量。设此实际流过的电量为 Q，则电流效率 η 的计算式为

$$\eta = \frac{m \times 96500}{Q} \tag{3-7}$$

如果要估算电流效率，则必须测得 m 及 Q，今将求取这两个值的方法叙述如下。

设电渗析器有 n 对膜，即有 n 个淡水室，进水含盐量为 c_{J}mmol/L，出水含盐量为 c_{CH}mmol/L，各淡水室出水汇合以后的总淡水流量为 q_{V}L/h。

每个淡水室去除的盐量为

$$m = \frac{q_{\mathrm{V}}}{n \times 1000}(c_{\mathrm{J}} - c_{\mathrm{CH}})(\mathrm{mol/h}) \tag{3-8}$$

若这时外电源供给电渗析器的工作电流为 IA，则 1h 所消耗的电量 $Q = 3600I$（C），则

$$\eta = \frac{\dfrac{q_{\mathrm{V}}}{n \times 1000}(c_{\mathrm{J}} - c_{\mathrm{CH}}) \times 96500}{3600I} = \frac{0.0268 q_{\mathrm{V}}(c_{\mathrm{J}} - c_{\mathrm{CH}})}{nI} \tag{3-9}$$

因此，当知道某电渗析器膜对的数目 n、工作电流 I、进出口水含盐量 c_J、c_{CH} 以及电渗析器出力 q_v 时，即可计算电流效率。实践证明，除盐率、耗电量和电流效率是相互影响的。若希望除盐率高，则所需工作电压和工作电流增大，电流效率降低，耗电量增加。电流效率低于1的原因是在电渗析过程中要发生许多次要过程，例如同离子的迁移、浓差扩散、压差渗漏等。

3. 电能效率

电能不同于电流，所以电能效率与电流效率也有不同的意义，应予分清。

在电渗析过程中，电能主要消耗于以下三方面：

（1）电极反应所消耗的电能，它约占总消耗电能的 2%～3%。

（2）克服膜的两边由于浓度差产生的电位（也称膜电位）所消耗的电能，它为 25% 以下。

（3）克服电阻的能量消耗，它约为 60%～70%。此电阻包括膜电阻和溶液电阻。溶液电阻有极水电阻、浓水电阻和淡水电阻三部分。前两者数值不大，变化也不大。淡水电阻的数值较大，变化也大，尤其是在膜表面的边界层内，集中了溶液电阻的绝大部分。

电能效率的定义为

$$电能效率 = \frac{理论电能耗量}{实际电能耗量}$$

当电渗析器中的电解过程是在可逆条件下进行时，电极反应所消耗的电量就是电渗析过程的理论电能消耗量。因这部分能量和（1）项相接近，所以电能效率大致为 2%～3%。

六、电渗析器运行中的一些技术问题

（一）极化

在电渗析操作中如采用的电流密度过大会产生浓差极化现象。电渗析器中的浓差极化现象，是指在通电过程中，靠近交换膜的溶液部分发生和整体溶液有差异的现象。极化现象是离子向电极运动时，由于离子在膜中和在溶液中的迁移速度不相等造成的，此时，在淡水室中膜电导常比溶液的电导大得多，因此，离子通过交换膜的速度比它在溶液中迁移的速度要快得多，结果使淡水室一侧的交换膜表面水膜层中所含有的离子浓度比整个淡水室内的平均离子浓度低；同理，在

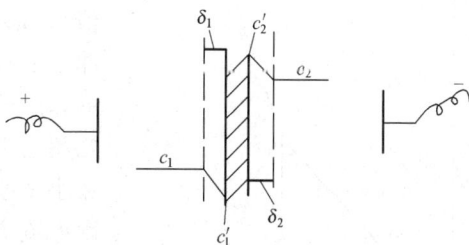

图 3-11 阳离子交换膜极化示意
c_1、c_2—淡、浓侧溶液主体的浓度；
c'_1、c'_2—界面上溶液浓度；
δ_1、δ_2—界面层厚度

浓水室中由于离子不能穿过交换膜，造成了大量离子集中在表面水膜中，交换膜表面水膜中的离子浓度比整个浓水室内的平均离子浓度高，这就是离子交换膜的极化现象（见图3-11）。极化现象对电渗析器运行是不利的，其危害性可归纳为以下三个方面：

1. 因电阻增大而增加电耗

虽然浓水室中紧靠交换膜表面水中离子浓度很高，可以减少电阻，但它不能抵消淡水室中紧靠交换膜表面水中离子浓度过小所增加的电阻，所以总的电阻还是增大，因此也就增加了电能的消耗。这种现象在电流密度较大和水流速度较小时更为突出。因为流速过小时，不能在流水槽内产生足够的搅动，离子浓度不平均的现象更显著。

2. 促使淡水室内的水发生电离作用

淡水室中离子的浓度比较小，当电流密度比较大时，由于极化现象，在淡水室交换膜表面水中离子的浓度就更小，满足不了传递电流的要求，此时，就会有更多的 H_2O 电离成 H^+ 和 OH^-，参与穿过阳、阴膜的运动。因此有部分电流用在水的电离上，白白消耗掉电能。

3. 引起膜上结垢

上面已指出，极化的结果会使淡水室中的水电离成 H^+ 和 OH^-。生成的 OH^- 会穿过阴膜进入浓水室，使浓水室的阴膜表面水层呈碱性，因此在这里易于产生 $Mg(OH)_2$ 和 $CaCO_3$ 沉淀物，结成水垢。同理，在淡水室的阳膜附近，由于 H^+ 透过膜转移到浓水室中，因此这里留下的 OH^- 也使 pH 升高，所以会产生铁的氢氧化物等沉淀物。结垢的结果减小了膜的渗透面积，增加水流阻力和电阻，使电耗增加。为了减少水垢，生产中常采取定期倒换电极、用酸洗膜，甚至可把电渗析器拆卸进行除水垢等措施。目前，国内生产的自动频繁倒极的电渗析除盐装置（EDR）可有效地防止结垢，并减少了废水的排放量。

在阴极室中由于电极反应产生了碱性，也会使 pH 值升高，在极板上产生 $CaCO_3$、和 $Mg(OH)_2$ 等沉淀物。此外，阴、阳两个电极本身也会产生极化，这种极化与电解池中电极的极化一样。

（二）运行条件的确定

由以上的讨论可知，电渗析运行的主要条件是水流速度和电流的大小，这两个因素有对应的临界值。就是说，假使将水流速度保持不变，逐渐升高工作电压（例如每次升高 10V），

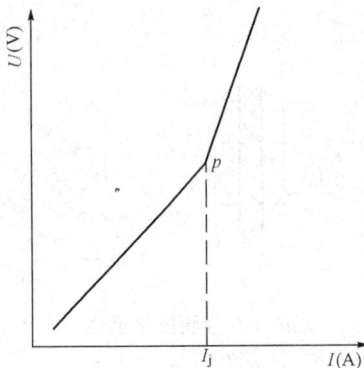

图 3-12　电渗析器的伏安曲线

每升高一次电压测定一次工作电流（待稳定后再读取数值），则可以获得操作电压与电流的曲线如图 3-12 所示。曲线上有突变点 P，超过此点时，再增高电压，电流增大的速度较小，说明此时电渗析器的电阻变大。这就表明，当超过 P 点时，极化现象严重，所以在实际运行中电流的大小一般保持不大于 P 点相应的值，相应的电流值称为极限电流 I_J。极限电流表示在此时依靠盐类离子传送电流的速度已达到极限，所以超过此点，便是依靠水分子电离出的 H^+ 和 OH^- 来输送电流了。

反过来说，如果将电流的大小维持在上述的 I_J，而改变水流速度来进行试验，则会发现当水流速度降低时，电渗析器的电阻也会变大。所以这时的水的流速对电流来说也是呈临界状态，我们称它为临界水速，用 v_L 表示。极限电流之所以随水流速度而变，是由于水流速度会影响到离子扩散速度。如水流速度越大，则离子在溶液中的扩散越快，膜表面的浓差极化越小，故极限电流密度就越大。

由此可知，每一个临界水速 v_L 都有一个相应的极限电流 I_J。为了求得此两者之间的关系，可以不断地改变水速，以求出各种水速下相应的极限电流。那么就可得 v_L 和 I_J 的关系曲线。

为了表示这种关系，应将各 I_J 除以膜的面积，换算成极限平均电流密度 I_P（A/cm^2）。这里所以要用平均，是因为在液体通路上电流的分布不是均匀的。流量应换算成电渗析器中

的水流速度 v_L，换算式为

$$v_L = \frac{q_V \times 10^6}{3600 nbH} (\text{cm/s}) \tag{3-10}$$

式中　q_V——电渗析器进口水的总流量，m^3/h；

　　　n——电渗析器膜对的数目；

　　　b——电渗析器隔板的厚度，cm；

　　　H——隔板中流水槽的宽度，cm。

现已确定 v_L 与 I_P 的关系，即

$$v_L = \frac{KI_p}{c_p b} \tag{3-11}$$

式中　K——常数；

　　　c_P——平均含盐量，采用对数平均值，mmol/L。

平均含盐量（c_P）的计算为

$$c_P = \frac{c_J - c_{CH}}{\ln\left(\dfrac{c_J}{c_{CH}}\right)} (\text{mmol/L}) \tag{3-12}$$

式中　c_J——淡水室进口水含盐量，mmol/L；

　　　c_{CH}——淡水室出口水含盐量，mmol/L。

然后将求得的 v_L 对 $I_P/c_P b$ 作图，得到一条直线，其斜率为 K。K 值求出以后，该电渗析器在此种水质下的特性便为已知，如图 3-13 所示。每给定一个流速，即可以知其所对应的极限电流为多少。由以上论述可知，运行中应控制工作电流不大于此极限电流值。但实际上由于在极限电流以下运行时，除盐率较低，所以在水的硬度不大、结垢的可能性较小的情况下，可以使电渗析器在超极限电流下运行。为此可再在超极限电流下进行试验，最后全面分析，确定出最合理的工作电压和工作电流值。

当电渗析器进口水和出口淡水的含盐量（c_J 与 c_{CH}）

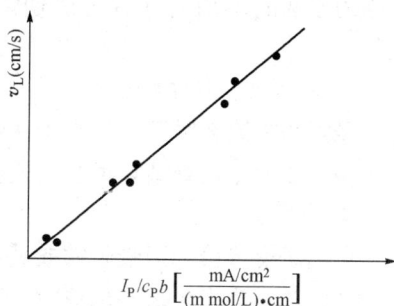

图 3-13　极限电流密度与
临界速度的关系

一定时，也可将 v_L 直接对 I_P 作图，由式（3-11）可知，图线也是一条直线。

实际上，在一个电渗析器中，不同部位的极限电流密度并不一样。例如在淡水隔板上，流水道出口端的淡水浓度最低，极限电流最小；在多段式电渗析器中，除盐程度是逐段加大的，极限电流密度随之逐段减小。在后一种情况下，可以逐段试验，控制其极限电流，以提高设备的安全性和经济性。

（三）水流线路

电渗析器中有三条独立的水流线路：极水、浓水和淡水。电极室中送出的极水因为呈酸性（阳极水）或碱性（阴极水），所以应有单独的路线，一般将水导至地沟；运行中的浓水可以全部排掉，也可将其一部分循环使用；淡水经汇集后即为净化水，可送出设备回收。

一般浓水流量低于淡水流量，因为这样可使排放的浓水量较小，有利于提高水的利用率。而且，在这种情况下因浓水侧压力低于淡水侧，可以防止由于压差渗漏而影响淡水水

质。但两侧的流量不能相差太大，否则，会因膜两侧受力差别过大而损坏离子交换膜。极水的流量，应按有利于排除电极反应产生的沉淀物和气体的原则加以控制。通常，极水流量可比浓、淡水流量低一些，但不能使两侧压差大于 0.03MPa。目前，电渗析器的进水压力常控制在 0.3MPa 以下，国外也有采用 0.42MPa 的。

（四）对进水水质的要求

为了能使电渗析器能长期可靠地运行，对其进水水质有一定要求，具体水质指标为：

浊度宜小于 1 度，不得大于 3 度；

耗氧量（$KMnO_4$）$<3mg/L$（以 O_2 表示）；

游离氯 $<0.3mg/L$（以 Cl_2 表示）；

锰含量 $<0.1mg/L$（以 Mn 表示）；

铁含量 $<0.3mg/L$（以 Fe 表示）。

以上指标为设计技术标准规定。在实际运行中，如条件许可，应尽量降低这些杂质的含量。例如，将游离氯控制为 $<0.1mg/L$，$Fe<0.1mg/L$ 和 $Mn<0.05mg/L$，对于厚度为 1mm 以下的薄隔板，悬浮物应 $<1mg/L$，最好小于 0.2mg/L。

（五）运行故障

1. 悬浮物堵塞水流通道和孔隙

原水中的悬浮物会堵塞隔板的布水槽和隔网，致使水流阻力增大，流量降低。此外，水流阻力改变的不均匀性有可能使浓水室和淡水室中的水压不等，严重时会使交换膜遭到破坏。

2. 悬浮物黏附在膜面上

悬浮物黏附在膜面上相当于在膜面上形成一层屏障，使膜电阻上升和水质恶化。同时水中细菌在膜面上的繁殖，也会造成上述后果。

3. 膜中毒

阳离子交换膜会因吸附铁或其他高价金属而发生中毒现象，另外阳离子交换膜还会受有机物的污染。当发生这些现象时，膜电阻增大，膜的选择性下降。

4. 设备漏水

电渗析器轻微渗水是正常现象，严重渗漏则是故障，此时会造成设备漏电和出力降低。造成渗漏故障的原因有：

（1）电渗析器的部件如隔板、极框、垫圈等厚薄不均或表面有凹槽。因此在组装前应对各部件进行检查，剔除或修正有缺陷的部件。

（2）组装时，膜堆排列不整齐，夹入异物或锁紧时用力不均匀。

（3）在运行过程中，局部出现严重漏水往往是由于设备变形引起的。

5. 设备变形

设备变形易发生在大型装置上，表现为隔板向外胀出或膜堆内凹。主要是因为受力不均匀，故在组装时要做到膜堆平整，锁紧力均匀；运行时开启或关闭进水阀门应平稳、缓慢；浓水、淡水和极水的调节要同步，勿使其间的压差太大。

（六）适用范围及联合系统

电渗析法虽然有不需要酸和碱类的化学药品、设备结构紧凑、占地小及检修比较方便等优点，但对预处理要求较严格，且不能直接制取高纯水。所以电渗析广泛用于降低高含盐水的盐分，如果需要制取高纯水，则大都要与离子交换法结合使用，一般采用联合处理系统。

1. 阳离子交换—电渗析

当水源水的硬度较大时，为了避免电渗析膜上结垢，电渗析器只能在低电流密度下运行，这样会影响除盐效率。此时，可采用阳离子交换—电渗析的系统。阳离子交换树脂只用来将水软化，可以采用 Na 型强酸性离子交换树脂，也可用串联的弱酸 H 型树脂和强酸性 Na 型树脂。经过软化的水进入电渗析，通常可使电流密度比原来提高 4～5 倍，而且浓水的浓缩程度也可提高，从而提高了原水的利用率。

2. 电渗析—离子交换混合床

系统中电渗析相当于混合床的预处理部分。该法适用于由含盐量较高的原水制取高纯水，电渗析可以发挥其对高含盐量水除盐费用较低的优点，而混合床可制得含盐量很小的高纯水。

3. 电渗析—离子交换树脂—微孔薄膜过滤

该法适用于制取电子工业用高纯水，具体流程如图 3-14 所示。

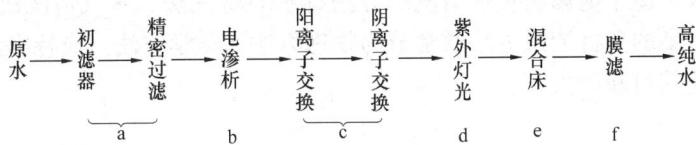

原水 → 初滤器 → 精密过滤 → 电渗析 → 阳离子交换 → 阴离子交换 → 紫外灯光 → 混合床 → 膜滤 → 高纯水

a　　b　　c　　d　　e　　f

图 3-14　高纯水制备流程

（1）原水预处理。在初滤器中填充 60 目以上多孔树脂白球，以避免用砂滤而引起硅化合物的污染，然后通过铜粉（或镍粉）烧结过滤器或苯乙烯—丙烯脂高聚物过滤器，将原水浊度降至 2 度以下。

（2）电渗析。电渗析可除去原水中 80%～90%的含盐量。

（3）一级复床离子交换。先经过用磺酸型树脂阳离子交换器，后经过大孔型弱碱性阴树脂和大孔型强碱性阴树脂。

（4）紫外灯。用来杀菌。

（5）混合床。用强酸和强碱混合树脂来进行水的深度除盐。

（6）薄膜过滤。采用孔径为 $0.3～0.6\mu m$ 的混合纤维素过滤薄膜构成的管式过滤器。

（七）电渗析中的（膜）垢及清洗

1. 电渗析中的（膜）垢

（1）电极反应产生的垢。主要沉积于电极上和极室，可能的垢物是 $Ca(OH)_2$、$Mg(OH)_2$、$CaCO_3$ 和硫酸钙。

（2）浓差极化导致膜上形成垢。极化使膜的浓水侧及内部形成 $Mg(OH)_2$、$CaCO_3$ 和硫酸钙沉淀。

（3）浓水室因过饱和形成的垢。在阴阳膜浓水一侧，由于膜表面处浓缩，离子浓度大大超过溶液中离子浓度，容易造成阴、阳膜浓水侧因过饱和形成沉淀，沉淀种类随处理水质而定，可能的沉淀一般为 $CaCO_3$ 和硫酸钙。实际运行时，由于倒极操作，膜的两侧及内部均可能形成沉淀。

（4）污染物。污染是一种表面现象。由于大多数天然水中含有腐殖酸盐、木质素、藻朊酸盐、藻酸盐、烷基苯磺酸酯、硅酸盐和微生物等，因此，容易在阴膜表面上形成污染层。另外，水中的其他游离悬浊物也可在膜上形成吸附污染。

2. 清洗方法

（1）定期酸洗。通常用质量分数为 1%～2% 的盐酸循环清洗，洗至酸度不再下降为止。盐酸可以溶解酸溶性物质，而且能够除去部分有机物和使水垢变得疏松，便于冲去硫酸钙和污染物。

（2）拆槽清洗。如果酸洗不能使电渗析器性能复原，一般要将电渗析器拆开，取出膜、隔板、电极等进行机械洗刷和化学酸洗。拆槽清洗非常麻烦，既费时间又会造成膜的机械损伤，所以，一般不主张拆槽化学清洗。

（3）不拆槽化学清洗。实际上盐酸酸洗就是一种不拆槽化学清洗。但盐酸酸洗仅对部分垢有较好的清洗效果，对硫酸钙和在污染物含量较高时清洗效果较差，不得不采取拆槽清洗。

机械设备中垢主要有机械清洗法、水力清洗法、水气清洗法、水力机械清洗法、化学清洗法和生物清洗法。适于电渗析免拆清洗的方法有水力清洗法、水气清洗法和化学清洗法。微滤膜、超滤膜污染的免拆清洗方法通常分为物理方法和化学方法。应特别注意，在选择化学清洗剂时要防止其对膜的损害。

第三节 反 渗 透 技 术

20 世纪 50 年代开始研究反渗透（RO）技术，到 60 年代末制成具有工业价值的反渗透膜，随之成为迅速发展起来的一种水处理工艺。1971 年工业性反渗透装置开始在电厂投入运行，我国于 70 年代末开始引进反渗透装置用于发电厂的水处理。目前，已广泛应用在城市用水、锅炉补给水、工业废水处理以及海水淡化和各种溶液中溶质分离等领域。

渗透是自然界中普遍存在的一种现象，当两种浓度不同的溶液被一层半透膜隔开时，只有溶剂能透过薄膜，溶质却不能通过，渗透是从低浓度一侧流向高浓度一侧。当渗透停止时，纯水与盐液的液面高差称为盐液的渗透压。如果向高浓度一侧的溶液加压至超过渗透压，则高浓度侧的溶剂会反方向流动通过半透膜，这就是反渗透。

反渗透通常能除去 90%～95% 的溶解固形物、95% 以上的溶解有机物、生物和胶体，以及 80%～90% 的硅酸。

一、反渗透系统的预处理

反渗透工艺系统包括水的预处理、反渗透装置本体、水的后处理三部分。反渗透系统选择与其他水处理工艺选择一样，是需要考虑诸多因素的一个过程，反渗透装置对水的预处理有更严格的要求，后处理应根据反渗透装置出水的特点和要求进行考虑。

反渗透水处理流程的选择应考虑下列因素：水源质量；希望的产品水质量；工艺设备的可靠性；运行要求和人员素质；适应水质改变和设备故障的能力；处理设备的备用情况；废液的处置与排放；投资和运行费用；具有可靠的监测手段。

为避免杂质堵塞反渗透膜，原水必须经预处理，以消除水中的悬浮物，降低水的浊度。一般采用混凝、沉淀、精密过滤等处理工艺；还应进行杀菌，以防微生物在反渗透装置内滋长。

反渗透器进水水质要求见表 3-4。

表 3-4 反渗透进水水质要求

指　标	单位	卷式（醋酸纤维）	中空纤维式（芳香聚酰胺）	指　标	单位	卷式（醋酸纤维）	中空纤维式（芳香聚酰胺）
污染指数	—	<4	<3	pH	—	5.5～6.5	5.5～6.5
耗氧量	mg/L	<1.5	<1.5	水温	℃	20～35	20～35
游离氯	mg/L	0.3～1	<0.1	含铁量	mg/L	<0.05	<0.05

於泥堵塞指数（SDI），又称污染指数（FI），是用来表示水质受悬浮杂质污染情况的指标。测定方法为：在一定的压力下（0.21MPa）将水连续通过一个小型过滤器（孔径为 $0.4\mu m$），记录开始通水时流出 500mL 水所需的时间（t_0），继续通水 15min 后，再次记录流出 500mL 水所需的时间（t_{15}）。据此，按式（3-13）计算污染指数（FI）。

$$SDI(\text{或 }FI) = \left(1 - \frac{t_0}{t_{15}}\right) \times \frac{100}{15} \tag{3-13}$$

该法实质上是测定过滤器受水中悬浮物的污堵情况。

反渗透系统是一个整体，每一个处理工艺都是互相联系的，一环扣一环。前一个处理工艺的效果可能影响下一个处理工艺，甚至整个处理工艺的最终水质。例如，化学药品混合好坏和水的混凝效果会影响过滤效果。整个水处理系统可以根据水处理流程中所承担的功能进行分组，明确每个单元的处理工艺的水质目标，从而达到整个系统的最终水质要求。

二、反渗透原理

如果将淡水和盐水用一种只能透过水而不能透过溶质的半透膜隔开，则淡水中的水会穿过半透膜至盐水一侧，这种现象叫做渗透。因此，在渗透过程中，由于盐水一侧液面的升高（见图 3-15a）会产生压力差阻力，从而抑制淡水中的水进一步向盐水一侧渗透。当浓水侧的液面距淡水

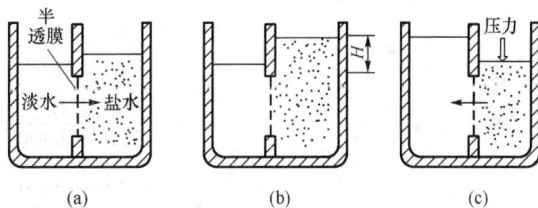

图 3-15 反渗透原理

面有一定的高度（见图 3-15b），以至它产生的压力足以抵消其渗透倾向时，浓水侧的液面就不再上升。此时，通过半透膜进入浓溶液的水和通过半透膜离开浓溶液的水量相等，渗透处于平衡状态。达到平衡时，盐水和淡水间的液面差（H）表示这两种溶液的渗透压差。如果把淡水换成纯水，则此压差就表示盐水对纯水的渗透压。如果在浓水侧外加一个比渗透压更高的压力，则可以将盐水中的纯水挤出来，变成盐水中的水向纯水中渗透，渗透方向和自然渗透方向相反（见图 3-15c），这就是反渗透的原理。

三、渗透压

渗透压是溶液的一种特性，随溶液浓度的增加而增大。一般以 NaCl 溶液为基础进行估算，每增加 1mg/L NaCl 约增加渗透压为 79Pa，可用于大多数天然水的渗透压的估算。然而，高分子的有机物产生的渗透压要低很多（如蔗糖 1mg/L 约为 6.9Pa）。一些溶液的渗透压值见表 3-5。

化学水处理设备与运行

表 3-5 溶 液 的 渗 透 压

溶液	质量浓度 (mg/L)	摩尔浓度 (mol/L)	渗透压 (kPa)	溶液	质量浓度 (mg/L)	摩尔浓度 (mol/L)	渗透压 (kPa)
NaCl	35000	0.6	2742	MgCl$_2$	1000	0.0105	66.8
NaCl	1000	0.0171	78.5	CaCl$_2$	1000	0.009	57.2
NaHCO$_3$	1000	0.0119	88.2	蔗糖	1000	0.00292	7.2
Na$_2$SO$_4$	1000	0.00705	41.3	葡萄糖	1000	0.00555	13.8
MgSO$_4$	1000	0.00831	24.8				

渗透压可按式 (3-14) 进行计算，即

$$\pi = RT\Sigma c_i \tag{3-14}$$

式中 R——气体常数，0.082atm·L/ (mol·K)；

Σc_i——各离子浓度总和，mol/L；

T——热力学温度，K。

如 25℃时，1000mg/L NaCl 溶液的渗透压可计算如下：

设电离出 $x$mg/LNa$^+$，$y$mg/LCl$^-$，则

$$NaCl \longrightarrow Na^+ + Cl^-$$

58.5　　23　　35.5

1000　　x　　y

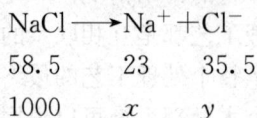

由上式得 $x = 393.2$mg/L

$y = 606.8$mg/L

$$c_{Na^+} = \frac{393.2}{23 \times 1000} = 0.0171(mol/L)$$

$$c_{Cl^-} = \frac{606.8}{35.5 \times 1000} = 0.0171(mol/L)$$

$$\Sigma c_i = 0.0342(mol/L)$$

$$\pi = 0.082 \times (273 + 25) \times 0.0342$$

$$= 0.836(atm)$$

$$= 84.7(kPa)$$

此值与表 3-5 中的值大致接近。

四、反渗透系统中水的流量和物料平衡

反渗透处理水的简单流程如图 3-16 所示。

给水通过压力泵升至一定压力，不断送至反渗透装置的进口，产品水（即反渗透水）和浓水不断地被引走。溶解固形物由反渗透膜截留在浓水中，含盐量很低的产品水则有各种用途。通过浓水管道上的阀门调节浓水流量的大小，控制浓水和产品水的比例。

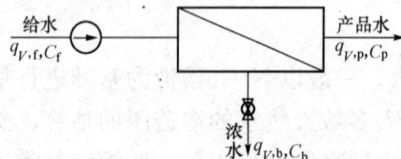

从图 3-16 上，可得到两个基本的平衡式。

1. 流量平衡公式

给水流量等于产品水流量和浓水流量之和。

给水 $q_{V,f}, C_f$　　产品水 $q_{V,p}, C_p$

浓水 $q_{V,b}, C_b$

图 3-16 反渗透简单流程

$$q_{V,f} = q_{V,p} + q_{V,b} \tag{3-15}$$

式中　　$q_{V,f}$——给水流量，m^3/h；

$q_{V,p}$——产品水流量，m^3/h；

$q_{V,b}$——浓水流量，m^3/h。

由各项水的流量值可得到反渗透装置的重要指标—水的回收率 Y（以％表示），即

$$Y = \frac{q_{V,p}}{q_{V,f}} \times 100\% \tag{3-16}$$

2. 物料平衡公式

给水溶质含量等于产品水和浓水溶质含量之和。

$$q_{V,f}c_f = q_{V,p}c_p + q_{V,b}c_b \tag{3-17}$$

式中　　c_f，c_p，c_b——分别为给水、产品水和浓水的浓度，mol/L。

由各项水的浓度值，可得到反渗透装置的另一个重要指标——水的脱盐率 R（以％表示）。

$$R = \frac{c_f - c_p}{c_f} \times 100\% \tag{3-18}$$

或

$$R = \frac{c_{fA} - c_p}{c_{fA}} \times 100\% \tag{3-19}$$

$$c_{fA} = \frac{c_f + c_b}{2} \tag{3-20}$$

式中　　c_{fA}——平均给水浓度，mol/L。

反渗透装置盐的透过率 P（％），简称透盐率，计算式为

$$P = \frac{c_p}{c_f} \times 100\% \tag{3-21}$$

或

$$P = \frac{c_p}{c_{fA}} \times 100\% \tag{3-22}$$

R 与 P 的关系为

$$R = 1 - P \tag{3-23}$$

3. 浓水浓度和产品水浓度的估算

在反渗透装置处理水的过程中，一般脱盐率在 95％以上，可以认为各离子透过膜进入产品水的浓度为零，给水不断被浓缩，则水的浓缩倍率 F 的计算式为

$$F = \frac{1}{1 - Y} \tag{3-24}$$

（1）浓水浓度的估算。同样假定产品水浓度为零，则浓水的浓度计算式为

$$q_{V,f}c_f = q_{V,b}c_b$$

$$c_b = c_f \frac{q_{V,f}}{q_{V,f} - q_{V,p}} = c_f \frac{1}{1 - q_{V,p}/q_{V,f}}$$

$$c_b = c_f \frac{1}{1 - Y} \tag{3-25}$$

（2）产品水浓度的估算。由于在系统中，水从一个膜元件（组件）流向另一个膜元件（组件）的处理过程中，给水浓度不断增加。可使用平均给水浓度（c_{fA}）来估算产品水浓度（c_p）。

$$c_p = Pc_{fA} \tag{3-26}$$

$$c_{fA} = \frac{c_f + c_f F}{2} \tag{3-27}$$

把式（3-24）代入式（3-27），把式（3-27）代入式（3-26）可得

$$c_p = P \frac{c_f(2-Y)}{2(1-Y)} \tag{3-28}$$

若知道膜对各种离子的透过率，并已知给水中各离子的浓度，则可从式（3-28）粗略计算出产品水中该离子的浓度。

4. 透过膜的水量

对反渗透工艺来说，透过膜的水量 $q_{V,w}$（简称透水量，L/h）与作用于膜的压力有一定关系，即

$$q_{V,w} = K_w(\Delta p - \Delta \pi) \frac{A}{\delta} \tag{3-29}$$

式中　K_w——膜对水的特性常数；

　　　A——膜的面积；

　　　δ——膜的厚度；

　　　Δp——膜两侧的压力差；

　　　$\Delta \pi$——膜两侧的渗透压。

5. 透过膜的盐量

透过膜的盐量（简称透盐量）$q_{m,s}$（mg/h）与膜两侧的浓度差 Δc 成正比，即

$$q_{m,s} = K_s \Delta c \frac{A}{\delta} \tag{3-30}$$

产品水的浓度也可表示为

$$c_p = \frac{q_{m,s}}{q_{V,w}} (\text{mg/L}) \tag{3-31}$$

水的回收率影响透盐率 P 和产水量。当回收率增加时，膜两侧的浓度差增加，同时由于浓度增加致使渗透压增加，相应地透水量 $q_{V,w}$ 降低。要维持相同的透水量，必须增加运行压力。

五、半透膜

早在 18 世纪，人们就发现了渗透现象。最初的半透膜采用动物膜。动物膜不是真正的半透膜，它们有许多缺点，在工业上不能实际应用。所以，反渗透技术的发展，决定于半透膜的制取工艺。反渗透膜是从醋酸纤维素膜发展起来的，但是进入 20 世纪 90 年代以后，性能更好的聚酰胺复合膜得到了广泛应用，复合膜的优点之一就是它对水的 pH 值的适应范围广，为 2~11；而醋酸纤维膜对水的 pH 值的适应范围为 3~7 左右，所以用醋酸纤维膜处理水的时候需要对进水加酸调整 pH 值。

（一）膜的特性

了解膜固有的特性对于在水处理中分析和选用膜、更好地使用膜是十分必要的。良好的半透膜应具备的特性是：透水率大、脱盐率高；机械强度大；耐酸、耐碱、耐微生物的侵袭；使用寿命长；制取方便，价格较低。

1. 膜的方向性

只有反渗透膜的致密层与给水接触，才能达到脱盐效果，如果多孔层与给水接触，则脱

盐率将明显下降，甚至不能脱盐，而进水量则大大提高，这就是膜的方向性。因此，若膜的致密层受损，则膜脱盐率将明显下降，透水量则明显提高。这也说明保护好膜表面（致密层）的重要性。

2. 各离子透过膜的规律

一般来说，一价离子透过率大于二价离子；二价离子透过率大于三价离子；同价离子的水合半径越小，透过率越大；即 $K^+ > Na^+ > Ca^{2+} > Mg^{2+} > Fe^{3+} > Al^{3+}$（透过率越来越小）。

溶解气体（如 CO_2 和 H_2S）透过率几乎为 100%，HCO_3^- 和 F^- 的透过率随 pH 值升高而降低。

（二）膜的透过机理

反渗透膜结构是上层为致密层，下层是多孔层，反渗透膜含有非连续尺寸的小孔（致密层孔径小，多孔层孔径大），由致密层与水溶液接触，因而颗粒杂质不可能在膜里面被截留，不存在与过滤器一样的深层过滤的问题。膜去除有机物是建立在筛网机理基础上的。因而有机物分子的大小与形状是确定其能否通过膜的重要因素，如图 3-17 所示。

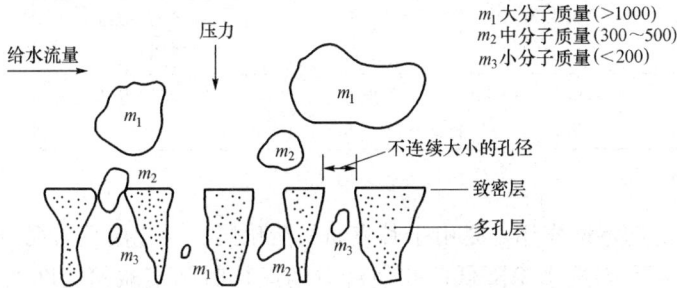

图 3-17 反渗透膜去除有机物机理

用筛网机理来解释反渗透膜为什么会有 98% 的脱盐率是不合适的。因为水分子和一般离子的大小的区别不是很大。水中离子颗粒的尺寸小于 1nm，水分子的有效直径为 0.5nm。反渗透膜有很高的脱盐率是由于半透膜对离子有排斥作用，而膜表面对水分子有选择吸附作用，如图 3-18 所示。当有压力的给水通过反渗透膜元件（组件）时，水通过膜，而离子被截留在溶液中。

（三）膜的种类

目前，可用作反渗透膜材料的高分子物质主要有两类。

1. 醋酸纤维素膜（CA 膜）

这是最早（1960 年）制成的实用人造膜。多次改进，产品已具有透水率大、脱盐率高和价格便宜的优点。该膜的制造方法为：用溶剂溶解醋酸纤维素，添加发孔剂，制成膜后，蒸去溶剂，并经一定的热处理而成。所用溶剂为丙酮，也有用二氧六环的，发孔剂有 $Mg(ClO_4)_2$、$ZnCl_2$ 及甲酰胺等。

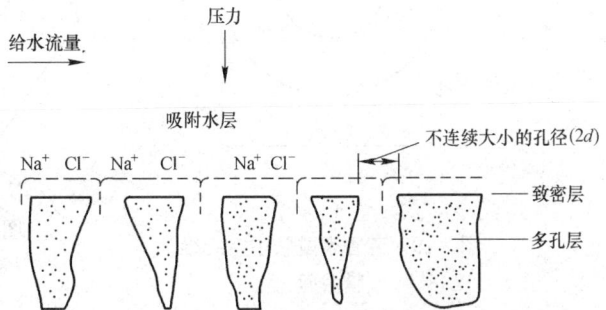

图 3-18 反渗透膜去除离子机理

通常醋酸纤维素膜是由表层和多孔层（底层）两部分组成的。表层（厚约 $0.1\sim0.2\mu m$）具有相当细密的微孔结构（孔径小于 5nm），下面一层为海绵状多孔结构，厚度为表面层的 $200\sim500$ 倍，孔较大（孔径约 40nm），具有弹性，起支撑表层的作用。醋酸纤维膜适用于 pH 值为 $3\sim7$ 的溶液（长期使用 pH 值为 4.5 左右）。

2. 芳香聚酰胺膜（PA 膜）

1970 年以前制成的主要是脂肪族聚酰胺膜，例如尼龙 66、尼龙 6 等，这些膜的透水性很差。后来，制成了芳香族聚酰胺膜，它的透水率、除盐率（参见表 3-6）、机械强度和化学稳定性等都较好。能在 pH 值为 $4\sim10$ 的范围内使用（长期使用范围为 pH 值 $5\sim9$）。

芳香聚酰胺膜主要是制成中空纤维式。这类膜的铸膜液通常是由芳香聚酰胺、溶剂和盐类添加剂（作为助溶剂）三种组分组成。中空纤维膜由溶液纺丝法制取：将一定浓度的芳香聚酰胺纺丝液，在一定温度（如 $80\sim140°C$）下通过环形中孔喷丝嘴喷出，经烘烤、蒸发和浸洗等步骤而制成。中空纤维为厚壁的圆柱体状，如图 3-19 所示。

表 3-6　　　　　　　　　　　　　聚酰胺膜的透水性和除盐指标

膜	NaCl 浓度（%）	操作压力（MPa）	透水率[$m^3/(m^2 \cdot d)$]	除盐率（%）
芳香聚酰胺	0.5	7	$0.4\sim0.5$	99
	3.5	10	$0.3\sim0.4$	99
芳香聚酰胺-酰肼	0.5	7	$0.3\sim0.4$	98
	3.5	10	$0.3\sim0.4$	93

3. 复合膜

半透膜之所以能起渗透作用，是由于其表面的活化层。活化层只需很薄一层，太厚无助于渗透作用，反而会引起透水率降低，并使流量随运行时间衰减的速度加快。然而在制膜时，难以将活化层做得比 $0.1\mu m$ 更薄，为此研制成了复合膜。复合膜是两层薄膜的复合体（见图 3-20）。先在布料（用以增强机械强度）上制成多孔支撑层，然后在其表面进行活化层的聚合反应。支撑层材料可采用聚砜，活化层可用聚脲。复合膜的透水率、脱盐率和流量衰减方面的性能都较优越，它的出现大大降低了反渗透的操作压力，延长了膜的寿命，提高了反渗透的经济效益。

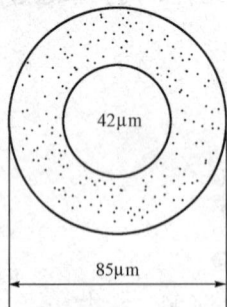

图 3-19　芳香聚酰胺中空纤维
膜截面

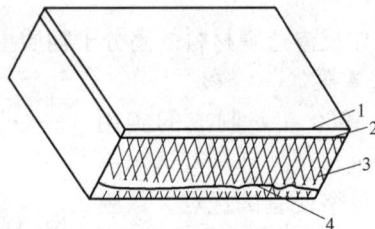

图 3-20　复合膜截面示意
1—活化层；2—中间层（凝胶）；
3—多孔支撑层；4—纺织纤维

CA 膜有两个主要缺点，一是易受微生物侵蚀而降解，从而使膜脱盐率降低；二是在酸性、碱性条件下易水解，被还原成纤维和醋酸。随着水温升高，给水 pH 值低于或高于最佳 pH 值（pH＝5～6）时，水解速度加快。因而，通常需加酸维持给水 pH 值在最佳范围内，以延长 CA 膜使用寿命。

PA 膜能克服 CA 膜的缺点，即该膜不易受微生物侵蚀而降解，不易水解，通常可在 pH 值 4～11 范围内运行，但该膜如受到残余氯或其他氧化剂侵蚀，则易降解。最高运行温度为 40℃，该材料常用于制作中空纤维膜。

复合膜与 CA 膜比较，不易水解，可在 pH＝2～11 之间运行，抗生物侵蚀能力强，且能抗膜的压密。该膜的最大优点，一是可在较低压力下运行（常规复合膜为 1.6MPa，超低压复合膜为 1.0MPa，而 CA 膜为 2.8MPa），节约能源；二是不易水解，透盐量能维持稳定，不像 CA 膜那样透盐量随时间增长而增加。

CA 膜和复合膜常用于制作卷式膜元件。目前复合膜已成系列，有常规压力膜、超低压膜、低污染（或抗污染）膜、海水膜等。

反渗透膜必须具备三个基本特性：高透水性、低透盐性和容易制成薄片。根据溶解扩散理论，透过膜的水流量 $q_{v,w}$ 与膜的厚度 δ 成反比，即式 $q_{v,w}=K_w（\Delta p-\Delta \pi）\cdot \dfrac{A}{\delta}$。对 CA 膜，水通量不仅与膜的厚度有关，而且与膜中乙酰基的含量有关。乙酰基含量越高，脱盐率越高，水通量越低。为达到适宜的脱盐率和水通量，必须控制合适的乙酰基含量。对膜元件中的塑料网和聚酯织物，既要求有一定的强度（承受压力时，不发生破坏）和一定的刚度（承受压力时，不易变形），又要求有一定的柔韧性，即沿中心管卷绕时不会脆裂。为进一步提高膜元件的质量，制作膜元件时使用的黏合剂的强度仍需进一步提高。

常规使用直径为 2.5″（63.5mm）及 4″（101.6mm）的卷式膜元件，长度为 355.6mm（14″）、533.4mm（21″）和 1610mm（40″）。而直径为 200mm（8″）的卷式元件的长度为 1610mm（40″），现在有的膜公司生产出 1824mm（60″）长的卷式元件，这种元件用于大容量的水处理系统，因为它可以减少膜元件与膜元件之间的连接件，所以水通过连接件的渗漏量更少，可进一步提高系统脱盐率。

对 CA 膜，一般来说，相同外形尺寸的膜元件，产水量大时，相应脱盐率低些，这是因为要产水量大，膜厚度相对薄些，脱盐率也就低些。

复合膜的水通量（单位时间、单位膜面积的渗透水量）比 CA 膜要大，这使得其系统运行压力仅需 CA 膜的 RO 系统的一半，尽管如此，透水量仍不比 CA 膜小，脱盐率更高。也就是说，使用复合膜的 RO 系统节省能源。

复合膜 RO 系统设备投资成本也相对低些，因为选用高压泵的压力可比 CA 膜 RO 系统低一半；选用压力容器组件的压力也可低得很多。复合膜对氧化剂如残余氯较敏感，要求在给水中把它除去。对于一些地表水和井水，微生物的繁殖使得选用复合膜受到限制，尤其是对于间断运行的系统。

CA 膜用于海水脱盐时，脱盐率较低，而复合膜用于海水脱盐时，单个膜元件的脱盐率可高达 99.1％以上。复合膜的运行温度较高，可达 45℃，而 CA 膜为 40℃。复合膜与 CA 膜相比，虽然有不少优点，但也有缺点：复合膜除了易受 Cl_2 等氧化剂侵蚀外，由于该膜带负电，阳离子表面活性剂有时会引起膜元件不可逆转的流量损失，因而应避免这种情况的发生。

六、反渗透水处理装置

由于反渗透膜的产水率是有限的，所以在设计设备时为了提高出力，必须使设备内有很大的反渗透面积。为达到此目的，设备有多种设计方式，现分述如下。

1. 板框式

板框式反渗透器是最初设计的反渗透装置。它由几块或几十块承压板组成。承压板的两侧覆盖有微孔支撑板和反渗透膜。当将这些板叠合装配好后，装入密封的耐压容器中，即构成反渗透器。其结构和水流通道等均类似于压滤机，如图 3-21 所示。这种装置比较牢固、运行可靠；单位体积中膜的表面积比管式的大，但比中空纤维式小，安装和维护费用较高。

2. 管式

管式反渗透器是将半透膜敷设在微孔管的内壁或外壁进行反渗透，如图 3-22 所示的半透膜涂在管子内壁的内压管束式反渗透器。在此种设备中，在压力作用下，盐水进入管内，渗透出的水在管束间集合后导出，所以称为内压型。它所以做成管束状是为了增大单位设备容积中的渗透面积。此外，也可将膜涂在外壁，做成外压式，此时，设备外壳必须耐压。

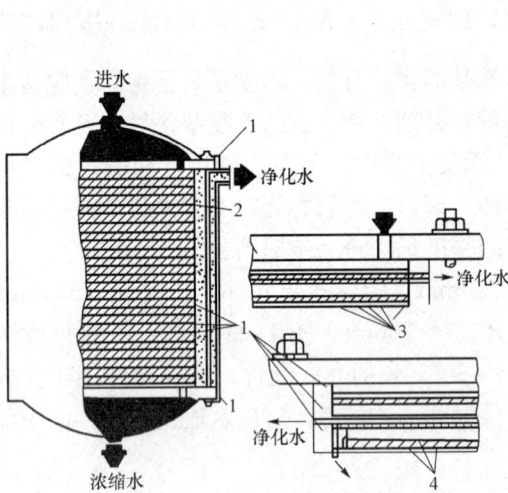

图 3-21 板框式反渗透器

1—圆环密封；2—固定螺栓；3—膜；4—多孔板

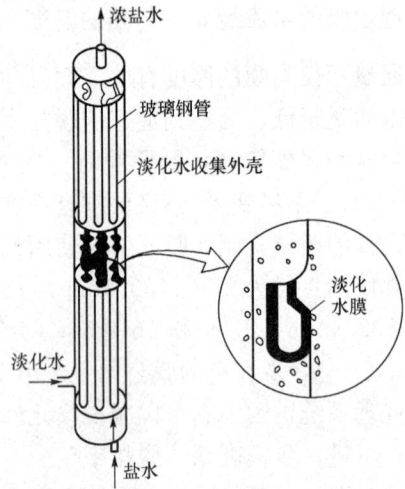

图 3-22 内压管束式反渗透器

管式反渗透器有膜面易清洗的优点，但在装置中，膜的填装密度不如螺旋卷式和中空纤维式。

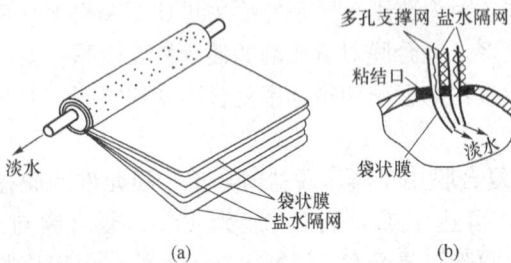

图 3-23 螺旋卷式反渗透器

(a) 膜和隔网的展开；(b) 中心管和膜的组合

3. 螺旋卷式（简称卷式）

螺旋卷式反渗透器的结构如图 3-23 所示。它的膜形成袋状，袋内有多孔支撑网，袋的开口端与中心管相通，两块袋状膜之间有隔网（盐水隔网）隔开。然后把这些膜和网卷成一个螺旋卷式反渗透组件，将此组件装在密闭的容器内即成反渗透器。反渗透器运行时，盐水在压力下送入容器后，通过盐水隔网的通道至反渗透膜，经反渗透的水进入袋状膜的内部，通过袋内的多孔支撑网，流向袋口，随后由中心管汇集并送出。螺旋卷式的优点是结构紧凑，占地面积小；缺点是容易堵塞，清洗困难，因此对原水的预处理要求较严。

4. 中空纤维式

中空纤维反渗透装置如图 3-24 所示。在这种装置中有几十万以至上百万根空心纤维，组成圆柱形管束，纤维管一端敞开，另一端用环氧树脂封住，或者将空心纤维管做成 U 形，则可使敞口端聚集在一起，无需封另一端。将这种管束放入一个圆柱形外套里，此外套为压力容器。高压溶液从容器的一端送至设于中央的多孔分配管，经过中空纤维的外壁，从中空纤维管束敞开的一端把净化水收集起来，浓缩水从容器的另一端连续排掉。

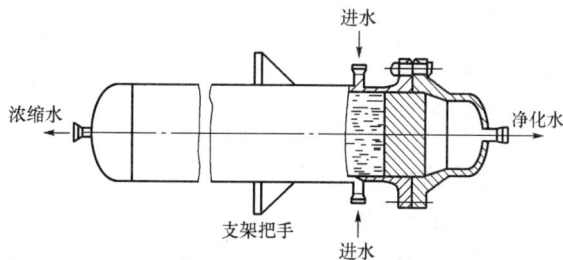

图 3-24 中空纤维式反渗透装置

有一种内装芳香聚酰胺中空纤维的反渗透装置，长为 12.19m，内径为 11.43cm，内装有 90 万根 U 形芳香聚酰胺的中空纤维管束，纤维管外径为 $80\mu m$，内径为 $42\mu m$。这种装置的工作效率很高，水一次通过可以除去 $90\% \sim 95\%$ 的溶解固形物。对于高分子量的有机物、胶体等，也能以同样的效率除去。一个日产水量 7.57t 的装置，仅重 29.5kg。

中空纤维的出现是反渗透技术的一项突破。中空纤维式反渗透装置的主要优点是：

(1) 单位体积中膜的表面积大，因而单位体积的出力也大。

(2) 膜不需要支撑材料，纤维本身可以受压而不破裂。

其缺点是：不能处理含悬浮物的液体，所以对原水的预处理要求很严。

5. 几种膜组件的对比

板框式、管式、螺旋卷式、中空纤维式膜组件的优、缺点见表 3-7，主要性能见表 3-8。

表 3-7 四种膜组件的主要优缺点比较

类 型	优 点	缺 点	使 用 情 况
板框式	结构紧凑、简单、牢固、能承受高压，可使用强度较高的平面膜	装置成本高，流动状态不良，浓差极化严重，易堵塞，堆积密度小	适用于小容量规模，用于高污染、黏度大的液体
管 式	膜容易清洗和更换，原水流动状态好，压力损失小，耐较高压力	装置成本高，管口密封较困难	适用于中、小容量规模，用于高污染、黏度大的液体
螺旋卷式	膜填充密度大，结构紧凑，价格低廉	制作工艺和技术较复杂，密封较困难	适用于大容量规模
中空纤维式	膜填充密度最大，不需外加支撑材料，浓差极化可忽略	制作工艺和技术复杂，易堵塞，不易清洗	适用于大容量规模

表 3-8 四种反渗透膜组件的性能

项 目	螺旋卷式	中空纤维式	管 式	板 框 式
填充密度（m^2/m^3）	245	1830	21	150
料液流速［$m^3/(m^2 \cdot s)$］	0.25～0.5	0.005	1～5	0.25～0.5

续表

项　目	螺旋卷式	中空纤维式	管　式	板框式
料液侧压降（MPa）	0.3~0.6	0.01~0.03	0.2~0.3	0.3~0.6
易污染程度	易	易	难	中等
清洗难易程度	差	差	非常好	好
相对价格	低	低	高	高

七、反渗透装置的设计

（一）膜组件的选择

一个或数个膜元件组合起来，放置在压力容器（简称 PV 组件）内，构成一个脱盐部件，称为膜组件。膜组件的长度根据需要而确定，它影响 RO 装置设计的多个方面，例如组装框架的大小，系统的水力分布，高压泵规格选择等。

对大型 RO 系统，常选用较长的压力容器组件，这样需要较少的 PV 组件。对于小型 RO 系统，常使用较短的 PV 组件，既方便运输，安装占用空间又少。选择 PV 组件长度时，需明确 RO 系统的安装位置。PV 组件两端必须有足够的空间，以便安装和卸下膜元件。

在 PV 组件中，由于产品水（即渗透水）接口采用 PV 材料，因此，在整个组件运行时应考虑渗透水的背压，其限制值受温度影响较大，见表 3-9。温度越高，要求背压越小。在静态条件下，即高压泵停运时，渗透水的背压不可超过 $0.3 \times 10^5 \, \text{Pa}$。

表 3-9　　　　　　　　　　不同温度下的背压限制值

温度（℃）	动态时最大渗透背压（MPa）	温度（℃）	动态时最大渗透背压（MPa）
20	2.33	35	1.51
25	2.06	40	1.24
30	1.77	45	1.00

（二）RO 本体框架

膜组件、压力管道、高压泵、仪表等组装在框架上，组成一套 RO 装置。框架必须有足够的强度，以便 RO 装置的运输；同时，也必须有足够的刚度，以便框架内的高压泵和电机保持在同一直线上，并固定膜组件和有关管道等，防止有损害的位移发生。

框架的底座可选用槽钢或工字形钢。一般小型 RO 系统，选用槽钢；大型 RO 系统，选用工字形钢。如果高压泵和 RO 就地仪表盘直接安装在框架上，振动不应影响仪表的精度，可使用减振器。

在有地震倾向的地区，RO 装置的布置应符合有关规定，防止设备或部件在地震期间掉下或脱落。框架的尺寸大小应考虑装运条件和安装地点的位置情况。碳钢框架应作一些处理，如抛砂、化学清洗、涂防锈漆等，外表面应涂环氧漆或瓷釉漆。

（三）压力管道

对大直径的管路系统，一般采用不锈钢材料。管径应合理选择，以维持合适的水流速，使压力损失不致太大，渗透水管路可选用 PV 材料，每一个 PV 组件的渗透水管路上应装上取样阀和逆止阀，以防止在停机期间水流倒流，造成膜元件的损坏，并便于取出有代表性的水样。

（四）高压泵

高压泵是 RO 系统主要组成部分，它向膜组件提供平稳的不间断的流量和合适的压力。对 CA 膜，高压泵要提供 2.6MPa 的压力；对常规复合膜，则仅需 1.6MPa；对超低压膜仅需 1.05MPa。对于苦咸水脱盐，RO 系统常选用离心泵；海水脱盐有时也选用活塞泵，由于活塞泵产生脉冲压力，可能会造成膜元件的机械损坏，因而，该泵用于 RO 系统时，常在泵出口装一个减震器。

选择离心泵时，应选择系统较合适的流量和压力，以获得较高的泵的总效率。

（五）膜元件的排列组合

1. 膜元件（组件）透水量的确定

对于膜过滤，需要考虑一个最重要的因素——膜元件（膜组件）的透水量（卷式为膜元件、中空纤维式为膜组件），即膜过滤的滤速。水通量是指单位时间透过膜元件（组件）单位膜表面积的水量，单位为 L/（m² · h）。

在给定的膜元件（组件）数量的条件下，要提高透水量，必须提高运行压力。在实际设计过程中，很少考虑使用太高的压力。因为依靠提高运行压力来提高透水量，将会导致膜表面污染速度加快，从而需要频繁的清洗。不同的给水，使用不同规格的 RO 膜元件常规允许的透水量（m³/d）值，见表 3-10。

经验证明，要使 RO 装置成功运行，一是尽可能地提高预处理水平，使给水符合 RO 给水的要求；二是安装足够数量的膜元件（组件），并合理排列，使每个膜元件有合理的透水量；三是恰当的运行操作与维护。

表 3-10 不同给水进入不同规格 RO 膜元件允许的透水量 （m³/d）

膜元件规格	膜元件透水量			
	市政废水	河 水	井 水	RO 渗透水
ϕ4in×40in	2.4～3.6	3.0～4.0	5.1～6.1	6.1～9.1
ϕ4in×60in	3.6～5.5	4.5～6.4	7.7～9.1	9.1～13.6
ϕ8in×40in	10～15	12～17.2	21～25	25～37
ϕ8in×60in	16～24	20～28	34～40	40～60

2. 系统回收率的确定

（1）影响系统回收率的因素。回收率的上限由下面两个因素决定：

1）浓水的最大浓度。反渗透进水中存在一些难溶盐类物质，进水在反渗透过程中不断地被浓缩，若回收率为 50% 时，则进水约被浓缩 2 倍（透过产品水中的盐分忽略不计，下同）；若回收率为 75% 时，则进水约被浓缩 4 倍。不结垢的最大浓度值决定了 RO 系统的回收率。RO 系统中水的回收率 Y 与浓缩系数 F 关系为 $F = \dfrac{1}{1-Y}$，该关系变化曲线如图 3-25 所示。从图可直观地看到，当回收率超过 75% 时，F 增加很快，膜污染速度相应加快。

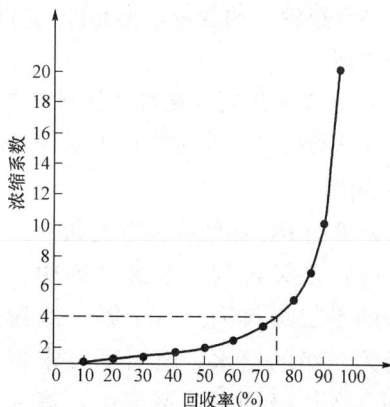

图 3-25 RO 系统中回收率与浓缩系数的关系

2）膜元件的最低浓水流速。出现浓差极化，必然引起膜表面溶液的渗透压增大，导致水透过反渗透膜的阻力增加，使膜的透水量和脱盐率下降，而且某些难以溶解的盐类会在膜表面上沉淀出来。为了避免发生浓差极化现象，需使水的流动保持紊动状态，即提高给水的流速（从而提高浓水的流速），以便把膜表面浓度的增加减小到最低值。

（2）系统回收率也影响渗透水的质量。回收率越高，系统最后排出的浓水浓度越高，相应地最后膜元件的渗透水浓度越高。在某些 RO 应用中，渗透水质量也足以限制系统回收率。

（3）回收率的选择。对大型 RO 系统，回收率通常受难溶盐结垢倾向的限制，也就是受到浓水的最大浓度的限制。对于小型的 RO 系统，回收率通常低于 30%～50%。在较低回收率时，RO 装置无需控制难溶盐的溶解度也可安全运行。

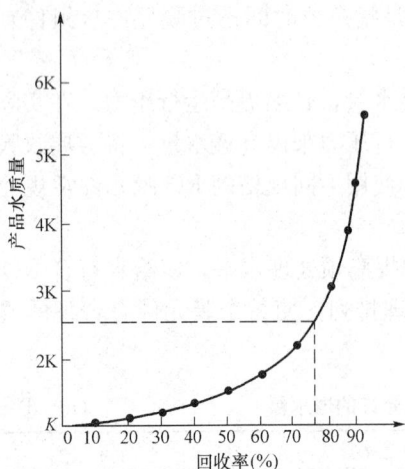

图 3-26　不同回收率 Y 对产品水（渗透水）质量 c_p 的影响

（4）标准回收率及影响因素。在采取适当预处理的情况下，通常采用 75% 回收率，该回收率也称为标准系统回收率。这主要由下面两个因素决定：

1）采用 75% 回收率时，可选用 6m 长的压力容器（内装 6 个 40″长的膜元件或 4 个 60″长的膜元件），每个压力容器最佳回收率为 50%。当采用 2∶1 排列时，系统回收率为 75%。该排列无需使用浓水循环，即可把相当高比例的给水转为渗透水。

2）产品水质量与系统回收率有如下关系：假定透盐率 P 和给水浓度 c_f 乘积为常数 K，$K = Pc_f$ 则：产品水浓度 $c_P = \dfrac{1}{2}K\left(1 + \dfrac{1}{1-Y}\right)$，将不同回收率值代入上式，可得不同回收率对渗透水质量的影响关系曲线，如图 3-26 所示。从图中可以看出，回收率不大于 75% 时，对整个 RO 渗透水质量不会有太大的影响，当回收率超过 75% 时，水质将急剧下降；实际上，水的回收率与膜元件（组件）的透水量有必然的联系，回收率提高，必然增大透水量；在设计中，单个膜元件（组件）的透水量可用于测算整个系统所需的膜元件（组件）的数量，膜元件（组件）允许回收率（或最大回收率）则用于计算膜组件的合理排列。

3. 反渗透工艺系统组件排列方式

反渗透的产品水再经过膜组件处理的方式称为级；反渗透的浓水再经过膜组件处理的方式称为段。

常见的 RO 系统排列方式如下：

（1）多级排列。多级排列中，使用最多的是二级排列。由于第一级渗透水作为第二级的给水，因而不要求再作预处理。在二级的 RO 系统中，第一级渗透水可先流入水箱，如图 3-27 所示，也可直接流进第二级高压泵，如图 3-28 所

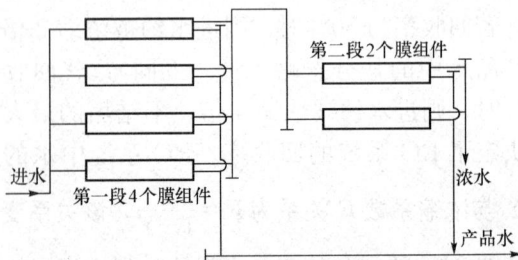

图 3-27　4-2 排列流程（一级二段处理）

示，供给第二级 RO 装置。根据用户最终水质要求，第一级渗透水可部分也可全部经过第二级处理。通常第二级浓水返回第一级高压泵入口，该浓水浓度通常低于第一级给水浓度，水质变好，并提高整个 RO 系统水的利用率。

（2）浓水循环。为了提高系统回收率，把部分浓水循环回给水高压泵入口，称为 RO 系统浓水循环，如图 3-29 所示。浓水循环，由于提高了系统回收率，RO 设备尺寸可小些，但是，由于需较大容量的高压泵，因而需多消耗电能，同时给水平均浓度相对高些，因而渗透水浓度也会高些。

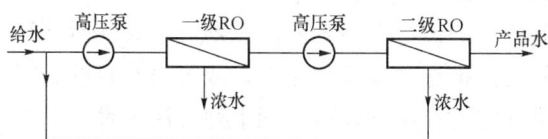

图 3-28　二级 RO 系统　　　　　　　　　　图 3-29　有浓水循环的 RO 系统

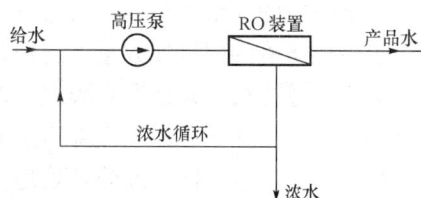

4. 膜组件的排列组合

卷式膜组件指组件由一个或多个卷式膜元件串联起来，放置在压力容器组件内组成；中空纤维式膜组件是指众多中空纤维膜直接装配在压力容器组件内组成的工作单元。膜组件是反渗透脱盐的基本单元。膜组件的排列组合合理与否，对膜元件的使用寿命有至关重要的影响。

（1）膜组件排列组合——系数法。为了使反渗透装置达到给定的回收率，同时保持给水在装置内的每个组件中处于大致相同的流动状态，必须将装置内的组件分为多段锥形排列，段内并联，段间串联。

各段膜组件的数量，根据其占膜组件总数的倍数（或系数）进行估算及排列组合的方法，称为膜组件排列组合的系数法。

1）75％回收率。要达到 75％的回收率，水流必须流过 12m 长，即 4m 长的膜组件（即内装 4 个 1016mm 长膜元件），必须有三段，方可达到 75％回收率；6m 长的膜组件，必须有两段，方可达到 75％回收率。计算结果为：设进水流量为 q_v，因 6m 长的膜组件回收率为 50％，则第一段浓水流量为 $\frac{1}{2}q_v$，第二段浓水流量为 $\frac{1}{4}q_v$，因此，水经过两段处理的回收率 Y 为

$$Y = \frac{进水流量 - 浓水流量}{进水流量} = \frac{q_v - \frac{1}{4}q_v}{q_v} = \left(1 - \frac{1}{4}\right) = 0.75$$

2）50％的回收率。同理可以计算系统回收率为 50％时，膜组件的排列只需并联即可。当需要系统回收率达到 75％时，因第一段的出力为第二段的 2 倍，因而膜组件总数的 2/3 应布置在第一段，其中 1/3 则应布置在第二段。对 4m 长的组件，当系统回收率为 75％时，以同样方法可计算得到：应把膜组件总数的 0.5102 倍布置在第一段，第二段布置 0.3061，其余 0.1837 布置在第三段。

3) 方法。当需要制造给水流量为 q_v 和回收率为 Y 的反渗透装置时，首先应根据给定的条件（如水温等）计算出所需的膜元件和膜组件的数量，然后根据上述方法，大致确定出膜组件的排列组合。根据这种排列组合，计算出每一段实际的回收率，并确定该排列组合是否符合膜元件规定的设计导则。只有当计算表明该排列组合符合有关设计规定时，才可确认为是合理的。

（2）膜组件的排列组合——倒推法。通过给定的 RO 装置的主要参数，如回收率、产水量、脱盐率等，可计算出浓水流量，根据单个膜元件的最小浓水流量的要求，可计算出需要并列的最后段的膜组件数量，最后一段的给水流量等于前一段的浓水流量，由此往前计算，可得出各段所需的膜组件数量，这种分布排列组合的方法称为倒推法。

如果上述排列正好把所有膜组件数分布完毕，则该排列使各处流速均最小，同时获得系统最小的压降。然而，如果计算所需的膜组件按倒推法并未排列完毕，或者没有足够的膜组件供排列，则应按不同情况分别处理。对未排列完的膜组件，可采用下列方法处理：

1) 对于 RO 装置使用较多的膜组件情况，也即大型的 RO 装置，假如未排列完的膜组件仅有一个或两个，则可按下列方法处理：①RO 装置使用已排列组合好的膜组件，未排列完的组件不再使用。这种情况下，系统回收率将低于额定值（即预先确定值），可通过小幅增加系统运行压力，来获得装置额定的产水量；②把未排列完的膜组件增加到膜组件具有最低给水和浓水流量的段中。这种情况下，系统回收率将低于额定值，但不必增加系统运行压力，即可获得装置额定的产水量。两种情况均可通过部分浓水循环至给水中，获得额定的系统回收率。不过，这种方式会由于给水浓度的增加，从而影响渗透水质量。

2) 如果 RO 装置使用较少的膜组件，或者未排列完的膜组件不止一两个，则可采用下列方法：先从已分布好的各段中移去一个膜组件，然后，比较各段哪一段给水流速较低，则从该段中移去一个膜组件，并重新核算给水流速。把多出的膜组件构成新段，分布在原有各段之前面。如果仍有膜组件未获组合，则重复上述方法。实际上，这种排列组合形成新段，并布置在原有各段之前面，不会再有未被组合的膜组件。该排列组合可获得额定的渗透水流量和额定的回收率，而不需要浓水循环，不过，这种排列会形成较大的系统压降。

（3）倒推法的已知条件。采用倒推法时，需要已知下列条件：

1) 装置额定的运行压力。一般来说，压力越高，渗透水流量越大，脱盐率越高，然而，压力越高，耗电量越大，膜污染速度也越快，选用的部件需承受的压力越高。因此，选择适当的运行压力十分重要。对污染较严重的给水，一般要求单个膜元件的渗透水流量低些，相应地，运行压力也就要低些，这样，有利于系统的运行。

单个膜元件的渗透水流量（q）计算式为

$$q = \frac{p_N \alpha q_{V,d}}{p_d} \tag{3-32}$$

式中　p_N——膜元件的实际净运行压力；

　　　α——污染系数，小于 1；

　　　$q_{V,d}$——单个膜元件的额定渗透水流量（由膜厂商提供）；

　　　p_d——单个膜元件的额定运行压力（由膜厂商提供）。

2) 膜组件数量。膜元件装在 PV 组件上构成膜组件。当 PV 组件较长时，有时并不需要膜元件装满 PV 组件，即可满足系统产水量的要求，或为了保持每一段 RO 膜元件的适当

的交叉流速。RO 装置所需的膜元件数量 m_E 的计算式为

$$m_E = \frac{q_{V,p}}{q_{V,d}} \qquad (3\text{-}33)$$

式中　$q_{V,p}$——RO 装置的额定产水量；

　　　$q_{V,d}$——单个膜元件的额定渗透水流量（由膜厂商提供）。

相应地，所需 PV 组件数量的计算式为

$$m_{PV} = \frac{m_E}{n} \qquad (3\text{-}34)$$

计算的 PV 组件数量取整数 m_{PV}'。根据 PV 组件的数量和 RO 装置的有关参数，如回收率等进行排列后，可获得实际的膜元件总数 m_E' 的计算式为

$$m_E' = m_{PV}'n \qquad (3\text{-}35)$$

单个膜元件的实际的平均渗透水流量计算式为

$$q_{V,d}' = \frac{q_{V,P}}{m_E'}$$

3）最小浓水流速。膜制造商会规定膜元件的最小的浓水流量，或最小的浓水与渗透水流量的比率，或两者都规定。浓水—渗透水比率是指流出单个膜元件的浓水流量与该膜元件的渗透水流量之比。膜元件制造商建议的最小浓水—渗透水比率范围为从 $60''$（1524mm）长的膜元件的 4：1 到在给水有严重污染倾向情况下的 $40''$（1016mm）长膜元件的 9：1。已知单个膜元件的渗透水流量，可由最小的浓水—渗透水流量比率，计算出最小的浓水流量。一般规定的单个膜元件的最小浓水—渗透水比率 γ，也可当作最大的回收率，即

$$回收率 = \frac{渗透水流量}{给水流量} \times 100\%$$

当浓水—渗透水流量比率为 6：1 时，则

$$回收率 = \frac{1}{1+6} = 14.3\%$$

在实际工程应用中，根据膜生产厂商对膜的设计导则，RO 工艺工程师应选择符合用户要求，并能使 RO 长期经济安全运行的 RO 系统。在进行 RO 排列组合时，可利用系数法和倒推法，粗略的估算 RO 系统的工艺流程。目前，膜生产厂商推出 RO 系统计算软件，工艺工程师可以凭借丰富的理论知识和较强的实践经验，灵活使用这些软件。

（六）系统运行压力的计算

RO 装置实际运行压力表达式为

$$p = p_N + p_{pea} + p_{pd}/2 + p_{ar} \qquad (3\text{-}36)$$

式中　p_N——净运行压力；

　　　p_{pea}——渗透水的压力；

　　　p_{pd}——系统水力压差；

　　　p_{ar}——系统平均渗透压。

1. 净运行压力

RO 渗透水流量与给水温度有很大关系。温度越高，渗透水流量越大。不同种类的膜，温度的影响有一定差别。不同 RO 膜的温度校正系数由膜制造商提供。当考虑温度影响因素时，单个膜元件的渗透水流量为

$$q = \frac{p_N \alpha q_{V,d}}{p_d T_j}$$

可得净运行压力为

$$p_N = \frac{q p_d T_j}{\alpha q_{V,d}}$$

2. 平均渗透压

渗透压是总溶解固形物 TDS 的函数。TDS 是衡量水中溶解盐和溶解有机物的浓度。在许多天然水中，溶解有机物的渗透压相对于溶解盐渗透压可忽略不计。

对溶液 TDS 低于 1000mg/L 的苦咸水 RO 系统，当回收率为 75% 时，渗透压对膜渗透过水量的影响可以忽略不计。但当 TDS 大于 1000mg/L，系统回收率不低于 75% 时，溶液的渗透压需要予以考虑。

对于某一特定溶液的渗透压，其大小取决于 RO 膜可去除的各种溶质的渗透压的总和。对于大多数苦咸水来说，溶液的渗透压可由溶液 TDS 值乘以浓度系数 6.895×10^{-5} MPa 估算得到。在 RO 系统中，给水通过系统流程后，水中 TDS 得到浓缩，渗透压也增加。对通常的系统回收率，系统平均渗透压可通过系统 TDS 平均值计算获得。

例如，假定 RO 系统回收率为 75%，给水 TDS 为 1000mg/L，则浓水的 TDS 约为 1000/（1−75%）=4000mg/L。因而系统平均 TDS 值为（1000+4000）/2=2500mg/L，平均渗透压为 $2500 \times 6.895 \times 10^{-5}$=0.172MPa。

3. 水力压差

当给水通过卷式膜元件或中空纤维式膜组件时，由于溶液的流动，会造成压力损失，也就是 RO 系统中膜元件的端部压力大于尾部压力。

某一段内膜组件的压差由各膜元件的压差组成。水流流过膜组件内的膜元件时，该流量由于每个膜元件渗透水流量的引出而不断下降，相应地，该膜组件内沿着水流方向，膜元件的压差由于交叉流速的下降而下降。

每段或每个膜组件的压差可通过给水—浓水流量的加权平均值来估算，即单个膜元件的压差可由膜厂商提供的压差—流量对应表或图来获得，该段的压差可由各个膜元件的压差估算得到。

4. 渗透水压力

渗透水压力作为背压，作用于 RO 装置运行压力上。渗透水压力对膜元件的产水量有一定的影响。当渗透水压力较低时，可忽略不计。

（七）系统渗透水质量的估算

当已知各种盐或离子的透过率，并知其给水浓度时，产品水浓度可按式（3-28）估算。

八、反渗透后处理

不论使用何种反渗透（RO）设备、何种膜元件（组件），对 RO 出水通常需要做进一步的处理，处理的深度和形式主要取决于水的用途。最常用的处理方法有：完全除盐，pH 值

调节，减轻腐蚀，消毒杀菌和 EDI 技术等。

1. 完全除盐

RO 出水的总溶解固形物（TDS）取决于给水的 TDS、给水中离子的组成、给水压力、RO 构型和 RO 系统的回收率等。高压锅炉补给水、电子行业超纯水、各种化工和医药用水都要求完全除盐，可以用离子交换完成，处理工艺为 RO 产品水—除碳器—强酸阳离子交换器—强碱阴离子交换器—混合离子交换器—除盐水，或 RO 产品水—混合离子交换器—除盐水，或 RO 产品水—EDI 设备—混合离子交换器—除盐水。

若 RO 出水的 CO_2 和 HCO_3^- 浓度较低（$<10mg/L$），则可不使用除碳器。RO 出水的 CO_2 和 HCO_3^- 浓度与它们在给水中的浓度成正比。RO 不能除去 CO_2，所以在使用酸预处理的 RO 系统中，给水的 CO_2 浓度较高，相应地，RO 出水的 CO_2 浓度也高。如果 RO 预处理是离子交换软化，则给水的 pH 值较高，相应地，RO 出水的 CO_2 浓度较低。给水的 pH 值越高，聚酰胺膜对 HCO_3^- 去除率越高，RO 出水的 HCO_3^- 含量越低。

阳离子交换树脂易受铁、铜和铝的污染，阴离子交换树脂易受有机物污染，这两种树脂均易受胶体污染。如果设计合理，离子交换系统能发挥其最大功效，因为 RO 膜能有效地除去胶体物质、铁、铜、铝和高分子有机物（分子量大于 $100\sim200$）。

由于氯会使 RO 复合膜降解，因此，使用这种膜的 RO 系统的给水必须除氯。如果 RO 膜为醋酸纤维素膜，则 RO 给水必须含有一定量的氯，以防生物对膜的侵蚀，其 RO 出水在进入离子交换系统之前必须除氯，因为强氧化剂能使离子交换树脂降解。一些使用聚酰胺复合膜的 RO 系统，用碘作给水的消毒剂，部分碘能透过 RO 膜，所以 RO 出水在进入离子交换系统之前必须除碘、除氯，可采用活性炭过滤器或亚硫酸钠除氯。

2. pH 值的调节

对于苦咸水或海水 RO 系统，其产品水几乎均显酸性。在大多数情况下，需要提高水的 pH 值。可采用加碱（NaOH、$NaCO_3$ 或石灰）的方法提高 pH 值，相应地，也增加了水的 TDS 值。

3. 减轻腐蚀

虽然加碱可调节 pH 值，但是 RO 产品水仍可能有腐蚀性。选择何种技术来稳定 RO 产品水，应考虑所要求水的质量及用途。常用的稳定技术有以下几种：

（1）用原水或其他 RO 水源与产品水混合。

（2）使用石灰调节水的 pH 值。相应增加了水中 Ca^{2+} 浓度。

（3）加 CO_2，用石灰调节 pH 值，增加 Ca^{2+} 浓度和碱度。

（4）投加缓蚀剂。

九、反渗透装置的调试、运行和维护

（一）反渗透装置的调试

1. 准备工作

反渗透装置的调试是进入生产运行阶段前的重要环节，在反渗透系统调试前应做的准备工作如下：

（1）各有关电源连接完好（含各种计量泵、高压泵）。

（2）反渗透装置前的所有管道与设备冲洗完毕，并且这些设备调试完毕并运行正常。

（3）各有关药液均已配备妥当。

（4）运行监督用的有关试剂和仪器均已准备好。

（5）反渗透高压泵前的连锁、报警和在线分析控制仪表正常，报警点已设定好。

2.反渗透装置的调试步骤以卷式 RO 为例

（1）利用低压水冲洗反渗透压力容器及 RO 装置的有关部件。

（2）安装人员戴上合适的手套、安全眼镜和穿上安全靴，把膜元件从密封的塑料袋中取出，按照水流方向依次推入压力容器内，装在膜元件和压力容器两边端板上的密封圈应涂上甘油，进行润滑。

（3）膜元件在未使用前装在密封的塑料袋里，袋内膜元件一般使用含有 1.4%（以质量计）的亚硫酸钠溶液消毒，并有 18%（以质量计）的甘油，该消毒溶液可能引起眼睛受刺激和皮肤过敏，因此，把膜元件从塑料袋中取出时应注意保护眼睛和皮肤，以免受到损伤。对使用过的旧膜元件宜采用填埋处理，而不应采用焚化处理。在反渗透装置调试之前，应用符合 RO 进水水质要求的水（不加阻垢剂）冲洗膜元件。冲洗应根据膜生产厂商提供的资料进行。CA 膜冲洗要求见表 3-11。

表 3-11 　　　　　　　　　　　　　　对 CA 膜的冲洗要求

膜元件直径（in）	冲洗时间（h）	压力（kPa）	最小浓水流速/每个膜元件 [m³/h·个]
4	12～16	276～552	0.14
4	1.5～2	2760	0.89
8	12～16	276～552	0.57
8	1.5～2	2760	3.53

（4）根据 RO 装置的脱盐率、回收率、流量等要求，调节 RO 装置各有关参数，同时对使用的仪器、仪表再做必要的校正。

（5）按照 RO 系统调试进度（见表 3-12）进行调试，并注意以下事项：

表 3-12 　　　　　　　　　　　　　　RO 系统调试进度

调试过程	工 作 日									
	1	2	3	4	5	6	7	8	9	10
压力过滤器	—	—								
保安过滤器			—	—						
反渗透装置					—	—	—	—	—	—

1）所示时间仅为示意，应根据具体情况确定工作进度。

2）压力过滤器调试包括滤料的冲洗、各阀门的使用、压力表的校正、反洗强度的调整。

3）保安过滤器应先冲洗罐体，再装入微米滤芯，然后冲洗滤芯，直至进出水的电导率相同，并应包括压力表的校正。

4）反渗透装置调试包括压力容器及连接件的冲洗、膜元件的装入、膜元件的冲洗、高压泵的运行、各阀门的调节、就地仪器、仪表的使用和调节（如在线流量表、压力表、pH表、电导率表）、集中控制盘的使用，如记录仪、报警点的设定，各加药装置的使用与调整等。

（二）反渗透装置的运行

反渗透系统调试完毕后，即可移交生产运行。以某厂使用 CA 膜为例（见图 3-30），说明反渗透装置的启动、运行和停机保护步骤。

1. 启动与运行

（1）反渗透运行前的各项准备工作完毕。

（2）反渗透进水 pH 值为 5～6，温度为（25±2）℃，残余氯含量为 0.2～1mg/L，SDI 值小于 4，各项指标已符合运行条件要求。

（3）一旦预处理系统运行达到稳定状态，即可按下列步骤启动高压泵和运行反渗透装置。

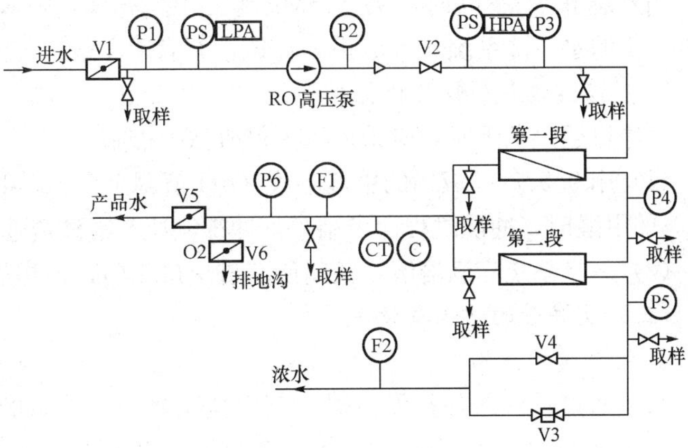

1）打开阀门 Vl，关闭阀门 V2、V4、V5，打开阀门 V3、V6。

图 3-30　某厂反渗透装置流程

2）按下启动按钮，启动高压泵，当高压泵运行达到额定转速数秒后，慢慢打开阀门 V2，使压力慢慢升高，一直升高到压力表 P3 指示为 2.6MPa。

3）调节阀门 V3、V2、V1，使压力表 P3 维持在 2.6MPa，并使产品水流量表 F1 指示达到产水量，浓水流量表 F2 指示达到浓水流量。

4）当 RO 出水水质合格后，打开阀门 V5，关闭阀门 V6，向系统输送产品水；反渗透设备投入运行后，监测 RO 各有关指标如余氯量、pII 值等，不合格时应及时调整，使运行处于平稳状态。

2. 运行监督

（1）每隔 2h 记录压力表 P1、P2、P3、P4、P5、P6 的读数。

（2）每隔 2h 记录产品水流量表、浓水流量表的读数和产品水电导率表的读数。

（3）每隔 2h 记录 RO 进水 pH 值、进水电导率值、进水温度值、残余氯含量。

（4）每隔 2h 监测六偏磷酸钠（SHMP）含量，每隔 4h 监测 RO 进水 SDI 值。发现问题，应及时处理。

3. 反渗透设备的停运

（1）反渗透装置停运前，应先打开产品水排地沟阀门 V6，关闭阀门 V5、V2、V3。

（2）按下高压泵停止按钮。

（3）打开阀门 V2、V4。

（4）停 SHMP 泵，HCl、NaClO 泵仍运行。

（5）低压冲洗 RO 设备 10min 后关闭进水阀 V1、V4、V6。

4. 反渗设备短期停用保护

若停机 7 天以内，则应采用以下停机保护措施：

（1）用 pH 值为 5.5±0.5、残余氯含量为 0.1～0.5mg/L 的水冲洗系统。

（2）一旦系统充满该溶液，关闭所有进出口阀门，确保系统充满氯化水。

（3）当系统温度大于20℃时，应每2天重复一次水冲洗步骤；当温度低于20℃时，应每7天重复一次水冲洗步骤。

当系统正常停机时，关SHMP泵，用pH值为5.5 ± 0.5、残余氯含量为$0.1 \sim 0.5mg/L$的水冲洗系统10min后，让该水充满RO系统，即达到短期停机保护目的。

5. 反渗透设备长期停机保护

当停机超过7天时，应采取以下停机保护措施：

（1）用$0.5\% \sim 0.7\%$的甲醛溶液（pH值调至$5 \sim 6$）冲洗系统。当RO设备的浓水含有0.5%的甲醛时，冲洗过程即可结束。冲洗流速与清洗流速相同时，冲洗时间大约为30min。

（2）一旦系统充满溶液，关闭所有进出口阀门，该措施应每30天重复一次。

（三）反渗透的防垢及清洗

1. 反渗透的防垢

水在通过反渗透除盐设备时，其中盐类将浓缩。水的回收率越高，浓缩的程度也就越高。当给水中的一些微溶性盐分的浓度积超出该条件下的溶度积时，就可能从水中结晶出来并沉积在膜的表面上，从而造成膜的结垢，并造成设备的除盐效率降低、使用寿命缩短等一系列不良后果。为了防止结垢现象的发生，必须在设计和运行中考虑进行防垢。

反渗透装置的防垢方法很多，有在设计时采取加酸、加阻垢剂的防垢方法，也有通过运行时调整回收率等运行参数的防垢方法，还有对反渗透装置进行保护性清洗的方法。

（1）加酸法。在反渗透装置中，为避免$CaCO_3$垢的产生，浓水中的$CaCO_3$应具有溶解的倾向。事实上，难溶盐必须达到一定的过饱和度，即离子浓度积大于溶度积若干倍后，沉淀才开始析出。因此实际上不能单纯采用离子浓度来判断是否结垢。工程上常用langelier饱和指数（LSI）来反映其结垢倾向。其定义方程式为

$$LSI = pH - pHs \quad (TDS < 10000mg/L)$$

式中　pH——指水中的实际pH值；

　　　pHs——指水中$CaCO_3$处于平衡时的pH值。

当LSI<0时，浓水中的$CaCO_3$趋于溶解，也就是说只要水中的pH<pHs时，反渗透装置就不会结$CaCO_3$垢，而保持pH<pHs的有效途径就是向水中加入一定量的酸。其具体处理方法可以参照循环冷却水的处理。

（2）加阻垢剂法。加阻垢剂可以对$CaCO_3$垢、硫酸盐垢、氟化钙垢等垢类有阻止生成的作用。阻垢剂加入给水中以后就吸附在垢的微小晶粒上，从而阻止晶粒的长大并阻止其在膜的表面上沉积出来。目前在反渗透系统中使用最广泛的阻垢剂是六偏磷酸钠，它是在配制成溶液后用专用的计量泵加入反渗透除盐设备给水中的。值得注意的是，在配制六偏磷酸钠溶液时，应注意防止它的水解，如发生水解，不仅会影响其阻垢效率，还会产生生成磷酸钙垢的危险。因此在配制阻垢剂时，必须使用反渗透除盐水，同时还应注意在阻垢剂溶解箱中防止微生物的生长。

（3）强酸阳离子树脂软化法。利用钠型强酸阳离子交换树脂对反渗透给水进行预处理，处理后水中的Ca^{2+}、Mg^{2+}、等易结垢的离子被Na^+交换出来，从而减少了给水的结垢可

能。采用本法时给水的 pH 值基本不发生变化,因而给水中的 CO_2 含量也基本保持不变,故无需在系统中增设除碳器除碳,如果想减少反渗透出水的 CO_2 含量,也可向软化器出水中加入少量的 NaOH,使水中的 CO_2 转变成可以被反渗透除去的 HCO_3^-。强酸阳离子交换树脂软化法是安全而有效的方法,主要用于中小型的苦咸水处理设备,而不能用于海水处理设备中。该法的缺点是用于再生的 NaCl 用量相对较大,可能对环境造成一定影响,此外,运行费用也较高。

(4) 弱酸阳离子交换树脂除碱法。弱酸阳离子交换树脂除碱是利用氢型弱酸阳离子交换树脂对反渗透进水进行预处理,氢离子把 Ca^{2+}、Mg^{2+} 的暂时硬度交换下来,并使水的 pH 值降至 4～5。这种软化方法不能像前一方法那样作完全软化,它只是一个部分软化方法。该方法对暂时硬度高的水的处理最理想,处理后 HCO_3^- 转换成 CO_2,即

$$HCO_3^- + H^+ \rightleftharpoons H_2O + CO_2$$

大多数情况下,反渗透产品水中含有的 CO_2 是人们不想要的,这些 CO_2 可以用除碳器除去。这种弱酸阳离子交换法主要用于对苦咸水的部分软化。这种处理方法的优点在于弱酸阳离子交换树脂再生用酸量少,降低了系统的运行费用,减少了对环境的污染,同时由于除去了水中的重碳酸盐,因而减少了水中的 TDS 含量,可提高反渗透除盐装置出水水质。主要的缺点是随着交换树脂失效程度的不同,出水的 pH 值也不同,而且由于是部分软化,当给水的回收率较高时,仍存在膜表面结垢的可能性。

(5) 石灰软化法。石灰处理是最古老的水处理工艺,这种方法是向给水中加入石灰除去给水中的碳酸盐硬度。石灰处理后的给水在送入反渗透装置以前通常还需要经过机械过滤及 pH 值的调节。为了提高石灰处理的效果,通常还需同时加入一些絮凝剂。由于石灰处理法中所使用的石灰在使用前必须经过硝化等多种准备工作,因而这种处理方式一般只用于产水量人于 200m³/h 的苦咸水处理系统。

(6) 保护性清洗法。在某些应用场合可以利用对膜的保护性清洗法来控制结垢。这时允许系统在对给水未经软化或加入化学试剂的情况下运行。最常见的用保护性清洗法的例子是那些回收率在 25% 左右,膜元件使用 1～2 年后就计划更换的设备。此时可以定期全开设备的浓水阀对设备进行水冲洗。通常,冲洗间隔越短,冲洗效果越好。另外,除了水冲洗这一简单的方法以外,还可以选用某些特定的化学药品来对反渗透系统进行化学清洗,但是化学清洗的步骤、化学品的选用及清洗间隔周期应该根据反渗透装置的类型、使用场合及给水水质等各方面的具体情况来具体选定。

2. 反渗透装置的清洗

RO 膜中的污染物可分为悬浮固体、胶体、金属氧化物、无机垢(如 $CaCO_3$、$CaSO_4$、$BaSO_4$、$SrSO_4$、CaF_2、SiO_2)、生物黏液、有机物、油和脂等。这些组分在膜表面上形成污染,取决于进水性质、预处理程度和方法,同时还取决于膜材料、膜组件构型、操作方式和控制水平。在海水的 RO 脱盐系统中,前五类污染最容易发生,$CaCO_3$ 是膜垢的主要形成者。在苦咸水的 RO 脱盐系统中,遇到最多的垢物是 $CaSO_4$,因进水中硫酸根离子浓度极高。此外,硫酸盐还原菌、厌氧菌和藻类的生长还会形成生物污染。生物污染和有机污染是用 RO 处理工业用水和废水时最主要的污染物类型。不同的污染物有不同的特征,见表 3-13。

表 3-13 　　　　　　　　　　　　　　　　不同膜污染物的特征

污染物	原因	一般特征		
		盐透过率	组件压差	产水量
金属氧化物	$Mn(OH)_2$、$Fe(OH)_2$ 等沉淀，多在第一级	明显增加	明显增加	明显下降
水垢	浓差极化，微溶盐沉淀，多在最后一级	适度增加	适度降低	适度降低
胶体	SiO_2，$Al_2(SiO_3)_3$，$Fe_2(SiO_3)_3$ 等	适度增加	增加较明显	适度降低
生物污染	微生物、细菌在膜表面生长，发生较缓慢	适度增加	适度增加	明显降低
有机物	有机物附着或吸附	轻微增加	适度增加	明显降低
细菌残骸	无甲醛保护而存放	明显增加	明显增加	明显降低

　　反渗透装置运行一定时间或膜被污染后，产水量、出水水质会明显降低，组件压差明显升高。一般当反渗透各级运行压差比初次运行压差增加 40％或产水量下降 15％时，应对反渗透膜进行化学清洗。反渗透膜清洗方案的选择见表 3-14。

　　清洗用药要用反渗透产品水配制，循环清洗时间控制在 1h，压力控制在以能够克服进水到出水之间的压降，又没有淡水产生为宜。为避免清洗剂稀释，可打开浓水阀门，先排出系统积水后再进行清洗。反渗透清洗方向应与运行方向相同，不允许反向清洗，否则可能引起膜凸出而造成损坏。

表 3-14 　　　　　　　　　　　　　　　　反渗透膜清洗方案选择

污染物	清洗用药	配方
钙垢	柠檬酸	0.2％～2.0％柠檬酸溶液，用氨水调节 pH 值在 2.0～4.0 范围内
	EDTA	1.0～2.0％EDTA 溶液，用氨水调节 pH 值为 7.0
	HCl	0.5％HCl 溶液，用氨水调节 pH 值在 2.0～4.0 范围内
金属氧化物	草酸	0.2～1.0％草酸溶液，用氨水调节 pH 值在 2.0～4.0 范围内
	H_3PO_4	0.5％H_3PO_4 溶液，用氨水调节 pH 值在 2.0～4.0 范围内
有机物	NaOH	0.1％NaOH 溶液，用 HCl 调节 pH 值为 12.0
	EDTA	0.1％EDTA 溶液，用 HCl 调节 pH 值为 12.0
二氧化硅垢	Na_2SO_4	2.4％Na_2SO_4溶液，用氨水调节 pH 值在 1.5～2.5 范围内
	柠檬酸	2.4％柠檬酸溶液，用氨水调节 pH 值在 1.5～2.5 范围内
胶体	三聚磷酸钠	2.0％三聚磷酸钠溶液，用 H_2SO_4 调节 pH 值为 10.0
	EDTA	0.8％EDTA 溶液，用 H_2SO_4 调节 pH 值为 10

十、影响反渗透装置运行的因素

　　影响反渗透装置运行的因素有许多，主要有以下几点：

　　1. pH 值

　　影响醋酸纤维素膜寿命的重要因素是膜的水解速度。而水解速度与溶液的 pH 值和温度有关。当膜水解时，透水量和透盐率将增加，而产水质量明显恶化。pH 值约为 4.7 时，CA 膜水解速度最小。pH 值大于或小于 4.7 时，水解速度均加大。在所有化学反应中，水解速度明显受温度影响，且随温度增大而增大。实践证明，合适的 pH 值和温度是保证膜合理寿命的重要因素。芳香族聚酰胺膜和复合膜不易发生水解。

2. 温度

醋酸纤维素膜、聚酰胺中空膜和复合膜对温度都有使用限制。膜元件（组件）标明的透水量一般是在 25℃ 的情况下，在其他温度下可以根据厂商资料做适当的温度校正。适当提高进水温度，可以降低水的黏度，提高膜的透水量。尤其是在北方的冬天，对给水进行加热是必要的。在温度高于 20℃ 下运行，温度升高 1℃，进水量约增加 3％。

当系统出力有富裕时，在冬天也可不加热给水。给水温度较高时，会增加微生物在系统内的活性，特别是当给水不存在杀菌剂时。细菌在较高的给水温度或在滞流的 RO 系统内会繁殖很快。给水温度较高时，会加大碳酸盐和硫酸盐的结垢倾向和增加膜的污染速度。给水温度较高时渗透水流量也增加，相应地会增加膜表面的浓差极化。

当采用加热装置加热给水时，适当控制该装置的温度对 RO 系统来说是十分重要的。加热后的给水应在温度合适后方可进入 RO 装置，以免过高的温度损坏膜元件。加热器出水管线设排地沟阀门和高温报警器是必要的。

3. 运行压力

运行压力由溶液的渗透压和管路等的压降组成。渗透压与原水中的含盐量和水温成正比，与膜性能无关。为了使膜元件（组件）产生足够量的产品水，需要额外加一个压差，这个压差减去渗透压差构成水流动的净推动力，用于克服管路的压降。对不同的膜，必须根据原水含盐量、膜元件（组件）的排列组合等因素，测算出合适的运行压力，以确保膜的长期安全运行。

由于透水量与运行压力成正比，因此提高运行压力可增大透水量。而且，提高运行压力，将减少透盐率。对于新的膜元件（组件），由于膜压实不严重，膜的阻力小些，透水量较大。因此，对运行初期的膜，在满足产水量和脱盐率的情况下，运行压力宜采用比正常压力较低的为好。

为了使反渗透得以进行，所加压力必须使膜两侧的压力差（ΔP）大于其渗透压差（$\Delta \Pi$）。进行反渗透的有效压力为 ΔP 和 $\Delta \Pi$ 的差值与反渗透水的通量关系式为

$$F = K(\Delta P - \Delta \Pi) \tag{3-37}$$

式中　F——反渗透水的通量，$m^3/(m^2 \cdot h)$；

　　　K——渗透系数，$m^3/(m^2 \cdot h \cdot MPa)$；

　　　ΔP——膜两侧的压力差，即在盐水侧外加的压力，MPa；

　　　$\Delta \Pi$——膜两侧的渗透压差，MPa。

操作压力的选择取决于原水的浓度，因为它与渗透压差 $\Delta \Pi$ 有关。此外，它还取决于膜的透水性和水的回收率等。一般情况是，提高操作压力会使产水量增大，但压力过大又会因膜受到压实而使透水量下降。

4. 浓差极化

在反渗透装置运行中，膜表面浓缩水和进水之间往往会产生浓度差，严重时会形成很高的浓度梯度，这种现象称为浓差极化。浓差极化的出现，使盐水的渗透压加大，因而反渗透所需的压力也得增大。此外，还可能引起某些难溶盐（如 $CaSO_4$）在膜表面析出等后果，损害膜的致密层。为此，在运行中必须保持盐水侧呈紊流状态以减轻浓差极化的程度。

对中空纤维膜组件，水流方向与膜表面呈垂直状态，产生浓差极化的机会少。对卷式膜元件，有必要维持适当的给水流速，防止发生浓差极化。

5. 膜污染

膜污染包括：膜表面结垢、金属氧化物的污染、胶体污染、微生物污染等。膜污染将导致透水量下降，压降和透盐率提高。膜的清洗可以消除污染物，并尽量恢复膜的初始状态。若反渗透膜每个月需要清洗一次，则说明预处理是不合格的，需要重新考虑预处理方案。

(1) 膜表面结垢。膜表面结垢是由给水中一些难溶盐的沉淀引起的。给水中的盐在 RO 工艺中被浓缩，回收率为 50% 时浓缩 2 倍，回收率为 75% 时浓缩 4 倍。这引起一些盐的离子浓度乘积超过其溶度积而沉淀。浓差极化和膜组件排列的不均匀分布在一些地方会产生更大的浓度。要防止膜表面结垢，必须保持膜附近各种难溶盐类的离子浓度积小于该盐类的溶度积。实用上采用适当的浓水流量，维持难溶盐不析出的状态，并保持合适的水回收率。

(2) 金属氧化物污染。给水中的锰、铁可能沉积在膜表面上，氧化铁的污染是较常见的。当给水中铁、锰含量大时，需采取措施予以去除。

(3) 污堵。往往由于机械过滤器出水中杂质颗粒过多，或微滤器漏过杂质，造成一些悬浮杂质进入 RO 装置，但这些大颗粒杂质不能通过膜元件（组件）的水通道，而留在膜表面上。一些反渗透装置前加装孔径为 $10\mu m$ 的保安过滤器，实践证明难以保证膜元件不被堵塞，可通过在反渗透装置前加装孔径为 $5\mu m$ 的保安过滤器或更换其滤芯得以解决。如果保安过滤器的滤芯更换太频繁，则应重新考虑预处理工艺。

(4) 胶体污染。胶体物质直接残留在膜表面上而引起胶体污染。水中胶体污染的程度可由下面两个参数决定：

1) 胶体浓度。为确定胶体浓度，可测定水的污染指数 FI 值。FI 值大小大致可反映胶体污染程度。井水 FI 值通常小于 3，不会发生胶体污染。地表水 FI 值一般大于 5，如不做必要的预处理，将会引起严重的胶体污染。使用石英砂、活性炭或装有两种滤料的过滤器过滤，可降低胶体浓度。对 FI 大于 50 的水，需在澄清器中做混凝处理，然后可利用重力过滤器过滤。对 FI 小于 50 的水，可采用直流混凝过滤。目前还没有自动监测 FI 值的仪器，需定期取样测定 FI 值。

2) 胶体稳定性。测量 ξ 电位值可大致反映胶体在水中的稳定性。如果 ξ 在 $-10\sim-30mV$ 或更大，胶体污染的可能性将大大地减少。

(5) 微生物污染。微生物污染是由于微生物、细菌在膜上繁殖引起的。一般情况下，对给水进行了加氯杀菌处理，能较好解决微生物繁殖问题。RO 装置停机时间较长时，容易发生此类问题，这要求运行人员严格采取停机保护措施。

第四节　电去离子脱盐技术

电去离子脱盐（Electrodeionization 缩写为 EDI，简称电除盐）技术是一种将离子交换技术、离子选择性透过膜、离子电迁移及水的极化、电离相结合的纯水制造技术。实质是通过将混床离子交换树脂填充在电渗析器的淡水室中，将电渗析和离子交换过程进行有机结合而形成的一种新型脱盐技术。利用离子交换树脂能深度脱盐来克服电渗析极化而脱盐不彻底，同时利用电渗析极化而使水电离产生 H^+ 和 OH^-，实现树脂自再生来克服树脂失效后通过化学药剂再生的缺陷。使用阴阳离子交换（渗透）膜、离子交换树脂及淡浓水隔室部件组成工作单元，并按需要装配成一定产水能力的膜堆，在直流电的驱动下进行优质、高效地纯化水。

在电去离子脱盐（EDI）技术出现以前，由于离子交换法（混床）能近乎完全地除去水中的离子，因而是深度脱盐中所必须采用的手段。然而，这种工艺所使用的离子交换树脂在饱和后需要用酸碱再生，酸碱用量很大，带来很大经济压力，易恶化环境。虽然早期工业领域中水的除盐多在离子交换之前使用电渗析或反渗透作为预脱盐手段以延长树脂再生周期，减少酸碱用量，但并未从根本上解决问题。近年来，随着 EDI 技术的不断成熟和开发应用，较好地解决了上述问题。EDI 装置既克服了电渗析不易解决的浓差极化问题，又避免了使用酸碱再生树脂，而成为一项高效无污染的绿色高纯水生产新技术。

EDI 除盐率可高达 99％以上，出水电阻率可高达 18MΩ·cm。依据用水水质的不同要求，EDI 一般和反渗透水处理技术（RO）结合使用，用于反渗透水处理设备之后的精处理来替代混床，也可以作为混床的前处理。

一、EDI 脱盐机理

EDI 设备的净水单元由阴离子交换膜、阳离子交换膜、浓水室、淡水室等部件组成，通过在电渗析器的淡水室中填装阴、阳混合离子交换树脂（颗粒、纤维或编织物），将电渗析和离子交换置于一种容器中，使两者内在地联合成一个整体。EDI 净水单元的脱盐过程模型如图 3-31 所示。

EDI 设备的去离子过程主要包括离子交换、直流电场作用下离子的选择性迁移及树脂的电再生等三个部分，这三个过程在淡水室内的两个不同区域内同时进行，这两个区域被称为增强迁移区和电再生区。由于纯水中离子交换树脂的导电能力比与之相接触的水要高 2～3 个数量级，所以几乎全部的从溶液到膜面的离子迁移都是通过树脂来完成的。淡水中的离子首先经离子交换作用交换到树脂颗粒上，再在电场作用下经由树脂颗粒构成的"离子传递通道"迁移到离子交换膜表面并透过膜进入浓水室。当树脂、膜与水相接触的界面扩散层中的浓差极化发展到一定程度，填充床电渗析器的运行电流超过极限电流时，膜和树脂附近的界面层发生极化，使水离解，产生 OH^- 和 H^+，这些离子除一部分参与负载电流被迁移至浓水室外，大部

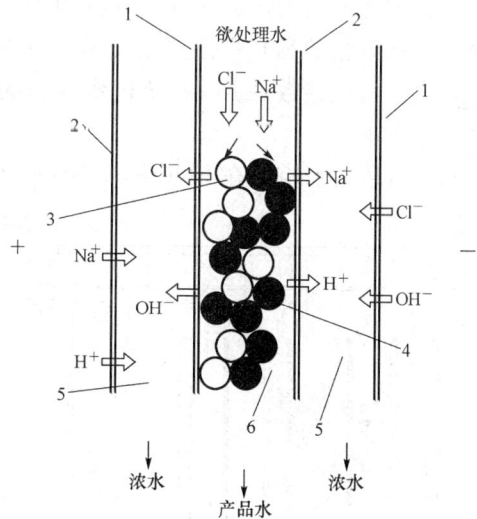

图 3-31　EDI 装置脱盐过程模型
1—阴离子交换膜；2—阳离子交换膜；3—阴离子交换剂；
4—阳离子交换剂；5—浓水室；6—淡水室

分将使淡水室中的阴、阳离子交换树脂再生，从而使离子交换、离子迁移、电再生三个过程相辅相成，实现了对原水的连续去离子处理。与传统的电渗析过程相比，由于交换树脂颗粒不断发生交换作用与再生作用而构成了离子通道，使淡水室体系（溶液、交换剂和膜）的电

导率大大增加，从而减弱了电渗析器的极化现象，提高了电渗析器的极限电流，实现对原水的高度淡化。

此外，当淡水室内填装离子交换树脂时，由于淡水室中的液流速度比普通电渗析器中的大得多，且其中的交换树脂可以起到促进离子扩散、改善液流的水力学状态的搅拌作用，从而增大了淡水室体系的电导率，相应地也提高了极限电流密度。

将电渗析与离子交换两种工艺中所发生的反应及过程有机地结合在一起，就构成了整个电去离子过程。这一过程既利用离子交换能深度脱盐的特点克服了电渗析过程因发生极化而产生的脱盐不彻底；又利用电渗析能够因极化而电离产生 H^+ 和 OH^- 离子的特点，实现树脂自再生，克服了树脂失效后通常要用化学药剂再生的缺陷。这种方法用于含盐量低的水的脱盐处理时，基本上能够去除水中全部离子，所以它在制备超纯水、纯水、软化水及处理放射性废水方面有着广阔的发展前景。

EDI 使用过程中，浓水室中水的电导率会很快超过 $300\mu S/cm$，为了促进水的流动，浓水室的水通过离心泵进行循环，称为浓水循环。

为防止浓水中难溶盐过饱和沉积结垢，需要连续地从浓水室中排去一部分水，从 EDI 给水中补充进一部分水。调节浓水循环的流量，可确定 EDI 装置的回收率。从浓水循环中排出的水可以返至 RO 预处理的入口。RO 产品水经过 EDI 处理，制备超纯水的工艺是常规处理工艺，流程图如图 3-32 所示。

二、影响 EDI 性能的主要因素

影响 EDI 运行性能的因素较多，就系统的运行而言，主要有以下方面：

（1）浊度、污染指数（SDI）的影响。EDI 组件产水通道内填充有离子交换树脂，过高的浊度（污染指数高）会使离子交换树脂的交换通道堵塞，造成系统压差上升，产水量下降。浊度、污染指数是 RO 系统进水控制的主要指标之一，合格的 RO 出水一般都能满足EDI 进水要求。

（2）硬度的影响。在 EDI 中，水的回收率可达到 90%，浓缩通道水的浓缩倍率约为 10 倍，再加上膜界面的离子富集现象，如果进水的残存硬度太高，会导致浓缩水通道的膜表面结垢，影响产水水质。所以实际运行中需控制进水的硬度低于 $2.0mg/L$（$CaCO_3$）。考虑到运行的经济性、提高 EDI 膜的使用寿命因素等，某些水处理系统也有采用在 RO 后加阳离子交换器（Na 床）软化除残存硬度的工艺，但这种运行方式的不利之处在于阳离子交换树脂的微量溶出物可能对 EDI 带来潜在的有机物污染。

（3）TOC（总有机碳）的影响。进水中如果有机物含量过高，会造成树脂和选择性透过膜的有机污染，导致系统运行电压上升，产水水质下降。同时也

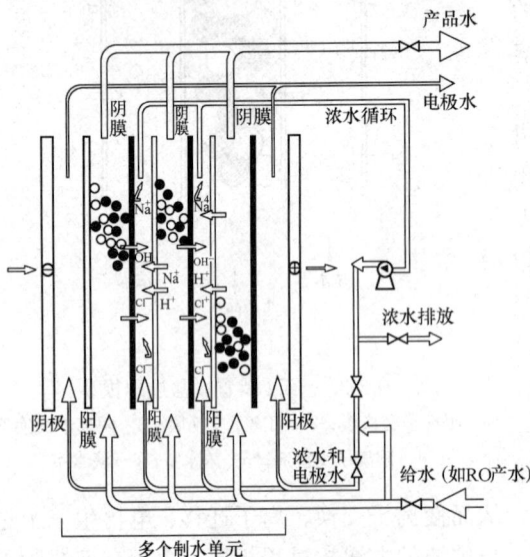

图 3-32　EDI 的简单工艺流程图

容易在浓缩水通道形成有机胶体，堵塞通道，因而，运行中控制 TOC<0.5mg/L。

（4）Fe、Mn 等金属离子的影响。Fe、Mn 等金属离子会造成 EDI 中树脂的"中毒"。实际影响较大的是 Fe，Fe 主要来源于系统中老化的设备、管道。树脂的金属"中毒"会造成 EDI 出水水质的迅速恶化，尤其是对硅的去除率迅速下降。运行中需要控制 EDI 进水的 Fe 低于 0.01mg/L。对于已经发生的树脂"中毒"，可以用酸溶液作复苏处理，效果比较好。

（5）进水温度的影响。水温过低会使离子的迁移能力降低，电阻增大，产水量下降，系统运行电耗增加。正常运行的进水温度设计要求为 $15\sim25$℃，最低为 $5\sim15$℃。因而，EDI 系统设计有板式加热器，在环境温度较低的冬季，对进水加热升温，来提高产水率。

（6）进水中 CO_2 的影响。进水中 CO_2 会加重 EDI 中树脂的负担，使出水水质劣化。在 RO 与 EDI 之间增加除 CO_2 器后，出水水质会得到改善。

三、EDI 与混床的比较

（1）水质稳定。混床离子交换设备的净水过程是间断式的，在刚刚被再生后，其产品水水质较高，而在下次再生之前，其产品水水质较差。而 EDI 制水工艺交换和再生是同步的，其水质非常稳定。

（2）连续运行，无需再生。离子交换和再生同步，实现了连续生产，无需停机再生，更不必有酸碱储运设备及计量设备等。

（3）节约酸碱，降低运行费用。EDI 的运行仅消耗电能，而混床还需要消耗酸碱。

（4）没有酸液、碱液排放，绿色环保、节水、节能。如果合理回用全部浓水，极水排放率控制在 5% 以内，污水排放量低于离子交换的 10%。

（5）设备安装维修简单，无需备用设备。任何膜块维修、更换均不会影响其他膜块的运行。

（6）操作比混床简单。只需调节整流电源的电压、电流，极容易实现全自动控制。

（7）出水水质好。EDI 纯水电阻率可以高达 15MΩ·cm，能很好地保证高参数机组的安全运行，有效地延长锅炉及汽轮机的使用寿命。如果进一步降低进水电导率，出水可以达到超纯水的标准。

（8）设备占地面积少，厂房高度要求低。混床厂房高度要求 6m 以上，而 EDI 厂房高度 3m 就足够了。

（9）总投资少。与混床离子交换设备相比，EDI 装置投资要高约 20% 左右，但从混床需要酸碱储存、酸碱添加和废水处理设施及后期维护、树脂更换、安装建设的土地需求和厂房土建等方面综合考虑，EDI 装置所需的投资要低于混床投资。

第四章 离子交换处理

第一节 离子交换基本知识

为了除去水中的离子态杂质，目前电厂广泛采用的是离子交换法。这种方法可以将水中离子态杂质清除得比较彻底，因而能制得纯度很高的水。所以，在热力发电厂的补充水制备工艺中，离子交换处理是常用的除盐工艺。

离子交换处理使用离子交换剂（离子交换树脂）来进行，交换剂遇水时，可以将其本身所具有的某种离子和水中同符号的离子相互交换，如 Na 型离子交换剂遇到含有 Ca^{2+} 的水时，就发生交换反应，反应式为

$$2RNa + Ca^{2+} \longrightarrow R_2Ca + 2Na^+ \qquad (4\text{-}1)$$

其中 R 表示交换剂，RNa 表示交换剂中可交换的离子为 Na^+（称 Na 型树脂）。反应结果，水中 Ca^{2+} 被吸着在离子交换剂上，交换剂转变为 Ca 型，而交换剂上原有的 Na^+ 跑入水中，这样水中的 Ca^{2+} 就被除去了。转变成的 Ca 型离子交换剂，可以用钠盐溶液通过的办法，使其再变成 Na 型的交换剂，以便重新使用，称为交换剂的再生，这是交换剂具有实用价值的一个重要方面。

离子交换剂的种类很多，有天然和人造、有机和无机、阳离子型和阴离子型等之分，离子交换剂的分类如下：

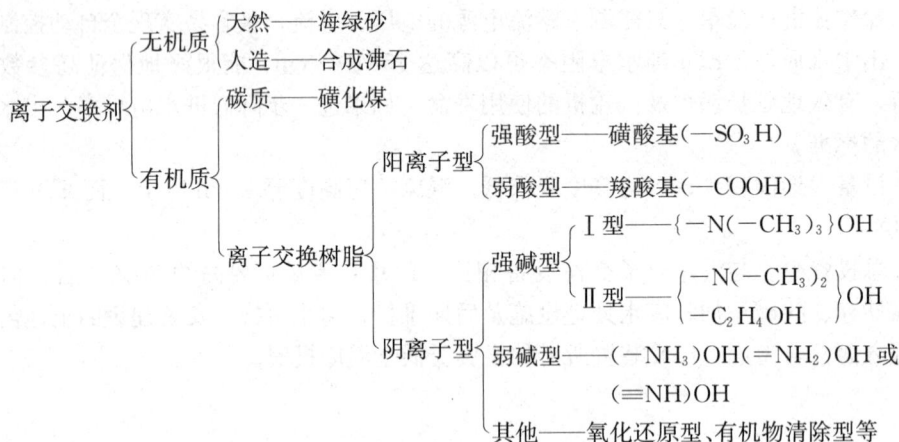

离子交换剂
- 无机质
  - 天然——海绿砂
  - 人造——合成沸石
- 有机质
  - 碳质——磺化煤
  - 离子交换树脂
    - 阳离子型
      - 强酸型——磺酸基（$-SO_3H$）
      - 弱酸型——羧酸基（$-COOH$）
    - 阴离子型
      - 强碱型
        - I 型——$\{-N(-CH_3)_3\}OH$
        - II 型——$\begin{Bmatrix} -N(-CH_3)_2 \\ -C_2H_4OH \end{Bmatrix}OH$
      - 弱碱型——$(-NH_3)OH(=NH_2)OH$ 或 $(\equiv NH)OH$
      - 其他——氧化还原型、有机物清除型等

此外，按结构特征来分，还有大孔型和凝胶型等。在离子交换技术被发现和应用的初期，采用的只有天然的无机质离子交换剂，如海绿砂。然而这类物质不能用于酸性介质，而且交换容量较小，现已被人造离子交换剂所替代，特别是由于合成离子交换树脂的制造成功，交换剂的品种不断增加，应用更为广泛。

离子交换树脂的发展经历了从沸石、磺化煤、磺化酚醛树脂、凝胶聚苯乙烯、聚丙烯酸，直到大孔离子交换树脂和吸附树脂的过程。无论是工业生产、生化医疗、环境保护、食

品制造，还是国防军事、原子能研究等方面都离不开离子交换分离技术。

一、磺化煤

磺化煤是一种半合成的离子交换剂。它利用煤本身的空间结构作为高分子骨架，用浓硫酸处理（磺化）引入活性基团而制成。磺化煤的活性基团，除了有由于磺化而引入的$-SO_3H$外，还有一些煤质本身原有的基团（如$-COOH$ 和$-OH$）以及因硫酸氧化作用生成的羧基（$-COOH$），所以它实质上是一种混合型离子交换剂。磺化煤的价格比较便宜，是过去水处理系统中广泛采用的交换剂。但这种交换剂有以下缺点：

（1）化学稳定性较差，特别是对于碱性强的水，抵抗力很差。

（2）机械强度不好，易碎。

（3）交换容量小，小于合成离子交换树脂的 1/35。

4）性能随原煤的品种而异，很难保持稳定的产品质量。

所以现在大都为合成离子交换树脂所替代。

二、离子交换树脂

离子交换树脂是一类带有活性基团的网状结构高分子化合物。可以人为地将其分子结构分为两部分：一部分称为离子交换树脂的骨架，是高分子化合物的聚合体，具有庞大的空间结构，支撑着整个化合物；另一部分是带有可交换离子的活性基团，化合在高分子骨架上，提供可交换的离子。活性基团也是由两部分组成：一是固定部分，与骨架牢固结合，不能自由移动，称为固定离子；二是活动部分，遇水可以电离，并能在一定范围内自由移动，可与周围水中的其他带同类电荷的离子进行交换反应，称为自由离子或可交换离子。

三、离子交换树脂的分类

（一）按活性基团的性质分类

根据离子交换树脂所带活性基团的性质，可分为阳离子交换树脂和阴离子交换树脂。带有酸性活性基团、能与水中阳离子进行交换的称阳离子交换树脂；带有碱性活性基团，能与水中阴离子进行交换的称阴离子交换树脂。按活性基团上 H^+ 或 OH^- 电离的强弱程度，又可分为强酸性阳离子交换树脂和弱酸性阳离子交换树脂以及强碱性阴离子交换树脂和弱碱性阴离子交换树脂。此外，按活性基团的性质还可分为螯合性、两性以及氧化还原性树脂。

（二）按离子交换树脂的孔型分类

1. 凝胶型树脂

凝胶型树脂是由苯乙烯和二乙烯苯混合物在引发剂存在下进行悬浮聚合得到的具有交联网状结构的聚合物，因这种聚合物为透明或半透明状态的凝胶结构，所以称凝胶型树脂。凝胶型树脂的网孔通常很小，平均孔径约为 $1\sim2nm$，且大小不一。在干的状态下，这些网孔并不存在，当浸入水中呈湿态时，它们才显示出来。

因凝胶型树脂孔径小，不利于离子运动，直径较大的分子通过时，容易堵塞网孔，再生时也不易洗脱下来，所以凝胶型树脂易受到有机物和铁、铝等易生成絮状沉淀物的杂质污染。

2. 大孔型树脂

大孔型树脂的制备方法和凝胶型树脂的不同之处是高分子聚合物骨架的制备。制备大孔结构高分子聚合物骨架时，要在单体混合物中加入致孔剂，待聚合反应完成后，再将致孔剂抽提出来，这样便留下了永久性网孔，称物理孔。自 20 世纪 60 年代以来，大孔吸附树脂的研究和生产迅速发展，美国 Rohn and Hass 公司和日本的三菱化成株式会社生产的 Amberlite XAD 系列和 Diaion HP 系列具有较好的性能和广泛的用途。我国从 70 年代初开始进行大孔吸附树脂的研究。大孔型树脂由于具有比表面积大，孔隙率大等优良性能，目前已经在药物的分离和提纯、有机废水处理、有机物和无机物的脱色提纯等方面得到了广泛应用。

大孔型树脂的特点是在整个树脂内部无论干或湿、收缩或溶胀都存在着比凝胶型树脂更多、更大的孔（孔径一般在 20～100nm），因此比表面积大（几百到数百平方米每克）。所以，它具有抗有机物污染的能力，被截留在网孔中的有机物容易在再生过程中被洗脱下来。大孔型树脂由于孔隙占据一定的空间，离子交换基团含量相应减少，所以交换容量比凝胶型树脂低些。

大孔型树脂的交联度通常要比凝胶型的大，所以它的抗氧化能力较强，机械强度较高。对于凝胶型树脂来说，如果采用增大交联度的办法来提高其机械强度，则因制成的树脂网孔过小，离子交换速度缓慢，就失去了应用意义。通常，凝胶型树脂的交联度在 7％左右，而大孔型树脂的交联度可高达 16％～20％。

（三）按单体种类分类

按合成树脂的单体种类不同，离子交换树脂还可分为苯乙烯系、丙烯酸系等。

四、离子交换树脂的命名方法

离子交换树脂产品的型号是根据 GB 1631—1979《离子交换树脂产品分类、命名及型号》而制定的。

1. 名称

离子交换树脂的全名称由分类名称、骨架（或基团）名称、基本名称依次排列组成。基本名称为离子交换树脂。大孔型树脂在全名称前加"大孔"两字。分类属酸性的在基本名称前加"阳"字；分类属碱性的，在基本名称前加"阴"字。

因氧化还原树脂与离子交换树脂的特性不同，故在命名的排列上也有不同。命名原则由基团名称、骨架名称、分类名称和树脂两字排列组成。

2. 型号

离子交换树脂产品的型号以三位阿拉伯数字组成，第一位数字代表活性基因（产品分类），第二位数字代表骨架组成，第三位数字为顺序号，用以区别活性基团或交联剂的差异。代号数字的意义见表 4-1 和表 4-2。

大孔型树脂在型号前加"大"字的汉语拼音首位字母"D"；凝胶型树脂在型号前不加任何字母；交联度值可在型号后用"×"符号连接阿拉伯数字表示。

表 4-1 分类代号（第一位数字）

代 号	0	1	2	3	4	5	6
活性基团	强酸性	弱酸性	强碱性	弱碱性	螯合性	两性	氧化还原性

表 4-2 骨架代号（第二位数字）

代 号	0	1	2	3	4	5	6
骨架类型	苯乙烯系	丙烯酸系	酚醛系	环氧系	乙烯吡啶系	脲醛系	氧乙烯系

离子交换树脂型号图解表示为

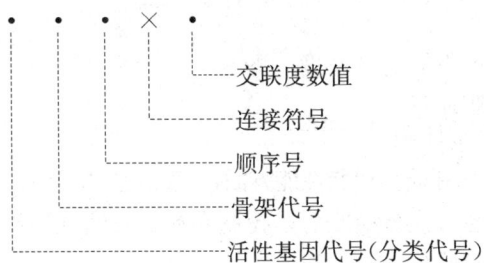

凝胶型离子交换树脂　　　　　　　　大孔型离子交换树脂

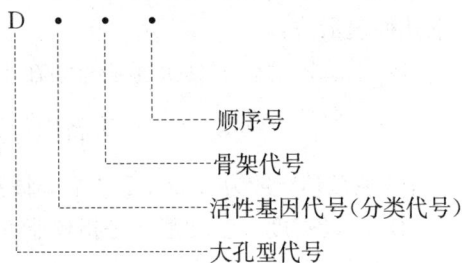

如：001×7 型表示强酸性苯乙烯系阳离子交换树脂，201×7 型表示强碱性苯乙烯系阴离子交换树脂，交联度均为 7%。

五、离子交换树脂的性能

离子交换树脂是高分子化合物，其结构和性能因制造工艺（例如原料的配方和聚合温度等）的不同而不同，因此，商品化离子交换树脂的性能需要用一系列指标加以说明。

同一类型的离子交换树脂，交联剂加入量的多少，对产品的物理化学性能有很大的影响。一般而言，交联剂加入量多（即交联度大）的树脂，由于骨架中的许多链被交联成网状，所以其产品有网孔小、机械强度大和稳定性好等特点，其缺点是交换容量较小。

（一）物理性能

1. 外观

（1）颜色。离子交换树脂是透明或半透明的物质，依其组成的不同，呈现的颜色也各异。苯乙烯系均呈黄色，其他也有黑色或赤褐色的。树脂的颜色和其性能关系不大。一般来说交联剂多的、原料中杂质多的，制出的树脂颜色稍深。树脂在使用中，由于可交换离子的转换或受杂质的污染等原因，其颜色会发生变化，但这种变化不能确切表明它发生的改变，所以只可以作为参考。

（2）形状。离子交换树脂一般呈圆球形，以使水流通过交换剂时能够均匀和减少流动阻力。树脂中球状颗粒数占颗粒总数的百分率，称为圆球率。对于交换柱水处理来说，圆球率越大越好，一般应达 90% 以上。

树脂圆球率的测定方法，是先将树脂在 60℃烘干、称重，然后慢慢倒在倾斜 10°的玻璃板上端，让树脂分散的向下自由滚动，将滚动下来的树脂再称重，后者与前者比值的百分数即为圆球率。

2. 粒度

树脂的粒度是颗粒的大小和粒径分布的一个综合指标。粒度对处理工艺过程有较大的影响。颗粒大，交换速度就慢；颗粒小，水通过树脂层的压力损失就大。如果各个颗粒的大小相差很大，则对水处理工艺过程是很不利的。首先是由于小颗粒堵塞了大颗粒间的孔隙，水流不均匀和阻力增大；其次在反洗时流速过大会冲走小颗粒树脂，而流速过小，又不能松动大颗粒。用于水处理的树脂颗粒粒径一般为 0.3~1.2mm，树脂的粒度可以用有效粒径和不均匀系数表示（参见过滤处理）。

3. 密度

离子交换树脂的密度是水处理工艺中的实用数据。例如在估算离子交换设备中树脂的装载量，以及在采用混合床、双层床等工艺时，都需要知道它的密度。离子交换树脂的密度有以下几种表示法：

（1）干真密度。干真密度是树脂在干燥状态下本身的密度，即

$$干真密度 = \frac{干树脂质量}{树脂的真体积} \ (g/mL)$$

干真密度值一般为 1.6g/mL 左右，该密度常用在研究树脂性能方面，实际使用中意义不大。

（2）湿真密度。湿真密度是指树脂在水中经过充分膨胀后，树脂颗粒的真密度，即

$$湿真密度 = \frac{湿树脂质量}{湿树脂的真体积} \ (g/mL)$$

湿树脂真体积是指颗粒在湿状态下的体积，即包括颗粒内孔眼的体积，但颗粒和颗粒间的间隙不算入。湿真密度和树脂在水中的沉降性能有关，是影响其实际应用性能的一个指标。其数值一般在 1.04～1.3g/mL 之间。阴树脂较轻，偏于下限；阳树脂较重，偏于上限。

（3）湿视密度。湿视密度是指树脂在水中经过充分膨胀后的堆积密度，即

$$湿视密度 = \frac{湿树脂质量}{湿树脂的堆积体积} \ (g/mL)$$

湿视密度用于计算树脂的装填量，数值一般为 0.6～0.85g/mL。

【例 4-1】 离子交换器直径为 1m，树脂装填高度为 1.5m，问需要装填多少公斤树脂？

解 装填树脂质量为

$$\frac{\pi D^2}{4} h\rho = \frac{3.14 \times 1^2}{4} \times 1.5 \times 0.7 \times 1000 = 826 \text{(kg)}$$

式中　D——交换器直径，m；

　　　h——树脂层高度，m；

　　　ρ——树脂湿视密度，取 0.7g/mL。

4. 含水率

离子交换树脂的含水率是指将其充分溶胀后（去除表面水分）所含水分的百分率。它可以反映树脂的交联度和内部孔隙率。树脂的含水率越大，表示它的孔隙率越大，交联度越小。当交联度为 1%～2% 时，含水率达到 80% 以上，而当交联度为 7% 时，含水率为 45%～55%。

5. 溶胀性

将干的离子交换树脂浸入水中或将树脂转型（如由钠型转为氢型）时，其体积常常要变大，这种现象称为树脂的溶胀性。影响溶胀率大小的因素有以下几种：

（1）溶剂。树脂在极性溶剂中的溶胀性，通常比在非极性溶剂中的要大。

（2）交联度。高交联度树脂的溶胀能力较低。

（3）活性基团。活性基团越易电离，树脂的溶胀性越强。

（4）交换容量。高交换容量离子交换树脂的溶胀性要比低交换容量的大。

（5）溶液浓度。溶液中电解质浓度越大，由于树脂内外溶液的渗透压差越小，树脂的溶胀率就越小。

（6）可交换离子的性质。可交换离子的水合离子半径越大，其溶胀率就越大。故对于强酸和强碱性离子交换树脂，溶胀率大小的次序为

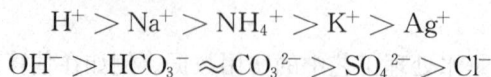

$$H^+ > Na^+ > NH_4^+ > K^+ > Ag^+$$

$$OH^- > HCO_3^- \approx CO_3^{2-} > SO_4^{2-} > Cl^-$$

一般，强酸性阳离子交换树脂由 Na 型变为 H 型，强碱性阴离子交换树脂由 Cl 型变为 OH 型，其体积均增加约 5%～10%。由于离子交换树脂具有这样的性能，因而在其交换和再生的过程中会发生膨胀和收缩现象，多次的胀缩就容易促使树脂颗粒碎裂。

6. 耐磨性

交换树脂颗粒在运行中，由于相互摩擦和胀缩作用，会发生碎裂现象，所以耐磨性是影响其实用性能的指标。一般，机械强度应能保证每年的树脂耗量不超过 3%～7%。

7. 溶解性

离子交换树脂是一种不溶于水的高分子化合物，但在生产过程中会产生少量聚合度较低、相对分子量较小的低聚合物，也可能混入其他杂质。因这些低聚合物较易溶解，所以在其应用的最初阶段，这些物质会逐渐溶解释放到水中。离子交换树脂在使用中，也可能会转变成胶体渐渐溶入水中，即所谓胶溶。使树脂产生胶溶的因素有：树脂的交联度小、电离能力大、离子的水合半径大，有时还受高温或氧化的影响。特别是强碱性阴树脂，会因化学降解而产生胶溶现象。所以，在运行中要密切注意其运行条件，如离子交换树脂处于蒸馏水中要比在盐溶液中易胶溶，Na 型比 Ca 型易胶溶。离子交换器刚投入运行时，有时发生出水带色的现象，就是胶溶的缘故。

8. 耐热性

耐热性是指离子交换剂在热的水溶液中的稳定性。各种树脂所能承受的温度都有限度，超过此温度，树脂热分解的现象就很严重。由于各种树脂的耐热性能不一，所以对每种树脂能承受的最高温度，应由鉴定试验来确定。一般阳树脂可耐 100℃ 或更高的温度；强碱性阴树脂约可耐 60℃，弱碱性的阴树脂可耐 80℃ 以上高温。通常，盐型树脂要比酸型树脂或碱型树脂稳定。

9. 抗冻性

在我国北方，冬季运输或储存树脂时，温度低于 0℃ 是常有的，了解树脂的抗冻性至关重要。根据对各种树脂在 −20℃ 的抗冻性试验，发现大孔型树脂的抗冻性优于凝胶型树脂，实际上冰冻对大孔树脂没有影响。凝胶型阳树脂的抗冻性不如阴树脂。无论阴、阳树脂，机械强度好的（磨后圆球率高），抗冻性能也好，滤干外部水分的 001×7 阳树脂运行 10 周期（冰冻 24h，再完全解冻 24h 为一周期）后测定，发现磨后圆球率有所下降，裂球率有所提高；冰冻对浸在水中的 001×7 阳树脂的磨后圆球率几乎无影响；201×7 阴树脂不管滤干外部水分、还是浸在水中冰冻，磨后圆球率和裂球率均变化不大，表明阴树脂韧性较强。

10. 导电性

干燥的离子交换树脂不导电，纯水也不导电，但用纯水润湿的离子交换树脂可以导电，所以这种导电属于离子型导电。这种导电在离子交换膜及树脂的催化作用上很重要。利用以电流再生树脂与离子交换膜结合起来制备纯水的工艺（电除盐），目前在国内外正进行大规模研究。

（二）化学性能

离子交换树脂的化学性能，对于离子交换水处理过程来说，是很重要的。

1. 酸、碱性

H 型阳离子交换树脂和 OH 型阴离子交换树脂的性能与酸、碱电解质相似，在水中有电离出 H^+ 和 OH^- 的能力，根据电解能力的大小树脂就有强弱之分。例如：

磺酸型（$R-SO_3H$）树脂是强酸性离子交换树脂，而羧酸型（$R-COOH$）树脂是弱酸性离子交换树脂；季胺型（$R\equiv NOH$）树脂是强碱性离子交换树脂，而伯胺（$R-NH_3OH$）、仲胺（$R=NH_2OH$）和叔胺型（$R\equiv NHOH$）树脂是弱碱性离子交换树脂。

强酸性 H 型交换树脂在水中电离出 H^+ 的能力较大，所以它很容易与水中其他各种阳离子进行交换反应；而弱酸性 H 型交换树脂在水中电离出 H^+ 的能力较小，故当水中有一定量的 H^+ 时，就显示不出交换反应。弱酸性交换树脂只对水中的碳酸盐硬度有较强的交换能力。弱酸树脂交换容量大，再生效率高，因此，在化学水处理中得到了较快的发展。强碱性和弱碱性阴离子交换树脂的情况与酸性树脂相似。

2. 离子交换反应的可逆性

离子交换反应是可逆的，例如当含有硬度的水通过 H 型离子交换树脂时，反应式为

$$2RH + Ca^{2+} \longrightarrow R_2Ca + 2H^+ \tag{4-2}$$

当反应进行到树脂失效后，为了恢复离子交换树脂的交换能力，就可以利用离子交换反应的可逆性，用硫酸或盐酸溶液通过失效的离子交换树脂进行再生，以恢复其交换能力。反应式为

$$R_2Ca + 2H^+ \longrightarrow 2RH + Ca^{2+} \tag{4-3}$$

式（4-2）和式（4-3）两种反应，实质上就是可逆反应式（4-4）的化学平衡的移动，当水中 Ca^{2+} 和 H 型离子交换树脂多时，反应向正方向进行；反之，则向逆方向进行。反应式为

$$2RH + Ca^{2+} \rightleftharpoons R_2Ca + 2H^+ \tag{4-4}$$

离子交换的可逆性，是离子交换树脂可以反复使用的重要保证。

3. 中和与水解

离子交换树脂的中和反应与通常的电解质一样。H 型离子交换树脂和碱溶液会进行中和反应，如强酸性 H 型离子交换树脂和强碱 NaOH 相遇，中和反应进行得很完全，反应式为

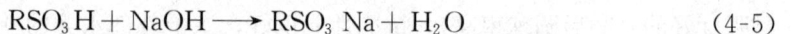

$$RSO_3H + NaOH \longrightarrow RSO_3Na + H_2O \tag{4-5}$$

因此，H 型离子交换树脂酸性的强弱，和一般化合物的酸性强弱一样，可用测定滴定曲线的方法来获得。

离子交换树脂的水解反应也和通常电解质的水解反应一样，当水解产物有强酸或强碱时，水解度就较大。

$$RCOONa + H_2O \longrightarrow RCOOH + NaOH \tag{4-6}$$

$$RNH_3Cl + H_2O \longrightarrow RNH_3OH + HCl \tag{4-7}$$

所以，弱酸性基团和弱碱性基团的盐型离子交换树脂，容易水解。

4. 离子交换树脂的选择性

离子交换树脂吸着各种离子的能力不一，有些离子易被交换树脂吸着，但吸着后要把它置换下来就比较困难；而另一些离子很难被吸着，但被置换下来却比较容易，这种性能称为离子交换的选择性。选择性是由于离子交换树脂与各种反离子之间的亲和力大小不同造成的，会影响到离子交换树脂的交换和再生过程。影响离子交换树脂选择性的因素很多，例如交换离子的种类、树脂的本质、溶液的浓度等。

在实际离子交换水处理过程中，常常需要知道在许多离子的混合液中哪一种离子易被吸着，哪一种离子较难被吸着，即所谓选择性顺序。选择性与树脂呈离子交换平衡时的相对量有关。

（1）稀溶液中离子交换树脂选择性规律。

1）强酸性阳树脂对常见阳离子的选择性顺序为 $Fe^{3+} > Al^{3+} > Ca^{2+} > Mg^{2+} > K^+ \approx NH_4^+ > Na^+ > H^+$。离子所带电荷量越大，越易被吸着；当离子所带电荷量相同时，离子水合半径较小的易被吸着。

2）弱酸性阳树脂，H^+ 的位置向前移动，例如羧酸型树脂对 H^+ 的选择性居于 Fe^{3+} 之前，即 $H^+ > Fe^{3+} > Al^{3+} > Ca^{2+} > Mg^{2+} > K^+ \approx NH_4^+ > Na^+$。

3）强碱性阴树脂对阴离子的选择性顺序为 $SO_4^{2-} > NO_3^- > Cl^- > OH^- > HCO_3^- > HSiO_3^-$。

4）弱碱性阴树脂对阴离子的选择性顺序为 $OH^- > SO_4^{2-} > NO_3^- > Cl^- > HCO_3^- > HSiO_3^-$。

（2）浓溶液中离子交换树脂的选择性规律。

当 OH 型离子交换树脂失效后，用碱进行再生时，即对于进水是浓碱溶液，阴离子的选择性顺序为 $Cl^- > SO_4^{2-} > CO_3^{2-} > SiO_3^{2-}$。据此可以推知，强碱性 OH 型阴树脂对于水中常见阴离子的吸着顺序，遵循以下三条规律：

（1）在强弱酸混合的溶液中，易吸取强酸的阴离子。

（2）浓溶液与稀溶液相比，前者利于低价离子被吸取，后者利于高价离子被吸取。

（3）在浓度和价数等条件相同的情况下，选择性系数大的易被吸取（选择性系数表示离子交换平衡时，各离子间一种量的关系）。

5. 交换容量

离子交换树脂的交换容量用来表示其可交换离子量的多少。单位有以下两种表示方法：一是质量表示法，即单位质量离子交换树脂中可交换的离子量，通常用 mmol/g 表示；另一种是体积表示法，即单位体积离子交换树脂中可交换的离子量，通常用 mol/m^3 表示。

在表示交换容量时，应把离子交换树脂上可交换离子的形态阐述清楚，因为离子交换树脂形态不同，其质量和体积也不相同。为了统一起见，一般是阳离子交换树脂以 Na 型为准（也有以 H 型为准的），阴离子交换树脂以 Cl 型为准。

常用的交换容量有全交换容量、工作交换容量和平衡交换容量。

（1）全交换容量（Q）。全交换容量表示一定量的离子交换树脂中所有活性基团的总量，即将树脂中所有活性基团全部再生成某种可交换的离子，然后测定其全部交换下来的量。对于同一种离子交换树脂来说，它是常数。全交换容量主要用于离子交换树脂的研究方面。树脂的全交换容量可以用化学分析的方法测定，也可以根据树脂的结构式进行粗略计算，如 001×7 阳树脂每个链节均被磺化，含有 1 个可交换的 H^+ 离子，链节相对分子质量为 184，而 H^+ 的摩尔质量为 1g/mol，则 1g 树脂具有的全交换容量为：

$$\frac{1}{184} = 0.0054 \text{mol/g} = 5.4 \text{mmol/g}$$

扣除交联剂所占的质量，则该种树脂的全交换容量为：

$$5.4 \times (1 - 7\%) = 5 \text{mmol/g}$$

国产 001×7 阳树脂的全交换容量质量标准规定 $\geqslant 4.5mmol/g$。

（2）工作交换容量（Q_G）。工作交换容量是在交换柱中模拟水处理实际运行条件下测得的交换剂的交换容量。把离子交换树脂放在动态交换柱中，通过需要处理的水，直到滤出液中有要交换的离子漏出为止，此时交换剂实际所发挥出的交换容量，称为工作交换容量。对于同一种离子交换树脂来说，工作交换容量不是常数。工作交换容量的变化与下列因素有关：

1）树脂的粒度。同样性质的树脂，颗粒越小，交换容量越大。但水流过交换剂层的阻力也大，在相同条件下过滤速度降低。

2）树脂层的高度。树脂层越高，树脂的利用率越高，工作交换容量越大。因此树脂层高度一般不低于 0.6m。

3）进出水水质。进水中离子的浓度越高，交换终点的控制指标越严，出水水质指标要求越高，工作交换容量越小。

4）水流速度。过滤速度过高时，工作交换容量降低。如树脂层高度为 1.5m 的交换器，过滤速度由 10m/h 提高到 30m/h 时，工作交换容量降低 10%～15%。

5）再生程度。离子交换树脂的再生程度对其交换容量有很大的影响。通常为了节约再生剂的用量，交换剂不能得到彻底再生，这也会对工作交换容量有很大影响。如经充分再生，则可得到最大的工作交换容量，但再生剂的用量大大增加。实际运行中，应保证既能使交换剂得到较好的再生，又不消耗过量的再生剂，即要选择最优的再生剂量。

在测定工作交换容量时，应明确规定这些运行条件，或根据设备情况、原水水质和对出水水质的要求等，通过试验来测定。工作交换容量常用体积表示法，即 mol/m^3 或 $mmol/L$。

（3）平衡交换容量（Q_P）。将离子交换树脂完全再生后，与一定组成的水溶液作用到平衡状态的交换容量，称为平衡交换容量。此指标表示在某种给定溶液中离子交换树脂的最大交换容量。它不是常数，只与平衡的溶液组成有关。

六、离子交换原理

离子交换树脂可以看做是具有胶体型结构的物质。在离子交换树脂的高分子表面上有许多与胶体表面相似的双电层。双电层中的反离子按其活动性的大小可划分为固定层和扩散层。那些活动性较差，紧紧地被吸附在高分子表面的离子层，称为内层离子（固定层），在其外侧，活动性较大，向溶液中逐渐扩散的离子层，称为扩散层。与胶体的双电层结构命名法相似，把和内层离子符号相同的离子称做同离子，符号相反的称反离子。内层离子依靠化学键结合在高分子的骨架上，固定层中的反离子依靠异电荷的吸引力被固定着。扩散层中的反离子，由于受到的吸引力较小，热运动比较显著，所以这些反离子有自高分子表面向溶液中渐渐扩散的现象。离子交换就是树脂中原有反离子和溶液中它种反离子相互交换位置。

当离子交换剂遇到电解质的水溶液时，电解质对双电层有以下几种作用：

（1）交换作用。扩散层中反离子在溶液中的活动较自由，离子交换主要在此种反离子和溶液中其他反离子之间进行，但并不局限于此。因为平衡的关系，溶液中的反离子会先交换至扩散层，然后再与固定层中的反离子互换位置。在扩散层中处于不同位置离子的能量是不相等的。那些和内层离得最远的反离子能量最大，因此它们最活泼，最易和其他反离子交换；和内层离得较近的反离子能量较小，活动性较差。这和多元酸或多元碱的多级电离情况相似。

（2）压缩作用。当溶液中盐类浓度增大时，可以使扩散层压缩。从而使扩散层中部分反离子变成固定层中的反离子，扩散层的活动范围变小。这就说明了为什么当再生溶液的浓度太大时，不仅不能提高再生效果，反而使再生效果降低。

第二节　水的离子交换处理

天然水经混凝澄清、过滤和吸附等预处理后，虽然除去了其中的悬浮物、胶体和大部分有机物，但水中的溶解盐类并没有改变，因此作为锅炉的补给水，还必须进一步进行除盐处理。小容量锅炉可以采取锅内处理的方法，防止锅炉结垢和腐蚀，电站锅炉必须除去水中离子态杂质。除去水中离子态杂质最为普遍的方法是离子交换法。根据应用目的不同，需要组合成各种不同的水处理工艺：为了除去水中的硬度采用 Na 型树脂交换软化处理，为除去硬度并降低碱度采用 H−Na 离子交换软化降碱处理，为了除去水中全部阴、阳离子需要采用 H−OH 型树脂组合的交换除盐处理。本节讨论阴、阳离子交换树脂的交换特性及在水处理中的应用。

一、强酸性阳树脂的交换特性

强酸性阳树脂的 $-SO_3H$ 基团对水中所有阳离子均有较强的交换能力，与水中主要阳离子 Ca^{2+}、Mg^{2+}、Na^+ 的交换反应为

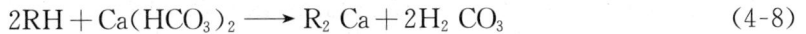

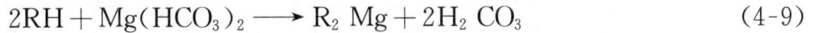

$$2RH + Ca(HCO_3)_2 \longrightarrow R_2Ca + 2H_2CO_3 \qquad (4-8)$$

$$2RH + Mg(HCO_3)_2 \longrightarrow R_2Mg + 2H_2CO_3 \qquad (4-9)$$

$$RH + NaHCO_3 \longrightarrow RNa + H_2CO_3 \qquad (4-10)$$

对于非碱性水，还进行以下的交换反应，即

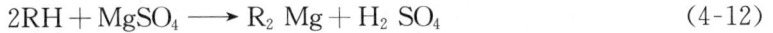

$$2RH + CaSO_4 \longrightarrow R_2Ca + H_2SO_4 \qquad (4-11)$$

$$2RH + MgSO_4 \longrightarrow R_2Mg + H_2SO_4 \qquad (4-12)$$

与水中中性盐的交换反应式为

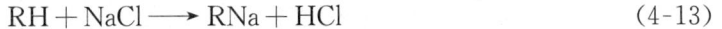

$$RH + NaCl \longrightarrow RNa + HCl \qquad (4-13)$$

经 H 型树脂交换后，水中各种溶解盐类都转变成相应的酸，出水呈酸性。正因为如此，所以在水处理工艺流程中 H 型树脂交换不单独自成系统，总是与其他处理工艺相配合。例如，与 Na 型树脂交换相配合用于水的软化降碱，与 OH 型树脂交换相配合用于水的除盐。

由于强酸性阳树脂电离出 H^+ 的能力很强，所以它具有除去水中阳离子的彻底性，但再生时将失效树脂恢复成 H 型则较为困难，为此必须用过量的强酸（HCl 或 H_2SO_4）进行再生。

二、弱酸性阳树脂的交换特性

弱酸性阳树脂的活性基团是羧基（$-COOH$），参与交换反应的可交换离子是 H^+。弱酸性阳树脂对水中离子交换的选择性顺序为 $H^+>Ca^{2+}>Mg^{2+}>Na^+$，并且对 Ca^{2+}、Mg^{2+} 有特别强的亲和力。弱酸树脂之所以特别容易吸着 H^+，是由于 $(COO)^-$ 与 H^+ 结合所产生的羧基离解度很小的缘故。

弱酸性阳树脂的 $-COOH$ 基团对水中碳酸盐硬度有较强的交换能力，其交换反应式为

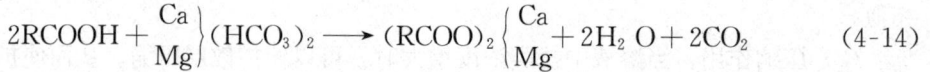

$$2RCOOH + \left.{Ca \atop Mg}\right\}(HCO_3)_2 \longrightarrow (RCOO)_2\left\{{Ca \atop Mg}\right. + 2H_2O + 2CO_2 \qquad (4\text{-}14)$$

反应中产生了 H_2O 并伴有 CO_2 逸出，从而促使树脂上可交换的 H^+ 继续离解，并和水中 Ca^{2+}、Mg^{2+} 进行交换反应。弱酸性阳树脂对水中的中性盐基本上无交换能力，这是因为交换反应产生的强酸抑制了树脂上可交换离子的电离，某些酸性稍强些的弱酸性阳树脂，例如 D113 也具有少量中性盐分解能力。因此，当水通过 H 型 D113 树脂时，除与 $Ca(HCO_3)_2$、$Mg(HCO_3)_2$ 和 $NaHCO_3$ 起交换反应外，还与中性盐发生微弱的交换反应，使出水有微量酸性反应式为

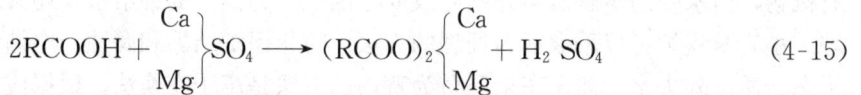

$$2RCOOH + \left.{Ca \atop Mg}\right\}SO_4 \longrightarrow (RCOO)_2\left\{{Ca \atop Mg}\right. + H_2SO_4 \qquad (4\text{-}15)$$

$$RCOOH + NaCl \longrightarrow RCOONa + HCl \qquad (4\text{-}16)$$

经弱酸 H 型阳树脂离子交换可以在除去水中碳酸盐硬度，同时降低水中的碱度，含盐量也相应降低。含盐量降低程度与进水水质组成有关，进水碳酸盐硬度高者，含盐量降低的比例也大些；残留硬度与进水非碳酸盐硬度有关，进水非碳酸盐硬度大者，交换反应后残留硬度也大。

弱酸性阳树脂的交换能力与强酸性阳树脂比较虽有局限性，但其交换容量比强酸性树脂高很多。此外，由于它与 H^+ 的亲和力特别强，因而很容易再生，不论再生方式如何，都能得到较好的再生效果。由于弱酸树脂有以上两个特性，在处理高碱度、高硬度及中性盐含量不高的原水时，采用弱酸性离子交换树脂可以使出水硬度、碱度大为降低，总含盐量大大减少。

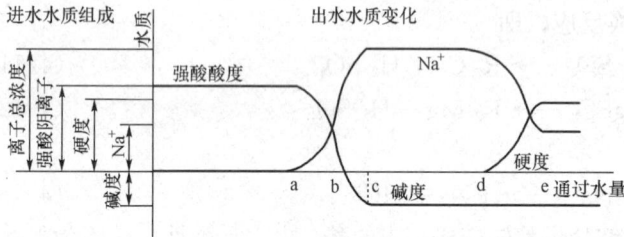

三、Na 型树脂离子交换软化

除去水中硬度成分的处理工艺称软化。强酸性 H 型阳树脂的交换，尽管可以除去水中包括 Ca^{2+}、Mg^{2+} 等硬度离子的全部阳离子，但如前所述，离子交换的结果产生了强酸酸度，出水呈酸性，无法直接使用。图 4-1 水质曲线中的横坐标 cd 段表示树脂转为 Na 型后，继续与水中 Ca^{2+}、Mg^{2+} 进行交换，使 Ca^{2+}、Mg^{2+} 转为 Na^+，对应的离子交换反应式为

图 4-1　RH 树脂与水中 Ca^{2+}、Mg^{2+}、Na^+ 交换时的出水水质变化

$$2RNa + \left.{Ca \atop Mg}\right\}{{(HCO_3)_2 \atop Cl_2} \atop SO_4} \longrightarrow R_2\left\{{Ca \atop Mg}\right. \begin{matrix} 2NaHCO_3 \\ + \quad 2NaCl \\ Na_2SO_4 \end{matrix} \qquad (4\text{-}17)$$

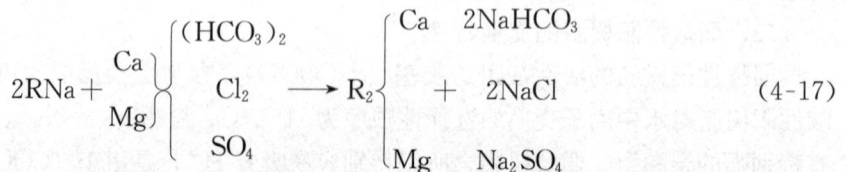

因此，如果离子交换水处理的目的只是为了软化，即除去水中的 Ca^{2+}、Mg^{2+}，那么只需用 Na 型树脂进行离子交换即可，无需用 H 型树脂；这样，既能使水得到软化，又不会产

生酸性水，且工艺简单。将树脂直接用 NaCl 溶液处理，即可得到 Na 型树脂，即

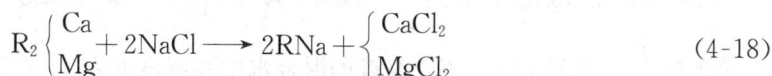

$$R_2 \begin{cases} Ca \\ Mg \end{cases} + 2NaCl \longrightarrow 2RNa + \begin{cases} CaCl_2 \\ MgCl_2 \end{cases} \tag{4-18}$$

这就是软化处理中树脂的再生过程。钠型树脂交换将水中 Ca^{2+}、Mg^{2+} 换成了等量的 Na^+，降低了水中的硬度，但阴离子成分没有任何改变，所以碱度不变。

四、H—Na 离子交换软化降碱

水中 HCO_3^- 在热力系统中受热会分解产生 CO_2，在凝结水系统中造成 CO_2 腐蚀。对于锅炉的补给水，在除去水中硬度的同时，若水的碱度较高，还需降低水的碱度。因此，可采用阳树脂的 H 型树脂交换和 Na 型树脂交换联合处理。因为它们除交换水中硬度外，还可利用 H 型树脂交换后出水中的酸度与 Na 型树脂交换出水中的碱度进行中和，这就是阳离子交换树脂的 H-Na 交换软化降碱工艺。

（一）强酸阳树脂的 H-Na 离子交换

这种方法可以是 H 交换器和 Na 交换器并联或串联的系统，如图 4-2 所示。

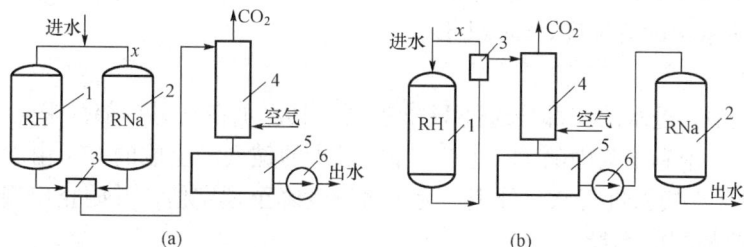

图 4-2　强酸树脂的 H—Na 软化降碱系统

(a) 并联；(b) 串联

1—H 交换器；2—Na 交换器；3—混合器；4—除碳器；5—水箱；6—水泵

1. 并联系统

在并联系统中，进水分成两路分别流过 H 和 Na 两个交换器使水软化，然后利用 H 交换器出水中的强酸（H_2SO_4，HCl）来中和 Na 交换器出水中的 HCO_3^-，以降低水的碱度，其反应式为

$$2NaHCO_3 + H_2SO_4 \longrightarrow Na_2SO_4 + 2CO_2 + 2H_2O \tag{4-19}$$

$$NaHCO_3 + HCl \longrightarrow NaCl + CO_2 + H_2O \tag{4-20}$$

上述反应生成的 CO_2 和经 H 离子交换产生的 CO_2 由除碳器脱除，从而达到软化降碱的目的。为了保证中和后不产生酸性水，应使两种交换器处理的水量有一定的比例关系。实践证明，要使 H-Na 离子交换系统始终不出酸性水，不能使酸和碱正好达到中和的终点，而要使中和后的水质还保持有一定的残留碱度，残留碱度一般控制在 $0.3 \sim 0.5 mmol/L$。在设计并联 H-Na 离子交换系统时，水量分配比值的估算法如下：

设 x 为进入 Na 型交换器的水量占总水量的百分数，B 为进水碱度（mmol/L），C 为进水中 SO_4^{2-}、Cl^- 和 NO_3^- 的总含量（mmol/L），B_C 为中和后水的残留碱度（mmol/L）。

（1）当 H 型交换器运行到有漏 Na^+ 现象即进行再生时，因水中各种强酸阴离子经 H 离

子交换后都转变成强酸，故其产生的酸度为 $\dfrac{(100-x)C}{100}$，而通过 Na 离子交换器的水所产生

的碱度为 $\dfrac{xB}{100}$，则经 H-Na 离子交换的混合水中残留碱度为

$$\frac{xB}{100} - \frac{(100-x)C}{100} = B_C$$

故 $$x = \frac{C+B_C}{C+B} \times 100(\%) \qquad (4\text{-}21)$$

（2）如果 H 型交换器运行到出水中有硬度才进行再生，那么 H 型交换器只是用来除掉水中的硬度，在一个运行周期的出水中 Na^+ 的平均含量和进水中的 Na^+ 含量相同，所以 H 型交换器出水的平均酸度和进水的非碳酸盐硬度（H_F）相当。故可用 H_F 代替式（4-21）中的 C，如进水中没有过剩碱度，则总硬度（H）等于 H_F+B_C。故得

$$x = \frac{H_F+B_C}{H} \times 100(\%) \qquad (4\text{-}22)$$

式中 H_F——进水中非碳酸盐硬度，mmol/L；

H——进水中的总硬度，mmol/L。

2. 串联系统

在串联系统中，进水的一部分通过 H 交换器，其出水在与另一部分未经 H 交换器的原水相混合的同时，中和了其中的 HCO_3^-，降低了水的碱度。生成的 CO_2 由除碳器脱除，除碳后的水再经 Na 交换器进行软化处理。为了将碱度降至预定值，并防止出现酸性水，应合理分配流过 H 交换器的水量。

设未经 H 交换器的水量百分数为 x，那么：

（1）当 H 交换器以 Na 穿透为运行终点时，x 可按式（4-23）估算，即

$$x = \frac{C_Q+B_C}{C_0} \times 100\% \qquad (4\text{-}23)$$

（2）当 H 交换器以硬度穿透为运行终点时，x 可按式（4-24）估算，即

$$x = \frac{H_F+B_C}{H} \times 100\% \qquad (4\text{-}24)$$

式（4-23）和式（4-24）中的 C_0，C_Q，H，H_F 分别为进水的离子总浓度、强酸阴离子浓度、总硬度、非碳酸盐硬度，mmol/L；B_C 为出水预定的残留碱度，当 H 交换器以硬度穿透为运行终点时，B_C 为一个周期平均残留碱度，mmol/L。

（二）弱酸树脂和强酸树脂的 H-Na 离子交换

此工艺只能按串联方式组成系统，如图 4-3 所示。

在此系统中，弱酸树脂以 H 型运行，强酸树脂以 Na 型运行。原水先后全部经过 H、Na 两个交换器，水经弱酸 H 交换器除去了其中的碳酸盐硬度，交换产生的 CO_2 在除碳器中脱除。水中非碳酸盐硬度和少量残留的碳酸盐硬度，在

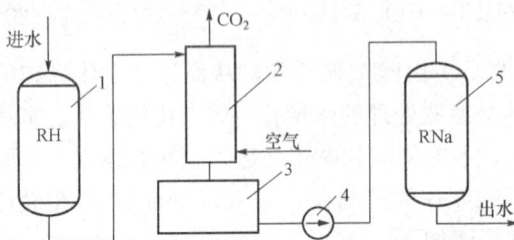

图 4-3　弱酸树脂和强酸树脂的 H-Na 软化降碱系统

1—弱酸 H 交换器；2—除碳器；3—水箱；

4—水泵；5—强酸 Na 交换器

水经过强酸 Na 交换器时，被交换除去，从而达到了软化降碱的目的。交换器中树脂失效后，H 交换器用酸溶液再生，Na 交换器用 NaCl 溶液再生。

五、强碱性阴树脂的工艺性能

阴离子交换和阳离子交换作用相同，都是同符号离子间的相互交换，也有可逆性，是按等物质的量进行的。但阴离子交换剂的交换能力、选择性和化学稳定性等与阳离子交换有差别，而且水中需要用它除去的某些阴离子也有特殊性，所以它的使用条件就和阳离子交换树脂有些不同。

强碱性 OH 型交换树脂可以用来和水中各种阴离子进行交换，在稀溶液中它对各种阴离子的选择性为 $SO_4^{2-} > NO_3^- > Cl^- > OH^- > HCO_3^- > HSiO_3^-$。

由此可知，它对于强酸阴离子的吸着能力很强，对于弱酸阴离子则吸着能力较小。对于很弱的硅酸，它虽然能吸着 $HSiO_3^-$，但吸着能力很差。如果和水中硅酸盐 $NaHSiO_3$ 反应，生成物中有强碱 NaOH，即

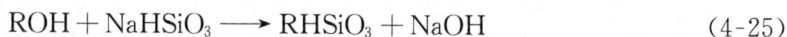

$$ROH + NaHSiO_3 \longrightarrow RHSiO_3 + NaOH \qquad (4-25)$$

此时，由于出水中有大量反离子 OH^-，交换反应就不能彻底，除硅的作用往往不完全，难以满足高参数锅炉的要求。所以在水处理工艺中，必须设法排除 OH^- 的干扰，创造有利于吸着 $HSiO_3^-$ 的条件。普遍采用的办法是先将水通过强酸性 H 型交换剂，使水中各种盐类都转变为相应的酸。这样，在用强碱性 OH 型交换剂处理时，由于交换产物中有电离度非常小的 H_2O，故可防止水中 OH^- 的干扰。反应式为

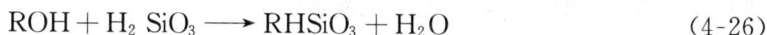

$$ROH + H_2SiO_3 \longrightarrow RHSiO_3 + H_2O \qquad (4-26)$$

将式（4-26）和式（4-25）比较可知：由于式（4-26）消除了式（4-25）中强碱 NaOH 所产生的反离子 OH^-，使反应的平衡趋向右边，即除硅较彻底。式（4-26）反应相当于酸碱中和反应。

在实际应用中，用强碱性阴树脂除硅必须从再生与交换制水两个方面创造有利条件。

（一）再生

1. 再生剂的选用

在水的化学除盐过程中，阴树脂的再生剂可以用 NaOH、KOH、$NaHCO_3$、Na_2CO_3 和 NH_4OH 等碱类。但是在需要用强碱性阴树脂除硅时，必须将其转化成 OH 型，而且为了有利于除硅，所用的再生剂必须是强碱性的，否则再生不彻底，除硅能力较差。常用的再生剂一般为 NaOH，KOH 则因价格较高不常用。

2. 再生剂的用量

再生强碱性阴树脂时，增加再生剂的用量，不仅能提高其交换容量，而且对其除硅效果也有显著提高。在一定程度上，阴树脂的除硅效果取决于再生剂的耗量，采用顺流再生时这一点更为明显。

3. 再生液的浓度

再生强碱性阴树脂时，NaOH 溶液的浓度一般可取 2%～4%。

有资料介绍，对某些强碱性阴树脂的再生可采用先浓后稀的两步再生法。例如先将每次再生用 NaOH 总量的 50%～60% 配成 2%～3% 的浓度，以 5～6m/h 的流速通过树脂层，而

后将其余的 NaOH 配成 $0.2\%\sim0.3\%$ 的浓度，以 $12m/h$ 的流速继续进行再生。由于强碱性阴树脂的活性比强酸性阳树脂的弱，所以在电解质浓度较高的溶液中，其双电层易受压缩，这样，OH^- 就很难将树脂上吸着的 $HSiO_3^-$ 置换得彻底。先用浓度较高的 NaOH 溶液通过强碱性阴树脂，可把树脂中大部分 $HSiO_3^-$ 置换出来；而在以后用低浓度的 NaOH 溶液再生时，树脂在稀溶液中的双电层有所扩张，OH^- 就可将余下的 $HSiO_3^-$ 置换出来。当然，全部都用 $0.2\%\sim0.3\%$ 浓度的 NaOH 再生也可以，但会增加再生时间和耗水量。

这种两步再生法，对于碱性不很强的阴树脂的再生是必要的。目前应用的强碱性阴树脂（如 201×7），由于碱性较强，只有在要求出水水质很高的时候，例如对第二级强碱性阴树脂的再生，才需考虑采用两步法。至于两步法的具体条件，如各步的再生液浓度、剂量以及流速等的最优值，需要通过试验来确定。

4. 再生液的温度和再生时间

阴树脂再生时，所用再生液的温度和再生时间，对再生程度的影响比阳树脂要大。

研究结果表明，在动态阴离子交换过程中，偏硅酸氢根（$HSiO_3^-$）在树脂层中的分布情况与其他阴离子有些不同，虽然它主要是被下层（即出水端）的阴树脂吸着，但是在最上层的树脂中也吸着有少量偏硅酸氢根，即偏硅酸氢根在树脂层中的分布区域很广。另外，在再生时，树脂层中偏硅酸氢根被置换出来的速度也是比较缓慢的。提高再生液的温度可以改善对偏硅酸氢根的置换效果并缩短再生时间。但再生液温度太高，易使树脂的交换基团分解，影响其交换容量和使用寿命。实践证明，再生和清洗的最优温度：对于 I 型强碱性阴树脂为 $35\sim50℃$，Ⅱ型为 $(35\pm3)℃$。每种阴树脂的最优再生条件，如再生剂的用量、再生液的浓度和再生时间等，应通过试验来确定。

5. 再生剂的纯度

工业 NaOH 分固体和溶液（称液体碱）两种，一般使用液体碱较方便。NaOH 的纯度对阴树脂的再生过程影响很大。工业碱中的杂质，主要是氯化物、碳酸化合物和铁的化合物。强碱性阴树脂对 Cl^- 有较大的亲和力（比对 OH^- 的大 $15\sim25$ 倍）。所以，不宜使用含有较多 Cl^- 的碱来再生，因为 Cl^- 易被树脂吸着，且不易被洗脱出去。当采用含较多 Cl^- 的碱再生时，树脂的工作交换容量就会降低，运行周期缩短，除盐水水质下降。碱中铁化合物一般是由制碱和运输碱的铁质容器溶入的，有的液体碱带橘红色，就说明其中含铁量较高。

（二）交换

1. 进水中金属阳离子含量要低

为了使强碱性阴树脂有利于除硅，目前常应用 H—OH 串联技术，做到让水经强酸性 H型交换后，水中的金属阳离子含量非常低。但微量 Na^+ 在水中存在是不可避免的，无疑，这必将影响到强碱性阴树脂除硅的彻底性。

2. 进水中碳酸含量要低

水中含有的其他各种阴离子对强碱性阴树脂的除硅过程都有影响。由于树脂对各种阴离子选择性的差异，当水由上向下通过阴树脂层时，树脂失效层中 SO_4^{2-} 主要分布在上层，Cl^- 主要分布在中层，HCO_3^- 和 $HSiO_3^-$ 主要分布在下层。

由于强酸根和弱酸根分布的区域不同，它们对除硅的影响并不一样。强酸根主要被上层树脂吸着，所以对出水中的 $HSiO_3^-$ 残留含量的干扰就不很大，而表现在影响其强碱性阴树脂的除硅交换容量方面。当进水中强酸阴离子（SO_4^{2-}、Cl^-、NO_3^-）的总含量在全部阴离子中所占的比值较大时，强碱性阴树脂的除硅交换容量将减小，但此时对各种阴离子的总交换容量是增加的。当进水中含有 H_2CO_3 时，由于 HCO_3^- 的吸着性能和 $HSiO_3^-$ 的相似，最后都集中在下层树脂中，它的含量会影响到出水中残留 $HSiO_3^-$ 的含量。因此在工业除盐系统中，一般都将经 H 离子交换树脂的水先用除碳器除去 CO_2，再引入强碱性阴离子交换器。进水硅酸含量对强碱性阴树脂的出水硅酸含量影响不大，但对强碱性阴树脂的除硅工作交换容量却有影响，即进水硅酸含量越高，树脂的除硅工作容量也越大。此外，水流速度对强碱性阴树脂除硅也有影响。

六、弱碱性阴树脂的工艺性能

弱碱性阴树脂只能吸着 SO_4^{2-}、Cl^-、NO_3^- 等强酸根，对弱酸根 HCO_3^- 的吸着能力很弱，对更弱的偏硅酸根 $HSiO_3^-$ 不能吸着。不仅如此，弱碱性 OH 型树脂对于这些酸根的吸着是有条件的，那就是吸着过程只能在酸性溶液中进行，或者说只有当这些酸根成酸的形态时才能被吸着，反应式为

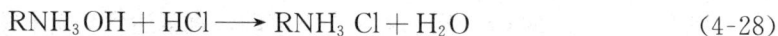

$$R(NH_3OH)_2 + H_2SO_4 \longrightarrow R(NH_3)_2SO_4 + 2H_2O \tag{4-27}$$

$$RNH_3OH + HCl \longrightarrow RNH_3Cl + H_2O \tag{4-28}$$

在中性溶液中，弱碱性 OH 型树脂就不能和它们进行交换。这是弱碱性树脂与强碱性树脂的不同之处（弱酸性和强酸性树脂相比也有类似的情况）。强碱性 OH 型树脂能和中性盐反应，将它们转变成碱（氢氧化物）。阴树脂的碱性越强，将中性盐转变成氢氧化物的能力也越大，这种性能称为分解中性盐的能力。而弱碱性 OH 型树脂没有这种能力。

用弱碱性阴树脂处理水时，对水的 pH 值有一定的限制。当水的 pH 值过大时，可以看做由于水中 OH^- 浓度大，它抑制了树脂的电离，不再具有可交换性能；也可看做由于弱碱性阴树脂对 OH^- 的选择性较强（选择性次序为 $OH^- > SO_4^{2-} > NO_3^- > Cl^- > HCO_3^-$），优先吸着 OH^-，所以当水中 OH^- 较多时，别的离子无法取代它。虽然弱碱性 OH 型树脂的交换性能不如强碱性的好，但它极易用碱再生。因为它吸着 OH^- 的能力大，所以不论用强碱或弱碱（如 NaOH、KOH、$NaHCO_3$、Na_2CO_3 或 NH_4OH）再生都可以，而且不需要过量太大的药剂，用顺流式再生时，一般仅需理论量的 $1.2 \sim 1.5$ 倍。这对于降低离子交换除盐系统运行中的碱耗，具有很大意义，特别是当原水中含有强酸阴离子的量较多时。

在离子交换除盐系统中，弱碱性 OH 型树脂常常是和强碱性 OH 型树脂联合使用的，所以它还可以利用再生强碱性 OH 型树脂后的废液来再生。这样，不仅可节约用碱量，而且可减少废碱的排除量。弱碱性阴树脂吸着的有机物，可以在再生时被洗出来，而一般凝胶型强碱性阴树脂则不能。这主要是因为弱碱性阴树脂的交联度低、孔隙大，而一般凝胶型强碱性阴树脂交联度高、孔隙小。弱碱性阴树脂和强碱性阴树脂的机械强度相差很大，前者远远低于后者。

第三节　固定床离子交换原理及设备

固定床是动态离子交换设备的一种形式。在运行中，离子交换剂层固定在交换器中，基本静止不动；再生时，交换剂也相对静止，一般不将交换剂转移到床体外部进行再生。固定床的运行方式，通常是使水由上向下不断地通过交换剂层。由于水与交换剂层的上下部接触次序的不同，在交换剂的不同高度处的交换作用也就不同，这种交换方法在动态交换中具有

一定的代表性。

一、水中阳离子只有 Ca²⁺ 时和 Na 型交换树脂的交换

为简便起见，首先研究水中阳离子只有 Ca^{2+} 时通过 Na 型离子交换树脂进行交换的情况。

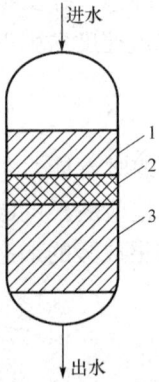

图 4-4　离子交换器的
工作情况
1—失效层；2—工作层；
3—尚未工作的交换剂层

当将水由上部通入树脂层时，水中 Ca^{2+} 首先遇到处于表面层的交换树脂，与 Na 型树脂进行交换反应，所以这层树脂通水后很快就失效了。水继续通过时，表面层的交换树脂已不能与水中的 Ca^{2+} 进行交换，交换作用就移动到下一层的交换树脂。此后，整个交换剂层可分为三个区域，如图 4-4 所示。上部是已失效的树脂层，在这一层中由于前期的运行，交换剂均转化为 Ca 型，进水通过它后水质没有变化，故这一层称为失效层（也叫饱和层）。在它下面的一层称为工作层，水经过这一层时，水中 Ca^{2+} 和交换剂中的 Na 逐步进行交换反应，直至达到平衡。由于离子交换反应速度较小，水中的 Ca^{2+} 离子不可能马上被交换，未交换的 Ca^{2+} 离子继续向下移动，直至达到交换平衡，从而形成一定厚度的工作层，工作层的厚度取决于交换反应速度和相应的离子供给速度的大小。最下部的交换剂层是未参加反应的一层，因为通过工作层后的水质已达到与离子交换树脂呈平衡的状态，该层树脂不参与交换，仅起保护作用。

由此可知，交换器的运行，实质上是树脂工作层不断向下移动的过程。交换器运行中出水水质变化的情况如图 4-5 所示。当工作层还处于离子交换剂层的中间时，出水水质一直是良好的。当工作层的下缘移动到与交换器中交换剂层的下缘重合时，如再继续运行，势必交换不完全而使出水中的 Ca^{2+} 残留量增加（相当于图上的 B 点）。以后如再运行时，水中 Ca^{2+} 的残留量就会较快地上升。在实际运行中，为了保证一定的出水水质，通常当运行到 Ca^{2+} 残留量开始增加的点 B 时即停止运行。所以在离子交换器的最底部，有一层不能发挥其全部交换能力的交换剂层（其高度约等于工作层厚度），它只起保护出水水质的作用，这部分交换剂层称为保护层。如果交换剂在投入运行时是再生完全的，则图 4-5 上面积 ABDE 表示其平衡交换容量的大小，面积 ABCDE 表示最大工作交换容量。

通过以上的分析可知，在运行中交换剂保护层的厚度是一个对实际运行有影响的数据。如果保护层厚度大，则图 4-5 中 Ca^{2+} 残留量开始增加的 B 点提前，交换剂的工作交换容量就小；反之，保护层薄，工作交换容量就大。这是因为图 4-5 上处于 B 点以后至 C 点的通过水量，实质上是体现了保护层的厚度。另外，当增加离子交换剂层高度时，保护层的相对厚度减少，全部离子交换剂交换能力的平均利用率会提高。所以火力发电厂水处理用的离子交换剂层的高度，一般最低不小于 1.0m，有的高达 3.5m 以上。交换剂层过高的缺点是水通过交换剂层的压降太大，给运行带来困难。

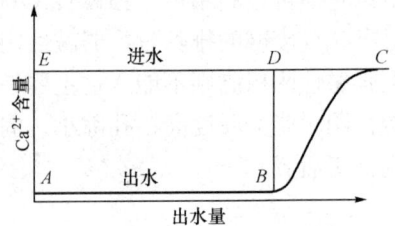

图 4-5　残留 Ca^{2+} 含量的变化曲线

影响保护层厚度的因素很多，如：

（1）水通过离子交换剂层的速度越大，保护层越厚。

（2）进水中要除去的离子浓度和其在交换后水中残留浓度的比值越大，保护层越厚。

（3）离子交换剂的颗粒越大，保护层越厚。

（4）此外，保护层的厚度还和交换剂的孔隙率和温度等因素有关。

保护层的厚度 δ_B 可以近似估算出，计算式为

$$\delta_B = 0.015 v d_{80}^2 \lg \frac{H}{H_C} (m) \tag{4-29}$$

式中　v——水流速度，m/h；

$\quad d_{80}$——80%质量的交换剂能通过的筛孔孔径，mm；

$\quad H$——交换器进水硬度，mmol/L；

$\quad H_C$——交换器出水残留硬度，mmol/L；

$\quad 0.015$——系数。

需要说明，式（4-30）是一个近似计算公式，它是根据扩散理论，以磺化煤为交换剂推算出来的，并且在推算中进行了简化。当水流速度在 20m/h 以下时，用它算出的结果误差较小；当水流速度较高时，误差较大。所以，目前有些部门设计离子交换装置时，保护层的厚度直接取经验数据 0.2m。

在实际应用的 Na 型离子交换器中，由于交换剂都不可能彻底再生，进水中又同时含有 Ca^{2+}、Mg^{2+}，所以交换剂层中离子变动过程与上述分析有一定差别，如图 4-6 所示。图中纵向表示交换剂层高度，横向表示不同型交换剂的相对量。图 4-6（a）表示交换剂层经再生、清洗后，在不同位置高度处离子形态分布情况。在再生液的流入端 Ca（Mg）型较多的原因为清洗水水质不好，以致再生好的交换剂又受污染。在再生液的流出端，因再生剂用量不足也会有较多量

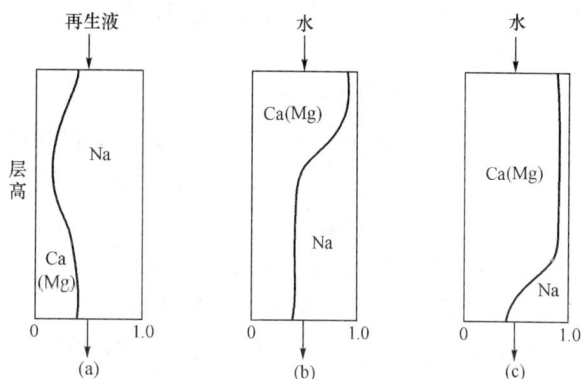

图 4-6　钠离子交换器中离子形态分布情况
（a）再生后；（b）运行中；（c）失效时

Ca（Mg）型交换剂。再生得较好的 Na 型交换剂往往分布在交换剂层的中部。由于交换器底部存在较多的 Ca（Mg）型交换剂，相当于交换剂部分失效，由离子交换平衡可知，运行中始终会有少量 Ca（Mg）离子残留在出水中，交换器运行到失效点时，只是出水中残留的硬度超过控制标准。

二、水中含有 Ca^{2+}、Mg^{2+} 和 Na^+ 时与 H 型交换剂的交换

实际上，天然水中不会只含单纯一种阳离子，通常都含有多种阳离子，所以离子交换过程就很复杂。图 4-7 表示出了水中同时含有 Ca^{2+}、Mg^{2+}、Na^+ 三种阳离子、与 H 型树脂交换时各种离子的变动过程，其运行条件为再生和运行都是从上向下通过交换剂层。

图 4-7（a）表示再生、清洗后，在交换剂层不同高度处 Ca、Mg、Na、H 四种离子形态树脂量的分布情况。总的趋势与图 4-6（a）相类似。当水流由上向下运行时，由于上部的

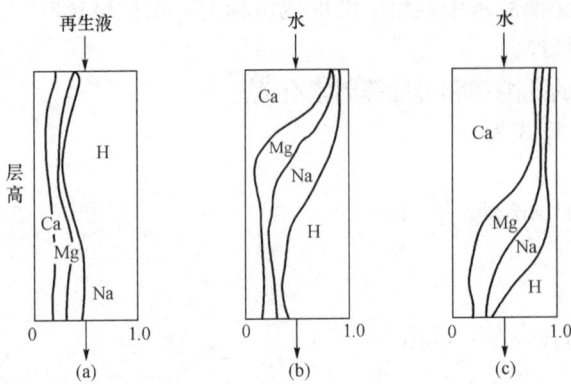

图 4-7 氢离子交换器中离子形态分布情况（多离子交换）
(a) 再生后；(b) 运行中；(c) 失效后（漏 Na^+）

交换剂先与进水接触，交换反应首先在这里进行。因各种阳离子的选择性不同，经一段时间的运行，交换剂层中各种离子形态树脂的分布，从上向下大致是 Ca、Mg、Na 所占的比例依次增大，如图 4-7（b）所示。之所以出现这种情形，是因为当交换器不断进水时，Ca^{2+} 比 Mg^{2+} 和 Na^+ 更易被交换剂吸着，进水中的 Ca^{2+} 可与 Mg 型交换剂进行交换，使吸着 Ca 型交换剂量不断扩大；当被交换出来的 Mg^{2+} 连同进水中的 Mg^{2+} 一起向下流遇到 Na 型交换剂时，Mg^{2+} 会置换 Na，结果使 Mg 型交换剂量也不断增多，分布位置也下移；同理，随水流向下移动，Na 型交换剂的量也会不断增多，分布位置也下移。当交换器运行到图 4-7（c）的状态时，如再运行，出水中将有 Na^+ 出现，酸度也开始下降，在要求严格的场合，交换器应停止运行，进行再生；当只要求除去水的硬度，不要求除去 Na^+ 时，即使交换后的水中出现了 Na^+，交换器仍可运行，直到出水中有 Ca^{2+}、Mg^{2+} 穿透时再停止运行，进行再生。

三、固定床离子交换装置

固定床离子交换的运行方式是以离子交换树脂为滤料，对水进行交换吸附过滤。因此，常用作固定床的离子交换器和压力式过滤器结构相似，只是在离子交换器中设有进再生液的装置。固定床离子交换器按其再生运行方式不同，可分为顺流、逆流和分流式三种。

（一）顺流再生固定床离子交换装置

顺流式是指再生时再生液流动的方向和运行时的水流方向是一致的，通常都是由上向下流动（以下简称下流）。因为用这种方法的设备和运行都较简单，所以从前用得比较多，目前只在进水水质较好时才应用。

1. 交换器的结构

按用途不同，交换器可分为阳离子交换器（包括 Na 型和 H 型等）和阴离子交换器（OH 型）。这些交换器在结构上并没有很大区别，只是在 H 型和 OH 型交换器的内表面上衬有良好的防酸、碱腐蚀的保护层。交换器的主体是一个密闭的圆柱形壳体，壳体内设有进水、进再生液和出（排）水装置，并装填一定高度的交换剂，如图 4-8 所示。交换器的管路系统如图 4-9 所示。离子交换器的进水装置须保证进水水流在交换器截面上分布均匀，通常有多孔管式、挡板式、漏斗式等多种。排水装置常用的有两种：一种是多孔板上安装排水帽；另一种是穹形多孔板加石英砂垫层。后一种排水装置结构简单，出水均匀、耐用，但和用排水帽相比

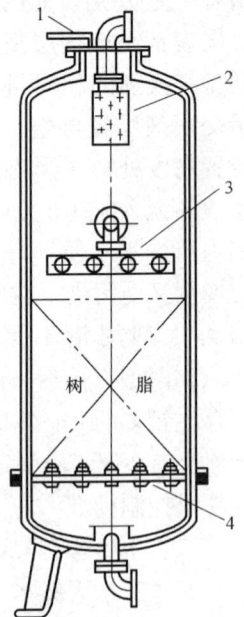

图 4-8 顺流再生离子
交换器结构

1—放空气管；2—进水装置；
3—进再生液装置；4—出水装置

要增加交换器的高度。进再生液装置，应能保证再生液均匀地分布在交换剂层中。常用的进再生液装置有辐射形、圆环形和支管形等，如图4-10（a）、（b）、（c）所示。

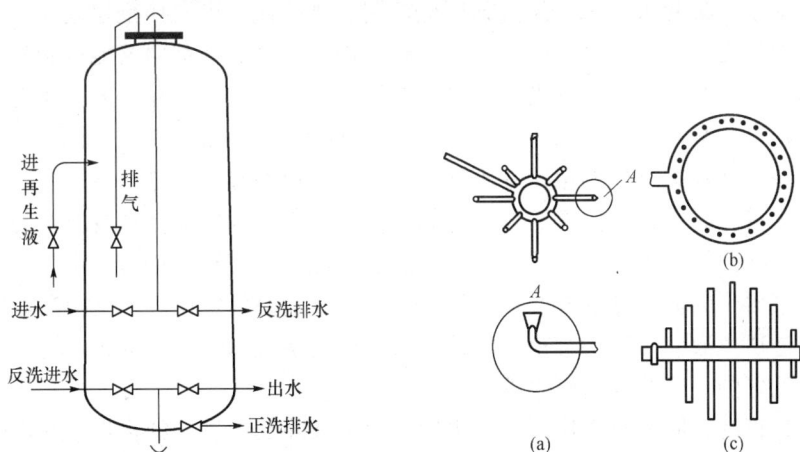

图 4-9 交换器管路系统

图 4-10 离子交换器的进再生液装置

（a）辐射形；（b）圆环形；（c）支管形

在辐射形进再生液装置中，再生溶液是从 8 根辐射管的末端［管端压扁，其上焊圆形挡板，如图 4-10（a）中 A］流出来的。这 8 根管由 4 根长管和 4 根短管相间排列组成。长管的长度为交换器半径的 3/4，短管的长度为长管的 1/2，再生液在管中的流速一般为 1.0～1.5m/s。辐射形进再生液装置也可以做成开孔式的。在圆环形再生装置中，再生溶液是由均匀分布在环上的孔中流出来的。环的直径约为交换器直径的 2/3。在支管形再生装置中，再生液是从分布在支管上的孔中流出来的，再生液从孔中流出的速度为 0.5～1.0m/s。为了在反洗时使离子交换剂层有膨胀的余地，并防止细小颗粒被带走，故在交换器上部，交换剂层表面到进水装置之间，要留有一定空间，这个空间称为水垫层。水垫层在一定程度上还可以使水流在交换器断面上均匀分布。水垫层的高度，一般相当于交换剂层高度的 50%～100%。交换器壳体上装有有机玻璃观察孔，用来观察交换剂的反洗情况。

2. 交换器的运行

顺流式固定床离子交换器的运行通常分为四个步骤，从交换器失效后算起为：反洗、再生、正洗和交换。这四个步骤，组成交换器的一个循环运行周期。

（1）反洗。交换器中的交换剂失效后，在再生以前常先用水自下而上对交换剂进行短时间的强烈冲洗。反洗的目的是：

1）松动交换剂层。在交换过程中，带有一定压力的水自上而下地通过交换剂层，故交换剂层被压得很紧。为了使再生液在交换剂层中均匀分布，使交换剂得到充分再生，所以在再生前进行反洗，使交换剂层得以充分松动。

2）清除交换剂上层中的悬浮物、树脂碎粒和气泡。在交换过程中，交换剂上层还起着过滤作用，水中的悬浮物被截留在这部分交换剂层中，这不仅使水通过交换剂层的压降增大，还可使交换剂结块，造成交换容量不能充分发挥。此外，在运行中产生的交换剂碎粒，也会使压降增加，水流分布不均匀。反洗不仅可以清除这些悬浮物和碎粒，还可排除交换剂层中的气泡。这一步骤对第一级离子交换器尤为重要。

　　反洗水的水质不应污染交换剂，所以应澄清，而且含有要再生掉的离子量不宜过多。一般清洗水，对于第一级交换器可用清水，第二级交换器可用第一级的出水，或者均采用该交换器上次再生后期收集起来的水。反洗强度应控制在既能使污染交换剂层表面的杂质和破碎的交换剂颗粒被带走，又不使完好的交换剂颗粒跑掉，而且交换剂层又能得到充分松动。对于各种交换剂来说，其最优反洗强度可由试验求得，一般为 $3L/(m^2 \cdot s)$。反洗一直进行到出水不浑浊为止，一般需 1～15min。反洗也可以依具体情况在运行几个周期之后定期进行。这是因为有时在交换器中碎粒的累积并不很快，而且交换剂层并不是一下子就压得很紧，所以没有必要每次再生时都进行反洗。再生前如不反洗，交换剂层就保持着原有的状态，则再生液将易于从那些孔隙较大、失效程度较深的通道中流过，有利于进行再生。

　　（2）再生。再生的目的是恢复交换剂的交换能力，这是固定床离子交换器运行操作中很重要的一环。进再生液前，先将交换器内的水放至树脂层上 120～200mm，然后以一定流速从上向下通入配好的一定浓度的再生液。

　　（3）置换和正洗。阳离子交换器经再生后，为了清除其中过剩的再生剂和再生产物，应用清洗水按再生液通过交换剂层的方向进行清洗。开始时可用 3～5m/h 的小流速清洗约 15min 左右，主要是为了能充分利用仍然存留在交换剂层中的再生液，称为置换。然后加大流速至 6～10m/h。一级阳离子交换器正洗至出水硬度小于 $30\mu mol/L$，且其中含氯化物或硫酸盐的量不超过进水含量 2mmol/L 时，即可投入交换运行。一般清洗 25～30min 即可达到标准。如在其后面还有第二级阳离子交换器，则可将这些标准放宽些，即允许正洗出水的硬度、氯化物和硫酸盐含量较高时投入运行。用 H_2SO_4 再生 H 型阳离子交换器时，为了防止在交换剂层中产生沉淀，应把清洗水流速提高到 10m/h，而且清洗过程不宜中断。为了减少阳离子交换器本身的用水量和降低再生剂的比耗，可将后期含有一定量再生剂的正洗水送入反洗水箱，留作后序再生时交换器的反洗水。

　　（4）交换。清洗合格的阳离子交换器即可投入交换运行，一级阳离子交换器运行的流速一般控制在 20～30m/h。此流速与进水水质、交换剂的性质有关，如进水中要除去的离子浓度越大，则流速应控制得越小。每个离子交换器的最优运行条件可通过调整试验来确定。

　　（二）逆流再生固定床离子交换装置

　　为了克服顺流再生方式底层交换剂（和出水最后接触的部分）再生程度低的缺陷，现在广泛采用对流再生方式，即运行时水流方向和再生时再生液流动方向相反的水处理工艺。习惯上将运行时水流向下流动、再生时再生液向上流动的对流水处理工艺称逆流再生工艺，将运行时水流向上流动（此时床层呈密实浮动状态），再生时再生液向下流动的对流水处理工艺称浮动床水处理工艺。

　　不管顺流再生还是逆流再生，阳离子交换器失效后树脂型态在交换剂层中的分布规律都差不多，如图 4-11（c）所示，上层完全是失效层，被

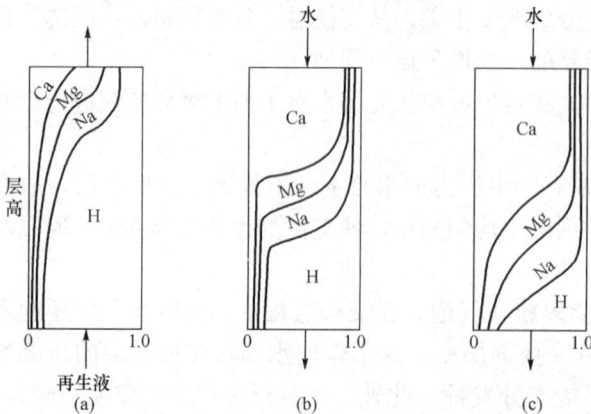

图 4-11　逆流式交换器中交换剂型式变动过程

(a) 再生后；(b) 运行中；(c) 失效时

Ca^{2+}、Mg^{2+}、Na^+所饱和，下层是部分失效的交换剂层。逆流再生时，下层部分失效的交换剂总是和新鲜的再生液接触，故可得到很高的再生度，越往上交换剂的再生度越低，如图4-11（a）所示。这种分布情况反过来对交换过程很有利。因为运行时，最后出水接触的是那些再生最彻底的交换剂，因此出水水质好，如图4-11（b）所示。上层交换剂虽然再生不彻底，但运行时它首先与进水相接触，此时水中反离子浓度很小，故这部分交换剂交换时，交换容量仍能得到充分的发挥。

1. 交换器的结构

在用逆流再生工艺时，必定会有液体（再生液或水）向上流动的过程，这是和顺流式不同的地方。由于这一特点，逆流交换的工艺过程就要比较复杂一些，因为当液体通过交换剂层向上流动时，如其流速稍微快了一些，就会发生和反洗一样使交换剂层松动的现象。这样，交换剂层中的上下次序完全打乱，通常称为乱层。如果发生这一现象，交换剂层中的交换剂不再保持原有失效层态，就失去逆流再生的优点。为此，在采用逆流再生工艺时，设备的结构和运行操作的特点都要注意到防止液体上流时发生乱层的现象。

逆流再生离子交换器的结构如图4-12所示。气顶压逆流再生离子交换管路系统如图4-13所示。为了防止再生液和清洗水上流时发生乱层，逆流再生式离子交换器的结构和顺流离子交换器结构不同的地方是，在交换剂层的表面部分设有排水系统（称中间排水装置），在中间排水装置之上，交换剂层上加一层厚约为150～200mm的粒状物质作为压脂层（也称压实层），使向上流动的再生液或冲洗水能均匀地从中间排水装置中排走，不会因为有水流流向交换剂层上面的空间，而将交换剂层松动。

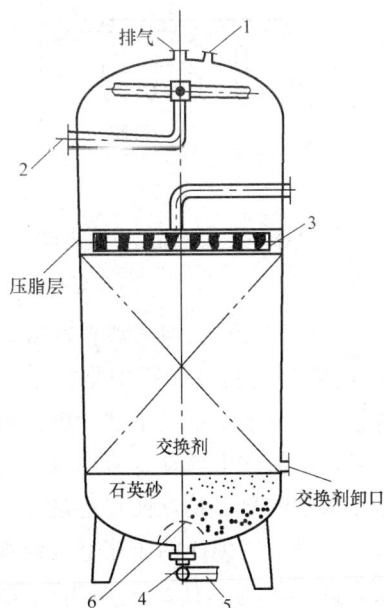

图 4-12　逆流再生离子交换器结构图
1—进气管；2—进水管；3—中间排液；4—出水管；
5—进再生液管；6—穹形多孔扳

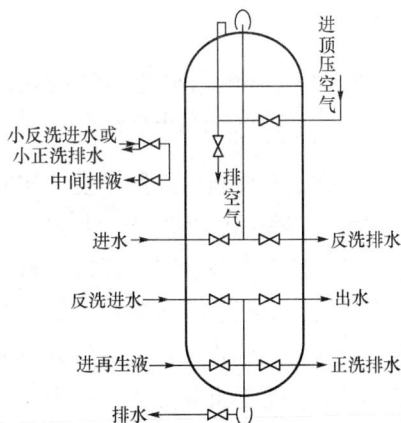

图 4-13　气顶压逆流再生离子
交换器管路系统

中间排水装置的结构，主要是要求不漏交换剂颗粒，布水均匀。并应安装牢固，防止运行中被水流冲坏。目前中排装置常用的形式是母管支管式，可分为母管、支管处于同一平面与不在同一平面，总管在上或在下的几种形式。母管、支管处于不同平面，总管在上的中排装置如图 4-14 所示。母管置于树脂层上面，阻力较小，也不至于造成中部死区。支管以短管与母管连接，用不锈钢螺栓固定，这样做比较容易使所有支管都处于同一水平面上。支管上开孔或开缝隙并加装网套。网套一般内层采用 10～20 目或 0.5mm×0.5mm 聚氯乙烯塑料窗纱，外层用 60～70 目不锈钢丝网、涤纶丝套网（有良好的耐酸性能）、绵纶丝套网（有良好的耐碱性）等。也有的在支管上设置排水帽。管插式中排装置如图 4-15 所示，其母管和支管处于压脂层同一水平面上，另设支管插入压脂层，其长度与压脂层厚度大致相同，防止树脂流失采取的措施、材料均与母管支管式相同。这种中排装置能承受树脂层上、下移动时较大的推力，不易弯曲、断裂。

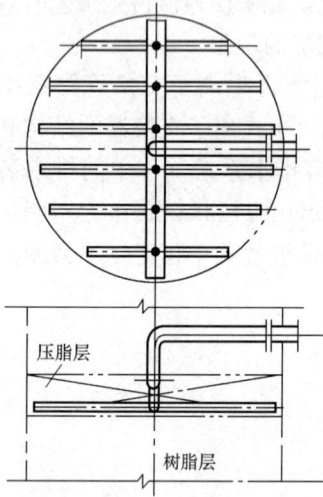

图 4-14 母管、支管处于不同平面，
　　总管在上的中排装置

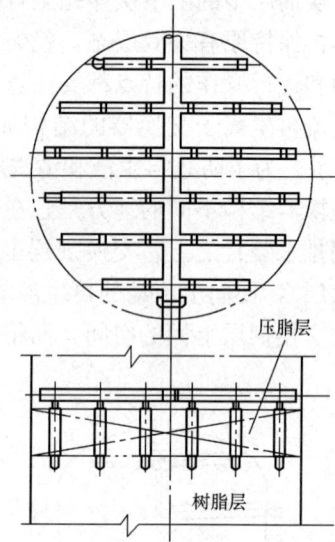

图 4-15 管插式中排装置

压脂层的材料可以用密度比树脂小的聚苯乙烯白球（20～30 目）、泡沫塑料球或离子交换树脂。若采用的是离子交换树脂，应注意以下问题：这部分树脂在运行中是得不到再生的，经常处于失效状态，所以一旦发生误操作，失效树脂进入交换剂层的下部，就会使出水水质降低。实际上，压脂层所能产生的压力很小，并不能在水流向上流动、流速较高时防止乱层。然而，压脂层可以起到以下的作用：第一，过滤掉水中的悬浮物，使它不进入下部的交换层中，便于将其洗去，而不影响下部交换剂层；第二，可以使顶压的压缩空气或水均匀地进入中间排水装置。因此，如在再生和冲洗时需采用较高的流速（如 4～7m/h），则应从交换器上部送入压缩空气或水，即令少量的空气或水由交换器上部进入，随同出水一起由中间排水系统排出。这样，由于交换器上部的压力加大了，下部的水流不会窜流到上部，从而防止交换剂层的乱层。这种方法，称为顶压法，一般用空气顶压的效果比较好。如果逆流再生离子交换器中采用较低的上流流速再生，则可以不必进行顶压，甚至可不设中间排水装置，将原有顺流再生交换器改成逆流再生是很适宜的。只需把进再生液的位置由上部改为下

部，废液从反洗排水管排出（无中间排水装置时），再生、置换和清洗时均控制低流速即可，用磺化煤时采用 2～3m/h；用阳离子交换树脂时采用 1.5～2m/h。

2. 交换器的运行

在逆流再生离子交换器的运行操作中，交换过程和顺流式的没有区别。再生操作随防止乱层措施的不同而不同，下面以采用压缩空气顶压的措施为例，说明其再生操作（见图4-16）。

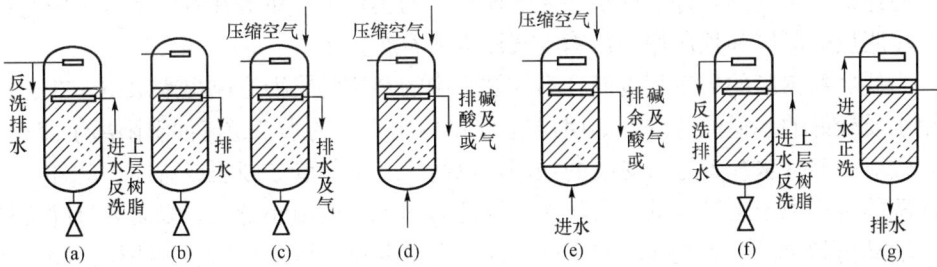

图 4-16　逆流再生操作过程示意

(a) 小反洗；(b) 放水；(c) 顶压；(d) 进再生液；(e) 逆流冲洗；(f) 小反洗；(g) 正洗

（1）小反洗。交换器运行到失效时，停止交换运行，将反洗水从中间排水管引进，对中间排水管上面的压脂层进行反洗，以冲去运行时积聚在表面层和中间排水装置上的污物，然后由上部排走。冲洗流速应使压脂层能充分松动，但又不致将正常的颗粒冲走。反洗一直进行到出水澄清为止。对于水处理系统中的第一个交换器约需小反洗 15～20min，串接在第一个交换器后面的交换器约需 5～10min。这一步操作，不一定每次再生时都要进行，视压脂层的污染状况而定。

（2）放水。小反洗后，待交换剂颗粒下降后，放掉交换器内中间排水装置上部的水，以便进行空气顶压。

（3）顶压。待交换器内中间排水装置上部的水放掉后，从交换器顶部送入压缩空气，使气压维持在 30～50kPa 的范围内，这样可以防止再生时交换剂乱层。用来顶压的空气应经除油净化处理。

（4）进再生液。在空气顶压的情况下，开启再生用喷射器，调节喷射器使交换器中再生液流速为 4～7m/h。当有适量的空气随同交换器出水一起从中间排水装置排出时，再开启进再生液的阀门，调节再生液吸入流量使再生液达到所需的浓度。

（5）逆流冲洗。当再生液进完后，关闭进再生液阀门，继续保持喷射器原来的流量，在有空气顶压的情况下，用水进行逆流冲洗，直至排出废液达到一定标准为止（如 H 型交换器，控制排出废液中酸度小于 10mmol/L）。逆流冲洗所需的时间一般为 30～40min，冲洗水应采用质量较好的水，不然会影响底部交换剂的再生程度。

（6）小反洗。停止逆流冲洗和顶压，放尽交换器内剩余空气，然后按步骤（1）的操作程序进行小反洗，直至将压脂层内剩余再生液清洗干净为止。这一步操作也可以用小正洗的方式进行。采用小正洗的效果会优于小反洗，因为反洗时易使交换剂颗粒浮起，不易将残留的再生液洗净。经验表明，小反洗需进行 20～30min，小正洗需 10～15min。

（7）正洗。最后用需要交换处理的原水由上而下对压脂层和交换剂层按交换时水的流动方向进行清洗，至出水合格后，即可转为交换运行。

逆流再生离子交换器一般在运行 10～20 个周期后，进行一次大反洗，以除去交换剂层中的污物和破碎的树脂颗粒。通常不必每次再生都进行大反洗。大反洗是从底部进水，由上部的反洗排水阀门放掉废水。由于大反洗时扰乱了整个树脂层，所以大反洗后第一次再生时，再生剂的用量应加大 1 倍以上。

3. 逆流再生注意事项

为了使逆流再生达到较好的效果，在逆流再生的操作工艺中需注意以下几个问题：

（1）压脂层的厚度和顶压用的压缩空气压力要符合要求。

（2）为使底部树脂的再生程度高，不致被水中的杂质污染而影响出水水质，在逆流再生后，应用水质较好的水逆流冲洗，如用经过 H 型树脂交换的水来逆流冲洗阳离子交换器。

（3）应对中间排水装置进行必要的加固，以防止其上的管子断裂或弯曲。此外，为了防止在反冲洗的过程中产生过大的应力，在大反洗时的流量应由小到大，以逐渐排除交换器中的空气和松动树脂层。进入交换器水中的悬浮物含量要小，以免压脂层中积聚污物，产生过大的阻力。

（4）如果采用聚苯乙烯白球作上部的压脂层，白球的密度应比树脂小，并且密度差应比较明显，以便反洗后自动分层。压脂层的厚度不能太小，否则会使上部气压不稳定，也会使悬浮物渗入树脂层。

（5）逆流再生所用的再生剂质量要好，否则，仍不能保证出水水质良好。逆流再生的再生废液中剩余的再生剂量较少，不宜再用。

（6）应防止气泡混入交换剂层中。

为了克服逆流再生压缩空气或水顶压时需要增加顶压设备或管道及操作麻烦的缺点，我国对无顶压逆流再生工艺进行了试验研究。研究结果表明，对于阳离子交换器来说，只要将中排装置的小孔（或缝隙）的流速控制在 0.1～0.15m/s，压脂层厚度保持在 100～200mm 之间，就可使再生液的流速在 7m/h 以下时不需要顶压，树脂层也能够稳定，并能达到和顶压时的逆流再生相同的效果。若增加压脂层的高度，还可以适当提高再生液流速。对于阴离子交换器来说，因阴树脂的湿真密度比阳树脂小，故应适当降低再生液的流速，一般以 4m/h 左右为宜。无顶压逆流再生的操作步骤与顶压逆流再生操作基本相同，只是不进行顶压。

逆流再生工艺的优越性是很明显的，目前已广泛应用于强型（强酸性和强碱性）离子交换树脂的再生上。但对于弱酸性 H 型离子交换剂来说，逆流再生只能改善其出水水质，却不能降低其再生剂用量。

（三）浮动床离子交换装置

1. 工作原理

浮动床（简称浮床）的工作过程如图 4-17 所示。运行时，水流自下向上，当水流速度大到一定程度时，将树脂层像活塞一样上移（称成床），此时，床层仍然保持着密实状态。如果水流速控制得适当，则可以做到在成床时和成床后不乱层。离子交换反应即在水向上流的过程中完成。当床层失效后，利用排水或停止进水的办法使床层下落（称落床）。再生时，再生液自上而下，实现对流再生。

由于浮动床和逆流再生固定床在运行和再生时液流方向恰好相反，所以浮动床交换剂层中失效树脂型态分布也恰好与逆流再生固定床相反，如图 4-18 所示。失效时，下层是近乎完全失效的交换剂层，上层是部分失效的交换剂层，如图 4-18（c）所示。再生时，上层交换剂始终接触新鲜的再生液，因此获得很高的再生度，如图 4-18（a）所示，无疑这对保证运行时出水水质是非常有利的。

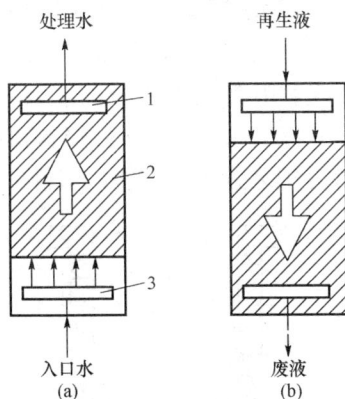

图 4-17　浮动床工作示意

（a）运行状态；（b）再生状态

1—上部分配装置；2—床层；3—下部分配装置

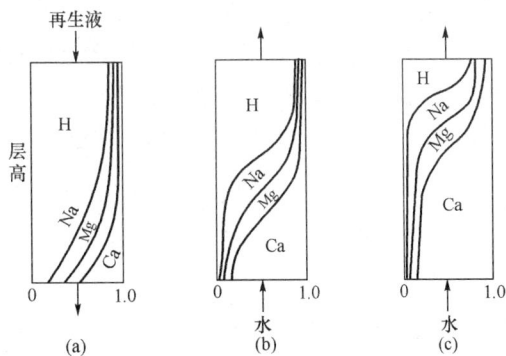

图 4-18　浮动床交换剂层中失效树脂型态分布

（a）再生后；（b）运行中；（c）失效时

浮动床除具有类似逆流再生床出水水质好、再生剂比耗低的优点外，还具有运行流速高、水流阻力小、操作方便和设备投资省等优点。其缺点是树脂需要在体外清洗。

2. 设备结构

浮动床本体结构如图 4-19 所示。浮动床管路系统如图 4-20 所示。壳体一般是钢制的，为了安装内部装置，小直径的设备多采用法兰结构。以下对浮动床内部的分配装置、床层、水垫层、惰性树脂层的作用，作简要说明。

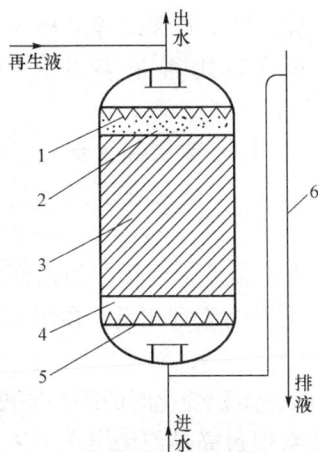

图 4-19　浮动床本体结构

1—上部分配装置；2—惰性树脂；3—树脂；4—水垫层；

5—下部分配装置；6—倒 U 形排液管

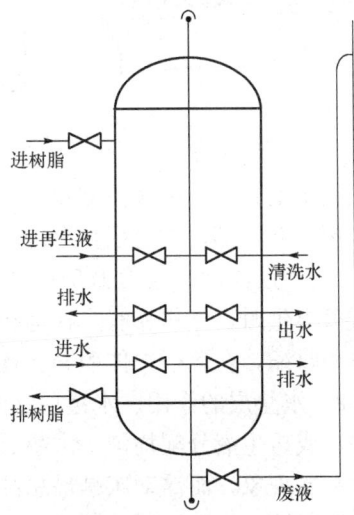

图 4-20　浮动床管路系统

（1）上部分配装置。上部分配装置起收集处理好的水、分配再生液和分配清洗水的作用。用得比较广泛的装置形式有：水平支管式、弧形管式、多孔板式和多孔管式等。一般在设备直径大于 1.5m 时，采用水平支管式或弧形管式；设备直径等于或小于 1.5m 时，采用多孔板式或多孔管式。

1）多孔板式。直径等于或小于 1.5m，上部采用大法兰连接的浮动床，一般在法兰中夹装多孔板式分配装置，如图 4-21 所示。所用塑料窗纱为 18 目，滤布为 50～60 目。

2）多孔管式。直径等于或小于 1.5m 的浮动床，也可采用多孔管式分配装置，如图 4-22所示。多孔管位于浮动床顶部，用法兰固定。多孔管外壁先放一层 18 目塑料窗纱网，外侧再套一层 50～60 目的套网，并用细尼龙绳扎紧。这种分配装置施工方便，用料也省。

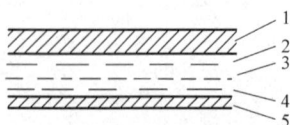

图 4-21　多孔板式分配装置
1—钢质多孔板；2，4—塑料窗纱；
3—滤布；5—金属或塑料多孔板

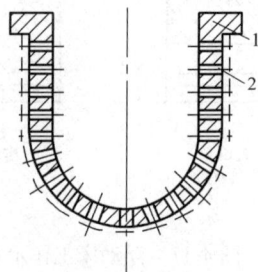

图 4-22　多孔管式分配装置
1—多孔管；2—滤网

3）弧形管式。弧形管式分配装置由母管、弧形支管和支撑短管组成，如图 4-23 所示。弧形支管紧贴床体封头内壁，支管和支撑管用焊接法连接，支撑管与母管用法兰连接。母管固定在器壁的支架上，钢制支管可不设支架固定，塑料支管用环形支架固定在封头内壁上。

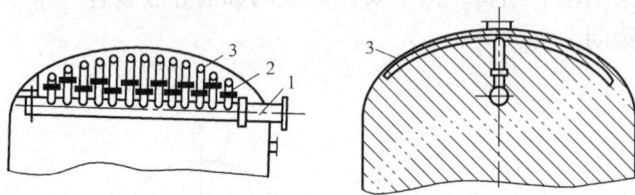

图 4-23　弧形管式分配装置

（2）下部分配装置。下部分配装置起分配进水和汇集废液的作用，有石英砂垫层式、多孔板拧水帽式和环形管式等多种。中型和大型设备用得最多的是石英砂垫层式。

（3）床层和水垫层。床层和水垫层处于上、下分配装置之间。在运行状态时，床层在上部，水垫层在下部；在再生状态时，床层在下部，水垫层在上部。

1）床层高度一般为 1.5～3.0m，但树脂在转型时，体积会发生变化，如强型树脂在用酸或碱再生时，体积膨胀，在运行中体积又会逐渐收缩；弱型树脂则相反，在用酸或碱再生时体积收缩，在运行中体积又会逐渐膨胀。

2）水垫层的作用。水垫层起两个作用：第一，作为床层体积变化时的缓冲高度；第二，使水流或再生液分配均匀。水垫层的高度应调整适当。水垫层过高易使床层在成床或落床时产生乱层现象，而浮动床是最忌乱层的；水垫层过低则床层膨胀时没有足够的缓冲高度，树脂受到压缩，产生结块、挤碎、清洗时间长以及运行阻力大等问题。要做到使浮动床既有水垫层而其高度又要适当，就需要在向浮动床装填树脂时，注意树脂的形态和装填高度。一般强型树脂当呈 H 型或 OH 型时，用水力压实后，水垫层高度以 0～50mm 为宜。

（4）倒 U 形排液管。浮动床再生时，如废液直接由底部排出容易造成交换器内负压而进入空气。由于交换器内树脂层以上空间很小，空气会进入上部树脂层并在那里积聚，使这里的树脂不能与再生液充分接触。为解决这一问题，常在再生排液管出口装倒 U 形管，并在倒 U 形管顶开孔通大气，以破坏可能造成的虹吸，倒 U 形管顶应高出交换器上封头。

3．运行

浮动床的操作分交换再生运行和树脂的体外清洗两大部分，这里主要介绍运行操作。

浮动床的运行操作自床层失效算起，依次分为：落床、再生、置换和正洗、成床和顺洗及制水等步骤，如图 4-24 所示。

（1）落床。当浮动床运行至出水水质失效时，应立即停止运行，转入落床。落床的方式分压力式落床和重力式落床两种。压力落床时，关入口阀门，开下部排水门，利用出口水的压力强迫床层整齐下落，如图 4-24（a）所示。落床时间一般为 1min。重力落床时，出入口阀门全关，令树脂在重力作用下自行落床，落床时间一般为 2～3min。两种落床方式相比，第一种落床方式速度快，床层的扰动小，适用于水垫层

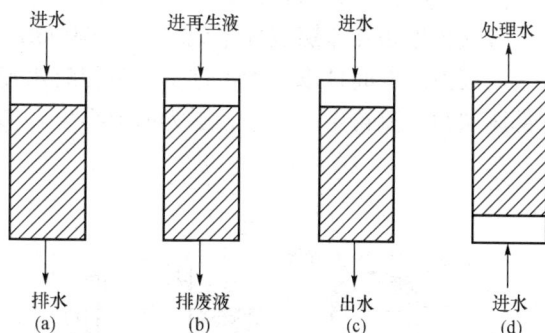

图 4-24　浮动床运行操作示意
(a) 落床；(b) 再生；(c) 置换和正洗；
(d) 成床、顺洗和制水

稍高和阀门有程序控制或远方操作的设备。第二种落床方式速度慢，适用于水垫层低的设备。

（2）再生。如图 4-24（b）所示，送入再生液，并调整再生液的流速和浓度。为了防止空气进入树脂层，可在排液门后加装倒 U 形管（顶部通大气）。

（3）置换和正洗。在进完再生液后，立即进行置换，如图 4-24（c）所示，此时，控制流速与再生时相同。置换时间一般为 15～30min。然后调节水的流速至 10～15m/h，进行正洗，正洗一般需 15～30min。正洗结束后，转入成床操作或短期备用。

（4）成床。以 20～30m/h 的水流速度成床，成床后继续用向上流的水清洗，直至出水水质达到标准（一般仅需 3～5min），即可转入制水，操作示意如图 4-24（d）所示。运行流速为 7～60m/h。

4．树脂体外清洗

由于在浮动床中几乎是装满树脂的，一般运行 10～30 个周期后，需要将树脂送到体外进行清洗，树脂的清洗周期决定于入口水中悬浮物含量的大小。清洗方法有两种：一种称气水清洗法，它是将树脂全部输送到一个专设的体外清洗罐中，先用经净化的压缩空气擦洗 5～10min，然后以 7～10m/h 的流速反洗 10～20min（至反洗出口水透明无悬浮物）。另一种称水力清洗法，它是将约一半的树脂输送到一个体外清洗罐中，然后在两罐串连的情况下进行反洗，反洗时间通常为 40～60min。前者清洗效果好，但体外清洗罐容积要比浮动床容积大 1 倍左右，且所用压缩空气需要净化，后者需清洗时间较长，体外清洗罐的容积和直径与浮动床相同。

为了提高浮动床的出水水质和及时指示运行周期的终点，应设置体内取样装置。同时，在实际操作中不应在整个床层失效后才进行再生，而应在保护层失效前就进行再生，使保护层中的树脂始终保持很高的再生度。

浮动床中的树脂在制水过程中呈浮动状态，因此也称为运行浮床。这种浮动床一般不宜于间断运行，因为经常落床、成床会造成树脂乱层。离子交换器再生时树脂呈浮动状态，称再生浮床，如图 4-25 所示，也称刚性顶压逆流再生交换器。由于制水时水是从上向下流动经过树脂层，因此可适于间断运行。

（四）分流再生式固定床离子交换装置

分流再生是在床层表面下约 400～600mm 处安装排水装置，使再生液自上、下部同时进入，废液从中间排水装置中排出。运行时水流自上而下通过床层，所以在这种交换器中，下部床层为对流再生，上部床层为顺流再生，如图 4-26 所示。

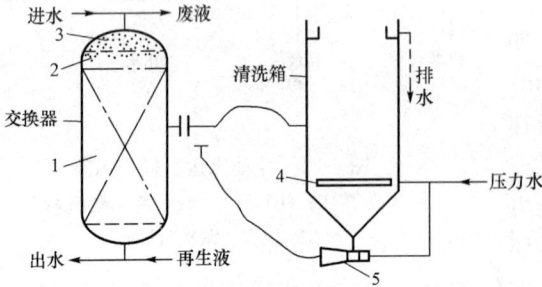

图 4-25　再生浮床系统示意

1—树脂；2—水垫层；3—惰性填料；
4—反洗水分配装置；5—喷射器

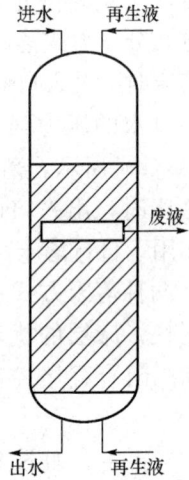

图 4-26　分流式再生示意

分流再生时床层不需排水，所以自用水率低，又特别适于用硫酸再生。这是基于假如阳离子交换器在用硫酸再生前不进行反洗，阳离子在树脂层中的分布自上向下依次将是钙、镁、钠型（见图 4-7）。采用分流再生时，可以用两种不同浓度的再生液同时对上、下床层进行再生，如用 $6\%H_2SO_4$ 以低流速向上流动再生钠和镁型失效离子交换树脂。为了防止再生时造成 $CaSO_4$ 的沉积，以较低的浓度或者用分步再生法、以较高的流速向下流动再生钙型失效树脂。应用这种再生方式，$CaSO_4$ 的沉积不太显著，因为含钙离子的再生废液流经树脂层的路程较短，且在中间排水管处又被稀释。向下流动再生后的清洗，可以用阳离子交换器的进水，向上流动再生后的清洗应该用床自身交换出水。

四、影响再生效果的因素

影响再生效果的因素很多，如：再生操作的方式、再生剂（种类、浓度、纯度、用量）、再生液的流速、再生液温度、交换剂的类型等。下面就影响再生效果的几个因素进行讨论。

1. 再生方式

顺流式再生的优点是，装置简单、操作方便；缺点是再生效果不理想。因为再生液在流动过程中，首先接触到的是上部完全失效的交换剂，这一部分可得到较好的再生。再生液继续往下流，当与交换器底部交换剂接触时，再生液中已积累了相当数量的反离子（这里指的是被置换出来的离子，以下均为此含义），严重地影响了离子交换剂的再生，也就是说这一部分交换剂得到的再生程度较低。而这部分交换剂再生得不好，又直接影响到出水水质。如果要提高这一部分交换剂的再生程度，就要增加再生剂的用量，那么再生的经济性就要下降。

2. 再生剂用量

一般来说再生剂的用量是影响再生程度的重要因素，与交换剂交换容量的恢复和经济性有直接关系。再生剂的用量可以用比耗来表示，即恢复 1mol 的交换能力消耗的再生剂质量。

因为离子交换反应是可逆的，故失效交换剂上所吸着的离子，完全有可能由再生剂中的离子来取代。而且由于交换是按等物质的量进行的，从理论上讲，$1\text{mol}\left(\frac{1}{n}I^n\right)$ 的再生剂足以使交换剂恢复 $1\text{mol}\left(\frac{1}{n}I^n\right)$ 的交换容量。但实际上再生反应最多只能进行到化学平衡状态，所以只用理论的再生剂量去再生交换剂时，一般是不能使交换剂的交换容量完全恢复的，故在实际生产中再生剂用量通常总要超过理论值。对普通顺流再生的 Na 型交换器，再生剂的实际耗量一般是理论值的 2.0～3.5 倍。顺流再生 Na 型交换器再生用食盐比耗和再生程度的关系如图 4-27 所示。当然，再生剂比耗增加，可以提高交换剂的再生程度，但当比耗增加到一定程度，如图 4-27 中 $150\text{g/mol}\left(\frac{1}{n}I^n\right)$ 后，继续增加比耗再生程度则提高很少，所以采用过高的比耗是不经济的。在实际应用中，应根据生产上对水质的要求及水处理系统等具体情况，通过调整试验确定最优比耗。

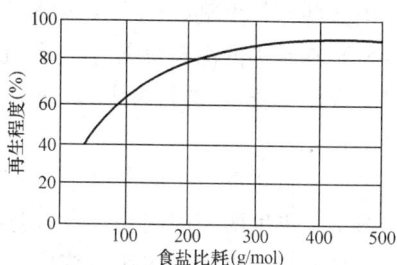

图 4-27　食盐比耗与再生程度的关系

对于 H 型交换剂来说，如为强酸性的，再生剂用量一般为理论量的 2～3 倍；如为弱酸性的，则再生剂用量稍大于理论量。

预处理水的水质对再生剂比耗也有影响，如用 Na 型交换剂处理含 Na^+ 量多的硬水时，因交换反应过程中有大量钠离子存在，抑制了交换的进行，若需得到残留硬度很小的软水，则必须增加再生用食盐比耗，方能使交换剂更彻底地再生。同理，对含非碳酸盐硬度大的水用 H 型树脂进行交换时，也有类似情况。

3. 再生液浓度

再生液的浓度对再生程度也有较大影响。当再生剂用量一定时，在一定范围内，其浓度越大，再生程度越高；当浓度达某一值时，再生后交换剂交换容量的恢复程度可达到一个最高值。例如用不同浓度的 NaCl 溶液对阳离子交换树脂进行再生试验，其结果如图 4-28 所示。由图可知，当溶液浓度为 10% 时，交换容量最大。

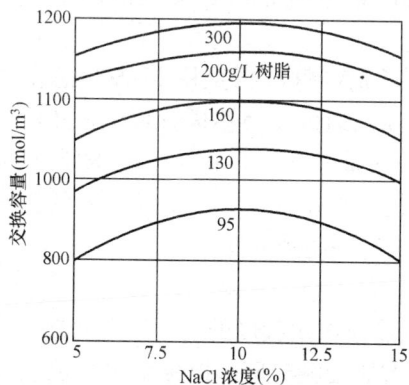

图 4-28　NaCl 溶液浓度和树脂交换容量之间的关系

　　再生液浓度过高也是不合适的，因为浓度过高再生液的体积小，不能均匀地和交换剂反应，而且常常会因交换基团受到严重压缩使再生效果下降。为了合理地控制再生液浓度，生产上可用先稀后浓的再生液进行再生，如用食盐再生时，可先将每次再生用食盐总量的30%配成浓度为4%～5%的溶液送入交换器，以驱走大部分交换下来的 Ca^{2+} 和 Mg^{2+}；然后再将其余70%的食盐配成较浓（6%～7%）的溶液，进行再生。实践证明，这样处理的效果较好。

　　再生液浓度对再生程度的影响，与交换剂吸着的离子价数有一定关系。如用一价再生剂再生置换树脂上的一价离子时，再生液浓度的影响一般较小；用一价再生剂再生置换树脂上的二价离子时，提高再生液浓度对再生效率的提高比较显著。再生强酸性阳离子交换剂时，若用盐酸作再生剂，则可采用较高的浓度（5%～10%）。如用硫酸再生，由于再生产物 $CaSO_4$ 在水中的溶解度较小，有沉淀在交换剂层中的危险（因此，实际电厂中多用盐酸而较少采用 H_2SO_4 进行再生），所以不能直接用浓度大的硫酸再生。此时，可用下述方法进行再生：

　　（1）低浓度（0.5%～2.0%）的 H_2SO_4 溶液再生。这种方法比较简便，但要用大量稀 H_2SO_4，再生所需时间长，设备自用水量大，再生效果也比较差。

　　（2）分步再生。先用低浓度、高流速再生液进行再生，然后逐步增加浓度、降低流速。此外，也可设计成酸液浓度是连续不断缓慢增大的方式，即逐渐开大进酸门。分步再生操作较复杂，再生操作所需时间较长。

　　（3）先搅匀交换剂后通过再生液。再生前，先将上下层交换剂混合均匀，然后再以 6～8m³/（m³·h），浓度为2%～5%的 H_2SO_4 溶液通过。这种方法再生效果好，再生操作时间较短，但只能用于顺流式再生的设备。

　　为了防止 $CaSO_4$ 的析出，除了控制再生液的浓度外，加快再生液的流速，也是有效的。因为 $CaSO_4$ 易形成饱和溶液，从过饱和到析出沉淀物还需经过一段时间。此时，可以观察在某一流速下再生废液是否有浑浊物，或隔多少时间出现浑浊物，以此来判断交换剂层中是否有 $CaSO_4$ 沉淀物的析出以及流速是否合适。

　　在 H 型交换器漏 Na^+ 时进行再生的运行方式中，原水中 Ca^{2+} 含量占的比值越大，则失效的离子交换剂层中 Ca 型树脂的相对含量也越大，所以再生时越易在交换剂层中产生 $CaSO_4$ 的沉淀。

　　用 H_2SO_4 为再生剂的逆流再生 H 型交换器再生时，先将每次再生用 H_2SO_4 总量的50%～60%配成0.8%～1.0%的浓度，以较低流速（6m/h）通过交换器进行再生，然后以6m/h流速的清洗水逆流冲洗10min，以防止生成 $CaSO_4$ 沉淀。最后再将余下的 H_2SO_4 配成1.0%的浓度（或在再生的最后10min 将 H_2SO_4 浓度提高至1.8%），仍以 6m/h 的流速再生。这样，再生用 H_2SO_4 的比耗，可以比再生中途不进行冲洗的要低。

　　4. 再生液流速

　　再生液的流速是指再生液通过交换剂层的速度，它是影响再生程度的一个重要因素。维持适当的流速，实质上就是使再生液与交换剂之间有适当的接触时间，以保证再生反应的进行。

　　表示再生液流速的方法有两种：线速度和空间流速。

　　线速度 v 计算式为

$$v = \frac{q_V}{A}(\text{m/h}) \tag{4-30}$$

式中　q_V——通过交换器的再生液量，m^3/h；

　　　A——交换器截面积，m^2。

空间流速是指单位体积的交换剂在单位时间内通过的液体体积。例如 1m^3 交换剂每小时通过 10m^3 液体，则空间流速为 $10\text{m}^3/(\text{m}^3 \cdot \text{h})$。

再生时，控制适当的再生液流速是非常重要的，特别是当再生液的温度很低时，更不宜提高流速。加快流速缩短了再生时间，即使再生剂的用量成倍增加，也难以得到良好的再生效果。再生液的流速最好不要小于 3m/h，通常为 $4\sim8\text{m/h}$，或以 $3\sim8\text{m}^3/(\text{m}^3 \cdot \text{h})$ 为宜。对于阳离子交换树脂的再生，再生液流速可采用偏上限的；对于阴离子交换树脂的再生，再生液流速可偏于下限。

5. 再生液温度

再生液的温度对再生程度也有很大影响。因为提高再生液的温度，能同时加快内扩散和膜扩散。如把 HCl 预热到 40℃，再生 H 型交换剂时，就能大大改善对树脂中铁及其氧化物的清除程度，同时还能减少运行时漏 Na^+ 量。但是，由于交换剂热稳定性的限制，再生液的温度不宜过高。否则，易使交换剂的交换基团分解，促使交换剂变质和影响其交换容量。

6. 再生剂的种类和纯度

不同的再生剂对离子交换剂的再生程度有不同影响，如再生 H 型交换剂可用 HCl，也可用 H_2SO_4。一般来说，HCl 的再生效果好。采用 H_2SO_4 作再生剂时，只要很好地掌握再生条件，也可以得到满意的再生效果。选择再生剂时，要作技术经济的分析比较，如 HCl 虽然再生效果较好，但价格较高，对设备管道腐蚀性强，设备防腐要求较高。而 H_2SO_4 虽存在结垢的缺点，但价格便宜，易于防腐。

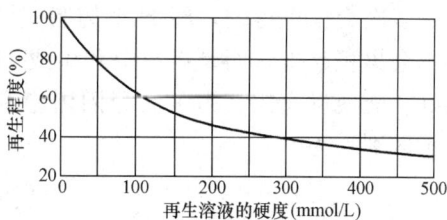

图 4-29　再生溶液中的硬度对
再生程度的影响

再生剂的纯度对交换剂的再生程度和出水水质影响很大。如果再生剂质量不好，含有大量杂质离子，再生程度就会降低，出水水质也要受到影响。在使用 12% 浓度的 NaCl 作再生液时，其中硬度成分的含量对再生程度的影响如图 4-29 所示。如工业用盐中硬度成分含量太高，使用前可用 Na_2CO_3 软化。

第四节　混合床除盐原理及设备

经过 H 型离子交换器除去水中的阳离子，然后经过 OH 型离子交换器除去水中的阴离子，称为一级复床除盐系统。经一级复床除盐处理过的水，虽然水质已经很好，但通常还达不到高纯水要求的指标，其主要原因是位于系统首位的 H 离子交换器的出水中有强酸，离子交换的逆反应倾向比较显著，以致出水中仍残留少量 Na^+。当对水质要求更高时，尽管可采取增加级数的办法来提高水质，但增加了设备的台数和系统的复杂性。为了解决这个问题，采用混合床（简称混床）除盐是一种有效办法。

所谓混合床除盐就是将阴、阳树脂按一定比例均匀混合后装在同一个交换器中，相当于多级阴、阳离子交换的过程。由不同类别树脂组成的混合床，其出水水质是不同的，见表4-3。

表 4-3   采用不同树脂时的混合床出水水质比较

阳离子交换树脂	阴离子交换树脂	出水导电率（$\mu S/cm$）
强酸性	强碱性	0.1
强酸性	弱碱性	10～1
弱酸性	强碱性	1
弱酸性	弱碱性	1000～100

对水质要求很高时，混床中所用树脂都必须是强型的，弱酸、弱碱树脂组成的混合床出水水质很差，一般不采用。混床按再生方式分体内再生和体外再生两种。该节只介绍由强酸性树脂和强碱性树脂组成体内再生的混床。

一、除盐原理

混床离子交换除盐，就是把阴、阳离子交换树脂放在同一个交换器中，在运行前，先把它们分别再生成 OH 型和 H 型，然后混合均匀。所以，混床可以看做是由许多阴、阳树脂交错排列而组成的多级复床。在混合床中，由于运行时阴、阳树脂是混合均匀的，所以其阴、阳离子的交换反应几乎是同时进行的。或者说，水中阳离子交换和阴离子交换是多次交错进行的，经 H 型树脂交换所产生的 H^+ 和经 OH 型树脂交换所产生的 OH^- 都不会累积起来，而是迅速中和生成 H_2O，这就使交换反应进行得十分彻底，出水水质很好。交换反应式（为了区分阳树脂和阴树脂的骨架，式中将阴树脂的骨架用 R' 表示，以示区别）为

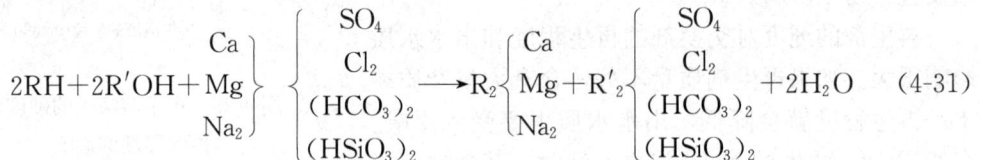

$$2RH+2R'OH+\begin{array}{l}Ca\\Mg\\Na_2\end{array}\right\}\begin{array}{l}SO_4\\Cl_2\\(HCO_3)_2\\(HSiO_3)_2\end{array}\right\}\longrightarrow R_2\begin{array}{l}Ca\\Mg+R'_2\\Na_2\end{array}\right\}\begin{array}{l}SO_4\\Cl_2\\(HCO_3)_2\\(HSiO_3)_2\end{array}\right\}+2H_2O \quad (4\text{-}31)$$

混床中树脂失效后，应先将两种树脂分离，然后分别进行再生和清洗。再生清洗好后，再将两种树脂混合均匀，投入运行。

在火力发电厂中，由于锅炉补给水的用量较大和原水含盐量较高，如单独使用混合床，再生将过于频繁，混床再生操作比复床复杂，所以混床都是串联在复床除盐系统之后使用的。

二、设备结构

混合离子交换器的主体是个圆柱形压力容器，有内部装置和外部管路系统。内部主要装置有：上部进水装置、下部配水装量、进碱装置、进酸装置及压缩空气装置，在体内再生混床的中部，阴、阳树脂分界处设有中间排液装置。混床结构如图 4-30 所示，混床管路系统如图 4-31 所示。

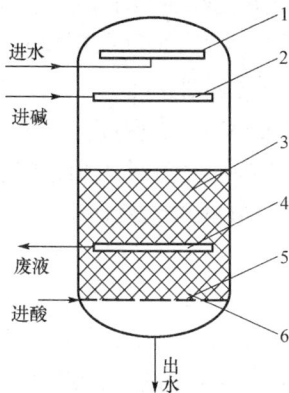

图 4-30　混床结构示意
1—进水装置；2—进碱装置；3—树脂层；
4—中间排液装置；5—下部配水装置；6—进酸装置

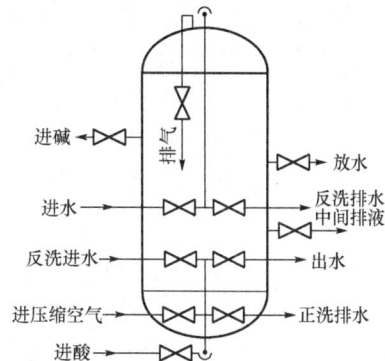

图 4-31　混床管路系统

三、混合床中的树脂

为了便于混合床中阴、阳树脂的分离，两种树脂的湿真密度差应大于 15%，为了适应高流速运行的需要，混合床使用的树脂应该是机械强度高、颗粒大小均匀的树脂。

确定混合床中阴、阳树脂比例的原则是使两种树脂同时失效，以获得树脂交换容量的最大利用率。由于不同树脂的工作交换容量不同，进水水质条件和对出水水质要求的差异，所以应根据具体情况确定混合床中阴、阳树脂的比例。

一般来说，混合床中阳树脂的工作交换容量为阴树脂的 $2\sim3$ 倍。因此，如果单独采用混合床除盐，则阴、阳树脂的体积比应为 $(2\sim3):1$；若用于一级复床之后，因其进水 pH 在 $7\sim8$ 之间，所以阳树脂的比例应比单独混床时高些，目前国内采用的强碱阴树脂与强酸阳树脂的体积比通常为 $2:1$。

四、运行操作

由于混床是将阴、阳树脂装在同一个交换器中运行的，所以在运行中有许多特殊之处，其操作步骤如下：

1. 反洗分层

混合床除盐装置运行操作中的关键问题之一，就是如何将失效的阴、阳树脂完全分开，以便分别通入再生液进行再生。在火力发电厂水处理中，目前都是用水力筛分法对阴、阳树脂进行分层。借反洗水的冲力将树脂悬浮起来，使树脂层达到一定的膨胀率，利用阴、阳树脂的湿真密度差，达到自然分层的目的，阴树脂的密度较阳树脂的小，分层后阴树脂在上，阳树脂在下。所以只要控制适当，就可以做到两层树脂之间有一明显的分界面。

反洗开始时，流速宜小，待树脂层松动后，逐渐加大流速到 $10m/h$ 左右，使整个树脂层的膨胀率在 $50\%\sim70\%$，维持 $10\sim15min$，一般即可达到较好的分离效果。两种树脂是否能分层明显，除与阴、阳树脂的湿真密度差、反洗水流速有关外，还与树脂的失效程度有关，树脂失效程度大的容易分层，否则就比较困难，这是由于树脂在吸着不同离子后，密度不同，沉降速度不同所致。

不同离子型的阳树脂密度排列顺序为 RH<RNH₄<RCa<RNa<RK。

不同离子型的阴树脂密度排列顺序为 R'OH<R'Cl<R'CO₃<R'HCO₃<R'NO₃<R'SO₄。

由上述排列顺序可知，失效程度越大，越容易分层，反之困难。

此外，为了改善分离效果，可以采用三层混床。即加入一种湿真密度介于阴、阳树脂之间的惰性树脂，只要粒度和密度合适，就可做到反洗后惰性树脂正好处于阴、阳树脂之间的中排管位置处，这样就可以避免再生时阴、阳树脂因接触对方的再生液而造成的交叉污染，以提高混床的出水水质。

新的 H 型和 OH 型树脂有时还有抱团现象（即互相黏结成团），也使分层困难。为此，可在分层前先通入 NaOH 溶液以破坏抱团现象。同时阳树脂转变为 Na 型，阴树脂再生成 OH 型，加大了阳、阴树脂的湿真密度差，这对提高阳、阴树脂的分层效果有利。

2. 再生

体内再生法是指树脂在交换器内进行再生的方法。根据进酸、进碱和清洗步骤的不同，体内再生可分为两步法和同时再生法。

（1）两步法。两步体内再生指再生时酸、碱再生液不是同时进入交换器，而是分先后进入。又分为碱液流过阴、阳树脂的两步法和碱、酸先后分别通过阴、阳树脂的两步法。在大型装置中，一般采用后者，其操作过程如图 4-32 所示。具体方法是在反洗分层后，放水至树脂表面上约 100mm 处，从上部送入碱液再生阴树脂，废液从阴、阳树脂分界处的中排管排出，接着按同样的流程清洗阴树脂，直至排水的 OH⁻ 降至 0.5mmol/L 以下。在上述过程中，也可以使少量的酸自下部通过阳树脂层，以减轻碱液对阳树脂的污染。然后，由底部进酸再生阳树脂，废液也由中排管排出。同时，为防止酸液进入已再生好的阴树脂中，需继续自上部通以小流量的水清洗阴树脂。阳树脂清洗至排水的酸度降到 0.5mmol/L 以下为止。最后进行整体正洗，即从上部进水，底部排水，直至出水的电导率小于 1.5μS/cm 为止。在正洗过程中，有时为了提高正洗效果，可以进行一次 2～3min 的短时间反洗，以消除死角残液。

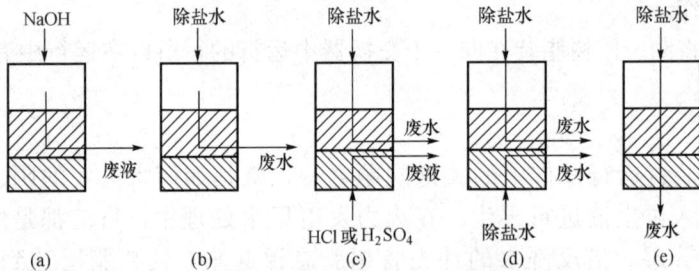

图 4-32　混合床两步再生法示意

（a）阴树脂再生；（b）阴树脂清洗；（c）阳树脂再生，阴树脂清洗；
（d）阴、阳树脂各自清洗；（e）正洗

（2）同时再生法。再生时，由混床上、下同时送入碱液和酸液，并接着进清洗水，使之分别经阴、阳树脂层后，由中排管同时排出。采用此法时，若酸液进完后，碱液还未进完时，下部仍应以同样流速通清洗水，以防碱液串入下部，污染已再生好的阳树脂。同时再生法的操作过程如图 4-33 所示。

3. 阴、阳树脂的混合

树脂经再生和清洗后，在投入运行前必须将分层的树脂重新混合均匀。通常用从底部通入压缩空气的办法搅拌混合。这里所用的压缩空气应经过净化处理，以防止其中有油类杂质污染树脂。压缩空气压力一般采用 0.1～0.15MPa，流量为 2.0～3.0m³/（m²·h）。混合时间视树脂是否混合均匀为准，一般为 0.5～1.0min，时间过长易磨损树脂。

为了获得较好的混合效果，混合前应把交换器中的水面下降到树脂层表面上 100～150mm 处。此外，为防止树脂在沉降过程中又重新分离而影响其混合程度，除了必须通入适当的压缩空气，并保持一定的时间外，尚需有足够大的排水

图 4-33　混合床同时再生示意
(a) 阴、阳树脂同时分别再生；
(b) 阴、阳树脂同时分别清洗

速度，迫使树脂迅速降落，避免树脂重新分离。若树脂下降时，采用顶部进水，对加速其沉降也有一定的效果。

4. 正洗

混合后的树脂层，还要用除盐水以 10～20m/h 的流速进行正洗，直至出水合格后（如 SiO_2 含量低于 $20\mu g/L$，电导率低于 $0.2\mu S/cm$），方可投入运行。正洗初期，由于排出水浑浊，可将其排入地沟，待排水变清后，可回收利用。

5. 制水

混合床的运行制水与普通固定床相同，只是它可以采用更高的流速，通常对凝胶型树脂可取 40～60m/h，如用大孔型树脂可高达 100m/h 以上。

混合床的运行失效标准，通常是按规定的失效水质标准控制，即当其用于一级复床除盐设备之后时，出水电导率为 $0.2\mu S/cm$ 或 SiO_2 为 $20\mu g/L$；也可按预定的运行时间或产水量控制，即在前级除盐装置出水电导率≤$10\mu S/cm$，SiO_2≤$100\mu g/L$ 的水质条件下，混合床产水比按 10000～15000m³/m³树脂计，来估算运行时间或产水量。此外，也有按进出口压力差控制的。

五、混合床运行的特点

混合床和复床相比有以下特点：

1. 优点

（1）出水水质优良。用强酸性和强碱性树脂组成的混床，其出水残留的含盐量在 1.0mg/L 以下，电导率在 $0.2\mu S/cm$ 以下，残留的 SiO_2 在 $20\mu g/L$ 以下，pH 值接近中性。

（2）出水水质稳定。混合床经再生清洗后开始制水时，出水电导率下降很快，这是由于在树脂中残留的再生剂和再生产物可立即被混合后的树脂交换。混合床在工作条件有变化时，一般对出水水质影响不大。

（3）间断运行对出水水质影响较小。无论是混床或者是复床，当停止制水后再投入时，开始时的出水水质都会下降，要经短时间后才能恢复到原来的水平。但恢复到正常所需的时间，混床只要 3～5min，而复床则需要 10min 以上。

（4）终点明显。混床在运行末期失效前，出水电导率上升很快，这有利于运行监督。

（5）混床设备较少。混床设备比复床少，且布置集中。

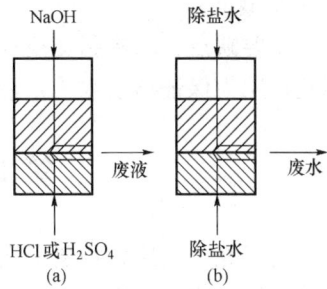

2. 缺点

主要缺点：①树脂交换容量的利用率低；②树脂损耗率大；③再生操作复杂，需要的时间长；④为保证出水水质，常需投入较多的再生剂。

第五节 离子交换除盐系统

为了充分利用各种离子交换工艺的特点和各种离子交换设备的功能，在水处理应用中，常将它们组成各种除盐系统。

一、主系统

1. 组成除盐系统的原则

（1）系统的第一个交换器是 H 交换器。这是为了提高系统中强碱 OH 交换器的除硅效果或使其后的弱碱 OH 交换能顺利进行。同时，这样设置也比较经济，因为第一个交换器由于交换过程中反离子的影响，其交换能力不能得到充分发挥，而阳树脂交换容量大，且价格比阴树脂便宜，所以它放在前面比较合适。更主要的是，如果第一个是 OH 交换器，运行时会在交换器中析出 $Mg(OH)_2$、$CaCO_3$ 等的沉淀物，其反应式为

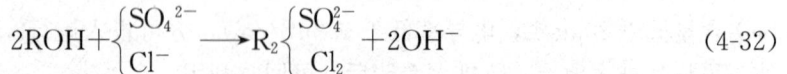

$$2ROH+\begin{cases}SO_4{}^{2-}\\Cl^-\end{cases}\longrightarrow R_2\begin{cases}SO_4^{2-}\\Cl_2\end{cases}+2OH^- \qquad (4\text{-}32)$$

生成的 OH^- 立即与水中 Mg^{2+}、Ca^{2+} 反应生成沉淀，即

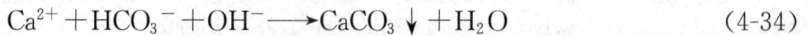

$$Mg^{2+}+2OH^-\longrightarrow Mg(OH)_2\downarrow \qquad (4\text{-}33)$$

$$Ca^{2+}+HCO_3{}^-+OH^-\longrightarrow CaCO_3\downarrow+H_2O \qquad (4\text{-}34)$$

生成的 $Mg(OH)_2$、$CaCO_3$ 会沉积在树脂颗粒表面，阻碍水与树脂接触，影响交换器的正常运行。

（2）要求除硅时在系统中应设强碱 OH 交换器。因为只有强碱阴树脂才能起除硅作用。对于除硅要求高的水应采用二级强碱 OH 交换器或带混合床的系统。

（3）对水质要求很高时，应在一级复床后设混合床。

（4）除碳器应设在 H 型交换器之后、强碱 OH 交换器之前。这样可以有效地将水中 $HCO_3{}^-$ 以 CO_2 形式除去，以减轻强碱 OH 交换器的负荷和降低碱耗。

（5）当原水中强酸阴离子含量较高时，在系统中增设弱碱 OH 交换器，利用弱碱树脂交换容量大、容易再生等特点，提高系统的经济性。弱碱 OH 交换器应放在强碱 OH 交换器之前。由于弱碱性阴树脂对水中 CO_2 基本上不起交换作用，因此它可置于除碳器之后，也可置于除碳器之前。不过将其放置在除碳器之前，对弱碱性阴树脂交换容量的发挥更为有利。

（6）当原水碳酸盐硬度比较高时，在除盐系统中增设弱酸 H 型交换器，弱酸 H 交换器应置于强酸 H 交换器之前。

（7）强、弱型树脂联合应用时采用串联方式。

2. 常用的离子交换除盐系统

表 4-4 列出了常用的离子交换除盐系统及适用的工况。表中系统 1、3、7、10 属一级复床除盐系统，其中系统 1 是由一个强酸 H 交换器、除碳器（C）和一个强碱 OH 交换器组成的典型的一级复床除盐系统。系统 3、7、10 是在系统 1 的基础上增设了弱酸（H_w）或弱碱

（OH$_w$）离子交换器。系统 3 和系统 1 相比，增设了弱酸 H 交换器，故适用于处理碳酸盐硬度较高的水；系统 7 是在系统 1 的基础上增设了弱碱 OH 交换器，故适用于处理强酸阴离子及有机物含量较高的水；系统 10 是在系统 1 的基础上同时增设了弱酸 H 交换器和弱碱 OH 交换器，因而它适用处理碳酸盐硬度以及强酸阴离子都高的水。

表 4-4 　　　　　　　　　　　　　　常用离子交换除盐系统

序号	系 统 组 成	出水水质		适 用 情 况
		电导率 (25℃, μS/cm)	SiO$_2$ (mg/L)	
1	H—C—OH	<10 (5)	<0.1	补给水率高的中压锅炉
2	H—C—OH—H/OH	<0.2	<0.02	高压及以上汽包炉、直流炉
3	H$_w$—H—C—OH	<10 (5)	<0.1	(1) 同本表系统 1； (2) 进水碳酸盐硬度>3mmol/L
4	H$_w$—H—C—OH—H/OH	<0.2	<0.02	(1) 同本表系统 2； (2) 进水碳酸盐硬度>3mmol/L
5	H—C—OH—H—OH	<1	<0.02	高含盐量水，前级阴床可用强碱 II 型树脂
6	H—C—OH—H—OH—H/OH	<0.2	<0.02	同本表系统 2、5
7	H—OH$_w$—C—OH 或 H—C—OH$_w$—OH	<10 (5)	<0.1	(1) 同本表系统 1； (2) 进水强酸阴离子>2mmol/L 或进水有机物较高
8	H—C—OH$_w$—H/OH 或 H—OH$_w$—C—H/OH	<0.2	<0.05	进水强酸阴离子含量高，但 SiO$_2$ 含量低
9	H—C—OH$_w$ OH II/OII 或 或 H—OH$_w$—C—OH—H/OH	<1.0	<0.02	(1) 同本表系统 2； (2) 进水强酸阴离子>2mmol/L
10	H$_w$—H—OH$_w$—C—OH 或 H$_w$—H—C—OH$_w$—OH	<10 (5)	<0.1	(1) 同本表系统； (2) 进水碳酸盐硬度、强酸阴离子都高
11	H$_w$—H—OH$_w$—C—OH—H/OH	<0.2	<0.02	(1) 高压及以上汽包炉、直流炉； (2) 进水碳酸盐硬度、强酸阴离子都高
12	RO—OH	<0.1	<0.02	较高含盐量水
13	RO 或 ED—H—C—OH—H/OH	<0.1	<0.02	高含盐量水和苦咸水

　　系统 2、4、6、8、9、11 都设有混床（H/OH），所以其出水质量高。系统 2 是典型的一级复床＋混床系统，系统 4、9、11 分别是在系统 3、7、10 的基础上加了混床，因此它们除了适用处理系统 3、7、10 所适用的水质之外，还具有出水水质好的特点。系统 5 是二级复床除盐系统，其特点是适用于处理高含盐量水，系统 6 在 5 的基础上增加了混床，所以水质会更好。系统 8 的前级中设有弱碱 OH 交换器，所以此系统适用处理强酸阴离子含量高，而 SiO$_2$ 含量低的水。系统 12、13 设置了电渗析（ED）或反渗透装置（RO），起预除盐的作用，所以适用处理含盐量高的水，系统 13 的后续处理采用了一级复床＋混床系统，所以该系统适用处理含盐量更高的水，如苦咸水，而且还可制得高质量的水。

二、复床除盐系统的组合方式

复床除盐系统的组合方式一般分为单元制和母管制两种方式，如图 4-34 所示。

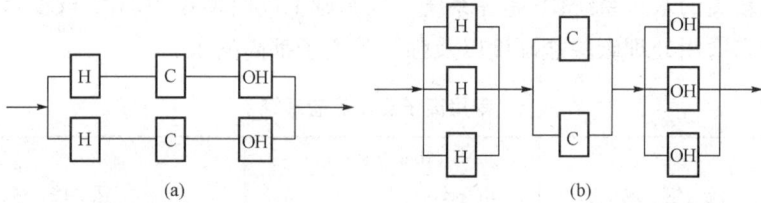

图 4-34　复床系统的组合方式

(a) 单元制；(b) 母管制

1. 单元制

图 4-34 (a) 为单元制组合的一级复床除盐工艺流程图，图中符号的意义与表 4-4 中的相同。

该组合方式适用于进水中强、弱酸阴离子比值稳定，交换器台数不多的情况。单元制系统中，通常使 OH 交换器中树脂的装入体积富裕 $10\%\sim15\%$，其目的是让 H 交换器先失效，泄漏的 Na^+ 经过 OH 交换器后，在其出水中生成 NaOH，导致出水电导率发生显著升高，便于运行监督。此时，只需监督复床除盐系统中 OH 交换器出水的电导率和 SiO_2 即可。当电导率或 SiO_2 显示失效时，H 交换器和 OH 交换器同时停止运行，分别进行再生后，再同时投入运行。此组合方式易自动控制，但系统中 OH 交换器中树脂的交换容量往往未能充分利用，故碱耗较高。

2. 母管制

图 4-34 (b) 为母管制组合的一级复床除盐工艺流程图。该组合方式适用于进水中强、弱酸阴离子比值变化较大，交换器台数较多的情况。在此组合方式中阳、阴离子交换器分别监督，失效者从系统中解列出来进行再生，与此同时将已再生好的备用交换器投入运行。此组合方式运行的灵活性较大。

三、再生系统

离子交换除盐装置的再生剂是酸和碱，所以，在用离子交换法除盐时，必须有一套用来贮存、配制、输送和投加酸、碱的再生系统。常用的酸有工业盐酸和工业硫酸，常用的碱是工业烧碱。

桶装固体碱一般干式贮存，液态的酸、碱常用贮存罐贮存。贮存罐有高位布置和低位（地下）布置，当低位布置时，运输槽车中的酸、碱靠其自身的重力卸入贮存罐中；当高位布置时，槽车中酸、碱是用酸碱泵送入贮存罐中的。

液态再生剂的输送方法常用的有压力法、负压法和泵输送法。压力法是用压缩空气挤压酸、碱的输送方法，这种方式一旦设备发生破损就有溢出酸、碱的危险；负压输送法就是利用抽负压使酸、碱在大气压力下自动流入，此法因受大气压的限制，输送高度不能太高；用泵输送比较简单易行。

将浓的酸、碱稀释成所需浓度的再生液，常用的配制方法有容积法、比例流量法和水力喷射器输送配制法。容积法是在溶液箱（槽、池）内先放入定量的稀释水，再放入一定量的再生剂，搅拌成所需浓度；比例流量法是通过计量泵或借助流量计按比例控制稀释水和再生剂的流量，在管道内混合成所需浓度的再生液；水力喷射器输送配制法是用压力、流量稳定的稀释水通过水力喷射器，在抽吸和输送过程中配制成所需浓度的再生液，这种方法大都直接用在再生液投加的时候，即在配制的同时，将再生液投加至交换器中。

下面介绍几种酸、碱再生系统。

1. 盐酸再生系统

如图 4-35 所示，其中图 4-35（a）为贮存罐高位布置，再生剂靠贮存罐与计量箱之间的高度差，将一次的用量卸入计量箱。再生时，首先打开水力喷射器压力水门，调节再生流速，然后再开计量箱出口门，调节再生液浓度，与此同时将再生液送入交换器中。图 4-35（b）为贮存罐低位布置，利用负压输送法或用泵输送的办法将酸送入计量箱中。图 4-35（c）为同时设有高位贮存罐和低位贮存罐的再生系统，将低位罐中的酸送到高位罐可用泵输送，也可用负压输送（如图中虚线框内的抽负压系统）。为防止酸雾，盐酸再生系统中贮存罐、计量箱的排气口应设酸雾吸收器。

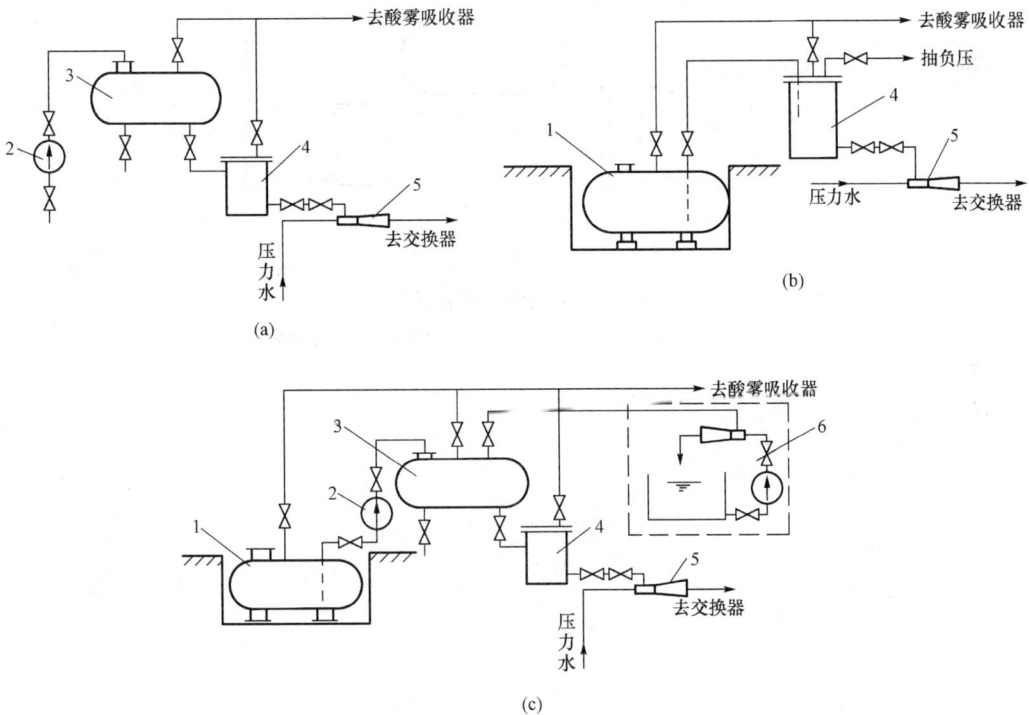

图 4-35　盐酸再生系统

（a）贮存罐高位布置；（b）贮存罐低位布置负压输送；（c）同时设有低位贮存罐和高位贮存罐的再生系统
1—低位贮存罐；2—酸泵；3—高位贮存罐；4—计量箱；5—水力喷射器；6—抽负压系统

2. 硫酸再生系统

浓硫酸在稀释过程中会放出大量的热量，所以硫酸一般采用二级配制方法，即先在稀释箱中配成 20％左右的硫酸，再用水力喷射器稀释成所需浓度并送入交换器中，图 4-36 所示为负压输送的硫酸再生系统。

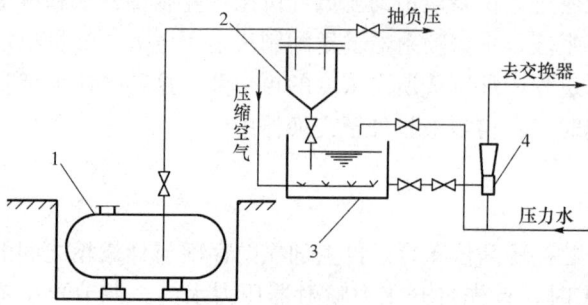

图 4-36　硫酸再生系统

1—贮存罐；2—计量箱；3—稀释箱；4—水力喷射器

3. 碱再生系统

用于再生阴离子交换剂的碱有液体的，也可用固体的。液体碱浓度一般为 30%～42%，其配制、输送与盐酸再生系统相同。固体碱通常含 NaOH 在 95% 以上，使用时一般先将其溶解成 30%～40% 的浓碱液，存入碱液贮存罐，使用时再配制成所需浓度的再生液，图 4-37 为这种类型的系统。为加快固体碱的溶解过程，溶解槽需设搅拌装置。由于固体碱在溶解过程中放出大量热量，溶液温度升高，为此溶解槽及其附设管路、阀门一般采用不锈钢材料。碱再生系统中，贮存罐及计量箱的排气口宜设 CO_2 吸收器。

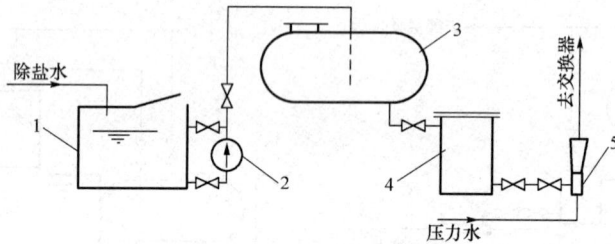

图 4-37　固体碱配置系统

1—溶解槽；2—泵；3—高位贮存器；4—计量箱；5—水力喷射器

给 水 水 质 调 节

第五章

锅炉腐蚀是一个十分普遍而又严重的问题，锅炉本体每年平均因腐蚀损失的金属量达到原有重量的 8%。锅炉腐蚀不仅缩短锅炉使用寿命，造成经济损失，而且容易发生各种事故，影响安全生产。

锅炉受腐蚀的程度与材料、工作条件和腐蚀介质等三方面因素有关。材料方面的因素有材料的种类及耐蚀性、材料的表面状态、材料组织中的杂质及内应力等；工作条件方面有金属表面的温度、水循环状况、水中盐类的种类及浓度、金属表面的附着物等；介质方面有给水中的溶解氧和二氧化碳等气体以及给水 pH 值等。本章主要介绍锅炉金属受给水作用产生腐蚀的原因及防止方法。

第一节　锅炉给水水质调节的重要性

锅炉给水系统是指给水和给水的主要组成部分（如汽轮机凝结水、加热器疏水）的输送管道和加热设备，其中包括凝结水泵、低压加热器、除氧器、给水泵、高压加热器、省煤器和疏水箱等。在给水系统中流动着的水，一般是比较洁净的，通常不会有盐类析出在管壁上形成沉积物，可能发生的故障是金属的腐蚀。当给水中一旦溶有少量的 O_2 和 CO_2 就会导致系统金属的腐蚀。由于给水系统管道大部分是由碳钢制成的，而加热器中的传热管件通常由黄铜制成，所以锅炉给水系统金属的腐蚀主要是碳钢和黄铜的腐蚀。锅炉给水系统金属的腐蚀，不仅会造成给水管道及相关设备的损坏，减短使用寿命，而且由于腐蚀产物随给水带入锅内，而导致在锅炉蒸发面上发生金属腐蚀产物沉积结垢，甚至造成锅炉炉管的损坏，危及热力设备的安全运行。给水中的金属腐蚀产物主要是在低压和高压加热器以及在除氧器内形成的，另一部分来自凝汽器和疏水系统。据报道，锅炉内的腐蚀产物大部分来自于给水系统，对常规自然循环锅炉，锅炉本体腐蚀带入量大约占 30%，而给水腐蚀带入量占 70%。

锅炉给水实际可能进入软水、负硬度水和硬水三个类型，而这三种水进入锅炉内在加热、受压和浓缩的情况下，发生不同的物理和化学变化，炉水水质将有所不同。软水处理正常的锅炉其炉水的碱度和 pH 值必然升高，而当锅炉排污较少或负荷较高时，还往往出现碱度超标现象，只要锅炉不是常期超标运行，则锅炉的防垢效果是有保障的。硬水进入锅内，则出现低碱度（甚至炉水碱度小于给水碱度）、低 pH 值和炉水浓缩倍数远大于炉水碱度的浓缩倍数的水质特征，如锅炉长期在此状态下运行，锅炉内必然结垢，结垢就可能造成垢下金属腐蚀。

在锅炉启动期间及启动后投入运行的初期，可以说绝大部分的腐蚀产物是来源于给水。

（一）给水系统的腐蚀及原因

给水系统金属材料的腐蚀，主要由下列原因造成的：

1. 溶解氧腐蚀

除氧器之前的凝结水系统，尤其是汽轮机凝汽器、凝结水泵以及低压加热器的真空部分，在运行中若出现不严密情况，很容易漏入空气。当化学补给水补入凝汽器内时，若由于结构（例如补给水引入点位置不正确或补给水流分布不均匀等）或运行（例如凝汽器真空度或凝结水温度不当等）原因而造成凝汽器除氧效率不佳，也会使凝结水含氧量增高。在大型机组，低压加热器的疏水通常是返回到凝汽器的，若疏水泵不严密也可能造成空气漏入。此外，当凝汽器中有冷却水漏入，除使凝结水含盐量增高外，同时也会使空气进入给水。凝汽器泄漏已成为影响锅炉防腐的主要因素，凝汽器长期泄漏造成凝结水硬度长期超标运行，可能导致水冷壁严重结垢、腐蚀而发生大面积爆管。

除氧器运行效果不良是造成除氧器以后给水系统运行中氧腐蚀的主要原因。高压加热器疏水通常返回到除氧器，因此，高压加热器汽侧腐蚀，也成为给水中腐蚀产物的重要来源之一。

铁由于水中溶解氧引起的腐蚀是一种电化学腐蚀，铁和氧形成两个电极，组成腐蚀电池。

铁的电极电位比氧的电极电位低，所以在铁氧腐蚀电池中，铁是阳极，遭到腐蚀，反应式为

$$Fe \longrightarrow Fe^{2+} + 2e^- \tag{5-1}$$

氧为阴极，被还原，反应式为

$$O_2 + 2H_2O + 4e^- \Longrightarrow 4OH^- \tag{5-2}$$

在这里溶解氧起阴极去极化作用，是引起铁腐蚀的因素。这种腐蚀称为氧去极化腐蚀，或简称氧腐蚀。

机组在停用期间，锅炉内部及其前面系统未受到良好的保护，给水管道及连接的设备中都会有大量氧气漏入，造成严重的溶解氧腐蚀，在机组启动时大量腐蚀产物将随给水带入锅内，锅炉内部也会产生严重溶解氧腐蚀。

2. 二氧化碳腐蚀

热力系统中凡有空气漏入的部位，除增高水中溶解氧含量外，水中二氧化碳含量也会同时增高，并导致水的 pH 值降低。由于冷却水泄漏或随化学补给水带入的重碳酸盐（HCO_3^-）在加热条件下热分解，会使二氧化碳进入系统。水中有游离 CO_2 时，水呈酸性，有 H^+ 存在，反应式为

$$CO_2 + H_2O \Longrightarrow H^+ + HCO_3^- \tag{5-3}$$

这样，由于水中 H^+ 的量增多，就会产生氢去极化腐蚀。此时，在腐蚀电池中的阴极反应为

$$2H^+ + 2e \longrightarrow H_2 \uparrow \tag{5-4}$$

阳极反应为

$$Fe \longrightarrow Fe^{2+} + 2e \tag{5-5}$$

所以，游离 CO_2 腐蚀，从腐蚀电池的观点来说，就是水中含有酸性物质而引起的氢去极化腐蚀。

3. 铜管的腐蚀

在凝汽器、射汽式抽气器的冷却器和加热器等设备中所用的传热管件，大多是黄铜管，

故当水中含有游离 CO_2 和 O_2 时，还会引起铜管腐蚀。当温度高于 $40\sim50℃$ 时，水中如含有游离 CO_2，则可以在没有 O_2 的情况下，促使黄铜产生脱锌腐蚀，即黄铜中的锌组分发生溶解。当水中同时有游离 CO_2 和 O_2 时，铜本身也会遭到腐蚀。

（二）给水系统腐蚀对炉水系统的影响

给水水质不良除了可以引起给水系统自身金属腐蚀以外，形成的腐蚀产物进入炉水系统，会造成锅炉受热面结垢及垢下腐蚀。

1. 受热面结垢

金属腐蚀产物被炉水携带到锅炉受热面上后，容易与其他杂质结成水垢。当水垢中含铁时，传热效果更差。例如，含有 8% 的铁并混有二氧化硅形成的 $1mm$ 厚水垢，所造成的热损失，相当于 $4mm$ 其他成分的水垢。所以，在水垢中含有铁的腐蚀产物，其导热系数会明显减少。

2. 产生垢下腐蚀

含有高价铁的水垢，容易引起与水垢接触的金属铁的腐蚀。而铁的腐蚀产物又容易重新结成水垢。这是一种恶性循环，将会导致锅炉构件的损坏，也称作沉积物下腐蚀。

在正常的运行条件下，炉内金属表面上常覆盖着一层 Fe_3O_4 膜，这是金属材料表面在高温炉水中形成的，其反应式为

$$3Fe+4H_2O \xrightarrow{\text{约大于 }300℃} 4Fe_3O_4+4H_2 \uparrow \tag{5-6}$$

形成的 Fe_3O_4 膜是致密的，具有良好的保护性能，可以使锅炉不遭到腐蚀。但是如果此 Fe_3O_4 膜受到了破坏，那么金属表面就会暴露在高温的炉水中，非常容易受到腐蚀，促使 Fe_3O_4 膜破坏的一个最重要因素，是炉水的 pH 值不合格。下面叙述炉水的 pH 值对 Fe_3O_4 膜的影响。

研究发现，当 pH 值为 $10\sim12$ 时腐蚀速度最小，pH 值过低或过高都会使腐蚀速度加快。在低 pH 值（pH<8）时，腐蚀加快的原因是 H^+ 起了去极化作用，而且此时反应产物都是可溶性的，不易形成保护膜。在高 pH 值（pH>13）时，腐蚀加快的原因为金属表面的 Fe_3O_4 保护膜溶于碱性溶液中而遭到破坏，反应式为

$$Fe_3O_4+4NaOH \longrightarrow 2NaFeO_2+Na_2FeO_2+2H_2O \tag{5-7}$$

另一方面，铁与 NaOH 可以直接反应，即

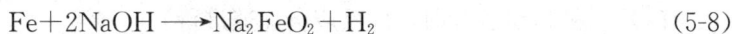

$$Fe+2NaOH \longrightarrow Na_2FeO_2+H_2 \tag{5-8}$$

其产物亚铁酸钠在高 pH 值的溶液中是易溶的。所以，当 pH>13 以后，随 pH 值的增高，腐蚀速度迅速增大。

在一般的运行条件下，由于炉水的 pH 值常保持在 $9\sim11$ 之间，锅炉金属表面的保护膜是稳定的，所以不会发生腐蚀。但当炉内的金属表面上有沉积物时，这里的情况就发生了变化：首先，由于沉积物的传热性很差，沉积物下金属管壁的温度升高，渗透到沉积物下面的炉水会发生急剧蒸发、浓缩。浓缩的炉水由于沉积物的阻碍，不易和处于炉管中部的炉水混均匀，其结果是沉积物下炉水中各种杂质的浓度变的很高。在炉水高度浓缩的条件下，其水质会与浓缩前完全不同，沉积物下的浓溶液会具有很强的侵蚀性，使锅炉遭到腐蚀。

由此可见，给水水质及给水系统金属腐蚀，对锅炉机组的安全经济运行具有重要影响。

第二节　锅炉给水中腐蚀产物的存在形态

一、铁的腐蚀产物

依腐蚀条件的差异，铁在锅炉给水中可形成多种不同的腐蚀产物。其特征见表 5-1。

表 5-1　　　　　　　　　　　铁的腐蚀产物及其特征

化 合 物	颜 色	说 明
$Fe(OH)_2$	白	在 100℃时分解为 Fe_3O_4 和 H_2
$Fe(OH)_3$	白	容易脱水形成铁氧化物
FeO	黑	分解形成 Fe_3O_4 和 Fe
Fe_3O_4	黑	是热力系统主要的铁腐蚀产物
α-FeOOH	黄	约在 200℃时脱水形成 α - Fe_2O_3
β-FeOOH	浅棕	约在 230℃时脱水形成 α - Fe_2O_3
γ-FeOOH	黄橙	约在 200℃时脱水形成 α - Fe_2O_3
α-Fe_2O_3	砖红	在 1457℃时分解成 Fe_3O_4
γ-Fe_2O_3	棕	>250℃转化为 α-Fe_2O_3

表 5-1 列出的只是铁的主要腐蚀产物，事实上，依环境（如温度、pH 值、氧化剂或还原剂的存在等）的不同，还可能生成 $[HFeO_2]^-$、$[Fe(OH)]^{2+}$、$[Fe(OH)_2]^+$、$[Fe(OH)_3]$、$[Fe(OH)]_4^-$ 等产物和络合物。

氧腐蚀是一种电化学腐蚀，当锅炉金属遭受水中溶解氧腐蚀时，常常在其表面形成许多小鼓包，直径在 $1\sim30mm$ 不等。氧腐蚀鼓包表面的颜色由黄褐色到砖红色不等，次层是黑色粉末状物（Fe_3O_4），有时在腐蚀产物最里层紧靠金属表面处，还有一个黑色层，这是 FeO。当将这些腐蚀产物清除后，便会出现因腐蚀而造成的凹坑，这种腐蚀特征，称为溃疡腐蚀。它最容易发生在低压锅炉给水管道和省煤器中，其次也可能在锅筒和下降管中发生。

在常温下，通常的铁锈主要是黄橙色的 γ-FeOOH，这种化合物在与氢氧化亚铁反应时，会形成磁性氧化铁。即

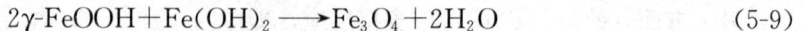

$$2\gamma\text{-FeOOH}+Fe(OH)_2 \longrightarrow Fe_3O_4+2H_2O \qquad (5\text{-}9)$$

有 OH^- 和 Fe^{2+} 存在时，此反应会加速进行。

当温度提高时，氧化铁会发生形态变化。在 100℃时，其最稳定的形态是 α-FeOOH 和 α-Fe_2O_3；而在 200℃时，α-Fe_2O_3 是稳定的形态。因此，在锅炉停用期间产生的黄橙色 γ-FeOOH 铁锈，经过锅炉运行期后将会转化为砖红色的 α-Fe_2O_3，然后可能进一步与金属 Fe 反应，生成磁性氧化铁。即

$$Fe+4\alpha\text{-}Fe_2O_3 \longrightarrow 3Fe_3O_4 \quad (<570℃) \qquad (5\text{-}10)$$

$$Fe+\alpha\text{-}Fe_2O_3 \longrightarrow 3FeO \quad (>570℃) \qquad (5\text{-}11)$$

$$4FeO \longrightarrow Fe+Fe_3O_4 \qquad (5\text{-}12)$$

因此停用期间的腐蚀会加剧锅炉运行中的腐蚀。

此外，出于热力系统中还有其他金属存在（例如黄铜和不锈钢等），因此在高温腐蚀产物中还发现有尖晶石结构的金属氧化物，例如 $CuFe_2O_4$、$ZnFe_2O_4$、$NiFe_2O_4$、$MnFe_2O_4$ 等。

二、铜及其合金的腐蚀产物

电厂凝汽器通常采用黄铜管，100MW 及以下机组的低压加热器也主要采用黄铜管。黄铜管大多是铜锌合金，国外也有采用铜铝合金的。

铜合金的主要腐蚀产物是 Cu_2O 和 CuO 及它们的水合物，在锅内由于铁的还原作用，也可发现金属铜腐蚀产物。此外依腐蚀环境的不同，还可能存在 $Cu(OH)$ 和 $Cu(OH)_2$，以及铜和氨或联氨组成的络合物，例如 $[Cu(NH_3)]^{2+}$、$[Cu(NH_3)_2]^{2+}$、$[Cu(NH_3)_3]^{2+}$、$[Cu(NH_3)_4]^{2+}$、$[Cu(NH_3)]^{+}$、$[Cu(NH_3)_2]^{+}$ 等。

铜锌合金容易受到脱锌腐蚀，其腐蚀产物主要是 ZnO、$Zn(OH)_2$ 以及锌和氨及联氨的络合物等。此外，铜和锌都可与铁构成尖晶石氧化物，即 $MFeO_4$（其中 M 为非铁金属原子，如 Cu、Zn、Ni、Cr、Al 等）。

三、金属腐蚀产物的颗粒度

给水系统的金属腐蚀产物，除以溶解态和胶状物存在外，大部分是以颗粒状存在于给水中。颗粒状腐蚀产物含量的测定，不仅对于研究金属腐蚀产物在热力设备内的沉积过程有意义，而且颗粒物质的存在对于热力系统化学监督中汽水取样的代表性也有重要影响。

在静态条件（温度 300℃，100h）下，20 号碳钢和 X18H10T 钢腐蚀产物的颗粒度分布见表 5-2。

表 5-2　　　　　　　静态试验条件下钢腐蚀产物颗粒度分布　　　　　　　（%）

颗粒尺寸 (μm)	20 号碳钢			X18H10T 合金钢	
	除氧蒸馏水	除氧水，pH=10，加 NH_4OH	蒸馏水，含氧 40mg/L	除氧蒸馏水	除氧水，pH=3（HNO_3）
10	93.7	71.2	72.9	49.3	51.8
1.2~10	1.8	5.7	18.0	16.4	20.1
0.9~1.2	2.2	9.6	5.3	9.0	11.0
0.3~0.6	1.9	7.1	3.4	12.0	11.4
0.3	0.2	6.3	0.5	13.2	5.8

水中腐蚀产物颗粒度的分布与水温有关。一般来说，温度越高，尺寸大的颗粒所占百分率越多，而最小颗粒所占比例越少，见表 5-3。

表 5-3　　　　　　　　钢腐蚀产物颗粒尺寸和温度的关系

腐蚀产物颗粒尺寸 (μm)	温度（℃）			腐蚀产物颗粒尺寸 (μm)	温度（℃）		
	100	200	300		100	200	300
10	81.15	85.98	93.7	0.3~0.6	1.47	0.74	1.9
1.2~10	7.56	8.95	1.8	0.3	8.22	3.23	0.2
0.9~1.2	1.47	1.13	2.2				

表 5-4 和表 5-5 是两台锅炉内腐蚀产物颗粒度组成的实测结果，表 5-6 是生产返回水内铁腐蚀产物的颗粒度分布。

表 5-4　　　　　　　　　国外某锅炉氧化铁颗粒度组成

颗粒所占份额（%）	颗粒尺寸（μm）		颗粒层厚度（μm）
	再热器冷端新蒸汽	再热器热端	
80	5~50	5~50	1.5~30
18~20	50~200	50~200	
1~2	200~700	200~800	
微少	100~1500	100~1500	50~60 以下

表 5-5　　　　　　　　　某机组低压加热器后凝结水样铜腐蚀产物

测定腐蚀产物用的膜滤器号	膜滤器微孔平均尺寸（μm）	铜浓度（$\mu g/L$）	
		过滤前	过滤后
No. 6	3~5	21	20
No. 5	1.2	20	18
No. 4	0.9	18	17
No. 4	0.9	21	18
No. 3	0.7	19	16
装填铁屑的膜滤器 No. 6	3~5	20	3

表 5-5 的结果表明，在铜的腐蚀产物中可能有铁磁性物质（例如铜的尖晶石型氧化物 $CuFeO_4$），在通过铁屑膜滤器时被吸附。

表 5-6　　　　某热电厂生产返回水内铁腐蚀产物的颗粒尺寸分布　　　　　（%）

生产返回水来源	铁腐蚀产物颗粒尺寸（μm）						
	<0.65	0.65	1.3	1.95	2.65	3.25	>3.9
机械厂生产返回水（pH=6.0）	2.5	35.3	29.5	17.1	12	3.2	0.4
化工厂生产返回水（pH=6.5）	2.45	36.3	33.5	18.4	5.2	3.6	0.55
食品厂生产返回水（pH=7.0）	3.3	43	39.1	6.9	4.6	2.8	0.3
经机械过滤器后的五种生产返回水混合水（pH=6.5）	4.25	42.4	35.2	10.3	4.25	3.3	0.3

由表 5-6 可看出，这些生产返回水的腐蚀产物中，$0.65 \sim 1.95 \mu m$ 的颗粒约占腐蚀产物总量的 80% 以上。

四、电厂热力系统金属腐蚀产物测定结果实例

对金属腐蚀产物的化学组成和形态进行分析及鉴定，是一件十分复杂的工作，即使采用多种化学和物理手段也很难得到准确的结果，不仅由于其组成和结构复杂，而且还由于在高温和不同水质条件下，腐蚀产物的结构和组成可能发生变化，而给分析和鉴定工作带来困难。此外，许多腐蚀产物是以垢的形式黏附在锅炉管壁或其他受热部件上，更有一些腐蚀产物是以钝化膜的形式存在于金属表面上，对金属表面起到保护作用。将这些产物从基体金属上剥离，更需要专门的技术。尽管如此，腐蚀产物的分析和鉴定，仍是锅炉、汽轮机和其他热力设备冲蚀——腐蚀损坏故障原因分析不可缺少的重要步骤之一。以下是一些实际锅炉机组检出的腐蚀产物。

（1）高压锅炉腐蚀产物中，曾鉴定出的化合物有 FeO，Fe_3O_4，α-Fe_2O_3，γ-Fe_2O_3，β-$FeOOH$，γ-$FeOOH$，Cu，Cu_2O，$CuFeO_2$，MFe_2O_4，$Ca_4(OH)_2(PO_4)_3$，Cu_5FeS_4，Na_2SO_4，Cu_2S，$Cu_{1.8}S$，ZnO，$Na_4Al_3O_8$，$KAlSi_3O_8$，$Na_4Al_3Si_3O_{12}Cl$，$Ni_3(OH)_3$，$[Si_2O_5(OH)]$ 及 $NiFe_2O_4$ 等（上述化合物中 $M=Zn$，Ni）。

（2）运行锅炉中不同取样点铁腐蚀产物的化学分析结果见表 5-7。锅炉给水采用联氨（N_2H_4）处理，此时联氨浓度为 $30\mu g/L$，$pH=9\sim9.25$，溶解氧浓度为 $0.1\sim0.2\mu g/L$。

表 5-7　　　　　　　　　　　　某锅炉给水中腐蚀产物分析结果

取样点	温度（℃）	溶解铁（$\mu g/L$）	非溶解铁（$\mu g/L$）	非溶解铁的组成（%）		
				$Fe(OH)_2$	Fe_2O_3	Fe_3O_4
凝结水泵出口	20	0.6	49.9	15	33	52
		0.7	86.7	10	53	37
			126.1	6	55	39
给水泵入口	180	0.6	41.7	12	56	32
		0.7	65.0	23	77	0
		0.5	20.0	18	68	14
省煤器入口	265	0.2	63.3	3	82	15
		0.2	96.8	1	80	19
省煤器出口	295	0.3	65.3	4	38	48
		0.3	83.6	8	43	49
锅炉汽包	350	0.2	24.0	0.4	12	87.6
		0.2	102.0	3	8.5	88.5

由表 5-7 可以看出，锅炉腐蚀产物主要是以非溶解态存在，而且随运行温度升高，溶解铁含量减少。由于在高温下联氨的还原作用，所以在省煤器以后水中的 Fe_3O_4 含量急剧增高，但是在省煤器以前的较低温度段，则 Fe_2O_3 含量较高，说明联氨对氧化铁的还原作用不明显。

（3）不同金属材料试片在凝结水中腐蚀产物的 X 射线衍射分析结果见表 5-8。

表 5-8　　　　　　　　　　　不同金属材料试片在凝结水中的腐蚀产物

凝结水温度（℃）	38	100	100	100	100	100	100
凝结水 pH 值	6.0	5.1	5.4	6.0	7.2	9.0（加氨）	9.6（加氨）
碳钢	Fe_3O_4 γ-$FeOOH$	Fe_3O_4	Fe_3O_4	Fe_3O_4	Fe_3O_4	Fe_3O_4 α-$FeOOH$	Fe_3O_4
铸铁	Fe_3O_4	Fe_3O_4	Fe_3O_4	Fe_3O_4	Fe_3O_4 β-$FeOOH$	Fe_3O_4 α-$FeOOH$	Fe_3O_4 γ-$FeOOH$
海军铜	Cu_2O $2ZnCO_3\cdot3Zn(OH)_2$		Cu_2O ZnO	Cu_2O ZnO	Zn ZnO	Cu（脱锌后）	Cu（脱锌后）
铝	α-$Al_2O_3\cdot3H_2O$	γ-$Al_2O_3\cdot3H_2O$	γ-$Al_2O_3\cdot3H_2O$	β-Al_2O_3	α-Al_2O_3		

第三节　锅炉给水 pH 值的调节

为了防止给水对金属造成腐蚀，除了去除水中的溶解氧之外，还必须调节给水的 pH 值。因为随着水的 pH 值增大，钢铁的腐蚀明显减少。图 5-1 是 pH 值对溶解氧腐蚀的影响结果。可以看出，当水的 pH 值从 8 提高到 10 后，对减少钢铁腐蚀有明显的效果。所以若单从减缓钢材腐蚀来考虑，应使给水的 pH 值高于 9 为好。但是热力系统中的低压加热器及其疏水冷却器、凝汽器都使用了铜合金材料，因此还必须考虑水的 pH 值对铜材料的腐蚀影响。常温下铜的腐蚀试验的结果如图 5-2 所示。从图中可看出，水的 pH 值在 9 以上时，铜的腐蚀随 pH 值增大而明显增大。从铁、铜等不同材质金属的防蚀效果全面考虑，目前对热力系统水质调节处理时，一般把给水的 pH 值调节在 8.8 以上，最好在 9.0～9.2。因为 pH=7 仅是理论上纯水呈中性时的 pH 值，实际锅炉给水中因含游离 CO_2，还会发生游离 CO_2 导致的酸性腐蚀，所以除应选择合理的补充水处理工艺，尽量降低碳酸盐的含量和减少凝汽器泄漏以防止这种腐蚀外，还可以通过在给水中加氨或胺的方法调节给水 pH 值。

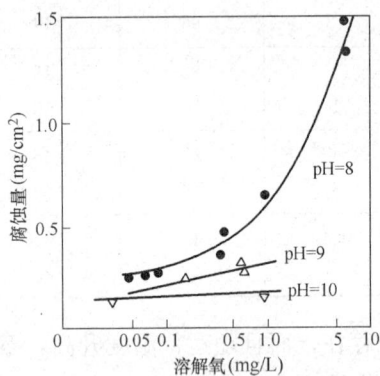

图 5-1　pH 值对钢材溶解氧腐蚀的影响

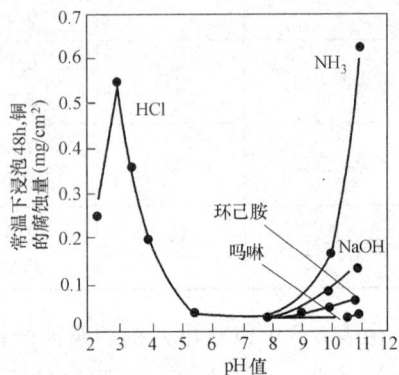

图 5-2　铜的腐蚀与水的 pH 值的关系

一、给水氨处理

为了提高给水的 pH 值，最实用的方法是往给水中加氨水（常称为加氨处理），因为氨有不会受热分解和易挥发的性能。

（一）氨处理原理

氨气（NH_3）在常温常压下是一种具有刺激性臭味的气体，氨易溶于水称为氨水，呈碱性，其反应式为

$$NH_3 + H_2O \Longleftrightarrow NH_4OH \tag{5-13}$$

造成锅炉给水 pH 值降低的主要原因，是水中 CO_2 的存在。加入 NH_3 是用氨水的碱性来中和 CO_2。CO_2 和氨水的中和反应有以下两步，即

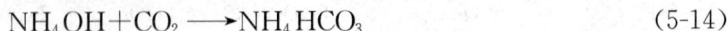

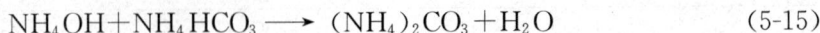

$$NH_4OH + CO_2 \longrightarrow NH_4HCO_3 \tag{5-14}$$

$$NH_4OH + NH_4HCO_3 \longrightarrow (NH_4)_2CO_3 + H_2O \tag{5-15}$$

若加入的氨量恰好将 CO_2 中和至第一步反应的 NH_4HCO_3，则水的 pH 值约为 7.9；若中和至第二步反应的 $(NH_4)_2CO_3$，则水的 pH 值约为 9.2。通常，加氨的目的是将水的 pH

值调节在 8.8 以上，所以需加的氨量多于完成第一步中和反应所需的量，这样水中 CO_2 大部分变为 NH_4HCO_3，部分变为 $(NH_4)_2CO_3$。

NH_3 是一种挥发性物质，这一点和 CO_2 相似。当给水进行氨处理时，NH_3 中和反应产物 NH_4HCO_3 和 $(NH_4)_2CO_3$ 在炉内分解为 CO_2 和 NH_3，这些挥发性气体进入锅炉后会随蒸汽挥发出来，通过汽轮机后进入凝汽器。在凝汽器中一部分被抽气器抽走，余下的转入凝结水中，随后当凝结水进入除氧器后又会除掉一部分 NH_3，余下的 NH_3 仍然在给水中。

在给水进行氨处理时，热力系统中有些部位可能出现氨量过剩，有些部位可能不足，出现 NH_3 分布不均的矛盾，从而影响氨处理的效果。NH_3 分布的不均匀性可以用"分配系数"来解释。所谓分配系数（K_F）也称相对挥发度，是指汽水两相共存时某物质在蒸汽中的浓度同与此蒸汽相接触的水中该物质浓度的比值。分配系数越大，表明该物质在汽相中的含量越大，而在液相中的含量越小。分配系数决定于该物质的本性与水汽温度。在热力系统中，NH_3 的流程虽然和 CO_2 相同，但 NH_3 和 CO_2 的分配系数差别很大。NH_3 和 CO_2 这两种物质的分配系数都大于 1，但 CO_2 的分配系数比 NH_3 的分配系数大得多。这样，当采用氨处理给水时，在热力系统各部位中 NH_3 和 CO_2 的分布就不相同，其分布情况比较复杂，大致如下：

（1）在热力除氧器中，被除去的 NH_3 量与 CO_2 量的比值，比进水中 NH_3 量与 CO_2 量的比值小，也就是说，除氧器出水的 pH 值比进水的高。

（2）在凝汽器中，凝结水的 pH 值要比过热蒸汽的高，因为抽气器抽走的 CO_2 比 NH_3 多。

（3）在射汽抽气器中，蒸汽凝结水的 pH 值要比汽轮机凝结水的低，因为抽气器内的蒸汽中 NH_3 量与 CO_2 量的比值要比汽轮机凝结水的小。

（4）在加热器中，因为疏水中 NH_3 含量多，蒸汽中 CO_2 含量多，故汽相的 pH 值和疏水的 pH 值都与进汽的不一样，汽相的 pH 值比进汽的低，疏水的 pH 值比进汽的高。

因此，不能把氨处理作为解决给水因含游离 CO_2 而使 pH 值过低问题的唯一措施。应该首先尽可能地降低给水中碳酸化合物的含量，以此为前提，进行加氨处理，以提高给水的 pH 值，这样氨处理才会有良好的效果。

（二）加药

氨处理的加药量主要与给水中 CO_2 的含量有关，CO_2 含量越高，加氨量越大。运行中，加氨量按保持给水的 pH 值为 8.8～9.2 而定。

在锅炉和汽轮机中，氨随水和蒸汽在汽水系统内循环。设置加氨系统，氨的实际加入量是用来补充在机组运行中氨的损耗量，如除氧器排汽、凝汽器抽真空以及机组运行中的汽水损失所造成的氨损耗。

最大限度地减少水汽循环系统内的 CO_2 含量，不仅可降低氨的消耗量，而且有利于提高氨处理的效果。

（三）注意事项

加氨处理常使人担心的问题是有可能引起黄铜的腐蚀。因为当水中有氨存在时，它可以和 Cu^{2+}、Zn^{2+} 形成铜氨、锌氨络离子 $\{[Cu(NH_3)_4]^{2+}、[Zn(NH_3)_4]^{2+}\}$，这样会使原来不溶于水的 $Cu(OH)_2$ 保护膜转化成易溶解于水的络离子，破坏了它们的保护作用，使黄铜遭受腐蚀。实践证明，当水中除了有氨外，还含有氧化性物质时，例如溶解氧，就有可能发生这种腐蚀。

所以在进行氨处理时,首先应能保证汽水系统中的含氧量非常低,且加氨量不宜过多。为了保持给水的 pH 值在 8.8～9.2 的范围内,给水中含氨量通常在 0.5～1.0mg/L 以下。

由于 NH_3 在热力系统中分布的不均匀性和热力系统各部分运行条件的不同,保持给水 pH 值在 8.8～9.2 范围内,并不能说明汽水系统各部位的 NH_3 含量都是合适的。在进行给水加氨处理时,还应该注意汽水系统中各热力设备有没有因 NH_3 含量过多而使铜管遭到腐蚀。通常,最易发生这种腐蚀的设备为凝汽器的空气冷却区和射汽式抽气器的冷却器,因为在这里常富集着 O_2、CO_2 和 NH_3 等不凝结气体。

二、给水胺处理

为了避免 NH_3 对铜锌合金的腐蚀,有些锅炉采用给水胺处理的办法来提高 pH 值。用于给水处理的胺按照其用途不同分为中和胺和膜胺两类。

1. 中和胺

中和胺用来中和给水中的酸性物质,它具有碱性,能够提高水的 pH 值;具有挥发性,能分布于热力系统各处,保护各热力设备和管道;并且不会和 Cu^{2+}、Zn^{2+} 形成络离子,所以对黄铜材料没有腐蚀性。

对氧氮己环和环己胺是两种常用的中和胺,其主要物理性质见表 5-9。

表 5-9   对氧氮己环和环己胺的主要物理性质

性　　质	对氧氮己环	环己胺	性　　质	对氧氮己环	环己胺
沸点（℃）	129	134	25℃时的密度（g/cm³）	0.865	1.0
溶点（℃）	−18	<0			

这两种胺溶于水后显碱性,可与 H_2CO_3 发生中和反应。

(1) 对氧氮己环(C_4H_8ONH,俗称吗啉,也叫莫福林)。

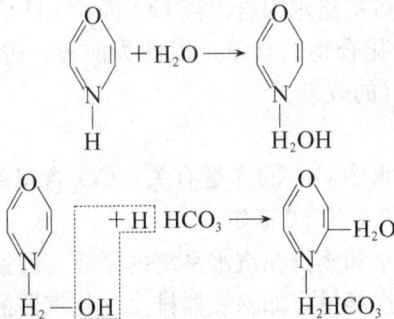

(2) 环己胺($C_6H_{11}NH_2$)

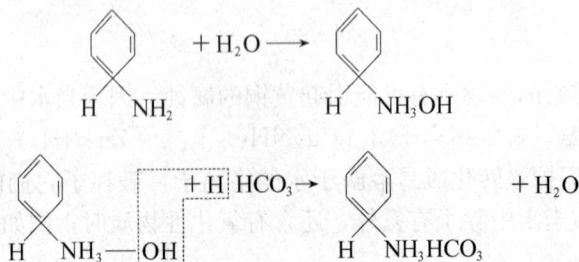

这两种胺与氨相比，具有分配系数较小的特点，使用时损失量较少。胺中和碳酸的效果取决于胺的挥发性、解离常数等性能，有时为提高胺处理的防腐效果需要联合使用几种胺，以便同时充分利用各种胺的分配系数等性能。图 5-3 表示在不同"胺/CO$_2$"质量比的条件下，中和胺调整 pH 值的能力。由此可知，当水中的 CO$_2$ 含量较大时，需要加入相当多的胺才能中和掉水中 CO$_2$ 所引起的酸性。所以，采用胺处理时也应该首先尽可能地降低给水中碳酸化合物的含量。

用中和胺调节水质的缺点是，药品价格贵，水质调节的费用高。此外，对于高参数机组，还应考虑到温度超过 510℃ 的条件下，中和胺在蒸汽中可能发生分解的问题。

2. 膜胺

膜胺是一类大分子量的直链烷胺，它是一种具有 10～20 个碳原子的长链有机化合物，分子式为 C$_n$H$_{2n+1}$·NH$_2$。其中以十八烷胺（C$_{18}$H$_{37}$·NH$_2$）、十六烷胺（C$_{16}$H$_{33}$·NH$_2$）和癸胺（C$_{10}$H$_{21}$·NH$_2$）用得较多，膜胺主要用于凝结水系统设备的防腐。

膜胺防止金属腐蚀的原理在于它能够吸附在金属表面上形成保护膜。由于这层膜的屏障作用，水和金属表面被完全隔离，因而防止了水中 O$_2$ 和 CO$_2$ 对金属的腐蚀。膜胺所形成的保护膜很薄，实质上只有单分子层厚，而且在用膜胺进行连续处理的条件下它也不会增厚。这层薄膜比较耐久，即使在停止加药的情况下，短时间内也不会很快脱落。由于膜胺具有上述性能，所以即使水汽系统中有大量的 O$_2$ 和 CO$_2$ 时，它仍有良好的防腐蚀效果。此外，膜胺还有较强的渗透性，它能透过金属表面上的铁锈等沉积物而在金属表面上形成保护膜，所以膜胺可以用在已经发生腐蚀的水汽系统中，以防止金属继续被腐蚀。

膜胺的投加量只要能在金属表面形成完整的保护膜就可以了，而与水汽系统中 CO$_2$ 的含量无关。通常保持给水中膜胺的含量为 1mg/L，主要起修补保护膜的作用。

商品出售的十八烷胺，通常是乳状的稀溶液。使用时，一般是用小型药泵打入中、低压蒸汽中。不能直接加入炉内，因为膜胺在高温条件下可能发生分解。

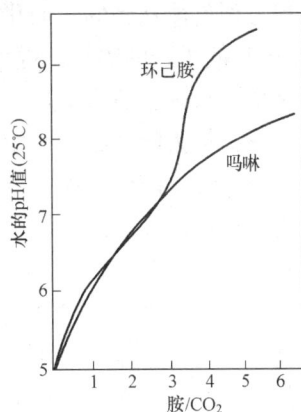

图 5-3　不同胺/CO$_2$（质量比）下水的 pH 值

第四节　锅炉给水的热力除氧

天然水中溶解有氧气，补给水只是去除了水中的固体和离子杂质，其中溶解的气体没有去除，因此也溶解有氧气。电厂机组运行时，空气还会从凝汽器、凝结水泵的轴封处、低压加热器和其他处于真空状态下运行设备的不严密处漏入凝结水中。敞口水箱、疏水系统和生产返回水中，也会漏入空气。因此，为了防止溶解氧腐蚀，补给水、凝结水、疏水和生产返回水都应进行除氧处理。

给水除氧的方法，在高压以上的机组中，需同时采用热力除氧和化学除氧两种方法。其中以热力除氧为主，化学除氧是对给水彻底除氧的一种辅助方法。热力除氧后，给水中溶解氧可降至 7μg/L 以下，但若不采用化学除氧，那么给水系统中仍可能出现相当严重的氧腐蚀，所以需要这两种方法，互为补充。在热力除氧过程中水需要加热，这在热力系统运行中是很方便就能达到的，而化学除氧则需在给水中另外投加还原剂类化学药品。某些参数较低（中压和低压）的锅炉，因为对给水溶解氧含量的限制不如高压锅炉严格，所以有的中、低压锅炉，只进行热力除氧。

一、热力除氧的基本原理

根据气体溶解定律（亨利定律），任何气体在水中的溶解度与该气体在气水界面上的分压力成正比。在敞口设备中将水加热升高温度，各种气体在此水中的溶解度将下降。这是由于随着温度的升高，气水界面上水蒸气的分压增加，其他气体的分压降低，各种溶解气体就会不断析出。当水加热到饱和温度时，气水界面上水蒸气的分压等于外界液面上的全压力，而液面上其他气体的分压力等于零，水就不再具有溶解气体的能力，水中溶解的气体将全部被分离出来。所以，把水加热至沸点就会使水中原有的各种溶解气体都分离出来（此分离过程称为解吸），这就是热力除氧法所依据的原理。

热力除氧法不仅能除去水中的溶解氧，而且可除去水中其他各种溶解气体（包括游离CO_2），因此热力除氧器也可称为热力除气器。

在热力除氧器中，为了使氧解吸出来，除了必须将水加热至沸点以外，还需要在设备上创造必要的条件使气体能顺利地从水中分离出来。因为水中溶解氧必须穿过水层和气水界面，才能自水中分离出去，所以要使解吸过程能较快地进行，就必须使水分散成小水滴或小股水流，以缩短气体扩散路程和增大气水界面。热力除氧器就是按照将水加热至沸点和使水流分散这两个原则设计的一种设备。

在一定压力下的热力除氧过程中，氧和二氧化碳在水中的溶解度都随着水温的升高而降低。此外，在热力除氧过程中，还会使水中重碳酸盐发生全部或部分分解，即

$$2HCO_3^- \xrightarrow{\Delta} CO_2\uparrow + CO_3^{2-} + H_2O \tag{5-16}$$

温度越高，加热时间越长，除氧器排汽量足够，则重碳酸盐的分解越完全。

为提高除氧效果，通常应满足下列基本条件：

（1）不论在何种压力下进行除氧，都应保证将水加热到相应压力下的饱和温度。加热不足，将会引起除氧效果恶化。

（2）除氧器的除氧效果，决定于传热和传质两个过程。为此，应使欲除氧的水分散成细小的水滴，以获得适当的水与加热蒸汽的接触面积，这样，不仅加速传热和传质过程，而且有利于溶解氧从水中扩散出来。

（3）除氧器内应有足够的流通面积，使加热蒸汽的流通自由通畅。

（4）保证水和蒸汽有足够的接触时间。

（5）除氧器应有足够的排汽，以保证氧气和其他不凝结气体的充分排出。

二、除氧器的分类

除氧器按工作过程可分为混合式和过热式两种除氧器。在混合式除氧器内，将需要除氧的水和加热用的蒸汽直接接触，使水加热到相当于除氧器压力下的沸点；过热式除氧器先将需要除氧的水在压力较高的表面式加热器中加热，使其温度超过除氧器压力下的饱和温度，然后，将此热水引入除氧器内进行除氧，这样，在除氧器内一部分水发生汽化，水温下降至饱和温度。

混合式除氧器按照工作压力可分为真空式、大气式和压力式三类除氧器。真空式除氧器

是在低于大气压力下工作的，通常小于 5.88kPa 进行除氧。汽轮机凝汽器具有很高的真空度，化学补充水送入凝汽器，水中的溶解氧可大部分除去，因此凝汽器也可兼作除氧设备。我国大型火力发电机组大都采用补充水送入凝汽器进行预除氧的方式。中等参数电厂中大都采用大气式除氧器，常用工作压力为 11.77kPa；压力式除氧器的工作压力比较高，通常在 343.23～588.40kPa 范围内。

电厂中用得最广的为混合式除氧器。这类除氧器按结构型式可分为淋水盘式、喷雾填料式和喷雾淋水盘式等几种型式。我国中压电厂常用淋水盘式除氧器，高压及以上机组主要采用喷雾填料式除氧器；多数机组同时利用凝汽器进行真空除氧。

1. 淋水盘式除氧器

淋水盘式除氧器的主要构成部分为位于除氧塔内的除氧头和贮水箱，如图 5-4 所示，为一种淋水盘式除氧器的构造示意图。这种除氧器的除氧过程主要是在除氧头中进行的，凝结水、各种疏水和补给水，分别由上部的管道 12、13、14 等进入除氧头，经过配水盘和若干层筛状多孔盘，分散成许多股细小的水流，层层下淋。加热蒸汽从除氧头下部引入，穿过淋水层向上流动。这样，当水和蒸汽接触时，水被加热至饱和温度，水中的溶解氧得以解析。从水中析出的氧和其他气体随着一些多余的蒸汽自上部排汽阀排走，经除氧的水流入下部贮水箱中。

为了增强除氧效果，一般在贮水箱内还装有蒸汽加热的再沸腾管，管上开孔或者加装喷嘴，送入一定压力的蒸汽，使贮水箱内的水一直保持着沸腾状态，这种装置称为再沸腾装置。采用这种措施后，贮水箱内的水温始终保持在沸点温度，且由于有蒸汽泡穿过水层的搅拌作用，可以将水中残余的气体进一步解吸出来。再沸腾用汽量一般为除氧

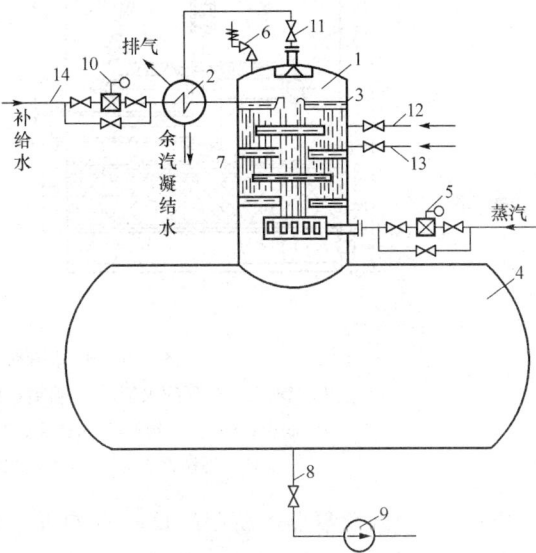

图 5-4　淋水盘式除氧器

1—除氧头；2—余汽冷却器；3—多孔盘；4—贮水箱；
5—蒸汽自动调节器；6—安全阀；7—配水盘；8—降水管；
9—给水泵；10—给水自动调节器；11—排汽阀；
12—主凝结水管；13—高压加热器疏水管；14—补给水管

器加热用蒸汽量的 10%～20%，如果运行条件许可，也可以更大一些。采用了再沸腾装置后，可以基本除尽水中的溶解氧，并促进水中重碳酸盐的分解，减少水中重碳酸盐的含量。但设置再沸腾装置后，会使运行复杂化，例如易发生振动，除氧器并列运行时水位波动大等。

2. 喷雾填料式除氧器

喷雾式除氧是在将水喷成雾状的情况下被加热到相应压力下的沸点进行热力除氧的方法。它的工作原理是当水呈雾状时，比表面积很大，非常有利于加热和氧从水中逸出。只要加热汽源充足，水的雾化程度高，90% 的溶解氧都可以除去。同时水在填料层表面形成水膜，水膜与从填料层底部进入的蒸汽接触，水中残余的氧就会较快地从水中扩散到蒸汽空间中，水得到再次除氧。经过填料层后，95% 以上的残留溶解氧得以除去。这样，除氧器出水溶解氧可降低到 5～10μg/L，甚至更低。

喷雾填料式除氧器如图 5-5 所示。水通过喷嘴喷成雾状，喷嘴上面设置的上进汽管引入加热用蒸汽，通过蒸汽和水雾的混合，达到水的加热和初步除氧过程。经过初步除氧的水往下流动时和填料层相接触，使水在填料表面成水膜状态。在填料层下面设置的下进汽管同时引入加热蒸汽，当这部分蒸汽向上流动时，与填料层中水相遇进行再次除氧。这种除氧器的经验证明：即使在进水中溶解氧接近饱和，在室温进水的条件下，仍能维持出水溶解氧小于 $7\mu g/L$。

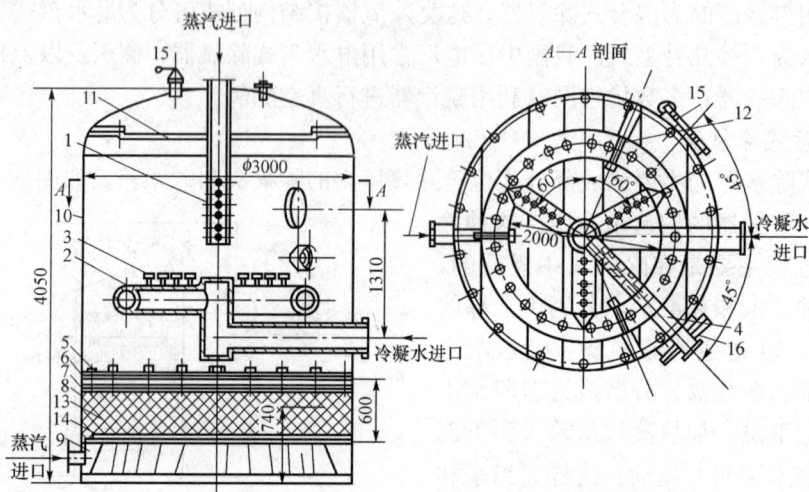

图 5-5　喷雾填料式除氧器结构图

1—上进汽管；2—环形配水管；3—喷嘴；4—疏水进水管；5—淋水管；6—支承管；

7—滤板；8—支承卷；9—进汽室；10—筒体；11—挡水板；12—吊攀；

13—不锈钢 Ω 填料；14—滤网；15—安全阀；16—人孔

喷雾填料式除氧器中所用的填料有 Ω 形、圆环形和蜂窝式等多种形式，采用不会腐蚀而且不污染水质的材料制成，常采用不锈钢 Ω 形环作填料。

实践证明这种除氧器除氧效果好、结构简单、检修方便。此外，水和蒸汽的混合速度很快，不易产生水击现象。与其他热力除氧器相比，同样出力的设备，其体积较小。由于喷雾式除氧器有这些显著的优点，现在采用的越来越多。但要使这种设备保持良好的除氧效果，在运行中要注意以下两点：负荷应维持在额定值的 50% 以上，若负荷过低，因雾化效果差，出水质量会下降；为了适应负荷的变动，工作汽压不宜小于 0.08MPa。

3. 卧式喷雾淋水盘除氧器

卧式除氧器的结构如图 5-6 和图 5-7 所示。除氧器本体由圆形筒身和两侧椭球封头焊接而成。凝结水通过进水管引入除氧器的进水室。进水室是由一个弓形的不锈钢罩板与两端的两块挡板焊在筒体上而成。弓形罩板上沿除氧器长度方向均布着数十只弹簧喷嘴和几只排气管的套管。整个除氧段空间由两块侧包板与两端密封板焊接后组成，两端密封板都设有人孔门，以便检修人员进出。上部空间是喷雾除氧段空间、下部空间是装满淋水盘箱的深度除氧段。穿过喷雾除氧段的水喷洒在布水槽钢中，从槽钢两侧均匀地流出分配给多个淋水盘箱。淋水盘箱由多层、多排小槽钢交错布置而成，水从上层小槽钢两侧分别流入下层的小槽钢中，多层交错布置的小槽钢使水在淋水盘箱中有足够的停留时间。当水均匀分布在许许多多小槽钢上，形成无数水膜向下流动时，与过热蒸汽充分接触，由于此时水汽热交换面积很大，流经淋水盘箱的水不断再沸腾，水中气体被进一步除去，出水中溶解氧量小于 $7\mu g/L$。所以装有淋水盘箱的这段空间称为深度除氧段。从水中除去的气体向上流动，由排气管排入大气。过热蒸汽从卧式除氧器两端的进汽管进入除氧器，由布汽孔板将蒸汽沿除氧器的长度方向均匀分布，使蒸汽均匀地从下向上进入深度除氧段，再流向喷雾除氧段空间。这样便形成汽水的逆向流动，以达到良好的除氧效果。

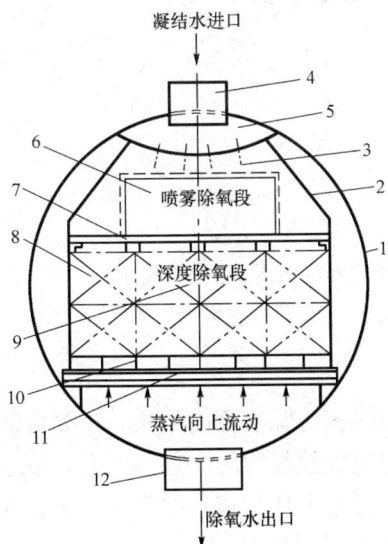

图 5-6　卧式除氧器横断面

1—除氧器；2—侧包板；3—弹簧喷嘴；4—进水管；5—进水室；6—喷雾除氧段空间；7—布水槽钢；8—淋水盘箱；9—深度除氧段空间；10—栅架；11—工字梁托架；12—除氧水出口管

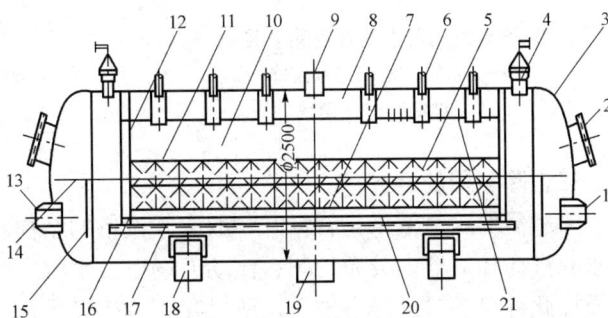

图 5-7　卧式除氧器纵剖面

1—进汽管；2—搬物孔；3—除氧器本体；4—安全阀；5—淋水盘箱；6—排汽管；7—搁淋水盘箱栅架；8—进水室；9—进水管；10—喷雾除氧段空间；11—布水槽钢；12—内部人字孔；13—进汽管；14—钢板平台；15—布汽孔板；16—搁栅架工字梁；17—基面角钢（承工字梁）；18—蒸汽连通管；19—除氧器出水管；20—深度除氧段；21—弹簧喷嘴

4. 凝汽器的真空除氧

真空除氧是在低于大气压力下进行除氧，此时的出水水温一般为 $30\sim60℃$。虽然温度较低，但由于采用真空手段，使水达到饱和状态，仍可以作为一种热力除氧方式。目前，用于锅炉给水的真空除氧有两种方式，一种是利用凝汽器的真空除氧，另一种是采用专门的真空除氧器。电厂中广泛采用凝汽器进行真空除氧。

凝汽器运行时，凝结水的温度为该凝汽器下工作压力的沸点，故水的除氧条件和热力除氧器的相似。由于凝汽器总是在真空条件下运行的，所以它相当于真空除氧器。为了利用凝汽器的这种运行条件，使它起到良好的除氧作用，除了在运行方面要保证其中凝结水不要过冷外（过冷就是水温低于相应压力下的沸点），还要在凝汽器中添加使水流分散成小股水流或小水滴的装置。图 5-8 为设在凝汽器集水箱中的一种真空除氧装置，凝结水自该装置的入口进入淋水盘，在淋水盘上开有小孔，水自小孔流出时表面积增大，可促使除氧；水流下后遇到角铁溅成小水滴，起到进一步除氧的作用。析出的各种不能凝结的气体通过设于凝汽器上的排气联通管，由抽气器抽走，排入大气。

为了利用凝汽器真空除氧的能力，还可以将补给水引至凝汽器中，使得它也在这里除氧。一种将补给水引入凝汽器的装置如图5-9所示，在喷淋管侧面向下开有许多孔，水从孔中喷出；在喷淋管上部装设一个罩子，以防水滴向上飞溅。

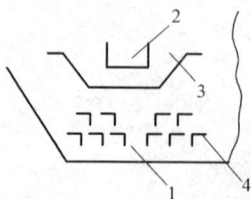

图5-8　凝汽器中的真空除氧装置
1—集水箱；2—凝结水入口；
3—淋水盘；4—角铁

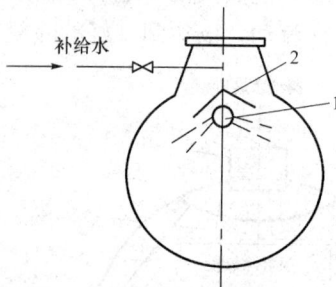

图5-9　凝汽器汽侧顶部装喷淋管示意
1—喷淋管；2—罩

三、除氧器的运行

除氧器的除氧效果是否良好，取决于设备的结构和运行工况。除氧器的结构，主要应能使水和汽在除氧器内分布均匀、流动通畅以及水汽之间有足够的接触时间。这些因素，由于在设计此种设备时已经考虑了，所以除了发生异常情况外，通常不作检查。除氧器的运行人员和化学工作者需要经常从下列几方面来注意除氧器的运行工况：

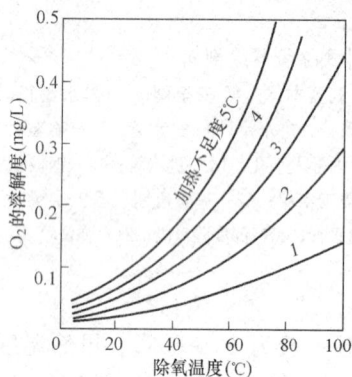

图5-10　水温低于沸点时，氧
在水中的溶解度

（1）水应加热至沸点。确保除氧过程是在水的沸点下进行的，所以必须将水加热到沸点。沸点是随水面上压力的不同而不同的，所以除氧器在运行中应根据除氧器内的压力来查对其沸点。应当注意，除氧器压力表指示的压力是高于外界大气压力的值，称为表压力，所以除氧器内真正的压力是此表压力加上外界大气压。如水温低于沸点，则水中残留含氧量会增大，如图5-10所示。

（2）排汽门开度应通过调整试验确定，保证解吸出来的气体应能通畅地排走。如果除氧器中解吸出来的氧和其他气体不能通畅地排走，则由于除氧器内蒸汽中残留的氧量较多，会影响水中氧扩散出去的速度，从而使出水的残留含氧量增大。

（3）送入的补给水量应连续均匀，不宜波动过大，否则会恶化除氧效果。补给水中的含氧量会高达 $7 \sim 8 mg/L$ 或更高，温度常低于 $40℃$，当除氧器突然有大量补给水送入时，有可能使水来不及加热至饱和温度，从而恶化除氧效果，因此，补给水应连续均匀地加入，不宜间断送入。对于喷雾填料式除氧器，虽然它对负荷和水温的适应范围较广，补给水量波动对除氧效果影响不大，但仍不宜波动太大。

（4）多台除氧器并列运行时，各台的水汽分配应均匀，以免有个别除氧器因负荷过大或补给水量太大等因素造成含氧量剧增。为了使水汽分布均匀，贮水箱的蒸汽空间和容水空间都要用平衡管连接起来。

四、除氧器调整试验

为了摸清除氧器的运行特性，以制订出其最优良的运行条件，必须进行除氧器的调整试验。在进行此试验以前，应做好下列准备工作：查看各种水样取样装置，如除氧头下部能否采取刚除过氧的水样；检查各种水流流量计指示状况，如凝结水、补给水、蒸汽、排汽等有无流量表以及其他必要的温度计和压力表等，必要时应加装取样装置和测量仪表。对所有的取样装置和测量仪表都应加以校验，例如取样器的引出管和冷却管是否用耐腐蚀的不锈钢或紫铜制成，冷却效果能否符合要求，各表计的指示是否正确等。试验前，还应拟订好具体的计划和组织好人员，准备好试验用的药品和仪器。

除氧器调整试验的目的，是为了求得良好除氧效果的运行条件。对于淋水盘式除氧器，还应能保证不发生水击现象。水击现象指由于除氧器内水汽的流动不通畅，或者因水温变动过剧而发生的冲击现象。水击易使设备遭到损伤。

除氧器调整试验通常所要求取的运行条件（最佳除氧效果下）有：

（1）除氧器内的温度和压力。除氧器内的温度与压力和进汽量有关，可在额定负荷下（除氧器的负荷就是它每小时处理的水量）进行试验，求取除氧器内温度和压力及允许变动范围。

（2）负荷。在允许的温度和压力范围内，求取除氧器最大和最小允许负荷。

（3）进水温度。在除氧器的允许温度、压力和额定负荷下，变动其进水温度，以求取最适宜的进水温度范围。

（4）排汽量。在允许的温度和压力下，求取其不同负荷下的排汽阀开度，以寻求合适的排汽量。

（5）补给水率。在允许的温度、压力和额定负荷下，求取其最大的允许补给水率。

（6）其他。此外，还可对进水含氧量和贮水箱水位的允许值进行试验。

各厂在进行上述工作时，可根据本厂设备和系统的特点，制定具体的试验方案。

第五节　锅炉给水的化学除氧

通过热力除氧，给水中的溶解氧大部分得以去除，但仍有部分残余，如果不采取措施，这部分溶解氧仍会对锅炉以及热力系统产生腐蚀。因此电厂中常用化学方法进行进一步除氧。

一、亚硫酸钠除氧

亚硫酸钠（Na_2SO_3）是白色或无色结晶状物质，是一种还原剂，与水中溶解氧可发生反应，即

$$2Na_2SO_3 + O_2 \longrightarrow 2Na_2SO_4 \tag{5-17}$$

按照式 5-17 计算，除掉 1g 溶解氧需要 100% 无水亚硫酸钠 7.88g，同时使水中产生约 9g 硫酸钠，所以，此法会增加水中的含盐量。

随着水温的升高，Na_2SO_3 与 O_2 的反应速度加快；水中金属离子的存在，也会加速反应过程，而有机质和还原性物质的存在会抑制反应过程。

亚硫酸钠处理法只能用在中、低压锅炉，对高压锅炉则不适用。因为亚硫酸钠在锅内高温条件下会发生分解，产生有害的气体。亚硫酸钠在超过 11.0MPa 时会发生大量水解，产

生二氧化硫，反应式为

$$Na_2SO_3 + H_2O \longrightarrow 2NaOH + SO_2 \tag{5-18}$$

这不仅会使炉水中积聚 NaOH，而且会造成蒸汽流经过的部件产生酸性腐蚀。

亚硫酸钠只是单纯的除氧剂，对钢的表面无钝化作用。现将有关亚硫酸钠处理的几个技术问题，分述如下：

1. 影响反应速度的因素

Na_2SO_3 与 O_2 的反应速度不仅要受温度、Na_2SO_3 过剩量的影响，而且和水中其他物质的催化或阻化作用也有关系。

在室温下，Na_2SO_3 与 O_2 的反应速度较慢。温度越高，反应越快。Na_2SO_3 的过剩量越多，反应速度越快，除氧作用也越完全。Ca^{2+}、Mg^{2+} 等碱土金属的离子以及 Mn^{2+}、Cu^{2+} 等对反应有催化作用，而有机物和 SO_4^{2-} 却会减慢其反应速度。当用亚硫酸钠除氧时，为了使水中的氧完全化合，必须要有一定的温度和足够的反应时间，而且还需要有过剩的 Na_2SO_3。

2. 加药方法

亚硫酸钠的加入法为，将亚硫酸钠配成质量分数为 2%～10% 的溶液，然后用活塞泵把它压送到给水泵前的管道内。在加药过程中，药剂与水的接触时间应不少于 2min；溶液配制与储存过程中，应尽量减少与空气接触，以防止因自然氧化而失效。

3. Na_2SO_3 的分解

Na_2SO_3 的水溶液在高温时，可能发生的反应有下列几种，即

$$4Na_2SO_3 \longrightarrow 3Na_2SO_4 + Na_2S \tag{5-19}$$

$$Na_2S + 2H_2O \longrightarrow 2NaOH + H_2S \tag{5-20}$$

$$Na_2SO_3 + H_2O \longrightarrow 2NaOH + SO_2 \tag{5-21}$$

根据国内研究的结果，当炉内压力为 10.78MPa 时，Na_2SO_3 会发生水解反应，从而使蒸汽中含有 SO_2，但式（5-19）和式（5-20）的分解反应不显著。Na_2SO_3 的水解率和炉水的 pH 值有关，炉水的 pH 值越低，其水解率越大。在实际运行中，当有炉水水滴带入过热器中时，由于这里的温度达 500～600℃，Na_2SO_3 就有可能快速分解。因此当过热蒸汽用混合式给水减温时，就不适宜用 Na_2SO_3 进行给水处理。

当 SO_2 和 H_2S 等气体被蒸汽带入汽轮机后，会腐蚀镍钢制成的汽轮机叶片，也会腐蚀凝汽器、加热器铜管和凝结水管道。

二、联氨除氧

联氨（N_2H_4）又叫肼，常温下是一种无色液体。联氨吸水性很强，易溶于水及乙醇，遇水会结合成稳定的水合联氨（$N_2H_4 \cdot H_2O$）。联氨易挥发，溶液中浓度越大，挥发性越强。空气中联氨对呼吸系统及皮肤有侵害作用，故空气中联氨蒸汽量不能太大，最高不允许超过 1mg/L。联氨能在空气中燃烧，无水联氨的闪点为 52℃，浓度为 85% 的 $N_2H_4 \cdot H_2O$ 溶液的闪点只有 90℃。高浓度的联氨溶液遇火容易爆炸，但当联氨溶液中的 $N_2H_4 \cdot H_2O$ 含量低至 40% 时，就不易燃烧。

（一）联氨除氧原理

联氨是一种还原剂，它可将水中的溶解氧还原，反应式为

$$N_2H_4 + O_2 \longrightarrow N_2 + 2H_2O \tag{5-22}$$

反应产物 N_2 和 H_2O 对热力系统的运行没有任何害处，因此用联氨除氧只要加药量控制合适，既能除去水中溶解氧，又不会增加水中的含盐量。

联氨除氧是一种气—液之间的异相反应，一般认为联氨和氧吸附在金属、金属氧化物或者其他比表面积很大的分散固体表面，起催化反应。固体表面或液体中悬浮颗粒表面上形成的氧化膜，可提供联氨和氧反应的载体。因此，在锅炉设备保养的较好，并且给水中比较彻底地除去了悬浮态氧化铁的情况下，向水中适当添加分散的悬浮物质（例如萘甲基磺酸联氨），可加速联氨和氧之间的反应速度。在锅炉给水系统中采用活性炭填充柱对联氨除氧有很强的催化作用，可以提高除氧效果。

当给水中同时存在氧化铁、氧和联氨时，联氨首先将氧化铁还原为低价状态，然后低价氧化物又被水中的溶解氧氧化为高价态氧化物，其次才是联氨和氧之间的直接反应，即

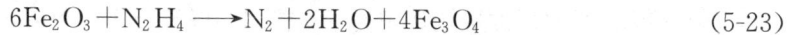

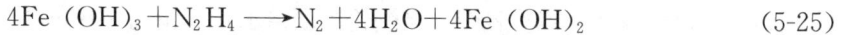

$$6Fe_2O_3 + N_2H_4 \longrightarrow N_2 + 2H_2O + 4Fe_3O_4 \tag{5-23}$$

$$2Fe_3O_4 + N_2O_4 + 4H_2O \longrightarrow N_2 + 6Fe(OH)_2 \tag{5-24}$$

$$4Fe(OH)_3 + N_2H_4 \longrightarrow N_2 + 4H_2O + 4Fe(OH)_2 \tag{5-25}$$

$$4Fe(OH)_2 + O_2 + 2H_2O \longrightarrow 4Fe(OH)_3 \tag{5-26}$$

根据金属腐蚀产物分析和溶解氧测定结果，在锅炉机组的运行条件下，联氨与水中溶解氧的反应是通过表面催化反应（铜、铁等金属表面）实现的。在此过程中，由于水中悬浮的金属氧化物粒子具有很大的比表面积，加速了表面催化反应的进程。

（二）影响联氨除氧反应的因素

（1）给水温度的影响。联氨与水中溶解氧随着温度的升高，反应速度加快。温度越高，反应越快，如图 5-11 所示。水温低于 50℃时，N_2H_4 和 O_2 的反应速度很慢；当水温超过 100℃时，反应速度明显增快；当水温超过 150℃时，反应速度很快。实验结果表明，温度每升高 10℃，反应速度约提高 1.2～1.75 倍。

（2）pH 值的影响。联氨必须处在碱性水中才能是强还原剂，因此它和溶解氧的反应速度与水的 pH 值有密切的关系，如图 5-12 所示。由图可知，随着 OH^- 浓度的提高，联氨的氧化速度增大，氧化的最大速度是在 NaOH 浓度为 0.01～0.03mol/L 时，进一步增加 OH^- 浓度时，氧化速度开始降低。就是说当水的 pH 值在 9～11 之间时，反应速度最大。在锅炉给水处理的 pH 值范围（8.5～9.0）内，联氨和氧的反应速度基本上不受 pH 值的影响。所以，联氨处理时维持适当的 pH 值是一个很重要的条件。

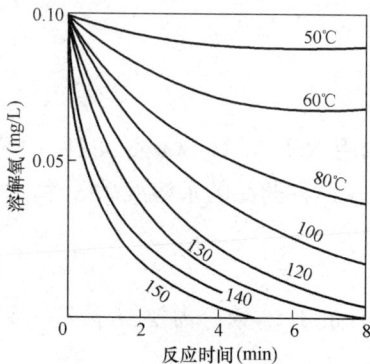

图 5-11　水的温度对联氨和溶解
氧的反应速度的影响

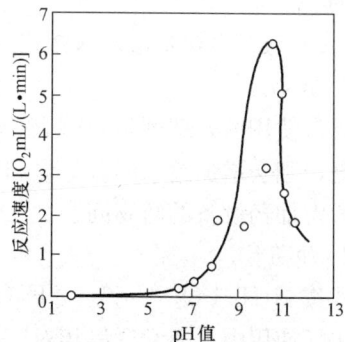

图 5-12　N_2H_4 和 O_2 的反应速度
与水 pH 值的关系

（3）催化剂的影响。某些金属离子对联氨和氧之间的反应具有明显的催化作用，催化作用大小顺序是：Cu>Co>Mn>Fe。铜和铁及其氧化物表面也有催化作用，例如凝汽器或低压加热器的铜管表面，给水管道和高压加热器钢管表面以及水中悬浮的金属氧化物颗粒表面都有催化作用，这对于提高联氨的使用效果是有利的。但是给水中若含有这些金属化合物，就会加剧锅炉的结垢和腐蚀，所以实际不能利用这些金属的化合物做催化剂。目前普遍采用在联氨中添加有机催化剂的方法，即所谓催化（活性）联氨方法。催化剂是以下几种有机物：对—氨基苯酚、1—苯基—3—吡唑烷酮、邻或对醌的化合物、芳胺和醌化合物的混合物等。它们与联氨的重量比并不是很严格，对—氨基苯酚与1—苯基—3—吡唑烷酮一般按（50～500）∶1的数量加到联氨内。邻或对醌的化合物中最好的是邻苯二酚或对苯二酚，加入联氨的比例为（30～150）∶1。芳胺化合物对醌化合物的重量比是（15～200）∶1。

（4）表面活性材料的影响。阳离子交换树脂以及磺化煤和粒状活性炭等交换剂，由于具有很大的比表面积，增加了溶解氧和联氨的接触，因而可使反应速度加快，其中尤以磺化煤和活性炭的效果最佳。试验表明，当汽轮机凝结水含氧量为 $200\mu g/L$（水温 20～40℃），加入联氨的数量是溶解氧浓度的 3～4 倍时，若使水通过活性炭或磺化煤填充柱，可使凝结水溶解氧浓度在很短的时间内降至 $10～27\mu g/L$，而在不通过填充柱的情况下，联氨和氧的化合约需几个小时。

（5）联氨和氧浓度比例的影响。在 pH 值和温度相同的情况下，N_2H_4 过剩量越多，除氧所需的时间越少，效果越好。在一定条件下，随着 N_2H_4∶O_2（重量比例）的提高，它们之间的反应速度增加，但并不是单纯的正比例关系。这是因为在联氨和氧浓度低时，反应接近于一级反应；而在浓度高时，反应接近于二级反应。实际运行中，N_2H_4 过剩量应适当，不宜过多，因为过剩量太大不仅多消耗药品，而且有可能使反应不完全的联氨带入水蒸气中。

（6）反应时间的影响。反应时间越长，反应进行越完全。但是，除去一定量（例如90%）的水中溶解氧所需要的时间并不是一个常数，它与温度、催化剂的存在和联氨及溶解氧的浓度都有关系。

综上所述，联氨除氧的合理条件为：150℃以上的温度，pH 值为 9～11 的碱性介质和适当的 N_2H_4 过剩量。中高压及以上发电厂，从除氧器出来的给水，温度一般大于100℃，给水 pH 值按规定要调节到 8.8～9.3，所以联氨处理所需的条件是基本可以得到满足的。

（三）联氨在锅炉给水水质调节中的应用

1. 药品

通常使用的处理剂是 40% 的 $N_2H_4 \cdot H_2O$ 溶液。如用 $N_2H_4 \cdot H_2SO_4$ 或 $N_2H_4 \cdot 2HCl$ 作处理剂，则会增加给水的含盐量和降低其 pH 值，而且这两种药品的水溶液呈酸性，使用时还要考虑加药设备的防腐问题。

2. 加药量

若按 $N_2H_4+O_2 \longrightarrow N_2+2H_2O$ 反应式计算，水中 1mg/L O_2 恰好需要 1mg/L N_2H_4。但是在实际使用中，通常联氨相对于氧有一定的过剩量。

加入过量联氨的原因为：在低温或水中溶解氧含量低（<10$\mu g/L$）时，联氨和氧之间的反应不完全；联氨对金属氧化物的还原作用不是严格按照化学计量关系进行；水中溶解氧

测定准确性不足或不及时；不能有效地查出氧的漏入；由于锅炉运行工况影响，可能有一部分氧是由于某种化学反应的结果产生的。由于这些原因，加药量无法准确计算，故 N_2H_4 的加药量通常按从省煤器入口所采得的给水水样中剩余的 N_2H_4 含量来控制，给水中过剩 N_2H_4 含量可控制在 $20\sim50\mu g/L$。

在进行联氨处理的最初一段时间，由于 N_2H_4 不仅消耗于给水中的氧和铁、铜氧化物，而且也会被给水系统中金属表面的氧化物所消耗，所以在这个阶段中采得的省煤器入口给水样品中往往不含有 N_2H_4，一直要等到这些氧化物几乎反应完全，才会检测到 N_2H_4。为了缩短这个最初阶段，联氨的起始加药量应稍大些，实际运行中按每升除氧水加 $100\mu g N_2H_4$ 计算，待给水中有过剩 N_2H_4 出现时，再逐渐减少加药量。

此外，给水中如含有亚硝酸盐，还应考虑它所消耗的 N_2H_4，适当增加加药量。反应式为

$$N_2H_4 + 2NaNO_2 \longrightarrow N_2O + N_2 + NaOH + H_2O \tag{5-27}$$

3. 加药地点

联氨加药点的位置对于其使用效果有重要影响，因此应按照热力系统的具体情况，合理地选择联氨加药点。目前，联氨加药点一般是选择在以下几处：①除氧器贮水箱或给水箱；②给水泵的低压侧，除氧器出口管；③凝结水泵前的凝结水管；④汽轮机凝汽器汽侧；⑤汽轮机高低压汽缸之间的导汽管，即联氨实际上是注入低压汽缸。联氨大都加在给水泵的低压侧，这样，通过给水泵的搅动，有利于药液和给水的混合；联氨也可加到除氧器的储水箱中，此法可延长联氨和给水中氧的反应时间。后一种方法有两个缺点：第一要多消耗联氨；第二，如果储水箱中没有采取特殊的混合装置，联氨和水不易在此储水箱中混合均匀。但是在生产返回水较多的热电厂中，由于给水中有机物的含量常常很高，而有机物会减慢联氨和氧的反应速度，所以以将联氨加在除氧器的储水箱中是有利的。

4. 加药系统

通常采用的加联氨方法为，将工业水合联氨溶液（40%）配成稀溶液（如 0.1%），用加药泵压送至给水系统。如图 5-13 所示。

操作方法为，先将工业联氨用喷射器抽真空的办法送至联氨计量器，待计量器中的联氨达到所需的量后，关掉抽气门，开启此计量器上的空气门和下部阀门，将联氨放入加药箱，并用除盐水稀释，直到液位计上指出满刻度，然后用加药泵送入给水系统。这种加药系统基本上是密闭的，所以在操作中，工作人员不与联氨溶液直接接触，联氨挥发到空气中的量也很少。

图 5-13 N_2H_4 溶液的加药系统

1—工业联氨桶；2—计量器；3—加药箱；4—溢流管；
5—液位计；6—加药泵；7—喷射器

当锅炉运行负荷变动时，联氨溶液的注入速度应随锅炉给水流量和水中溶解氧含量而变动。可以根据氧和联氨的比例调节控制，或按给水流量和联氨剩余量的比例调节控制，设计联氨的自动加药系统。

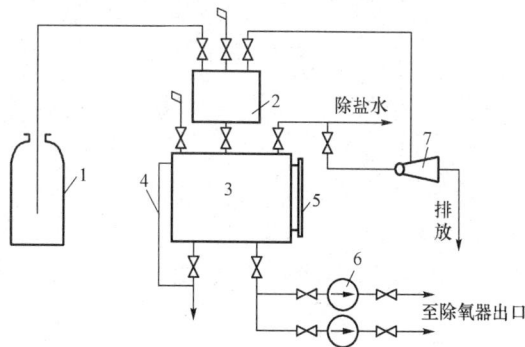

5. 注意事项

联氨具有挥发性、有毒、易燃烧，所以在保存、输送和化验等方面，应特别注意以下几点：

（1）保存。联氨的浓溶液应密封保存，大批的联氨应保存在露天仓库或可燃物仓库中。靠近联氨浓溶液的地方不允许有明火。

（2）输送。搬运联氨时，工作人员应配备胶皮手套和护目镜（或面罩）等防护用品。在操作联氨的地方，应有良好的通风和水源。

（3）化验。对联氨进行化验时，不允许用嘴吸移液管来吸取含有联氨的溶液，因为联氨进入人体内是有害的。

第六章

锅炉水水质调节

第一节 水垢和水渣的特性

热力设备投运以后，如果炉内水质不良，经过一段时间运行后，在受热面与水接触的管壁上就会生成一些固态附着物，这种现象称为结垢，这些附着物叫做水垢。另外，在锅炉水中析出的固体物质，有的会呈悬浮状态存在于炉水中，也有沉积在汽包和下联箱底部等水流缓慢处，形成沉渣，这些呈悬浮状态和沉渣状态的物质叫做水渣。水垢和水渣都会影响热力设备的安全运行。

一、水垢的特性

（一）组成

水垢的化学组成一般比较复杂，往往不是单一的化合物，而是由许多化合物组成的混合物。其外观、物理特性及化学组分因水质不同、生成的部位不同而有很大差异。通过化学分析，可确定水垢的化学组成，一般用重量百分率表示水垢的化学成分的组成。水垢一般由 Fe_2O_3、Al_2O_3、CaO、MgO、SiO_2 等化学成分组成。

（二）分类

水垢的化学组分虽然比较复杂，但往往以某种组分为主，例如目前电厂锅炉的水汽系统中，水垢的化学成分往往以 Fe、Ca 等为主。为了便于研究水垢形成的原因、防止及消除的方法，通常将水垢按其主要化学成分分成钙镁水垢、硅酸盐水垢、氧化铁垢和铜垢等。

（三）钙、镁水垢的形成及其防止

1. 成分、特征及生成部位

（1）成分。在钙镁水垢中，通常以钙、镁盐类为主，可达 90% 左右。这类水垢按其化学组分分成碳酸钙水垢（$CaCO_3$）、硫酸钙水垢（$CaSO_4$、$CaSO_4 \cdot 2H_2O$、$2CaSO_4 \cdot H_2O$）、硅酸钙水垢（$CaSiO_3$、$5CaO \cdot 5SiO_2 \cdot H_2O$）、镁垢 $[Mg(OH)_2$，$Mg_3(PO_4)_2]$ 等。

（2）生成部位。碳酸盐水垢，容易在锅炉省煤器、加热器、给水管道以及凝汽器冷却水通道和冷水塔等处生成。硫酸钙和硅酸钙水垢，主要在热负荷较高的受热面上，如水冷壁、蒸发器和蒸汽发生器内等处生成。

2. 形成原因

形成钙、镁水垢的原因是：水中钙、镁盐类的离子浓度乘积超过其溶度积，这些盐类从溶液中结晶析出，并附着在受热面上。水中的析出物之所以能附着在受热面上，是由于受热面金属表面粗糙不平，存在析出固体时的结晶核心。另外，由于金属受热面上常常覆盖着一层氧化物薄膜，具有很大的吸附能力，能够吸附水中析出的固体颗粒。

锅炉以及各种热交换器中，水中钙、镁盐类的离子浓度积超溶度积的原因，主要有以下几个方面：

（1）随着水温的升高，某些钙、镁盐类在水中的溶解度下降。

（2）在水不断受热被蒸发时，水中盐类逐渐被浓缩。

（3）在水被加热和蒸发的过程中，水中某些钙、镁盐类因发生化学反应，从易溶于水的物质变成了难溶的物质而析出。例如水中发生重碳酸钙和重碳酸镁的热分解反应，反应式为

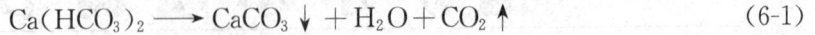

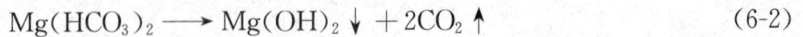

$$Ca(HCO_3)_2 \longrightarrow CaCO_3 \downarrow + H_2O + CO_2 \uparrow \tag{6-1}$$

$$Mg(HCO_3)_2 \longrightarrow Mg(OH)_2 \downarrow + 2CO_2 \uparrow \tag{6-2}$$

水中析出盐类物质后，可能成为水垢，也可能成为水渣，这不仅决定于它们的化学成分和结晶形态，而且还与其析出的条件有关。如在省煤器、给水管道、加热器、凝汽器冷却水通道和冷水塔中，水中析出的碳酸钙常结成坚硬的水垢；但是在锅炉、蒸发器和蒸汽发生器中，由于水的碱度较大，而且水处于剧烈的沸腾状态，此时，析出的碳酸钙常常形成疏松的水渣。

（4）水中有异常造成 Ca^{2+}、Mg^{2+} 升高的问题。目前大多数火力发电机组中，都以除盐水为锅炉的补给水，给水中一些常见的杂质已基本除尽，而且凝汽器的严密性较高，给水水质已很纯净，钙镁水垢并不多见。但在补给水控制不严格以及凝汽器发生泄漏以及炉内处理方法不当时，仍会出现钙、镁水垢。另外，热电厂中，生产返回水中可能存在一些钙、镁离子，从而引起锅炉结垢。

3. 防止方法

降低给水硬度是防止锅炉受热面上形成钙、镁水垢的主要方法，主要应从以下几方面着手：

（1）彻底除掉补给水中的硬度。

（2）保证凝汽器严密。凝汽器发生泄漏，冷却水进入凝结水中，往往是锅内产生钙、镁水垢的一个重要原因。

（3）对于给水的组成中有生产返回水的热电厂，其返回水的硬度应不超过允许值。

（4）炉内处理。凝汽器在正常情况下也会有微量渗漏，目前中、小机组一般对凝结水不进行处理，所以即使用除盐水或蒸馏水作补给水，给水中也会含有少量钙、镁盐类物质。这些钙、镁盐类进入炉内后，由于锅炉蒸发强度大，使水中钙、镁离子浓度增至很大，仍会形成水垢。通常要在锅炉水中投加一些化学药品，进行适当的炉内水处理，以避免锅炉内形成水垢，使进入锅炉水中的钙、镁离子形成一种不黏附在受热面上的水渣，随锅炉排污排除掉。

（四）硅酸盐水垢的形成及防止

1. 成分、特征及生成部位

硅酸盐水垢的绝大部分是铝、铁的硅酸化合物，它的化学结构较复杂。在这种水垢组成中往往含有 40%～50% 的二氧化硅，25%～30% 的铝和铁的氧化物以及 10%～20% 的钠的氧化物，钙、镁化合物的总含量一般不超过百分之几。硅酸盐水垢有的多孔，有的很坚硬、致密，常常均匀地覆盖在热负荷很高或水循环不良的炉管内壁上。

2. 形成原因

锅炉给水中铝、铁和硅的化合物含量较高，凝汽器泄漏带入冷却水及锅炉受热面上热负荷过高等因素是形成硅酸盐水垢的主要原因。例如，以地表水源作原水的发电厂，若补给水的预处理过程不当或者凝汽器发生泄漏，就会使给水中含有一些极微小的黏土和较多的铝、硅化合物，它们进入炉内就可能形成硅酸盐水垢。

硅酸盐水垢的形成机理，一般认为是在高热负荷下，附着在受热面上的一些钠盐、熔融

状态的苛性钠以及铁、铝的氧化物相互发生化学反应而形成的。反应式为

$$Na_2SiO_3 + Fe_2O_3 \longrightarrow Na_2O \cdot Fe_2O_3 \cdot SiO_2 \qquad (6\text{-}3)$$

另一种看法认为,这些复杂的硅酸盐水垢,是在高热负荷的管壁上从高度浓缩的炉水中直接结晶出来的。

3. 防止方法

为了防止产生硅酸盐水垢,应尽量降低给水中的硅化合物、铝和其他金属氧化物的含量。这就要求水处理工作者一方面要对补给水进行深度的除硅处理,保证优良的补给水水质;另一方面要严格防止凝汽器泄漏。运行经验证明,凝汽器的泄漏往往是导致产生硅酸盐水垢的主要原因。

目前的水处理工艺虽然已比较成熟和完善,锅炉补给水的水质也已相当纯净,但因补给水处理不当或由于凝汽器泄漏,而使铁、铝的化合物和硅的化合物带入炉水中的现象时有发生。中、小型热电厂中,往往只采用一级复床除盐,补给水中的硅很难去除干净,所以对于含硅量较高的原水,应优化水处理系统设计和运行,必要时增加混床除盐。硅酸盐水垢很难用酸洗的方法去除,所以在受热面上一旦生成硅酸盐水垢,将会给热力设备的安全运行带来非常不利的影响。

(三)氧化铁垢的形成及防止

1. 成分、特征及生成部位

氧化铁垢的主要成分是铁的氧化物,其含量可达 $70\% \sim 90\%$,另外还含有少量金属铜、铜的氧化物以及一些钙、镁、硅和磷的盐类。氧化铁垢的表面为咖啡色,内层是黑色或灰色,垢的下部与金属接触处常有少量的白色盐类沉积物。

氧化铁垢的生成部位主要是在锅炉管壁上。如燃烧器附近的炉管或卫燃带上下部的炉管或卫燃带局部脱落或炉膛内结焦时的裸露炉管等热负荷较高的部位。

2. 形成原因

形成氧化铁垢的主要原因是锅炉炉水含铁量和炉管上的热负荷太高。炉水的含铁量主要取决于给水的含铁量,炉管腐蚀对炉水含铁量的影响往往较小。给水含铁量越高,热负荷越大,氧化铁垢的形成速度越快。氧化铁垢的形成有以下几个途径:

(1)炉水中铁的化合物沉积在管壁上形成氧化铁垢。锅炉水中铁化合物的形态主要是胶体状的氧化铁,也有少量较大颗粒的氧化铁和呈溶解状态的氧化铁。铁的氧化物在水中的溶解度随温度升高而下降,在热负荷较高的管壁处,锅炉水中有更多的铁以固态微粒存在而不以溶解状态存在,所以就比较容易生成氧化铁垢。

(2)在炉水中,胶态氧化铁带正电。当炉管上局部地区的热负荷很高时,该部位的金属表面因电子集中而带负电,这部分管壁与其他部分的金属表面之间会产生电位差。带正电的氧化铁微粒向带负电的金属表面聚集,从而形成氧化铁垢。

(3)颗粒较大的氧化铁,当炉水急剧蒸发浓缩时,在水中电解质含量较大和 pH 值较高的条件下,逐渐从水中析出并沉积在炉管管壁上成为氧化铁垢。

(4)当锅炉金属遭受到碱性腐蚀、蒸汽腐蚀或停用腐蚀时,产生铁的腐蚀产物,这些腐蚀产物在锅炉运行过程中会直接在管壁上沉积并转化为氧化铁垢。

3. 防止方法

防止锅炉内产生氧化铁垢的基本途径,是减少锅炉水中的含铁量。为此,应减少给水含

铁量。为了减少给水含铁量，除了减少给水的各组成部分（包括补给水、汽轮机凝结水、疏水和生产返回凝结水等）的含铁量外，还应防止锅炉在运行和停用期间的金属腐蚀，而且还要避免锅炉超负荷运行和改善锅炉运行工况，控制锅炉管壁上的热负荷在允许范围之内。还应进行适当的给水水质处理，防止给水系统发生金属腐蚀。

此外，还有人试验往炉水中加聚合物，使铁的氧化物成为稳定的分散体系，以减缓或防止氧化铁垢的生成。

（四）铜垢的形成及防止

1. 成分、特征及生成部位

当水垢中金属铜的含量比较高，达到 20%～30% 或更多时，这种水垢就叫铜垢。当热力设备的铜制部件（如高、低压加热器，凝汽器铜管等）遭受腐蚀时，铜的腐蚀产物便随给水带入锅炉内部，从而形成铜垢。铜垢中铜的含量沿垢层厚度分布非常不均匀，表面部分高达 70%～90%，靠近锅炉炉管深处只有 10%～25% 或更少。

在各种压力的锅炉中都可能生成铜垢，经常超负荷运行的锅炉或者炉膛内燃烧工况变化引起局部热负荷过高的锅炉，更容易形成铜垢。铜垢的生成部位主要在局部热负荷很高的炉管内，有时在汽包和联箱内的水渣中也发现有铜，这些铜是从局部热负荷很高的管壁上脱落下来的，被水流带到水流速度较缓慢的汽包和联箱中，与水渣一起积聚在那里而形成的。

2. 形成原因

热力系统中铜合金部件遭到腐蚀，其腐蚀产物随给水进入炉内是产生铜垢的主要原因。在沸腾的碱性炉水中，铜的腐蚀产物主要以络合物的形式存在，这些络合物与铜离子达成离解平衡。在热负荷很高的部位，一方面，锅炉水中部分铜的络合物会被破坏变成铜离子，使锅炉水中的铜离子浓度升高；另一方面，由于高热负荷的作用，炉管中的金属保护膜被破坏，并使这些部位与其他部分的金属表面之间产生电位差，发生电化学反应，局部热负荷越大时，这种电位差也越大。

$$\text{阴极反应 } Cu^{2+} + 2e = Cu$$
$$\text{阳极反应 } Fe = Fe^{2+} + 2e$$

结果，铜离子获得电子而析出金属铜，同时铁释放出电子遭到腐蚀，所以铜垢总是形成在局部热负荷高的管壁上，而且与铁的腐蚀产物混杂。

金属铜在锅炉水中析出时，是从一个个多孔的小丘到逐渐连成一片成为海绵状的沉淀层。锅炉运行中，炉水充灌到这些小孔中，很快被蒸干，而将氧化铁、磷酸钙、硅化合物等杂质留在小孔中，这种过程一直进行到杂质将孔填满为止。杂质填充的结果一方面使垢层中铜的百分含量相对降低，另一方面使得铜垢有很好的导电性，不妨碍上述过程的继续进行。所以在已生成的垢层上又按同样的过程产生新的铜垢层，结垢过程便这样继续进行。

3. 防止方法

为了防止在锅炉中生成铜垢，在锅炉运行方面，应尽可能避免炉管局部热负荷过高，严禁锅炉超负荷运行；在水质方面，应尽量降低给水的含铜量，应减缓给水和凝结水系统中铜部件的腐蚀。

二、水渣的特性

1. 组成

水中的结垢物质由于其化学成分、结晶形态、析出条件等有所不同，析出后可能形成水垢，也可以形成水渣。因此水渣与水垢一样，也是一种含有许多化合物的混合物，化学组成也很复杂，而且随水质不同差异很大。但形成水渣的主要物质通常不外乎以下几种：碳酸钙（$CaCO_3$）、氢氧化镁 [$Mg(OH)_2$]、碱式碳酸镁 [$Mg(OH)_2 \cdot MgCO_3$]、磷酸镁[$Mg_3(PO_4)_2$]、碱式磷酸钙(碱式磷灰石) [$Ca_{10}(OH)_2(PO_4)_6$]、蛇纹石[$3MgO \cdot 2SiO_2 \cdot 2H_2O$]、镁橄榄石 [$2MgO \cdot SiO_2$] 以及金属的腐蚀产物，如铁的氧化物 [$Fe_2O_3$、$Fe_3O_4$] 和铜的氧化物 [$CuO$、$Cu_2O$] 等。有时水渣中还含有某些随给水带入炉水中的悬浮物。

2. 分类

由于各种水渣的化学组分和形成过程不同，有的水渣不易黏附在受热面上。这类水渣较松软，流动性好，在锅炉水中呈悬浮状态，易随锅炉排污从炉内排除掉，如碱式磷酸钙 [$Ca_{10}(OH)_2(PO_4)_6$] 和蛇纹石水渣（$3MgO \cdot 2SiO_2 \cdot 2H_2O$）等。有的水渣则易黏附在受热面上转化成水垢，特别容易黏附在水流缓慢或停滞的地方，经高温烘焙后，常常转变成软垢（这种水垢称为二次水垢），如磷酸镁和氢氧化镁等。

电厂运行中除了需要对给水进行适当的处理，减少进入锅炉的盐类物质外，还需要采取适当的炉内水处理工艺，使进入锅炉的盐类物质不结垢，而以流动性较好的水渣的形式析出，然后通过排污的方法除去。

三、水垢和水渣的危害

锅炉炉管结垢后，由于水垢的导热性能很小，所以水垢会降低热力设备的传热效率，增加热损失。有人估算，如果在省煤器中生成 1mm 厚的水垢，可使燃煤消耗量增加 1.0%～1.5%。如果在水冷壁管上结有 1mm 的水垢，燃煤消耗量增加 10%。锅炉结垢后，往往因水垢传热不良导致管壁温度升高，当其温度超过了金属所能承受的允许温度时，就会引起蠕变、鼓包、穿孔、破裂、爆管等事故。在高参数锅炉的水冷壁管上，只要结有 0.1～0.5mm 厚的水垢，就可能引起爆管。此外，当炉内金属表面覆盖有水垢时，还会引起沉积物下的腐蚀。在锅炉运行中，锅炉水从水垢的孔隙中渗入垢层，并很快被蒸干，从而使锅炉水在垢层下高度浓缩，达到很高的浓度，而导致垢下腐蚀，腐蚀产物进一步转化为水垢，因此这种结垢与腐蚀是相互促进的。

锅炉水中水渣太多，会影响锅炉的蒸汽品质，而且还可能堵塞管路；在热负荷高的情况下，水渣也可能转化为水垢，威胁锅炉的安全运行，所以应采用锅炉排污的办法及时将锅炉水中的水渣排除掉。

第二节 锅炉水水质调节方法

为了防止在汽包锅炉中产生水垢，除了保证给水水质外，通常还需要向炉水中投加某些药品，使随给水进入炉内的盐类物质（补给水中残余的或凝汽器中漏入的）在炉内不生成水垢，而形成水渣，或呈溶解、分散状态，通过排污排出炉外，这种防垢方法称为炉内加药处理，也称为炉水水质调节。

一、磷酸盐防垢处理

在发电厂的锅炉中，最宜用作炉内加药处理的药品是磷酸盐。向炉水中投加磷酸盐的这种处理方法，简称为磷酸盐处理。

1. 原理

磷酸盐防垢处理就是用加磷酸盐溶液的办法，使炉水中经常维持一定含量的磷酸根。在单独进行磷酸盐处理时，大多采用磷酸三钠（$Na_3PO_4 \cdot 12H_2O$），它是一种白色晶体状的固体颗粒。由于炉水处在沸腾状态和碱性较强（pH 值一般在 9～11 的范围内）的条件下，因此，加入一定数量的磷酸盐后，炉水中的钙、镁离子与磷酸根会发生下列反应（以钙为例）：

$$10Ca^{2+} + 6PO_4^{3-} + 2OH^- \longrightarrow Ca_{10}(OH)_2(PO_4)_6（碱式磷酸钙） \tag{6-4}$$

生成的碱式磷酸钙是一种松散的水渣，可随锅炉排污排出炉外。

前面提到形成钙、镁水垢的根本原因是水中钙、镁盐类的离子浓度乘积超过了其溶度积，盐类析出附着在受热面上。换句话说，这些钙、镁盐类在水中都有一定的溶解度，存在一种溶解平衡。

$$CaCO_3 \Longrightarrow Ca^{2+} + CO_3^{2-}$$

由于碱式磷酸钙是一种比碳酸钙、硫酸钙等更难溶的化合物，它的溶度积很小，所以当炉水中保持有一定量的过剩磷酸根时，水中钙离子将转化为碱式磷酸钙，使炉水中钙离子（Ca^{2+}）浓度降的很低，从而使碳酸钙、硫酸钙等达不到析出的条件，达到防止钙型水垢（$CaSO_4$、$CaSiO_3$ 等）的目的。

对于以钠型离子交换树脂交换的软化水作补给水的热电厂，有时因为补给水率较大，炉水碱度很高。为了降低炉水的碱度，可采用磷酸氢二钠（Na_2HPO_4）进行处理，以消除一部分游离的 NaOH，反应式为

$$NaOH + Na_2HPO_4 \longrightarrow Na_3PO_4 + H_2O \tag{6-5}$$

另外，磷酸盐还可以在锅炉管壁表面上生成磷酸盐保护膜，防止金属腐蚀。

2. 炉水中的磷酸根的含量

采用磷酸盐进行炉内水处理时，必须控制 PO_4^{3-} 的加药量，加入的磷酸盐量与给水的硬度有关。当给水硬度增高时（如凝汽器偶尔发生泄漏时），加药量也应增多。炉水中 PO_4^{3-} 含量不宜过低或过高，过低起不到防垢作用，过高除了增加药品消耗外，还会增加炉水含盐量，影响蒸汽品质，而且有可能生成 $Mg_3(PO_4)_2$、$Fe_3(PO_4)_2$ 水垢。

炉水中的镁离子通常较少，在沸腾的炉水中，与 SiO_3^{2-} 发生反应生成水渣状的蛇纹石（$MgO \cdot 2SiO_2 \cdot 2H_2O$）。

$$3Mg^{2+} + 2SiO_3^{2-} + 2OH^- + H_2O \longrightarrow 3MgO \cdot 2SiO_2 \cdot 2H_2O \downarrow \tag{6-6}$$

但当炉水中 PO_4^{3-} 过量时，有可能生成 $Mg_3(PO_3)_2$，由于 $Mg_3(PO_3)_2$ 在高温水中的溶解度非常小，能黏附在炉管内形成二次水垢。这种二次水垢是一种导热性很差的松软水垢。

另外，当炉水中 PO_4^{3-} 含量过高时，容易在高压锅炉中发生 Na_3PO_4 的"隐藏"现象。当锅炉负荷增加时，炉水中磷酸钠的浓度明显下降；而当锅炉负荷降低或停运时，炉水中磷酸钠的浓度又重新升高。这种现象称为磷酸盐的"暂时消失"现象，也称"隐藏"现象。对于高压分段蒸发锅炉，当盐段锅炉水中 PO_4^{3-} 含量超过 100mg/L 时，更容易发生这种现象。

易溶盐的"暂时消失"现象有以下几种危害：这些易溶盐的附着物传热性能差，容易引起炉管过热、爆管；这些易溶盐易与其他沉积物发生反应，生成复杂的难溶性水垢，加剧结垢和腐蚀过程；磷酸盐发生"暂时消失"现象时，会使管内炉水中产生游离的 NaOH，一旦产生炉水浓缩就会导致碱性腐蚀。

为了达到防止在锅炉中产生钙型水垢的目的，在锅炉水中应维持足够的磷酸根（PO_4^{3-}）含量。这个含量与炉水中的 SO_4^{2-}、SiO_3^{2-} 等的含量有关。但由于实际上没有各种钙化合物在高温炉水中溶度积的数据，而且炉内生成水渣的实际反应过程也很复杂，所以炉水中 PO_4^{3-} 含量的具体数值难以精确给出，目前根据锅炉长期的运行实践，为了保证锅炉磷酸盐处理的防垢效果，国家技术质量监督局规定了各种锅炉炉水中的 PO_4^{3-} 含量标准，具体规定见水质标准一节。

鉴于磷酸盐炉内水处理时 PO_4^{3-} 含量过高带来的问题，只要能达到防垢的目的，炉水中 PO_4^{3-} 的含量还是以低些为好。所以，在确保给水水质非常优良的情况下，应尽量降低炉水中 PO_4^{3-} 含量的标准。有些高参数汽包锅炉，由于采用了优良的补给水处理技术，随给水进入炉内的 Ca^{2+}、SO_4^{2-} 和 SiO_3^{2-} 等非常少。对这些锅炉进行炉水的磷酸盐处理时，其中 PO_4^{3-} 含量的标准很低，这种炉内处理称为低磷酸盐处理。若炉水采用低磷酸盐处理，当汽轮机凝汽器发生泄漏时，应及时增加磷酸盐的加药量。

3. 锅炉运行时的加药量

锅炉投入运行后，由于随给水进入炉内的钙离子变成水渣要消耗 PO_4^{3-}，而且锅炉排污带走部分 PO_4^{3-}，所以要保持锅炉水中一定的 PO_4^{3-} 含量，应连续不断的补加磷酸三钠溶液。运行时的加药量 D_{L1} 计算式为

$$D_{L1} = \frac{1}{0.25} \frac{1}{\varepsilon} \frac{1}{1000}(28.5 H D_{GE} + D_P I_{L1}) \quad (kg/h) \tag{6-7}$$

式中　ε——工业磷酸三钠（$Na_3PO_4 \cdot 12H_2O$）产品的纯度，一般为 $0.95 \sim 0.98$；

　　H——给水的硬度，mmol/L；

D_{GE}——锅炉给水量，t/h；

D_P——锅炉排污水量，t/h；

I_{L1}——锅炉水中应维持的 PO_4^{3-}，mg/L。

4. 加药方式

为了药剂装卸、储存、配制方便，磷酸盐溶液一般是在发电厂的水处理车间配制的，其配制系统如图 6-1 所示。

首先在药品溶解箱中用补给水将固体磷酸三钠溶解成质量分数为 5%～8% 的浓磷酸三钠盐溶液，然后用泵将此溶液通过过滤器送至磷酸盐溶液贮存箱内。贮存箱安置在锅炉房内，靠近加药地点。过滤是为了除掉磷酸盐溶液中悬浮的杂质，以保证溶液的纯净和减轻加药设备的磨损。目前发电厂为了精确控制锅炉水中的 PO_4^{3-} 含量，装设有炉水 PO_4^{3-} 含量的自动调节设备，它是利用炉水 PO_4^{3-} 测试仪表的输出信号通过微机系统控制加药泵，能自动、精确地维持炉水中 PO_4^{3-} 含量，取得很好的效果。采用这种设备还可以减轻磷酸盐处理时的工作量。

加药时，先将贮存箱中的浓溶液稀释成 1%～5% 的稀溶液，然后引入计量箱内，再用高压力、小容量的活塞计量泵（泵的出口压力略高于锅炉汽包压力），连续地将磷酸盐溶液加至汽包内的炉水中。汽包内水面下设有一根磷酸盐加药管，加药管沿汽包长度方向布置，并开有等距离的小孔，小孔孔径为 3～5mm，加药量的调节是靠改变药液浓度或改变活塞泵的扬程来完成的。

在锅炉运行中，如发现炉水中 PO_4^{3-} 过高，可暂停加药泵，待炉水中 PO_4^{3-} 含量正常

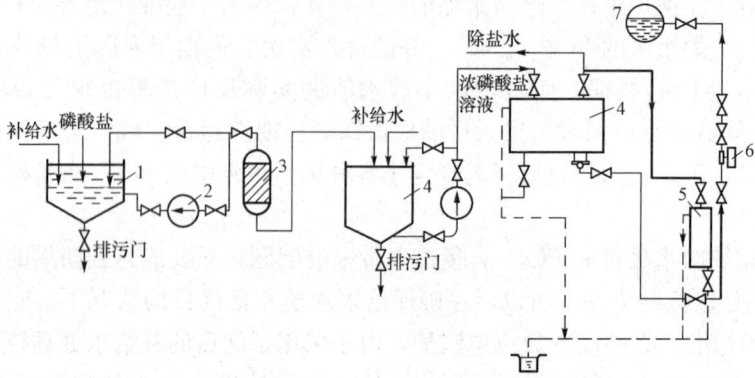

图 6-1　磷酸盐溶液制备与投加系统

1—磷酸盐溶解箱；2—泵；3—过滤器；4—磷酸盐溶液贮存箱；

5—计量箱；6—加药泵；7—锅炉汽包

后，再启动加药泵。这种加药方式的优点是：进药量均匀，锅炉水中 PO_4^{3-} 含量稳定。

5. 注意事项

（1）采用磷酸盐处理时，应保证给水中硬度小于 $5\mu mol/L$，最大不超过 $35\mu mol/L$，否则即会导致生成水渣过多，影响蒸汽品质，又会增大排污量，降低锅炉效率。

（2）应使锅炉水维持规定的 PO_4^{3-} 过剩量；另外，加药要均匀，速度不宜太快，以免锅炉含盐量骤然增加，影响蒸汽品质。

（3）应及时通过排污排除生成的水渣，以免炉水中含盐量增加，影响蒸汽品质；锅炉底部沉渣如不及时排走也会增大水循环阻力，甚至堵塞水流通管道，破坏正常水循环。

（4）对于已经结垢的锅炉，在进行磷酸盐加药处理时，必须先将水垢清除掉，因为 PO_4^{3-} 除了能够防垢外，还能与原先生成的钙垢作用，使原有水垢变成水渣或者脱落，锅炉水中因而产生大量水渣而影响蒸汽品质。严重时脱落的水垢甚至会堵塞炉管，导致水循环发生故障。

（5）使用的药品应当比较纯净，以免杂质进入炉内，引起锅炉腐蚀和蒸汽品质恶化。药品质量一般应符合下述标准：$Na_3PO_4 \cdot 12H_2O$ 不小于 95%，不溶性残渣不大于 0.5%。

二、协调 pH-磷酸盐处理

协调 pH-磷酸盐处理是使炉水磷酸盐和 pH 值相应地控制在一个特定的范围内，因此也叫炉水磷酸盐-pH 控制。采用协调 pH-磷酸盐处理，不仅可防止钙垢，还可起到防止水冷壁管碱性腐蚀的作用，以及避免炉水 pH 值偏低形成的危害。

1. 原理

协调 pH-磷酸盐处理就是除了向汽包内添加 Na_3PO_4 外，还添加其他适当的药品，使炉水既有足够高的 pH 值和维持一定的 PO_4^{3-}，又不含有游离 $NaOH$。

单纯采用磷酸盐处理时，炉水中磷酸盐会出现"隐藏"现象，产生游离 $NaOH$，导致碱性腐蚀。要保证炉内不存在游离 $NaOH$，则必须解决传统磷酸盐处理存在的以下两个问题：

（1）使锅炉水中没有游离 $NaOH$，防止水冷壁管碱性腐蚀。

（2）在发生盐类暂时消失现象时，锅炉炉管管壁边界层液相中不因化学反应而产生游离 $NaOH$。

当向炉水中添加磷酸氢钠时，可以与游离 $NaOH$ 发生反应。如用 Na_2HPO_4 时，反应式为

$$Na_2HPO_4 + NaOH \rightleftharpoons Na_3PO_4 + H_2O \qquad (6-8)$$

所以，只要向炉水中加入足够的 Na_2HPO_4，使得炉水中的 $NaOH$ 都成为 Na_3PO_4 的一级水解产物，就可消除炉水中游离的 $NaOH$。因此在进行 Na_3PO_4 处理的同时，再加入一定量的 Na_2HPO_4，炉水中就不会再产生游离 $NaOH$。

工程上常用 Na/PO_4 摩尔比来描述水溶液中不同组分磷酸盐的多少，它代表磷酸盐溶液中钠离子（Na^+）的摩尔数与磷酸根（PO_4^{3-}）的摩尔数之比，简称为摩尔比（R）。

研究表明，当 Na/PO_4 摩尔比控制在 $2.30 \sim 2.80$ 范围时，既可防止炉管发生酸性腐蚀，又可防止炉内出现游离 $NaOH$，避免炉管发生碱性腐蚀。

为达到这个要求，在进行炉内处理时，当炉水的 Na/PO_4 摩尔比大于 2.80，则相应地要往炉内添加 Na_2HPO_4；若炉水 Na/PO_4 摩尔比小于 2.30，应相应地改变加药组分，必要时要往炉内添加适量的 $NaOH$，从而在维持炉水 PO_4^{3-} 为正常值的条件下，使炉水的 Na/PO_4 摩尔比相应地有所提高。此外，实施炉水协调 pH-磷酸盐处理时，应保证炉水 pH（25℃）$\geqslant 9.10$。

综上所述可知，协调 pH-磷酸盐处理除了可以使炉内没有游离 $NaOH$，因而不发生炉管的碱性腐蚀外，还使炉水有足够的 PO_4^{3-} 和较高的 pH 值，因而不会产生钙垢，也不会发生因炉水 pH 值偏低所引起的酸性腐蚀。

实际炉水协调 pH-磷酸盐处理时，药品的配方应按锅炉的不同水质条件决定。

（1）当炉水中有游离 $NaOH$，即炉水 Na/PO_4 摩尔比大于 3 时，炉内处理应采用 $Na_3PO_4 + Na_2HPO_4$ 处理配方。现场使用的是工业磷酸三钠（$Na_3PO_4 \cdot 12H_2O$）和工业磷酸氢二钠（$Na_2HPO_4 \cdot 12H_2O$）。配制药液时，这两种磷酸盐的质量比（纯度 100%）控制在 $1:2 \sim 4:1$ 的范围内，即可保证 Na/PO_4 摩尔比介于 $2.3 \sim 2.8$ 之间。

（2）当炉水 PO_4^{3-} 含量已经达到标准上限，但炉水 pH 值仍低于下限时，炉内处理应由原来的单纯磷酸盐处理改为磷酸盐加 $NaOH$ 处理。实际使用固体工业磷酸三钠（$Na_3PO_4 \cdot 12H_2O$）和工业氢氧化钠（$NaOH$）。

2. 水质异常时的调节

炉水 Na/PO_4 摩尔比（R）偏离控制范围时，需做如下调节：

（1）当炉水 Na/PO_4 摩尔比高于规定的控制上限 2.8 而不能很快恢复时（因系统中进入碱性污染物所致），可暂时单加磷酸氢二钠，使炉水 Na/PO_4 摩尔比下降。为此，可将固体工业磷酸氢二钠在一个备用小药箱内（也可暂用计量箱）配成质量分数为 3% 左右的溶液，用加药泵加入炉内，直到炉水 Na/PO_4 摩尔比合格，然后再继续把原来贮存箱中的磷酸盐混合溶液加入炉内。

（2）当炉水 Na/PO_4 摩尔比低于规定的控制下限时（因系统中进入酸性污染物所致），可相应临时补加氢氧化钠镕液，在一个备用小药箱内（也可暂用计量箱），临时配制成 2% 左右的 $NaOH$ 溶液，用加药泵加入汽包中，待炉水 Na/PO_4 恢复正常值后，然后再继续往汽包中加入原来的混合溶液。

3. 适用范围及注意事项

炉水的协调 pH-磷酸盐处理法，虽然是兼备防垢、防腐蚀效益的一种好的炉内水处理方法，但并不是所有的锅炉都能采用，一般只宜用于具备以下两个条件的锅炉：一是此锅炉的给水以除盐水或蒸馏水作补给水；二是与此锅炉配套的汽轮机的凝汽器较严密，不会经常发生凝汽器泄漏。否则，锅炉水水质容易变动，要使炉水中 PO_4^{3-} 与 pH 值的关系符合协调 pH-磷酸盐处理的要求也很困难。

协调 pH-磷酸盐处理的加药系统、方法，加药处理时需要注意的问题及炉水中应维持的 PO_4^{3-} 含量等，与单纯炉水磷酸盐处理时相同。

第三节　蒸汽品质与污染

蒸汽污染通常是指蒸汽中含有硅酸、钠盐等物质（统称为盐类物质）的现象。实践证明，从锅炉出来的蒸汽往往含有少量钠盐、硅酸盐等杂质，从而使蒸汽品质下降，即蒸汽受到污染。所含杂质越多，蒸汽纯度越低。蒸汽品质就是指蒸汽中这些杂质含量的多少。蒸汽中这些杂质的含量过多会沉积在蒸汽通过的各个部位，如过热器和汽轮机中，常称为积盐。积盐会影响机组的安全、经济运行。此外，蒸汽中还常常带有氨（NH_3）、二氧化碳（CO_2）等气体杂质，导致凝结水品质下降。

一、过热蒸汽的污染

在汽包锅炉中，过热蒸汽的品质主要取决于由汽包送出的饱和蒸汽。保证饱和蒸汽的品质就可以基本保证过热蒸汽的品质。但在过热蒸汽中，为防止过热器超温烧坏，常采用一定的减温装置，如果汽包送出的清洁饱和蒸汽在减温器内遭受污染，那么过热蒸汽品质仍然会恶化。为防止这项污染，对于喷水减温器，必须保证减温水的水质；对于表面式减温器，应防止减温器发生泄漏。此外，还应防止过热器在安装、检修期间产生的杂物、腐蚀产物，以及锅炉水压试验时充入的含盐水残留在过热器系统中造成对过热蒸汽的污染。

二、饱和蒸汽的污染

在汽包锅炉中，饱和蒸汽中含有的钠盐和硅酸盐等杂质主要有两个来源：蒸汽带水和蒸汽的溶解携带。所以饱和蒸汽中某种杂质的含量，应为蒸汽带水和溶解携带之和。

（一）蒸汽带水

从锅炉汽包出来的饱和蒸汽经常夹带一部分锅炉水的小水滴，使炉水中的钠盐、硅酸盐等杂质成分，随水滴被带入蒸汽中，这是饱和蒸汽被污染的主要原因，这种现象称为饱和蒸汽的机械携带。

饱和蒸汽的带水量常用蒸汽湿分 W 表示，是水滴重量占蒸汽中水、汽总重量的分率。因为饱和蒸汽中的钠盐主要是水滴携带所致，所以饱和蒸汽的含钠量，决定于饱和蒸汽的带水量和水滴中的含钠量。在实际工作中，常用机械携带系数 K_J 表示饱和蒸汽机械携带的大小。如果以 $S_{BJ,i}$ 表示某种杂质由水滴携带而转入饱和蒸汽中的量，以 $S_{G,i}$ 表示该种杂质在锅炉水中的含量，则它们之间的关系为

$$S_{BJ,i} = WS_{G,i} = K_J S_{G,i} \qquad (6-9)$$

对于高压及以下压力的锅炉，机械携带系数（K_J）与蒸汽湿分（W）数值上相等，因此也可用 K_J 表示饱和蒸汽带水量的多少。

1. 汽包中水滴的形成

锅炉运行中，如果汽水混合物从汽包水面下进入汽包，蒸汽以汽泡形式通过汽、水分界面，溢出水面后，汽泡发生爆破，汽泡水膜的破裂会溅出一些大小不等的水滴，进入蒸汽空间。另外，当汽水混合物直接引入汽空间时，由于汽流冲击水面，或者由于汽水混合物撞击汽包壁和其他内部装置，也可能由于汽流的相互冲击，使水层飞溅形成许多小水滴。

对于那些较大的水滴，当它飞溅到汽空间的某一高度后，便会因自身的重力而下落，而那些较小的水滴，由于自身质量很轻，汽流的携带作用大于其重力作用，结果它就随蒸汽流一起上升，最后被蒸汽带出汽包。另外，当汽包的蒸汽空间较小或者汽包水位较高时，有些水滴会直接飞溅到汽包蒸汽引出管口附近，因这里蒸汽流速很大，所以也就被带走。由此可知，很多因素都会导致蒸汽中含有水滴，而形成的水滴越多、越小和汽包内蒸汽流速越大，蒸汽的带水量就越大，蒸汽纯度也就越低。

2. 影响饱和蒸汽带水量的因素

（1）锅炉负荷。锅炉负荷的增加会使蒸汽带水量增大。锅炉负荷增加，水冷壁管内产生的蒸汽量增加，穿出汽水分界面的蒸汽泡增多，以及汽泡动能的增大，汽泡水膜破裂产生的水滴量和水滴的动能都增加，从而使形成小水滴的数量增加，水滴上升高度增加；锅炉负荷增加，由汽包引出的饱和蒸汽量增大，蒸汽流速增加，从而使蒸汽运载水滴的能力也就增大；负荷增加时，因水空间中蒸汽泡的增多，会加剧水位膨胀现象，使汽空间的实际高度减小，不利于自然分离。所以，锅炉负荷越大，饱和蒸汽中的带水量就越大。锅炉实际运行结果证明，随着锅炉负荷增加，饱和蒸汽中的含水量先是缓慢增大，当锅炉负荷增加到某一数值后，蒸汽中含水量会急剧增大，此转折点对应的负荷称为锅炉的临界负荷。显然，锅炉运行时容许的负荷应低于临界负荷。

（2）锅炉压力。锅炉的压力越高，蒸汽的带水量越大。因为随着锅炉压力的提高，蒸汽密度随之增加，锅炉水的表面张力会降低，更容易形成小水滴，蒸汽流携带小水滴的能力增大。而且随锅炉压力的提高，会使蒸汽中的水滴更难以分离出来。这样使得汽包的汽空间中小水滴数目增多。对于高参数锅炉，为了减少蒸汽带水，应该在汽包内装设更有效的汽水分离装置。

（3）汽包结构。汽包直径的大小、内部汽水分离装置的形式、汽水混合物引入和引出汽包的方式等，都对饱和蒸汽的带水量有很大的影响。汽包直径的大小会影响汽空间高度。汽包直径越大，汽空间高度越高，汽流携带的一些较大的水滴就有较充分的时间靠自身重力落到水空间。反之汽空间高度较小，蒸汽泡破裂时就会有很多水滴溅到蒸汽引出管附近，由于这里的蒸汽流速较高，所以会有较多的水滴被蒸汽带走。汽包内径大时，汽空间高度就会较大，有利于水、汽分离。但汽包直径不宜过大，因为当汽空间高度超过 1.2m，蒸汽的带水量不再明显降低，这时蒸汽携带小水滴的能力与汽空间高度已无关系。实践证明，比较合适的汽空间高度为 0.4～0.5m。汽包内的汽水分离装置和分离效果不同，蒸汽的带水量差异很大；如果汽水混合物不能沿汽包长度均匀引入和引出，会造成局部蒸汽流速过高，也会使蒸汽带水量增加。

（4）汽包水位。汽包水位是按锅炉水位计的指示值来进行控制的。水位计上的示数，比汽包的真实水位略低一些。由于汽包中的水的密度小于水位计中水的密度，所以汽包内汽水分界面要比水位计中观察到的水位略高一些，这种现象称为水位膨胀现象（如图 6-2 所示）。

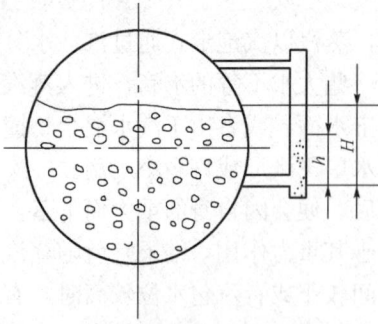

图 6-2 汽包内水位膨胀现象示意

h——水位计中的水位；

H——汽包内真实的水位

产生这种现象的原因是汽包内的水层中有大量蒸汽泡，是一种汽水混合物，密度较小。而在水位计中，因外面气温低，蒸汽泡被冷凝成水，所以水位计中没有汽泡，介质密度大，根据压力平衡，水位计中的水位要比汽包内的低。显然，穿过汽包水层的蒸汽泡越多，水位膨胀也就越剧烈。汽包内的水、汽分界面不仅比水位计的水位要高些，而且还是强烈地波动着的，不像水位计指示的水位那样平静。这是因为许许多多蒸汽泡不断地从水层下面送入，穿过水层上升，并在汽水分界面处破裂，而且来自上升管的汽水混合物有很大的动能，不断地对汽水分界面进行冲击。汽包内水位过高时，汽空间高度减小。对一台锅炉，汽包直径

大小是一定的，水位上升，自然分离高度降低，使蒸汽带水量增加。所以，锅炉运行人员应特别注意汽包内的水位膨胀现象。

（5）炉水水质。当炉水含盐量较低时，蒸汽的带水量基本上不随炉水含盐量变化；但当炉水含盐量超过某一数值时，蒸汽的带水量会急剧增加。由于蒸汽含盐量的增大是由于被蒸汽带出水滴中的含盐量（即炉水含盐量）增加，所以当炉水含盐量不太高时，蒸汽含盐量与炉水含盐量成正比例关系变化。当炉水含盐量超过某一数值时，蒸汽含盐量急剧增加。蒸汽含盐量开始急剧增加时的炉水含盐量，称为临界含盐量。锅炉水临界含盐量的大小以及此时蒸汽品质恶化的程度除与锅炉汽包结构和运行工况有关以外，还与锅炉补给水的水质有关。各台锅炉的炉水临界含盐量由热化学试验来确定。产生这种现象的原因为：

1）随着炉水含盐量增加，水的黏度增大，水层中的小汽泡不易合并成大汽泡，小汽泡在水层中的上升速度小，使水位膨胀现象加剧和汽空间减小，不利于汽水分离，从而使蒸汽含盐量急剧上升。

2）当炉水的含盐量增高到一定程度时，蒸汽泡的水膜强度提高，汽泡在水面的破裂速度小于汽泡的上升速度，结果在汽水分界面处形成泡沫层，水位膨胀现象加剧，汽空间高度减小，汽水分离效果变差，蒸汽大量带水，从而使蒸汽中的含盐量急剧上升。炉水中含有的有机物、油脂、$NaOH$、Na_3PO_4 等起泡物质越多，越容易形成泡沫层。

（二）饱和蒸汽溶解携带

1. 饱和蒸汽溶解携带的能力

蒸汽有溶解某些物质的能力，这是蒸汽被污染的另一个原因。研究证明，饱和蒸汽的压力越高，它的性能越接近于水的性能，高参数水蒸气分子的性能接近于液态水，所以高参数蒸汽也像水那样能溶解某些物质。蒸汽压力越高，蒸汽的溶解能力越大。饱和蒸汽的溶解携带是指饱和蒸汽因溶解作用而携带炉水中某些物质的现象。

根据物理化学中溶质在两种混合的溶剂中的分配规律可知，饱和蒸汽溶解某一种物质的能力大小，可用分配系数 K_F 来表示，即

$$K_F = \frac{S_{B,I}}{S_{SH,I}} \tag{6-10}$$

式中 K_F——某物质的分配系数；

$S_{SH,I}$——水中某物质的含量；

$S_{B,I}$——溶解在饱和蒸汽中某物质的含量。

式（6-10）说明，分配系数越大，饱和蒸汽溶解该物质的能力越大。

研究表明，各种物质的分配系数（K_F）与饱和蒸汽密度（ρ_B）和水的密度（ρ_{SH}）的比值有一定关系，即

$$K_F = \left(\frac{\rho_B}{\rho_{SH}}\right)^n \tag{6-11}$$

由于（ρ_B/ρ_{SH}）总是小于 1.0，所以 n 值越大，表示它在蒸汽中的含盐量越低。n 值的大小取决于各种物质的本性，对某一具体物质，n 值是一个常数。常见的几种物质的 n 为：$n_{SiO_2}=1.9$，$n_{NaOH}=4.1$，$n_{Na_2SO_4}=8.4$，$n_{NaCl}=4.4$。

2. 饱和蒸汽溶解携带的特点

饱和蒸汽的溶解携带有以下两个特点：

（1）有选择性。在饱和蒸汽压力一定的情况下，由于各种物质的 n 值不相同，所以各种物质的分配系数 K_F 是不一样的。也就是说，饱和蒸汽对各种物质的溶解能力有较大的差异。炉水中常见物质按其在饱和蒸汽中溶解能力的大小，可分为三大类：第一类为硅酸，如 H_2SiO_3、$H_2Si_2O_5$、H_4SiO_4 等，其通式为 $xSiO_2 \cdot yH_2O$，分配系数最大；第二类为 NaCl、NaOH 等，它们的分配系数较硅酸低得多；第三类为 Na_2SO_4、Na_3PO_4 和 Na_2SiO_3 等，它们的分配系数很小，在饱和蒸汽中很难溶解。故溶解携带也称为选择性携带。

（2）溶解携带量随压力的提高而增大。溶解携带与压力的关系可以由分配系数与蒸汽密度的关系来说明，见式（6-11）。水的密度（ρ_{SH}）基本上不随压力变化，指数 n 是常数，而饱和蒸汽密度（ρ_B）随压力的提高显著增大，所以分配系数与饱和蒸汽压力有关，饱和蒸汽的压力越高，各种物质在其中的溶解量越大。在低压锅炉中蒸汽污染主要是由于水滴携带造成的；中压锅炉钠盐主要是水滴携带，蒸汽中含硅量为水滴携带和溶解携带之和；高压锅炉中含硅量主要取决于溶解携带，钠盐则主要是由水滴携带造成的。

第四节　过热器和汽轮机积盐

由饱和蒸汽携带出的盐类、硅酸等杂质，有的沉积在过热器内，有的被过热蒸汽带走，沉积在汽轮机内，这与这些物质在过热蒸汽中的溶解特性有关。对于中、低压锅炉，一般来说，饱和蒸汽中的钠化合物主要沉积在过热器内；硅化合物主要沉积在汽轮机内，生成不溶于水的 SiO_2 的沉积物。对于高压锅炉，一般来说，饱和蒸汽中的各种盐类物质，除 Na_2SO_4 能部分沉积在过热器内以外，都沉积在汽轮机中，因而会严重地影响汽轮机的运行。

一、各种物质在过热器中的沉积

从汽包送出的饱和蒸汽携带的盐类物质，处于两种状态：一种是呈蒸汽溶液状态，这主要是硅酸；另一种是呈液体溶液状态，即含有各种盐类物质（主要是钠盐）的小水滴。

在饱和蒸汽被加热至过热蒸汽的过程中，所含有的小水滴会发生变化。①由于蒸发、浓缩和温度升高等作用，小水滴中的某些盐类物质因形成过饱和溶液而结晶析出；②因为过热蒸汽对各种物质的溶解能力比饱和蒸汽大，所以小水滴中的某些物质会溶解转入到过热蒸汽中。

所以，由饱和蒸汽带出的各种盐类物质，在过热器中会表现两种情况：当饱和蒸汽中某种物质的携带量大于该物质在过热蒸汽中的溶解度时，该物质就会沉积在过热器中，因为沉积的都是一些盐类物质，故常称为过热器积盐；反之，如果饱和蒸汽中某种物质的携带量小于该物质在过热蒸汽中的溶解度，则这种物质就不会在过热器中沉积，而被带入汽轮机中。

由于各种物质在过热蒸汽中的溶解特性不同，所以它们在过热器中的沉积情况是不一样的。

1. 氯化钠

随着过热蒸汽温度增加，氯化钠在过热蒸汽中的溶解度下降，一直降到最小溶解度以后，又随过热蒸汽温度上升，溶解度增加，特别是当温度超过 $500 \sim 550℃$ 以后，温度对溶解度的影响就更为显著。

氯化钠在过热蒸汽中的溶解度还与压力有关。在相同温度下，压力越大，蒸汽中氯化钠的含量越高。在中、低压锅炉中，由于炉水水质和蒸汽品质较差，往往因其携带的 NaCl 量超过它在过热蒸汽中的溶解度，而有固体 NaCl 沉积在过热器中。但在高压锅炉（压力大于 9.8MPa）内，饱和蒸汽所携带的 NaCl 总量（水滴携带与溶解携带之和），常常小于它在过热蒸汽中的溶解度，所以一般不会沉积在过热器中，而是溶解在过热蒸汽中，被带往汽轮机。

2. 氢氧化钠

NaOH 在水中的溶解度非常高（水温越高，溶解度也越大），而且各种不同水温的 NaOH 饱和溶液的蒸汽压都很低（最大值仅为 0.059MPa）。当蒸汽温度大于 450℃ 时，NaOH 在过热蒸汽中的溶解度随着蒸汽温度升高而逐渐减小。

在高压汽包锅炉中，过热蒸汽的压力和温度都比较高，NaOH 在过热蒸汽中的溶解度较大，一般不会在过热器中沉积。

但在中、低压锅炉中，NaOH 在过热蒸汽中的溶解度较低，饱和蒸汽中所携带的 NaOH 量可能大于它在过热蒸汽中的溶解度，但这些 NaOH 不会以固体形式析出，而是在过热器内形成 NaOH 的浓缩液滴，大部分会黏附于过热器的管壁上，只有一小部分被过热蒸汽流带入汽轮机内。

NaOH 液滴还有可能与蒸汽中的 CO_2 发生化学反应，生成 Na_2CO_3，沉积在过热器中。沉积在过热器内的 NaOH，当锅炉停炉后，也会吸收空气中的 CO_2 而变成 Na_2CO_3，即

$$2NaOH + CO_2 \longrightarrow Na_2CO_3 \downarrow + H_2O \tag{6-12}$$

如果过热器内有较多的 Fe_2O_3 时，NaOH 会与它发生化学反应，生成 $NaFeO_2$，沉积在过热器中，即

$$2NaOH + Fe_2O_3 \longrightarrow 2NaFeO_2 \downarrow \tag{6-13}$$

3. 硅酸钠、硫酸钠和磷酸钠

硅酸钠在过热蒸汽中的溶解度与压力和温度有关。在 $450 \sim 550℃$ 范围内，压力越高溶解度越小，即具有负的溶解度系数，具有这种溶解特性的物质还有 Na_2CO_3 和 Na_3PO_4 等。

硫酸钠和磷酸钠在饱和蒸汽中，只有水滴携带的形态。硫酸钠在过热蒸汽中的溶解度远远低于 NaCl 和 NaOH 的溶解度，但 Na_2SO_4 的溶解度与温度之间的关系与 NaCl 有些相似。这两种盐类在高温水中的溶解度较小（水温越高，溶解度越小）。在过热器内由于小水滴的蒸发，它们容易变成饱和溶液，它们在过热器内会因水滴被蒸干而析出结晶。加之硫酸钠和

磷酸钠这两种盐类在过热蒸汽中的溶解度很小，所以当它们在饱和蒸汽中的含量大于在过热蒸汽中的溶解度时，就可能沉积在过热器内。但是从水滴中析出的物质并不全部都沉积下来，而是一部分沉积下来，一部分被过热蒸汽机械夹带冲走，进入汽轮机。

4. 硅酸

饱和蒸汽所携带的硅酸化合物有 H_2SiO_3、H_4SiO_4，在过热蒸汽中因失去水分而变成 SiO_2。因为 SiO_2 在过热蒸汽中的溶解度远远大于饱和蒸汽所携带的硅酸总量，所以饱和蒸汽中的水滴在过热器内蒸发时，水滴中的硅酸全部转入过热蒸汽溶解，不会沉积在过热器中。

硅酸的钠盐（如 Na_2SiO_3 和 Na_2SiO_5）在蒸汽中的溶解度比硅酸小得多，而且当过热蒸汽温度高于 400℃时，随着温度增加，溶解度减小。

上述讨论的是过热蒸汽仅仅携带某一种物质时的沉积规律。当饱和蒸汽所携带的小水滴中混合有各种不同的物质时，各种物质的溶解度特性会有所变化。如在 NaCl 的水溶液中，Na_2SO_4 的溶解度不仅与温度有关，也与 NaCl 的浓度有关，而且随着 NaCl 溶液的浓度升高，Na_2SO_4 在水中的溶解度下降。

二、各种物质在汽轮机中的沉积

1. 汽轮机内形成沉积物的原因

锅炉过热蒸汽中的杂质一般有以下几种形态：一种是呈蒸汽溶解形式，主要是硅酸和各种钠化合物；另一种呈固态微粒状，主要是没有沉积下来的固态钠盐以及铁的氧化物。此外，中、低压锅炉的过热蒸汽中还有微小的氢氧化钠浓缩液滴。实际上过热蒸汽的杂质大都呈第一种形态，后两种形态的量通常是很少的。当过热蒸汽进入汽轮机后，由于膨胀作功，其压力和温度都在不断降低，各种化合物在蒸汽中的溶解度随着压力降低而减小。当其中某一种化合物在蒸汽中的溶解度减小到低于它在蒸汽中的携带量时，该化合物就会在汽轮机的蒸汽流通部分以固态的形式沉积下来，即汽轮机的积盐。

另外，蒸汽中的一些固体微粒或一些微小的 NaOH 浓缩液滴，也可能黏附在汽轮机的流通部分，形成沉积物。

2. 汽轮机内沉积物的分布规律

由于各种化合物在过热蒸汽和水中的溶解度不同，在汽轮机的不同级中，生成沉积物的情况是各不相同的。也就是说，各种化合物在汽轮机中的分布规律是不同。

（1）不同级中沉积物量不一样。在汽轮机的第一级和最后几级一般很少有沉积物。因为第一级中的蒸汽压力和温度都很高，而且蒸汽流速很快，蒸汽对各种化合物的溶解度较大，故不会以固态形式析出。而在汽轮机的最后几级中，蒸汽湿分增加，各种化合物在湿蒸汽中的溶解度也比较大，杂质就转入湿分中，而且因为蒸汽流速快，湿分能冲洗掉汽轮机叶轮上已析出的物质，具有一定的冲刷作用，所以最后几级也很少有沉积物。

（2）在汽轮机整个蒸汽流通部分析出的各种沉积物分布是不均匀的。不仅在不同级中的分布不均匀，即使在同一级中，部位不同，分布也不均匀。蒸汽流速较低的部位，沉积物也较多。

（3）供热机组和调峰机组的汽轮机内的沉积物量较少。调峰机组负荷变动较大，在低负荷时汽轮机中的湿蒸汽区扩大，一部分易溶盐类被冲掉。此外，在供热机组的汽轮机内，积盐量也往往较少，因为一方面供热抽汽带走了一部分析出盐类，另一方面汽轮机的负荷往往有较大的变化（与热用户的用热情况和季节有关），在负荷降低时，汽轮机中工作在湿蒸汽区的级数增加，蒸汽中的湿分有清洗作用，能将原来沉积的易溶物质冲去。

（4）钠化合物的沉积分布。由过热蒸汽带入汽轮机的钠化合物，一般有 Na_2SO_4、Na_3PO_4、Na_2SiO_3、$NaCl$ 和 $NaOH$ 等。由于这些杂质在过热蒸汽中的溶解度并不很大，而且随着蒸汽压力的下降，它们的溶解度也会很快下降，所以在汽轮机内，当蒸汽压力稍有降低时，它们在蒸汽中的含量就已高于其溶解度，因此很容易从蒸汽中析出。其中 Na_2SO_4、Na_3PO_4 和 Na_2SiO_3 在过热蒸汽中的溶解度比较小，最先从过热蒸汽中析出来，所以它们主要沉积在汽轮机中的高压级；而 $NaCl$ 和 $NaOH$ 在过热蒸汽中的溶解度稍大，所以主要沉积在汽轮机的中压级和低压级。在汽轮机内，过热蒸汽中的 $NaOH$ 还可能发生如下反应：

与蒸汽中 H_2SiO_3 的反应式为

$$2NaOH + H_2SiO_3 \longrightarrow Na_2SiO_3 + 2H_2O \tag{6-14}$$

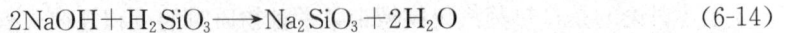

因这个反应生成的 Na_2SiO_3 在蒸汽中的溶解度很小，故首先在高、中压级中沉积出来。

与金属表面上铁氧化物的反应式为

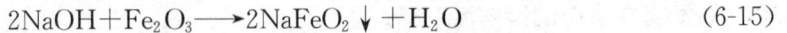

$$2NaOH + Fe_2O_3 \longrightarrow 2NaFeO_2 \downarrow + H_2O \tag{6-15}$$

此反应生成的铁酸钠（$NaFeO_2$）在蒸汽中的溶解度很小，所以也沉积在高、中压级中。

与蒸汽中 CO_2 的反应式为

$$2NaOH + CO_2 \longrightarrow Na_2CO_3 + H_2O \tag{6-16}$$

反应生成的 Na_2CO_3 在蒸汽中的溶解度不太大，所以主要沉积在中压级。

（5）硅的沉积。硅酸在蒸汽中的溶解度较大，因此当汽轮机中蒸汽的压力降到较低时，它们才能从蒸汽中析出，所以它主要沉积在汽轮机的中、低压级中。硅酸化合物结晶析出的形态与温度有关，沉积的先后次序是：晶体状的 α-石英、方石英以及无定形（非晶体）SiO_2。因为在温度高时结晶过程较快，所以最初析出的 SiO_2 会形成结晶状态的石英；在温度较低时结晶过程缓慢，而且因蒸汽压力和温度的迅速降低，硅酸在蒸汽中的溶解度急剧减小，所以在低温区域 SiO_2 来不及结晶就析出，故易呈非晶体状态。

（6）铁氧化物的沉积。过热蒸汽所携带的铁氧化物，主要呈固态微粒状，呈溶解状态的量很少。它的沉积部位主要与蒸汽流动特性、微粒大小及金属表面的粗糙程度有关。所以，铁的氧化物在各级的沉积物中都可能有，但大部分沉积在高压级中。

3. 汽轮机内沉积物的危害

（1）汽轮机的蒸汽流通部位有沉积物时，会使蒸汽通道变窄小，这不仅会使机组效率下降，而且会增加推力轴承负荷。严重时会造成汽轮机振动，损坏汽轮机内的零部件，加速叶片的腐蚀或降低密封效果。

（2）蒸汽所携带的固体微粒主要是铁的氧化物，它们会引起蒸汽流通部件的磨蚀。固体微粒磨蚀不仅会使金属表面粗糙、截面形状发生变化，影响机组效率，而且在这些遭受磨蚀的部位易出现裂纹，影响机组的安全运行和使用寿命。固体微粒磨蚀的程度与机组的负荷变化、启停次数等因素有关。

（3）由于蒸汽中的氯离子容易破坏合金钢表面的氧化膜，所以汽轮机湿蒸汽区的沉积物下面容易发生斑点状腐蚀。蒸汽中的氯化物等侵蚀性杂质，还会使承受交变应力的零件遭受腐蚀性疲劳，使疲劳强度大为降低，直接影响汽轮机的使用寿命。

（4）易引发应力腐蚀。如蒸汽中含有微量的有机酸、氯化物、氢氧化钠等物质，蒸汽凝结时就会形成腐蚀性环境，腐蚀性环境能引起汽轮机叶片的应力腐蚀，所以汽轮机在湿蒸汽区的前几级最易遭受应力腐蚀。

三、防止蒸汽中杂质对过热器和汽轮机的腐蚀

1. 汽包锅炉过热器的水洗

为了防止沉积物积累过多，以至危害过热器的安全运行，当锅炉停炉或检修时，应将这些沉积物清除掉。过热器中的沉积物，主要是溶于水的钠盐，采用水洗的办法就可清除。过热器水洗一般用凝结水进行，为了提高冲洗效果，减少冲洗水耗，水温应尽可能地提高（最少应不低于70～80℃）。在不可能用凝结水的情况下，也可用除盐水或给水来冲洗。

过热器水洗的方法通常是对整个过热器管簇进行的，称为公共式冲洗。对于低压小容量锅炉，还可对每根过热器管单独进行冲洗，称为单元式冲洗。公共式冲洗法是将冲洗水送进过热器的出口联箱，流经所有管子后，由过热器的进口联箱流出。进口联箱上有泄水管时，冲洗水可由此泄水管直接排放；否则，从过热器流出的冲洗水应送进汽包内，由汽包上的泄水管排放。低压小容量锅炉的过热器管的根数较少，而且联箱上往往有许多手孔，所以可以采用每根过热器管单独水洗的方法。水洗的方法主要用于除掉过热器内的易溶盐。当需要清除金属腐蚀产物及其他难溶沉积物时，应在锅炉进行化学清洗时，将过热器一并进行清洗。

2. 防止汽轮机的腐蚀

如汽轮机内有沉积物，应该及时地清除，以免积累过多，影响汽轮机的安全、经济运行。为了防止汽轮机的腐蚀，除应保证蒸汽的纯度以外，还应注意以下几点：

（1）选择合理的锅炉补给水处理系统。不仅要考虑水中铁类、硅化合物的去除，还要考虑水中胶态物和有机物的去除。

（2）要及时对热力设备进行化学清洗。及时清除水汽系统中的各种沉积物，而且清洗时要避免汽轮机各部位受到化学药品的污染。沉积在汽轮机内的易溶盐，可用湿蒸汽清洗的办法除掉。沉积在汽轮机内的不溶于水的沉积盐，一般是在汽轮机大修时，用机械方法清除。湿蒸汽清洗法是在汽轮机不停止运行的情况下，向送往汽轮机的蒸汽中喷加水分来进行清洗的。可以在汽轮机空载运行（即不带负荷运行）时进行，也可在带负荷下进行。这种清洗能除去所有的易溶盐和一部分无定形二氧化硅。

（3）采用合理的炉内处理工艺。研究表明，由于采用协调pH-磷酸盐处理的汽包锅炉，蒸汽中的钠化合物是磷酸盐，它是一种有益的缓蚀剂，而不是一种侵蚀性介质，比采用挥发性处理汽轮机的应力腐蚀程度低。

（4）保证机组运行稳定。为了防止固体微粒产生的磨蚀，还应避免机组的频繁启停和负荷及温度的急剧变化。

第七章

循环冷却水处理

在火力发电厂的生产过程中，一般是用水作为工作介质和冷却介质。其中用水量最大的是汽轮机的凝汽器冷却用水。天然水中含有许多无机质和有机质，如不经过专门处理而循环利用，由于盐类浓缩等作用，就会在凝汽器铜管内产生水垢、污垢和腐蚀，导致凝结水的温度上升及凝汽器的真空度下降，从而影响发电机组的经济性。凝汽器铜管发生腐蚀会导致铜管泄漏，使冷却水漏入凝结水中，影响锅炉的安全运行。因此，为保证循环冷却水的水质，应进行一定的专门处理。

第一节　循环冷却水系统的特点

一、循环冷却水系统与设备

（一）循环冷却水系统

电力生产常用蒸汽的冷却介质一般为空气和水，用水作冷却介质的系统称为冷却水系统。通常有两种形式：一种是直流式冷却水系统；一种是循环式冷却水系统。循环冷却水系统又分封闭式和敞开式两种。

封闭式循环冷却水系统又称为密闭式循环冷却水系统，如图 7-1（a）所示。冷却水本身在一个密闭的系统中不断地循环运行，冷却水不与空气接触，所以水量损失很少，水中各种矿物质和离子含量一般不发生变化。水的冷却是由另外一个敞开式冷却水（或空气）系统的换热设备来完成的。这种系统的特点是：冷却水不蒸发、不排放，补充水量很小；因为不与空气接触，所以不易产生由微生物引起的各种危害；通常采用软化水或除盐水作为补充水；因为没有盐类浓缩，产生结垢的可能性较小。这种系统一般用于发电机、内燃机或有特殊要求的单台换热设备。

敞开式循环冷却水系统常用于冷却汽轮机的蒸汽，如图 7-1（b）所示。该系统是指冷却水由循环水泵送入凝汽器内进行热交换，升温后的冷却水经冷却塔降温，再经过循环水泵送入凝汽器循环利用。这种系统的特点是：水在冷却塔中与空气直接接触后，由于有 CO_2 散失和盐类浓缩现象，在凝汽器铜管内或冷却塔的填料上有结垢问题；由于温度适宜、阳光充足、营养丰富，有微生物的滋长和生成污垢的问题；由于循环冷却水与空气接触，水中溶解氧是饱和的，因此还有换热器材料的腐蚀问题。由于有盐类浓缩现象和水的损失，为了维持各种矿物质和离子含量稳定在某一个定值上，必须对系统补充一定量的冷却水（通常称作补充水），并排出一定量的浓缩水（通称排污水）。循环冷却水处理，主要就是研究敞开式循环冷却水系统的结垢、微生物生长和腐蚀等方面的机理和防止方法。

（二）循环冷却水系统中的设备

火力发电厂敞开式循环冷却水系统的主要设备包括冷却设备（冷却塔或冷却水池）和换

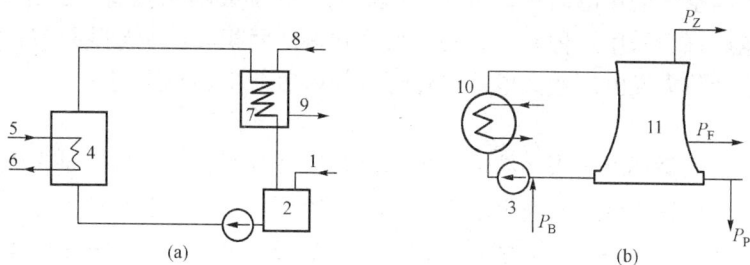

图 7-1 循环冷却水系统

(a) 封闭式循环冷却水系统；(b) 敞开式循环冷却水系统

1—补充水；2—密闭贮槽；3—水泵；4—冷却工艺介质的换热器；

5—被冷却的工艺物料；6—冷却后的工艺物料；7—冷却热水的

冷却器；8—来自冷却塔；9—送往冷却塔；10—凝汽器；11—冷却塔

热设备（凝汽器）。

1. 冷却塔

冷却塔是一种塔形构筑物，用来冷却换热器中排出的热水。热水从上向下喷淋成水滴或水膜状，空气由下而上（或水平方向）在塔内流动进行逆流热交换，在气水接触过程中，进行热交换，使水温降低。冷却塔的型式很多，根据空气进入塔内的情况不同分为自然通风、机械通风和塔式加鼓风的混合通风，自然通风型最常见的是风筒式冷却塔，电厂多采用这种形式，如图 7-2 所示。按照塔内水和空气的流动方向不同，冷却塔可分为逆流式和横流式；按塔内淋水装置不同，可分为点滴式、薄膜式和点滴薄膜式等。目前火力发电厂的冷却塔多设计成双曲线形的自然通风冷却塔，由通风筒、配水系统、淋水装置（填料）、通风设备、收水器和集水池六个部分组成，另外还有补水管、排水管、溢水管等。由于这种冷却塔占地面积小，冷却效果好，在电厂中得到广泛应用。

冷却塔内部装有溅水装置或填料，水在填料表面上以薄膜形式与空气接触。填料可由木材、水泥板或聚氯乙烯板等制成。填料必须受湿良好，否则水在填料上形成水流而不是水滴或水膜。图 7-2 中，冷却塔筒体像烟囱一样自然拔风，将空气吸入塔内与水滴逆向接触。在塔内，热水与空气之间发生两种传热作用，一是蒸发传热，二是接触传热。蒸发传热带走的热量约占冷却塔中传热量的 $75\%\sim80\%$。蒸发传热每蒸发 1kg 水，要带走约 2.43MJ 的热量。接触传热约占冷却塔中传热量的 $20\%\sim25\%$，热量是从水传向空气，使水温下降，空气温度提高，带走的热量是显热。

2. 冷却水池

冷却水池可为现成的水库、湖泊、河道或人工水池。它是将凝汽器排出的热水由排出口排入水体，在缓慢流向取水口的过程中与空气接触，借助蒸发散发热量。由于热水与水体之间存在着一定的温度差，故可在水体内形成温差异重流，水在流动过程中逐渐冷却。由于冷却水池容积

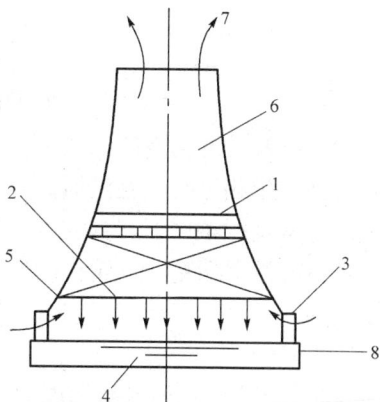

图 7-2 自然通风冷却塔

1—配水系统；2—填料；3—百叶窗；

4—集水池；5—空气分配区；6—风筒；

7—热空气和水蒸气；8—冷水

小，为了增加水与空气的接触面积，可在冷却水池上面加装喷水设备，成为喷水冷却水池。新建的火力发电厂很少采用这种冷却设备，因为它占地面积大，冷却效果差，加之受水源限制，多在一些小型热力发电厂或火电厂扩建时冷却塔负荷不够时应用。

3. 凝汽器

在火力发电厂的循环冷却水系统中，换热设备为凝汽器。它的作用是将汽轮机的排汽冷却成为凝结水，供锅炉继续循环使用。按蒸汽凝结的方式分为混合式凝汽器和表面式凝汽器，按冷却介质又分为水冷凝汽器和空冷凝汽器。本书介绍电厂广泛采用的用水作冷却介质的管式表面式凝汽器，如图 7-3 所示。

这种凝汽器由外壳、冷却水管、管板和水室组成。外壳用钢板焊接成圆柱形、椭圆形或矩形，两侧设水室端盖，并设有人孔门（或手孔门），水室与汽空间用管板隔开，管板之间布置冷却用铜管，铜管胀接在管板孔内，使两端水室相通。冷却水由铜管内流过，汽轮机排汽走铜管外侧，通过管子外表面进行热交换。蒸汽凝结水收集在热井中，然后通过凝结水泵送回热力系统循环使用；未凝结的蒸汽和空气进入空气冷却区被抽气器抽出。

凝汽器的传热性能好坏可由凝汽器内的真空度和端差来反映。

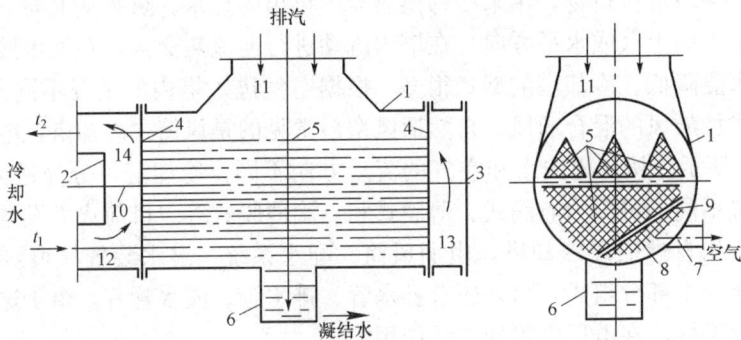

图 7-3 表面式凝汽器结构示意
1—外壳；2、3—水室的端盖；4—管板；5—冷却水管；6—热井；7—空气抽出口；
8—空气冷却区；9—挡板；10—水室隔板；11—汽空间；12、13、14—水室

（1）凝汽器的真空度。在单位时间内当汽轮机的排汽量与凝结水量相等，以及空气的漏入量与抽气量相等时，凝汽器内处于平衡状态，压力保持不变。即在凝汽器内形成一定的真空度。正常运行条件下，真空度一般为 0.005MPa。

（2）凝汽器端差。汽轮机的排汽温度 t_p 与凝汽器冷却水的出口温度 t_2 之差为端差，用 δ_t 表示，即

$$t_p = t_1 + \Delta t + \delta_t \tag{7-1}$$

式中 t_1——冷却水的进口温度，℃；

Δt——冷却水温升，即冷却水的出口温度 t_2 与进口温度 t_1 之差，$\Delta t = t_2 - t_1$，℃。

冷却水温度升高、冷却水量减少、汽轮机排汽增加、冷却铜管内结垢、抽气量减少等，都会使汽轮机排汽温度上升、排汽压力升高、真空度下降、凝汽器端差上升，影响机组的热经济性。

二、敞开式循环冷却水系统的特点

（一）水量平衡

在敞开式循环冷却过程中，因蒸发损失和为维持一定的浓缩倍数需要排放掉一定的污

水，另外系统还有风吹渗漏损失，如图 7-1（b）所示。为维持机组正常运行，必须保持系统一定的水量，因此应不断向循环冷却系统加入补充水弥补以上各项水损失之和。

循环冷却系统存在水平衡（即补充水量等于各项水损失之和）关系，即

$$P_B = P_Z + P_F + P_P \tag{7-2}$$

式中　P_B——补充水量占循环水量的百分数，%；

　　　P_Z——蒸发水量占循环水量的百分数，%；

　　　P_F——风吹渗漏水量占循环水量的百分数，%；

　　　P_P——排污水量占循环水量的百分数，%。

1. 蒸发损失率（P_Z）的估算

冷却塔中，循环冷却水因蒸发而损失的水量与环境温度有关，冷却塔蒸发损失率可由式（7-3）估算，即

$$P_Z = \frac{Q_Z}{Q_X} \times 100\% = (0.1 + 0.002t)(t_1 - t_2) \times 100\% \tag{7-3}$$

式中　Q_Z——蒸发损失水量，m^3/h；

　　　Q_X——冷却系统循环水量，m^3/h；

　　　t——冷却塔周围空气温度，℃；

　　t_1、t_2——冷却塔进出口水温度，℃。

2. 风吹渗漏损失率（P_F）的估算

风吹损失除与当地的风速有关外，还与冷却塔的型式和结构有关，一般自然通风冷却塔比机械通风冷却塔的风吹损失要小些，若塔中装有良好的收水器，其风吹损失能够适当减小。良好的循环冷却水系统，管道连接处、泵的进、出口和水池等部位都不应该有渗漏。但是管理不善、安装不好，则渗漏就不可避免。因此在考虑补充水量时，应视系统具体情况而定。风吹渗漏损失率（P_F）通常跟冷却设备（或构筑物）的类型有关，可参考表 7-1 的经验数据。

表 7-1　　　　　　　　　　冷却设备（或构筑物）的风吹渗漏损失率

冷 却 设 备 类 型	损失率（%）	冷 却 设 备 类 型	损失率（%）
小型喷水池（不超过 400m²）	1.5~3.5	开放式冷却塔	1.0~1.5
中型和大型喷水池	1~2.5	机械通风冷却塔（有收水器）	0.2~0.3
小型滴盘式冷却塔	0.5~1.0	风筒式冷却塔（有收水器）	0.1
中型和大型滴盘式冷却塔	0.5	风筒式冷却塔（无收水器）	0.3~0.5

3. 排污水率（P_P）的估算

通常在循环冷却水系统运行时，用浓缩倍数来控制水中盐的浓度。所谓浓缩倍数（K）是指循环水中某离子的浓度与补充水中某离子的浓度之比，通常采用循环水中氯离子与补充水中氯离子浓度的比值来表示。排污水率 P_P 的确定与冷却塔的蒸发量和浓缩倍数（K）的大小有关，可由盐量平衡来估算排污水率，即

$$P_B[Cl_B^-] = (P_F + P_P)[Cl_X^-] \tag{7-4}$$

由 $K = \dfrac{[Cl_X^-]}{[Cl_B^-]}$ 得

排污水率　　　　　　　　　　$P_P = \dfrac{P_Z + P_F - KP_F}{K-1}$

式中　　Cl_X^-——循环水中 Cl^- 的浓度，mg/L；

　　　　Cl_B^-——补充水中 Cl^- 的浓度，mg/L。

显然，当浓缩倍数增大时，排污水率减少；当浓缩倍数在 3.0～4.0 时，排污水率已经很小。因此要进一步节水则应从减少蒸发损失进行重点考虑，可在冷却塔上加装收水器。

（二）循环冷却水系统中离子浓度的变化

前已提及由于盐浓缩现象的存在，为了维持热力系统一定的水质标准，通常在循环水系统操作运行时，不断加入补充水和排出浓缩水，因此循环水中的离子浓度随着运行时间的推移会发生变化。其变化的规律与排污水量、风吹渗漏损失大小等有关，但风吹渗漏损失影响非常小，在此可以不予考虑，因此最终离子浓度会趋于一个定值，即

　　　　循环水中某离子总含量＝补充水中某离子总含量－排污水中某离子总含量

也就是说，只要控制好补充水量和排污水量，就可以使系统中的某种离子浓度稳定在某个预想的值，从而可以保证冷却系统的安全运行。

第二节　水质稳定性

循环冷却水系统运行过程中，如果补充水的碳酸盐硬度、碱度、含盐量等指标均较低，或浓缩倍率较小，或投加了有效的阻垢剂时，循环水中的各项水质指标变化符合一定规律，即

$$H_{T,X} = KH_{T,B}$$

或　　　　　　　　　　　　　　$B_X = KB_B$　　　　　　　　　　　　　　（7-5）

式中　　$H_{T,X}$，$H_{T,B}$——循环水和补充水的碳酸盐硬度，mmol/L；

　　　　B_X，B_B——循环水和补充水的碱度，mmol/L。

式（7-5）中 H 或 B 还可用水中 SiO_2、溶解固形物或 Cl^-、K^+ 等表示。

当补充水为碳酸盐型水，即 $[HCO_3^-] > [\frac{1}{2}SO_4^{2-}] + [Cl^-]$，且全碱度小于 10mmol/L，并采用磷系阻垢剂时，可用式（7-6）计算循环水全碱度，即

$$B_X = 9.7(K-1) + B_B$$　　　　　　　　　　　　（7-6）

另外，循环水的 pH 值也会发生一定的变化。若循环水的浓缩倍率 $K \leqslant 3.0$，补充水 pH 值在 7.5～8.0 之间，则循环水的 pH 值估算式为

$$pH_X = 0.69(K-1) + pH_B$$　　　　　　　　　　（7-7）

式中　pH_X、pH_B——循环水和补充水的 pH 值。

一、循环冷却水系统的水质特点

（一）结垢

天然水中都溶有各种矿物质和盐类，特别是钙、镁的重碳酸盐含量比较多，循环冷却水系统在运行过程中，往往会在凝汽器铜管内形成比较坚硬的水垢，并以碳酸盐水垢（$CaCO_3$）居多。产生这种水垢主要有以下几个原因：

1. 循环水盐类浓缩作用

根据式（7-4）进行转化，即

$$K = \frac{P_B}{P_P + P_F} = \frac{P_Z + P_F + P_P}{P_P + P_F} = 1 + \frac{P_Z}{P_B - P_Z} \qquad (7\text{-}8)$$

冷却水在循环利用过程中，由于蒸发损失的存在，含盐量不断增加。式（7-8）说明，只要蒸发损失 P_Z 存在（即 $P_Z \neq 0$），K 值就大于 1，即循环水存在浓缩现象。也就是说，循环水的碳酸盐硬度总是大于补充水的碳酸盐硬度。浓缩的结果会使某些离子的含量超过其难溶盐类的溶度积而析出。

2. 循环水的温度上升

由于循环冷却水的温度在凝汽器内上升后，一方面降低了钙、镁碳酸盐的溶解度，另一方面使碳酸盐平衡关系式向右转移，提高了平衡二氧化碳的需要量，增加了产生水垢的趋势。所以，循环水温度上升也会促进水垢从水中析出。循环水在冷却塔内降温后，平衡 CO_2 的需要量也降低，当需要量低于水中实际的 CO_2 含量时，水就具有侵蚀性或腐蚀性。因此，在一些进出口温差比较大的循环冷却水系统中，有时出现冷水进口端产生腐蚀，热水出口端产生结垢的现象。

3. 循环冷却水的脱碳作用

根据水质概念，循环水中钙、镁的重碳酸盐和游离的 CO_2 存在平衡关系，即

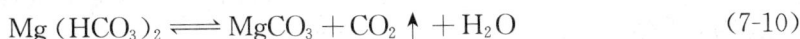

$$Ca(HCO_3)_2 \rightleftharpoons CaCO_3 \downarrow + CO_2 \uparrow + H_2O \qquad (7\text{-}9)$$

$$Mg(HCO_3)_2 \rightleftharpoons MgCO_3 + CO_2 \uparrow + H_2O \qquad (7\text{-}10)$$

$$MgCO_3 + 2H_2O \rightleftharpoons Mg(OH)_2 \downarrow + CO_2 \uparrow + H_2O \qquad (7\text{-}11)$$

一般大气中的 CO_2 含量很少，其体积比约为 0.3%，分压力很低。当循环水在冷却塔中与空气接触时，水中游离的 CO_2 就向空气中大量逸出，破坏上述平衡关系，使反应向生成碳酸钙或氢氧化镁的方向移动而产生水垢。因此，由于循环水的脱碳作用，会促进碳酸盐从水中析出。

由于循环水的浓缩作用、脱碳作用和温度上升，水中的离子浓度越来越高。当其碳酸盐的离子浓度乘积达到溶度积时，就有可能结晶析出而产生水垢。但是研究结果表明，单一盐类（如碳酸钙）的离子浓度乘积达到其溶度积时，并不发生盐类析出，只有在超过溶度积几十倍甚至几百倍时，才有可能形成水垢。在循环冷却水中，由于受到水中悬浮颗粒、腐蚀产物、铜管表面粗糙程度等多种因素的影响，在过饱和度比较低时就可能有垢析出，特别是在凝汽器铜管内壁表面处，更容易形成水垢。这是因为在铜管表面处的水温较高，而且存在一层很薄的滞流层，滞流层内碳酸盐的过饱和度比铜管中心处水流中的过饱和度高。

（二）泥垢及控制

由于循环冷却水的补充水多数来源于天然水，且与周围环境接触，不可避免的含有一些悬浮杂质，这些悬浮杂质在系统内可以沉积形成泥垢（或污垢）。

防止污垢的形成可采取的措施为：

（1）降低补充水浊度。天然水中尤其是地表水中总夹杂有许多泥砂、腐殖质以及各种悬浮物和胶体物质，它们构成了水的浊度。作为循环水系统的补充水，其浊度越低，带入系统中可形成污垢的杂质就越少。当补充水浊度低于 5mg/L 时（如城镇自来水、井水等），可以不作预处理直接进入系统。当补充水浊度较高时，必须进行预处理，使其浊度降低，减轻结泥垢的程度。

（2）做好循环冷却水水质处理。冷却水在循环使用过程中，如不进行水质处理，必然会

产生水垢或对设备造成腐蚀,生成腐蚀产物。同时必然会有大量菌藻滋生,从而形成污垢。如果循环水进行了水质处理,但处理得不太好时,就会使原来形成的水垢因阻垢剂的加入而变得松软,再加上腐蚀产物和菌藻繁殖分泌的黏性物,它们就会黏合在一起,形成污垢。因此,做好水质处理,是减少系统产生污垢的好方法。

(3) 投加分散剂。分散剂能将黏合在一起的泥团杂质等分散成微粒使之悬浮于水中,随着水流流动而不沉积在传热表面上,从而减少污垢对传热的影响,同时部分悬浮物还可随排污水排出循环水系统。

(4) 增加旁滤设备。循环冷却水系统在稳定操作情况下,浊度升高的原因还可能是由于冷却水经过冷却塔与空气接触时,空气中的灰尘被吸入水中,特别是工厂所在地理环境干燥、灰尘飞扬时更是明显。为此可以设置旁滤设备减少从空气中吸入灰尘。

(三) 微生物滋长

循环冷却水常年水温在 $25 \sim 40℃$ 范围内,而且阳光充足,营养物质丰富,为微生物生长、繁殖提供了有利环境。凝汽器铜管内污垢的主要成分往往是微生物的新陈代谢产物。另外,在新陈代谢过程中还会产生微生物腐蚀。微生物的产生将会形成大量黏泥沉积物,加速金属设备的腐蚀,破坏冷却塔中的木材。通常针对微生物滋长的条件,可以通过防止日光照射、加强原水前处理改善水质、投加杀生剂、黏性物质剥离剂等措施控制微生物的滋长。

(四) 腐蚀

在循环冷却水系统中,除上述在低温区(冷水进口端)有可能产生 CO_2 的酸性腐蚀以外,水中溶解氧是饱和的,因此容易产生氧的去极化腐蚀。另外,盐类浓缩、温度上升、沉积物沉积和微生物滋长等,都是促进腐蚀的因素。防止碳钢腐蚀的方法很多,但在冷却水系统中管材主要是铜合金,最常用的是在冷却水中投加缓蚀剂。除此以外,在冷却水系统防腐中,也曾采用过电化学保护法、用涂料覆盖换热器水侧管壁等方法。

(五) 水质污染

循环冷却水的水质在运行过程中会逐渐受到污染。污染因素为:由补充水带进的悬浮物、溶解性盐类、气体和各种微生物等;由空气带进的尘土、泥砂及可溶性气体等;由塔体、水池及填料被侵蚀,剥落下来的杂物;系统内由于结垢、腐蚀、微生物滋长等产生的各种产物等,都会使水质受到不同程度的污染。

因此,循环冷却水处理的目的就是防止或减缓冷却系统(特别是换热器)的结垢、腐蚀和微生物生长等问题的发生。在火力发电厂的循环冷却水系统中,采用的凝汽器管材是耐蚀性很强的铜锌合金或不锈钢和钛管,而且设计成列管式,水流特性好,沉积物不易沉积。因此,循环水处理的主要目的是防止水垢产生,其次是控制微生物生长,防止腐蚀主要是以选材为主。

二、水质稳定性的判断

当以碳酸盐型水作为循环冷却水时,系统的结垢和腐蚀是一种经常发生的现象。当水中 $CaCO_3$、$Ca_3(PO_4)_2$ 等难溶盐类的含量超过饱和值,就会引起结垢,这时的水称结垢型水。反之,当低于饱和值时,原先析出的 $CaCO_3$、$Ca_3(PO_4)_2$ 又会溶于水中,水会对金属管壁产生腐蚀。当水中碳酸钙含量恰好处于饱和状态时,无结垢也无腐蚀现象,称为稳定型水,为了对水质的结垢倾向和腐蚀倾向作出预先判断,该节介绍几种常用的判断水质稳定性的方法。

1. 极限碳酸盐硬度（H'_T）法

任何一种水，在水温一定的情况下，都有一个碳酸盐不结水垢的最高允许值，这个值称为极限碳酸盐硬度 H'_T。由于多种因素（比如水质和运行条件）的影响，所以 H'_T 的理论计算比较困难，一般由模拟试验求取。

判断方法是

$$KH_{B,T} < H'_T，不结垢 \tag{7-12}$$

$$KH_{B,T} > H'_T，结垢 \tag{7-13}$$

式（7-12）、（7-13）说明，为了防止循环水结垢，控制浓缩倍率的大小是有效途径之一。但浓缩倍率太小，排污水量和补充水量都会过大，不利于节水。

2. 饱和指数（I_B）法（Langelier 指数法）

在冷却水的控制中，还经常采用饱和指数的判断方法，来防止系统结垢。通常采用的指数有碳酸钙饱和指数和磷酸钙饱和指数。碳酸钙饱和指数是一种指数概念，表示碳酸钙析出的倾向，磷酸钙饱和指数是表示磷酸钙析出倾向的一种指数概念。由于电厂循环冷却水中，磷酸根的含量一般都比较低，所以生成磷酸钙垢的可能性非常小，一般不予考虑。

判断方法参照如下：

$$I_B = pH_Y - pH_B \tag{7-14}$$

$I_B = 0$ 时，水质是稳定的，称稳定型水；

$I_B > 0$ 时，水中碳酸钙是过饱和状态，有 $CaCO_3$ 水垢析出的倾向，称结垢型水；

$I_B < 0$ 时，水中碳酸钙呈未饱和状态，有溶解 $CaCO_3$ 固体的倾向，对钢材有腐蚀性，称腐蚀型水。

式中　I_B——碳酸钙饱和指数；

pH_Y——实际运行条件下实测 pH 值；

pH_B——饱和 pH 值，即循环水在使用温度条件下 $CaCO_3$ 达到溶解饱和时的 pH 值。

一般情况下，I_B 值在 ±（0.25～0.3）范围内，可以认为是稳定的。

饱和指数是在一个确定的水温下得出的，但循环冷却系统中各点的温度并不一致，特别是换热设备的进出口端，有时相差几度甚至十几度。对进口低温端稳定的水，对高温端可能是结垢型的。相反对出口高温端稳定的水，对低温端可能是腐蚀型的。如果整个冷却系统中有多台换热设备，每台换热设备的管壁温度也会不相同，利用饱和指数判断结垢与否产生的误差就会更大。

3. 临界（pH_L）值法

在过饱和溶液中，微溶性盐类（如 $CaCO_3$）达到一定的过饱和度就会产生沉淀，沉淀析出时的 pH 值称为该种盐的临界 pH 值，以 pH_L 表示，一般由试验求取。如果水的实际 pH 值超过它的临界 pH 值，就会结垢。具体做法是：将含有碳酸盐硬度的水样首先加热到一定温度（一般为 40℃），然后一边搅拌一边滴加 NaOH 标准溶液，并测定水样的 pH 值，可得一条曲线如图 7-4 所示。开始时，随着 NaOH 的滴入，水样的 pH 值呈直线上升，当 pH 值上升到某一极限值后，突然下降，此转

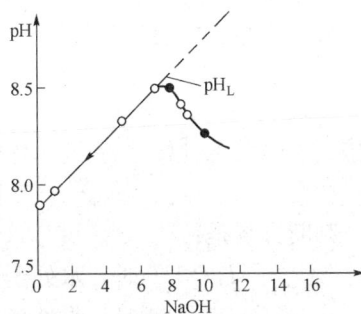

图 7-4　临界 pH_L 值的测定曲线示意

折处所对应的 pH 值称为临界 pH 值，此时水样中有 $CaCO_3$ 晶体析出，出现浑浊现象。在此过程中，水样中的 $CaCO_3$ 由不饱和逐渐达到过饱和。当 $CaCO_3$ 析出时，又由过饱和向饱和转化，从而加剧了 HCO_3^- 的电离。使水样中 H^+ 浓度增大。

$$HCO_3^- = H^+ + CO_3^{2-} \tag{7-15}$$

pH_L 值越大，表示水质越稳定，不易析出 $CaCO_3$ 沉淀。水的实际 pH 值大于 pH_L 就结垢，小于 pH_L 就不会结垢。pH_L 与 pH_B 之间的区别是：pH_L 为实验测定值，pH_B 为计算值。由于在计算 pH_B 时许多因素未考虑进去，所以 pH_L 值显然比 pH_B 高。一段情况下，$pH_L = pH_B + (1.7 \sim 2.0)$。

4. 稳定指数（I_W）（Ryznar 指数）法

稳定指数又称雷兹纳尔指数，是 1946 年由雷兹纳尔（Ryzner）根据利用饱和指数判断水质结垢与否时，经常出现错误的判断提出来的一种经验指数。稳定指数 I_W 的表达式为

$$I_W = 2pH_B - pH_Y \tag{7-16}$$

是饱和指数的一种修正形式。式中 pH_Y 值计算式为

$$pH_Y = 1.465 \lg B + 7.03 \tag{7-17}$$

其中 B 为水中总碱度（mmol/L）。判断方法见表 7-2。

I_B 和 I_W 两个指数，只能用于判断碳酸盐结垢或腐蚀的倾向性，无法提供有关计算数据。

表 7-2   稳定指数判断标准

I_W	水 质 性 质	I_W	水 质 性 质
>8.7	对含 $CaCO_3$ 的材料腐蚀性严重	6.4~3.7	结 $CaCO_3$ 水垢
8.7~6.9	对含 $CaCO_3$ 的材料腐蚀性中等	<3.7	结 $CaCO_3$ 水垢严重
6.9~6.4	水质稳定		

5. 侵蚀指数（I_Q）法

侵蚀指数的表达式为

$$I_Q = pH_Y + \lg[Ca^{2+}]B \tag{7-18}$$

式中 $[Ca^{2+}]$、B——水中钙离子含量和碱度，mg/L（以 $CaCO_3$ 计）。

判断方法是

$I_Q < 10$ 时，水对石棉水泥管有高度侵蚀性；

$I_Q = 10 \sim 12$ 时，水对石棉水泥管有中等侵蚀性；

$I_Q > 12$ 时，水对石棉水泥管无侵蚀性。

6. 推动力指数（I_T）法

推动力指数的表达式为

$$I_T = \frac{[Ca^{2+}][CO_3^{2-}]}{K_{sp}} \tag{7-19}$$

式中 $[Ca^{2+}]$、$[CO_3^{2-}]$——水中 Ca^{2+} 和 CO_3^{2-} 的浓度，mmol/L；

           K_{sp}——在同一温度下 $CaCO_3$ 的溶度积常数。

判断方法是：

       $I_T = 1.0$ 时，水处于 $CaCO_3$ 的平衡饱和状态；

       $I_T > 1.0$ 时，水处于 $CaCO_3$ 的过饱和状态，有析出 $CaCO_3$ 的倾向；

       $I_T < 1.0$ 时，水处于 $CaCO_3$ 的未饱和状态，有溶解 $CaCO_3$ 固体的倾向。

除以上几种判断方法外，还有其他多种形式的指数，但这些指数的概念通常是以某种特定水质条件提出来的，使用起来有很大的局限性，所以在此不提及。

第三节 循环水防垢处理

由于电厂循环冷却水中，磷酸根的含量一般都比较低，所以生成磷酸钙垢的可能性非常小，一般不考虑，主要讨论碳酸盐水垢的防止。

一、石灰沉淀法

沉淀法是向循环冷却水的补充水中投加一种化学药剂，此药剂与水中的结垢性物质（如重碳酸盐）发生反应，生成难溶的碳酸盐或氢氧化物从水中沉淀析出，所用的化学药剂称为沉淀剂。目前使用最多的沉淀剂为石灰，它应用最早，也最为经济，但对石灰的纯度要求较高，最好达到 $80\%\sim90\%$ 以上。石灰沉淀法不仅能有效地除去水中游离的 CO_2、碳酸盐硬度和碱度，而且还能除去一部分有机物、硅化合物及微生物，大大减小了结垢趋势，改善了水质。石灰沉淀法虽然不能除去水中的非碳酸盐硬度和钠盐，但这并不会造成这些盐类（像 $CaSO_4$、$CaCl_2$、$MgSO_4$、$MgCl_2$ 和 $NaCl$ 等）在循环冷却水系统内析出，更不易在铜管内结垢。因为它们都有较大的溶解度。所以如将石灰沉淀法用于处理循环冷却水的补充水，会使浓缩倍率明显提高。

1. 石灰处理的化学反应

石灰（CaO）溶于水生成消石灰 $Ca(OH)_2$，石灰处理实际上是向水中投加消石灰，其化学反应式为

$$CaO + H_2O = Ca(OH)_2 \tag{7-20}$$

$$CO_2 + Ca(OH)_2 = CaCO_3 \downarrow + H_2O \tag{7-21}$$

$$Ca(HCO_3)_2 + Ca(OH)_2 = 2CaCO_3 \downarrow + 2H_2O \tag{7-22}$$

$$Mg(HCO_3)_2 + Ca(OH)_2 = CaCO_3 \downarrow + H_2O + MgCO_3 \tag{7-23}$$

$$MgCO_3 + Ca(OH)_2 = CaCO_3 \downarrow + Mg(OH)_2 \downarrow \tag{7-24}$$

2. 石灰投加量的估算

石灰的投加量与处理目的有关，当只要求去除水中钙的碳酸盐硬度时，加药量估算式为

$$c_{\frac{1}{2}CaO} = c_{\frac{1}{2}CO_2} + c_{\frac{1}{2}Ca(HCO_3)_2} \tag{7-25}$$

当要求同时去除水中钙和镁的碳酸盐硬度时，加药量估算式为

$$c_{\frac{1}{2}CaO} = c_{\frac{1}{2}CO_2} + c_{\frac{1}{2}Ca(HCO_3)_2} + 2c_{\frac{1}{2}Mg(HCO_3)_2} + \alpha \tag{7-26}$$

式中　$c_{\frac{1}{2}CaO}$——石灰投加量，$mmol/L$；

　　　α——石灰过剩量，$0.1\sim0.3mmol/L$。

上述石灰的投加量是根据化学反应计算的，但在水的实际处理中，往往有许多物理或物理化学因素影响这些化学反应，因此只能是一种估算，这对设计石灰处理系统和设备没有多大影响，实际投加量可通过调试来确定。

3. 石灰处理后的水质

经石灰处理后，水质发生了明显变化。

（1）游离 CO_2。因为水经石灰处理后，pH 值一般在 8.3 以上，所以游离 CO_2 应全部去除。

（2）硬度。原水没有过剩碱度时，残留硬度为

$$Hc = H_F + B_C + c_{[H^+]} \tag{7-27}$$

式中　　Hc——经石灰处理后水的残余硬度，mmol/L；

　　　　H_F——原水中的非碳酸盐硬度，mmol/L；

　　　　B_C——经石灰处理后水的残余碱度，mmol/L；

　　　　$c_{[H^+]}$——混凝剂投加量，mmol/L。

（3）碱度。经石灰处理后水的残余碱度包括两个部分：一是碳酸钙的溶解度，一般为 0.6～0.8mmol/L；另一部分是石灰的过剩量，一般控制在 0.1～0.3mmol/L（以 1/2CaO 计）。因为 $CaCO_3$ 的溶解度与原水 H_F 有关，水中 Ca^{2+} 含量越高，出水中 CO_3^{2-} 碱度就越少。

（4）硅化合物。由于石灰处理生成沉淀物［$Mg(OH)_2$］或絮凝物的吸附作用，水中硅化合物的含量会有所降低。当温度为 40℃时，硅化合物可降至原水的 30%～35%。

（5）铁。当原水为地下水时，有时含有一定量的铁，与石灰发生反应生成溶解度非常小的 $Fe(OH)_3$，因此经石灰处理后残余铁非常少。

（6）有机物。经石灰（或与混凝处理一起）处理后，水中有机物可降低 30%～40%。它主要是通过沉淀物或絮凝物的吸附作用去除的。一般是沉淀物越多、活性越强及 pH 值越高，有机物的去除率也越高。

4. 石灰处理例子

某厂用于循环冷却水补充水的石灰处理系统的工艺流程是：

高纯度粉状消石灰→石灰筒仓→螺旋输粉机→缓冲斗→精密称重干粉给料机（电子皮带秤）→石灰乳搅拌箱→石灰乳泵→5%石灰乳→澄清池→变孔隙滤池→循环水系统补充水→冷却塔水池→H_2SO_4。

另外，设置有混凝剂配制和投加系统、加酸调节 pH 系统、加氯系统和自动压缩空气系统。

运行控制参数：变孔隙滤池进水浊度小于 5～20mg/L，出水浊度为 0.5～1.0mg/L；$FeSO_4 \cdot 7H_2O$ 有效计量为 0.2～0.3mmol/L；循环水加氯量为 2.0mg/L，出水剩余活性氯为 0.2mg/L；补充水加酸后调节 pH 值在 7.2～8.2 之间。

二、加酸处理

循环水的加酸处理是将水中碳酸盐硬度转变为非碳酸盐硬度，以防止生成碳酸盐水垢的一种处理方法。经常采用的酸是硫酸，因为它价格便宜，且便于贮存和运输。而盐酸价格较高，对钢铁的腐蚀性强，且由于氯离子引入循环水，会促进铜管的腐蚀，因此不经常应用。硫酸与水中重碳酸盐硬度的反应式为

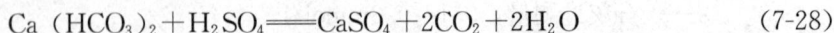

$$Ca(HCO_3)_2 + H_2SO_4 =\!=\!= CaSO_4 + 2CO_2 + 2H_2O \tag{7-28}$$

反应最终将水中的碳酸盐硬度转变成为非碳酸盐硬度（$CaSO_4$）。因为 $CaSO_4$ 溶解度较大（0℃时为 1750mg/L），所以能防止碳酸盐水垢和提高浓缩倍数，节约补充水量。另外，反应生成的游离 CO_2，也有利于抑制碳酸钙水垢的析出。

1. 加酸量计算

在已知循环水极限碳酸盐硬度的情况下，硫酸的加入量计算式为

$$q_{m,H_2SO_4} = \frac{49}{\varepsilon}\left(H_{B,T} - \frac{1}{K}H'_{X,T}\right)q_{V,X}\frac{P_B}{10^5} \tag{7-29}$$

式中　$q_{m,\mathrm{H_2SO_4}}$——硫酸投加量，kg/h；

49——[$1/2\mathrm{H_2SO_4}$] 的摩尔质量；

ε——$\mathrm{H_2SO_4}$ 的纯度，%；

$H_{\mathrm{B,T}}$——补充水极限碳酸盐硬度；

$H'_{\mathrm{X,T}}$——循环水极限碳酸盐硬度；

$q_{V,\mathrm{X}}$——循环冷却水量，$\mathrm{m^3/h}$；

P_{B}——补充水量占循环水量的百分数，%。

2. 加酸地点与控制

对循环水的加酸地点没有严格限制，可以加在循环水泵入口侧的循环水渠道中，这对防止铜管内结垢有利；也可加在补充水水流中。加酸处理应控制循环水硬度低于极限碳酸盐硬度。因为碱度与 pH 值有一定关系，所以也可监测 pH 值，一般控制 pH 值在 7.4～7.8 之间。当酸加在补充水中时，水中残留碱度一般控制在 0.3～0.7mmol/L 之间，避免出现酸性。

3. 加酸设备

工业硫酸的纯度一般为 75%～92%，可用 1～5t 的钢制酸罐用汽车运输，也可用 15t、20t 或 50t 的酸罐火车运输，然后用酸泵打入储存罐。储存罐一般高位布置，利用重力自动流入计量箱。计量箱可置于冷却塔吸水井上部，靠重力流入补充水中，也可用酸计量泵定量抽出，在混合槽与补充水混合后进入吸水井或冷却塔水池中。

4. 加酸处理的注意事项

虽然加酸处理可防止碳酸盐水垢并提高浓缩倍数，但加酸量过大，则可能形成 $\mathrm{CaSO_4}$、$\mathrm{MgSiO_3}$ 水垢，还可能引起 $\mathrm{SO_4^{2-}}$ 对混凝土冷却塔或水池的侵蚀。

（1）防止 $\mathrm{CaSO_4}$、$\mathrm{MgSiO_3}$ 水垢。我国天然水体中，属于钙、镁的硫酸盐型水系比较少，而且硅酸盐含量也不高，多数水系中 $\mathrm{SiO_2}$ 含量在 20mg/L 以下，而镁的含量一般低于钙。虽然有些地下水 $\mathrm{SO_4^{2-}}$ 含量较高，但 $\mathrm{CaSO_4}$ 的溶解度比 $\mathrm{CaCO_3}$ 要大 200 倍，所以当控制浓缩倍数在 3～5 范围内运行时，一般不会生成 $\mathrm{CaSO_4}$ 和 $\mathrm{MgSiO_3}$ 水垢。但在缺水条件下，为了提高浓缩倍数，节约用水，也可能会使水中 $\mathrm{Ca^{2+}}$ 和 $\mathrm{SO_4^{2-}}$ 的含量超过限量，而析出 $\mathrm{CaSO_4}$、$\mathrm{MgSiO_3}$ 水垢。

（2）防止 $\mathrm{SO_4^{2-}}$ 对混凝土冷却塔或水池的侵蚀。我国《水利水电工程水质评价标准》中说明，当混凝土处于不良地质环境和物理风化环境时，环境水对混凝土具有结晶性侵蚀，判断标准见表 7-3。

表 7-3　　　　　　　　　　　**环境水对混凝土结晶性侵蚀判断标准**

水泥品种	侵蚀程度	侵蚀性指标 ($\mathrm{SO_4^{2-}}$, mg/L)	水泥品种	侵蚀程度	侵蚀性指标 ($\mathrm{SO_4^{2-}}$, mg/L)
普通水泥	无侵蚀	<250	抗碳酸盐水泥	无侵蚀	<3000
	弱侵蚀	250～400		弱侵蚀	3000～4000
	中等侵蚀	400～520		中等侵蚀	4000～5000
	强侵蚀	>500		强侵蚀	5000

但在我国循环冷却水处理的生产实践中，即使 $\mathrm{SO_4^{2-}}$ 的含量在 500～2000mg/L 之间，也

未曾发现普通混凝土冷却塔构筑物因受到硫酸盐的侵蚀而脆化的实例。因此，有关 SO_4^{2-} 的极限标准还有待研究。水中 SO_4^{2-} 对混凝土的侵蚀，主要是由于 SO_4^{2-} 对水泥中游离石灰的盐化作用，反应生成的石膏（$CaSO_4 \cdot 2H_2O$）又进一步与水泥中的水化铝酸钙反应生成水化铝酸钙晶体。由于生成的水化铝酸钙晶体是针状结晶，含有大量的结晶水，其体积比原来的大 2.5 倍，可对水泥产生巨大的内应力引起鼓泡破坏或松脆，故称为"水泥杆菌"。水中高浓度的镁和铵也会对水泥产生侵蚀性破坏，因它可在水泥中形成硅酸镁和氢氧化镁。

三、离子交换法

在缺水地区设计大型的循环冷却水处理系统时，也可考虑离子交换法。这样，虽然有初投资较大的缺点，但可提高浓缩倍数，节省补充水量。离子交换树脂一般采用带有一COOH 羧基的弱酸性阳树脂。研究结果表明，用弱酸性阳树脂处理冷却水的补充水，不仅可以除去水中的碳酸盐硬度，而且还可除去碱度，即可以同时达到脱碳和部分除盐两种目的。水中盐类的降低程度视碳酸盐硬度的含量而有所不同。由于弱酸性阳树脂的交换容量比强酸性阳树脂的大得多，而且容易置换与重碳酸根相结合的阳离子，不能分解中性盐，所以对硬度和碱度相等的原水采用弱酸性阳树脂最为有利。因为这种水经处理后几乎完全除去了硬度，总含盐量和碱度也同时得到降低，形成的 CO_2 可在除碳器或冷却塔内除去。

离子交换处理也可视为塔外加酸（用酸再生弱酸树脂），虽然消耗的是酸，但并不增加循环冷却水的硫酸根含量，处理系统如图 7-5 所示。

如果补充水水源采用地表水，水中含有一定数量的悬浮物时，应预先对补充水进行混凝沉淀和过滤处理，然后再进行离子交换处理，在特殊情况下也可先用石灰沉淀法脱碳。在设计中弱酸树脂软化采用的设计参数有：

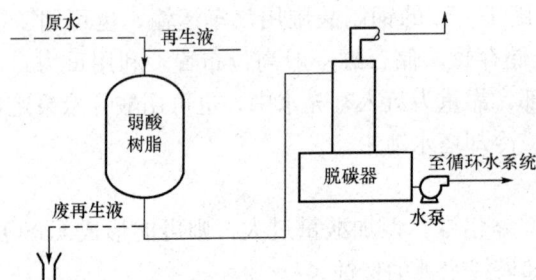

图 7-5　冷却水的离子交换法

(1) 出水质量。经弱酸树脂处理后的残余碱度为 $0.3\sim0.5$mmol/L。

(2) 运行。正常运行流速为 20m/h，瞬时流速为 30m/h。

(3) 反洗。反洗流速为 $15\sim20$m/h，反洗时间为 15min。

(4) 再生。再生剂（HCl）耗量为 40g/mol，再生剂浓度为 $2\sim2.5\%$。

(5) 置换。置换流速为 $4\sim5$m/h，置换时间为 $4\sim5$min。

(6) 正洗。正洗水量为 $2\sim2.5$m^3/m^3 树脂，正洗流速为 $15\sim20$m/h，正洗时间为$10\sim20$min。

(7) 设计工作交换容量一般取 $1500\sim1800$mol/m^3 树脂。

采用弱酸性阳树脂处理循环水的补充水，其优点是交换容量大，易于再生，并且酸耗低，浓缩倍数高。不足之处是与石灰沉淀法相似，投资高。

除上述三种方法以外，还有阻垢剂法和炉烟处理法，以及加酸与阻垢剂的联合处理、石灰软化与阻垢剂的联合处理、离子交换与阻垢剂的联合处理法等方法，在此我们不再一一叙述。

第四节　微生物控制

一、循环水中常见的微生物及危害

敞开式循环冷却水系统为各种微生物的生长繁殖提供了适宜的生长环境：冷却水的温度常年在 25～40℃之间；有充沛的水量和丰富的营养物质；冷却塔中阳光充足，特别适宜藻类的繁殖；冷却水中溶解氧是饱和的，为好氧微生物提供了必要的条件；冷却水中形成的黏泥为厌氧微生物提供了庇护场所。所以，在冷却塔的填料、支柱、池底和布水槽上，均布满了绿色或蓝色的藻类和灰色的微生物黏泥。

循环水中常见的几种微生物如下：

1. 细菌

在循环水中常见的细菌主要有铁细菌、硫酸盐还原菌和氮化细菌等。

铁细菌又有许多种，它适宜的生存条件是水中有一定量的铁（0.1～0.3mg/L），可在钢铁管道或设备表面上吸收一些铁而生长。

硫酸盐还原菌是一种厌氧菌，常存在于循环水的黏泥、污垢中。它能把水中溶解性的硫酸盐还原为硫化氢，能在沉积物下造成酸性环境，不仅对碳钢腐蚀速度很快，就是对铜合金、不锈钢等耐腐蚀性材料腐蚀速度也很快。

氮化细菌包括氨化菌、硝化菌、亚硝化菌和反硝化菌等。

当循环水系统中存在大量细菌时，细菌在新陈代谢过程中能分泌黏液，并把原来悬浮于水中的固体粒子和无机沉淀物黏合起来，附着于金属表面而形成黏泥块，产生污垢和腐蚀。其中 95％以上的是无机垢，而细菌的重量不到 1％。

2. 藻类

大多数藻类是广温性的，最适宜生长的温度是 10～30℃左右，生长繁殖的基本条件是空气、水和阳光，所以冷却塔的淋水装置、配水装置及塔壁、支柱是藻类繁殖的良好环境。藻类的细胞能进行光合作用，光合作用中消耗掉的 CO_2，由水中的 HCO_3^- 分解进行补充（$HCO_3^- \longrightarrow CO_2 + OH^-$）。光合作用的结果一是使水中溶解氧增加，二是使水的 pH 值上升。

藻类品种繁多，最常见的有蓝藻、绿藻、硅藻等。绿藻是一种丝状藻，易附在塔壁上蔓延。硅藻适宜温度为 18～35℃，pH 值为 5.5～8.9，喜欢生长在 Ca^{2+} 和 Mg^{2+} 浓度高的水中，大量繁殖时易生成硅垢。

3. 真菌类

在循环水系统中常见的真菌多属于藻类纲中的一些属种，如水霉菌和绵霉菌等。真菌大量繁殖时可以形成一些丝状物，附着于金属表面形成软泥，亦可堵塞管道。黏泥不仅使水流截面减小，传热效率降低，而且由于黏泥下面的金属表面是贫氧区，易形成氧的浓差电池而使金属遭受局部腐蚀或点蚀。真菌很容易寄生在冷却塔中的木质填料上面并分泌出消化酶，将木材中的纤维素破坏掉，使木材结构强度大大降低。

4. 原生动物

利用淡水作为循环冷却水的补充水时，在冷却塔水池、塔壁及支柱上的黏泥中或在换热设备的水室中和管壁间都有原生动物生长，堵塞水流通道，促使沉积物沉积。目前在循环水中发现的原生动物有纤毛虫类、鞭毛虫类、肉足虫类等微小动物，还有轮虫、甲壳虫、线虫等后生动物，个别循环水中还有蜗牛。

二、微生物控制

1. 防止日光照射

藻类的生存和繁殖，需要日光照射进行光合作用，如能遮断阳光，就可防止藻类的生长。这种方法不需任何管理费用，但对大型储水池和高大的冷却塔则无法应用。至于小型水池、水箱则可采用黑色薄膜进行简单覆盖以遮断阳光。

2. 加强原水前处理、改善水质

对原水进行前处理时，加强混凝沉淀处理可在除去悬浮物的同时除去部分浮游生物和细菌。常用的混凝剂有三氯化铁、硫酸亚铁和硫酸铝等，投加的药量一般为 $20\sim30mg/L$，可除去 $80\%\sim90\%$ 的悬浮物。如果在投加硫酸铝或硫酸亚铁的同时，再添加一些聚合物如聚丙烯酰胺，则可提高除菌的效果。

此外，也可采取曝气处理，以除去游离 CO_2 和氧；或投加石灰进行处理，以中和游离 CO_2，提高 pH，这些措施有利于铁、锰的去除，如能除去铁细菌赖以生长的铁，也就防止了铁细菌的发生和繁殖。

3. 投加杀生剂

在循环冷却水系统中，目前采用最多的方法是投加杀生剂控制微生物。杀生剂以各种方式杀伤微生物，按杀生机理可分为氧化型和非氧化型杀生剂两大类，如 Cl_2、NaClO、O_3 和氯胺等为氧化型杀生剂，季铵盐、氯酚等为非氧化型杀生剂。

在循环冷却水中投加的杀菌藻剂，应能满足以下要求：能有效的杀死或抑制所有微生物的生长与繁殖，应该是一种广谱性的杀生剂（对相当多的微生物均有杀伤作用的药剂）；易于分解或降解为无毒的物质，对环境副作用低；在使用剂量条件下，能与投加的阻垢缓蚀剂相容，不发生任何化学反应，不起副作用；在循环水运行 pH 范围内，保持其抗氧化性和杀生特性；对微生物黏泥有穿透和分散能力；经济实惠、货源充足。所以，能满足上述条件的杀生剂并不是很多。

除上述措施以外，目前有些电厂在循环冷却水管内壁、配水槽、支柱及水池壁上涂一种防菌藻的涂料；另外还可以用化学清洗剂清洗凝汽器、冷却塔、填料、水池及水系统，都取得不错的效果。

三、常用杀生剂

(一) 氧化型杀生剂

在循环水中投加的氧化型杀生剂有氯、次氯酸钙、次氯酸钠、二氯异氰尿酸、三氯异氰尿酸和臭氧等。

1. 氯 (Cl_2)

卤族元素氯、溴和碘均为良好的杀菌剂。在电厂冷却水的微生物控制中多用液态氯和漂白粉。氯和漂白粉两种杀生剂的效果是相同的，但液态氯比漂白粉便宜，加药设备简单，所以氯化处理常用的药品是液态氯。氯是一种有强烈刺激性的黄绿色有毒气体，对呼吸器官有刺激作用。其杀生原理、影响因素、加氯设备、控制方法等与饮用水的消毒杀菌处理基本相同。

氯遇到水后，发生的反应为

$$Cl_2 + H_2O \Longrightarrow HClO + HCl \tag{7-30}$$

反应生成的次氯酸是一种很强的氧化剂，可杀死微生物。

氯化处理的加药方式有连续式、间歇式和冲击式三种方式。连续加药是按循环水流量或使循环水系统中保持一定的浓度而连续加药；冲击加药就是把一批药剂在短时间内加入系统的方法，在投药量一定的条件下，加药时间越短，越能产生较高的浓度，得到较好的杀菌效果，当药剂浓度消失至最低允许浓度时，再重复冲击处理；介于连续加药和冲击加药之间的称为间歇式加药。为了节约药剂，只有在冲击加药或间歇加药不见效果时才采用连续加药方式。

加氯设备（见图7-6）主要由氯瓶和加氯机组成。当加氯机满足不了要求时，可考虑采用液氯蒸发器。

由于阳光中紫外线会破坏氯，而且当冷却水通过冷却塔时，氯也会损失，所以，通常氯在热交换区域之前顺流加入。为防止阳光对氯的破坏，以及延长余氯的效果，有时采用夜间加氯来处理循环水。

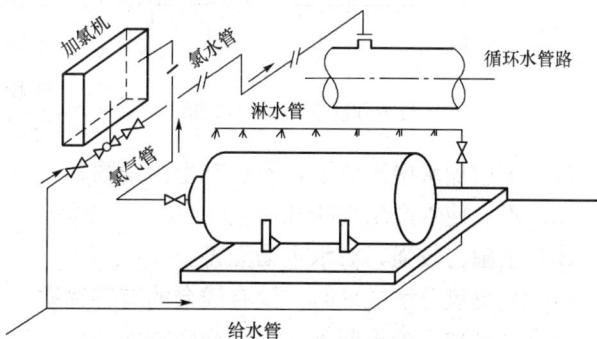

图7-6　加氯设备系统

2. 漂白粉

工业上由石灰和氯气反应而成，由于原料中往往含有许多杂质，所以漂白粉是含有多种化合物的混合物，但起杀菌作用的只有氯氧化钙 [$Ca(ClO)_2$] 一种，含量约占65%。

理论上氯在氯氧化钙中占的百分含量为55.1%，因此氯在漂白粉产品中大约只占36%，实际氯含量仅有25%～35%。

氯氧化钙的杀生作用仍然是在水中产生的次氯酸，反应式为

$$2Ca(ClO)_2 \longrightarrow Ca(ClO)_2 + CaCl_2 \tag{7-31}$$

$$Ca(ClO)_2 + Ca(HCO_3)_2 \longrightarrow 2CaCO_3 + 2HClO \tag{7-32}$$

3. 次氯酸钠 （NaClO）

次氯酸钠也是一种强氧化剂，外观为淡黄色的透明液体，有类似氯气的刺激气味，具有理想的杀生效果和漂白、除臭功能。它在水溶液中生成次氯酸根离子，再通过水解反应生成次氯酸起杀生作用。

因为NaClO含的有效氯易受阳光、温度的影响而分解，故一般利用次氯酸钠发生装置在现场制取，就地投加。

4. 溴化物

由于氯在碱性条件下生成次氯酸根离子（ClO^-），杀生作用减弱，所以当水的碱度和pH较高时，可考虑用溴或溴化物代替氯或氯化物。两种活性酸（HClO 和 HBrO）的百分含量与pH值的关系，如图7-7所示。由图7-7可知，两种活性酸的百分含量均随pH值上升而降低，但两种活性酸有很大差异。

在pH值和杀生剂剂量相同的情况下，溴化物的杀生效果比氯大得多。另外，溴的杀生

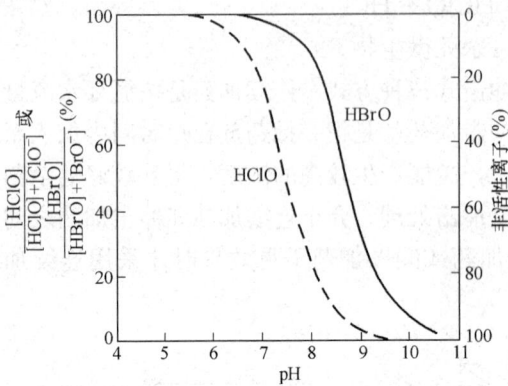

图 7-7　次溴酸和次氯酸的电离曲线

速度比氯快，在相同条件下，4min 内溴可使细菌存活率降低到 0.0001%，而氯则不能，氯对金属的腐蚀速度却比溴大 2～4 倍，说明溴及溴化物具有一定的优越性。

5. 臭氧（O_3）

为了满足环境保护的要求，氯化处理受到了一定的限制，如美国和英国都规定水中过剩氯不得超过 0.1mg/L，因此要求采用臭氧处理。臭氧是一种很强的和性质不稳定的氧化性气体，因此，使用时必须在现场制备。采用臭氧处理比氯化处理具有以下优点：

（1）不增加水中氯离子，不会产生污染物。

（2）不会使水产生气味和颜色。

（3）杀菌力较强，对水生物无害。

（4）当臭氧分解成氧时，没有残余的有害物质。

但是臭氧加入量控制不当，也会影响冷却塔的木材，它会脱除木质素而破坏木材。臭氧和氯一样，杀菌效果受水的 pH 值、温度、有机物及还原物质的影响，因为这些因素都会降低它的预期效果。另外臭氧的制备工艺，现在仍处在不断的研究之中，生产成本较高，普遍应用有困难。

（二）非氧化型杀生剂

在某些条件下，使用非氧化型杀生剂比氧化型杀生剂更有效、更方便。因此，在循环冷却水处理中有时将两者联合使用。常用的非氧化型杀生剂有氯酚类、季胺盐类、酮盐和有机硫化物等。

1. 氯酚

氯酚及其衍生物是一种非氧化型杀生剂，它们都是易溶而又稳定的化合物，很少与水中存在的其他化学物质起反应。

这类杀生剂的杀生机理是：氯酚借助吸附与扩散作用，通过微生物的细胞壁到达其内部，与细胞质形成胶体溶液，并使蛋白质沉淀，从而杀死微生物。

由双氯酚配制的水溶液是一种高效的广谱性杀生剂，它对异养菌、铁细菌、硫酸盐还原菌等都有很好的杀生作用。如加药量为 15mg/L 时，对异养菌的杀灭率可达 95%，只要有 0.5mg/L 的剂量，就可明显的抑制芽孢杆菌的繁殖。

在循环冷却水中用作杀生剂的氯酚主要是三氯酚和五氯酚的钠盐（$C_6H_2Cl_3ONa$、C_6Cl_5Na），使用浓度一般为 50mg/L，经验证明，将三氯酚钠和五氯酚钠联合使用，可使杀菌效果增加，而且药剂浓度可减少一半。如将氯酚和阴离子型表面活性剂混合使用，可明显提高杀生效果，因为表面活性剂降低了细胞壁的表面张力，增加了杀生剂穿过细胞壁的速率。

2. 季铵盐

季铵盐是一种含氮的有机化合物，易溶于水，在水中电离成阳离子型的表面活性剂。季铵盐通常在碱性 pH 值范围内对藻类和细菌的杀灭最有效。

目前用于循环冷却水的季铵盐类化合物有以下几种：十二烷基二甲基苄基氯化铵、十二烷基二甲基苄基溴化铵、十四烷基二甲基苄基氯化铵、十六烷基二甲基苄基氯化铵、十八烷基二甲基苄基氯化铵、十六烷基三甲基溴化铵、十六烷基氯化吡啶、十六烷基溴化吡啶等。其中最常用的有十二烷基二甲基苄基氯化铵（也称洁尔灭）和十二烷基二甲基苄基溴化铵（也称新洁尔灭）。新洁尔灭的杀生能力比洁尔灭强。

季铵盐的使用浓度一般为 20～30mg/L，适宜的 pH 值为 7～9，它对异养菌、硫酸盐还原菌及铁细菌的杀灭率达到 95%～100%。

季铵盐既是一种杀生剂，也是一种黏泥、污垢的剥离剂。缺点是剂量偏高，达几十 mg/L，而且容易使水起泡沫。

3. 异噻唑啉酮

异噻唑啉酮是一种较新的广谱性非氧化性杀生剂，目前使用的异噻唑啉酮大都是它的衍生物。

异噻唑啉酮即使在浓度很低（0.5mg/L）的情况下，在较宽的 pH 值范围内，对藻类、真菌和细菌都有良好的杀生能力。所以也是一种广谱性的杀生剂。其毒性很低，所含有效杀生成分能较快降解，最后生成无毒的乙酸，因此长期使用不会造成新的环境污染。

异噻唑啉酮虽然杀生效果好，低毒，对环境无二次污染，但其储存稳定性较差，放置一段时间后，有效成分会分解，失去杀生能力，因此在购置时需注意其有效期。

4. 有机硫化物

二硫氰基甲烷为代表的有机硫化物，也是一种广谱性杀生剂，对细菌、藻类和原生动物都有较好的杀生效果，特别是对硫酸盐还原菌的杀生效果最好。优点是投药量低、毒性小，用量在 10～100mg/L 时，在 24h 内杀生率可达到 99%。

二硫氰基甲烷的使用浓度一般为 10～25mg/L，适宜的 pH 值为 6.0～7.0，pH＞7.0 时会迅速水解而失效。对碱度和 pH 值较高的水，宜选用其他有机硫化物，如二甲基二硫化氨基甲酸钠。为了提高二硫氰基甲烷的活性，常将它与分散剂和渗透剂复合使用。分散剂和渗透剂是为了使药剂能有效地遍及整个冷却水系统的各个部分，以及增加药剂对藻类和细菌黏液层的穿透性。

由于二硫氰基甲烷是非离子型的，因而不会由于水系统中有污染物、碎片或其他粒状物而使其活性下降。

第五节　腐　蚀　控　制

凝汽器是火力发电厂机组的主要换热设备，在运行中凝汽器发生腐蚀损坏是影响电厂机组安全运行的主要因素之一。在电厂机组的腐蚀损坏事故中，由于凝汽器管腐蚀损坏的事故大约占 30% 以上。因为凝汽器管内走的是冷却水，一旦有泄漏，就会使冷却水漏入凝结水中，造成锅炉和换热器内部结垢，造成巨大的经济损失和安全事故。因此，对凝汽器管进行腐蚀控制，使凝汽器的泄漏率控制在 0.005%～0.02%（用淡水冷却时）和 0.0035%～0.004%（用海水冷却时）以下，是保证机组安全运行的重要措施之一。

电厂凝汽器铜管的防腐方法一般为合理选用管材、在制造和安装过程中消除应力及在运行中进行表面处理等。

一、凝汽器铜管的腐蚀形式

凝汽器铜管在冷却水中的腐蚀有均匀腐蚀和局部腐蚀两类。发生均匀腐蚀时，黄铜常常以极缓慢的速度溶解。此时其使用年限常常仍然可达 10a（对于海水）或 20a（对于淡水），所以其危害性不算十分严重。但发生局部腐蚀时，往往可在几个月内使管壁穿孔，恶化给水水质，所以危害性较大。铜管的腐蚀泄漏往往源于此。

在凝汽器铜管水侧常发生的局部腐蚀有选择性腐蚀、点蚀、冲刷腐蚀、应力腐蚀等。

1. 选择性腐蚀

选择性腐蚀也称脱合金化腐蚀，是指合金在腐蚀性介质中各组成元素不按它们在合金中的比例而溶解的一种腐蚀形式。通常是化学性质比较活泼，负电位比较强的元素因化学作用而被选择性的溶解在介质中，而正电位比较强的元素富集在合金中。

凝汽器铜管由黄铜制成，黄铜是电极电位相差极大的铜和锌组成的合金。黄铜中的锌被单独溶解的现象，称为选择性脱锌腐蚀。在腐蚀性介质中锌的选择性溶出导致的脱锌腐蚀，是凝汽器铜管腐蚀损坏的主要形式。对于脱锌腐蚀的机理，目前有两种说法，一种认为脱锌腐蚀是铜锌合金中的锌被选择性地溶解下来（由于锌比铜活泼）；另一种认为，腐蚀开始时是铜和锌一起溶解下来，然后水中的铜离子与黄铜中的锌发生置换反应，而铜被重新镀上去，所以脱落下来的仅为锌。

凝汽器铜管的选择性脱锌腐蚀有层状脱锌和栓状脱锌两种形式。如图 7-8 (a)、(b) 所示。

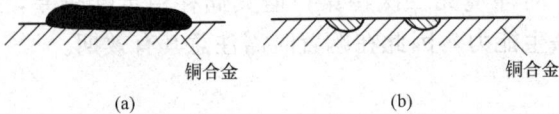

图 7-8 黄铜的脱锌腐蚀
(a) 层状脱锌；(b) 栓状脱锌

层状脱锌的特征是：在铜管的水侧表面上呈现范围比较大又不太致密的红色紫铜层，从剖面观察有明显的分层现象，管壁虽未明显减薄，但机械强度却明显降低了。

栓状脱锌的特征是：在铜管水侧表面发生脱锌的部位腐蚀产物堆积成白色小丘状，去掉这些腐蚀产物后，可见到呈海绵状的紫铜栓，如再去掉紫铜栓，则出现一个直径为 $1\sim2mm$ 的浅坑或圆孔。

一般来说，在海水中容易产生层状脱锌，在淡水中容易产生栓状脱锌。含锌15％以上的铜管容易发生脱锌腐蚀，锌的含量越高，脱锌的倾向越大。黄铜中有铁和锰时，会加速脱锌过程；有砷、锑和磷时，会抑制脱锌过程。

当黄铜的组成中未加砷时，脱锌腐蚀的起点容易发生在晶粒之间的界面处、金属表面保护膜破裂处、金属组织有缺陷处等。

促进脱锌腐蚀的因素还有：冷却水的流速慢、管壁温度高和管内表面有疏松的附着物等。

2. 冲击腐蚀

当冷却水中含有气体或泥砂时，就会在凝汽器铜管的入口湍流区产生冲击磨削作用，使铜管表面的氧化膜遭到破坏，形成阳极区，而保护膜未受到破坏的部位成为阴极区，在机械冲击力和电化学的共同作用下，产生冲刷腐蚀或磨损腐蚀。所以，这种腐蚀的特征是腐蚀坑沿水流冲击方向分布，而且每一个腐蚀坑都是沿水流方向剜陷的。也就是说，冲击腐蚀形成的腐蚀坑具有方向性，其陷坑对着水流冲击的方向。这种腐蚀容易发生在凝汽器的冷却水入口端。

3. 沉积腐蚀

有些冷却水常被泥砂、贝壳、水生物等所污染。这些固体物质沉积在铜管内壁上后，起着屏蔽作用，阻碍氧到达下面的金属表面。这样，缺氧的沉积物下的金属部位成为阳极区，从而引起沉积物下面金属的腐蚀，如图 7-9 所示。这种腐蚀常发生在水流缓慢的部分，因为这里容易沉积外来物质。

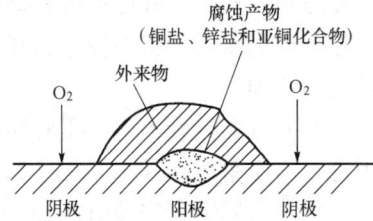

图 7-9　沉积腐蚀

4. 应力腐蚀

应力腐蚀是凝汽器铜管一种主要的损坏形式，产生腐蚀破裂应具有拉伸或交变应力和侵蚀性介质环境两个条件。

铜管的内部拉伸应力，可能来自生产、运输、安装过程中产生的残留应力，也可能是来自运行过程中排汽或水流的冲击、振动、膨胀不均匀等；而交变应力则可能是由于铜管安装固定不当导致运行中发生的振动。侵蚀性介质可能是水中的氨及含硫氧化物等。

应力腐蚀破裂的特征是：在铜管上产生纵向或横向裂纹，严重时甚至裂开或断裂。裂纹的方向一般垂直于铜管受拉伸应力的方向，裂纹有的是沿晶性的，有的是穿晶性的。

在交变应力作用下，比如凝汽器铜管发生振动，使管内水剧烈摇动，压力的变化使管上的保护膜受到冲击而破坏，因而发生孔蚀，最后管子破裂，这叫做腐蚀疲劳。此种腐蚀的特征为裂缝是穿过晶粒的。腐蚀疲劳最易发生在铜管的中部，因为在这里振动最厉害。

在拉伸应力的作用下，再加上水质有侵蚀性，时间一久便因腐蚀产生裂缝。在这种情况下，裂缝主要是沿晶粒边界发生的。

5. 热点腐蚀

若在凝汽器的某个部位温度很高（如达到冷却水的沸点），在此局部地区会引起铜管的严重腐蚀，这种腐蚀称为热点腐蚀。热点腐蚀在一般的凝汽器中不容易发生，但是在有高温部分的特种凝汽器和加热器的进汽部位可能会发生。锡黄铜比铝黄铜容易发生热点腐蚀，30％镍铜比 10％镍铜容易发生热点腐蚀。

二、腐蚀控制

（一）选择管材

各种凝汽器管的腐蚀损坏与冷却水的水质和管材有很大关系。因此，根据水质条件合理地选择管材是防止凝汽器腐蚀损坏的一个重要措施。火力发电厂常用的凝汽器管材技术规定见表 7-4。

我国规定普通黄铜牌号中用字母 H 表示黄铜，其后的数字表示铜的含量，如 H68 表示含 68％的铜，32％的锌。在黄铜中添加少量的锡、铝、砷等元素后成为特殊黄铜。这些合金元素可以提高黄铜的机械性能和耐蚀性能。特殊黄铜的牌号是在 H 后依次列出除锌以外的主要添加元素的符号，含铜量和添加元素的量，如 HSn70－1A 表示 70％的铜、1％的锡和微量的砷，其他 29％为锌。白铜是铜和镍的合金，以字母 B 表示，后面用数字表示镍的含量。如 B30 是含 70％铜、30％镍的白铜。这种材料耐蚀性能较强，特别是耐氨腐蚀性能明显优于黄铜。

不锈钢管材机械性能好，耐冲刷腐蚀，所以允许水流速度大于 3.0m/s。但因不锈钢对 Cl$^-$很敏感，在海水中容易产生点蚀，故一般只用于淡水中。近年来研制的全奥氏体不锈钢管可在海水中应用，并已取得较好的效果。

除了根据水质和机组参数选择合适的管材之外，在包装、运输、存放、安装过程中还要注意以下几项：

(1) 凝汽器铜管不允许用麻绳捆扎存放，存放的地点应该保持干燥，固定支架应保证铜管平直，不应垂放，并标有牌号和规格。搬运时不允许摔、打、碰、撞，而应轻拿轻放。

(2) 凝汽器铜管安装时应抽查应力情况，抽查数应该为铜管总数的 1/10～2/10。如果发现内应力不合格时，应在 300～500℃下退火，退火时间一般为 30～60min。

另外，胀接时壁厚减薄率应为 4%～6%，胀口深度为管板厚度的 75%～90%，翻边处不应有裂纹，应平滑光亮，并保证胀管后露出管板 1～3mm；凝汽器投运前应将设计的各种冷却水处理设施投入运行，保持铜管内清洁，并生成良好的保护膜。

表 7-4　　　　　　　　　火力发电厂凝汽器管材技术规定

管　　材	冷 却 水 质 量		允许最高流速 (m/s)	其他条件
	溶解固形物 (mg/L)	[Cl$^-$] (mg/L)		
H68A	＜300 短期＜500	＜50 短期＜100	2.0	
HSn70-1A	＜1000 短期＜2500	＜150 短期＜400	2.0～2.2	采用硫酸亚铁镀膜时，允许溶解固形物＜1500mg/L，[Cl$^-$]＜200mg/L
HAl77-2A	1500～35000（海水①）		2.0	
B30	海水		3.0	

① 指这一范围内的稳定浓度，对于浓度交替变化的水质，应通过专门试验和研究选用管材。

(二) 硫酸亚铁造膜

采用硫酸亚铁造膜，也是防止凝汽器铜管各种腐蚀损坏的一种有效方法。这种表面处理是用硫酸亚铁的水溶液通过铜管，使其在铜管表面上形成含有铁化合物的保护膜，从而达到防腐的目的。通常认为造膜过程为：

硫酸亚铁加入水中后，先进行水解和氧化，最后形成 γ-FeOOH，即

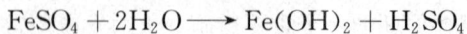

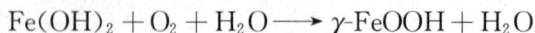

$$FeSO_4 + 2H_2O \longrightarrow Fe(OH)_2 + H_2SO_4$$

$$Fe(OH)_2 + O_2 + H_2O \longrightarrow \gamma\text{-}FeOOH + H_2O$$

由于生成的 γ-FeOOH 带有负电荷，容易吸附在铜管表面带有正电荷的 Cu_2O 膜上，生成水合氧化铁膜，起保护作用。

硫酸亚铁造膜方法分运行造膜和一次造膜。运行造膜是每隔 24h 或 12h 投加一次 $FeSO_4$ 溶液，使水中 Fe^{2+} 浓度维持在 0.5～1.0mg/L。加药点可在凝汽器入口处。这种造膜的优点是不需要安装临时造膜系统，简单易行。一次造膜就是在凝汽器停止运行的条件下，将硫酸亚铁溶液通过凝汽器，进行专门的造膜运行。一次造膜的条件是：

Fe^{2+}：200mg/L，一般不低于 50～100mg/L。

pH 值：6.0～7.0，不宜低于 5.0，可用天然水或 Na_2CO_3、Na_3PO_4 调节。

水温：>10℃，不超过 35℃。

循环流速：>0.1～0.3m/s。

循环时间：>96h。

如在造膜过程中，不断通入胶球，可提高膜的致密性和耐蚀性。

另外，水中溶解氧对硫酸亚铁膜的质量有较大影响，因为水中 Fe^{2+} 只有氧化为水合氧化铁后才能成膜，所以水中溶解氧不足时，Fe^{2+} 得不到充分氧化，易生成 Fe^{2+} 与 Fe^{3+} 混合的绿色膜或黑色膜。因此，在造膜过程中，要反复"曝气氧化"，即不断排空溶液，使铜管表面暴露于空气中充分氧化，这样可形成均匀致密的棕褐色保护膜。除此以外，电厂中还经常采用铜试剂造膜，在此不再介绍。

（三）其他方法

影响凝汽器铜管腐蚀的因素很多的，现将一些常用的防腐方法列述于下。

1. 改进运行工况

（1）调整水质。冷却水中的贝类、石子、木片及海藻等进入凝汽器的铜管后，会堵塞在管内，引起沉积腐蚀。防止的方法是加装滤网和进行加氯处理等，消除这些污物。一般认为，当水中砂的年平均含量小于 50mg/L 时，不会引起冲击腐蚀。水的 pH 值对铜管腐蚀有较大的影响，但多少最合适，尚无定论，一般认为 pH 值为 8～9 较好。而 pH 值过大是不好的，此时，腐蚀趋向于局部脱锌。所以在进行冷却水处理时，应注意其 pH 值的调节。

（2）保持适当的水流速度。铜管中水流速度不宜过大或过小。过大易造成冲击腐蚀；过小会使杂物沉积，并促进脱锌腐蚀。

（3）防振。在设计凝汽器时要设法防止管子的剧烈振动，以免引起腐蚀疲劳。对于已制成的凝汽器，为防止铜管的振动采取在管束之间嵌塞竹片或木板条等措施。

（4）消除应力。铜管在制造时常存在有残余应力，应进行退火处理，例如将铜管在 260℃下保持 1.5～2h。

2. 冷却水的缓蚀处理

用来抑制腐蚀过程的药剂称为缓蚀剂，利用缓蚀剂进行防腐处理称为缓蚀处理，可作冷却水缓蚀剂的药剂有很多种，它们可按其在腐蚀电池中作用部位的不同而分成阳极型、阴极型和阴阳极型三类。

缓蚀剂之所以能起缓蚀作用，是因为它们能覆盖在这些电极上，形成保护膜，从而抑制了金属腐蚀的过程。缓蚀剂又可因其成膜原理的不同，分成以下三种：在阳极形成一层具有钝化作用的金属氧化物，称为氧化膜型；缓蚀剂与水中某些离子相互结合，在金属表面形成一层难溶的沉积物，称为沉积型；还有一种称吸附型，它吸附在金属的表面。常用药剂包括用作铬酸盐处理的药剂 Na_2CrO_4 和 $Na_2Cr_2O_7$、聚磷酸盐、锌盐（$ZnSO_4 \cdot 7H_2O$）、膦酸盐（ATMP、HEDP、EDTMP 等）、硅酸盐（$NaO \cdot mSiO_2$）、2-巯基苯并噻唑（MBT）、1,2,3-苯并三唑（BAT）、硫酸亚铁等。

3. 阴极保护

由电化学腐蚀原理可知，在腐蚀电池中受到腐蚀的是阳极，阴极不会腐蚀。阴极保护就是利用这个原理，将被保护的设备做成一个电池中的阴极，这样，该设备就会受到保护。但凝汽器铜管很长，很难将这样长的管段都做成阴极，所以阴极保护法实际所能做到的，常常只是保护凝汽器两端的水室、管板和管端。

阴极保护法有以下两种：

(1) 牺牲阳极法。此法为在凝汽器水室内安装一块电位低于被保护体的金属，例如锌板、锌合金或纯铁。这样，此金属本身成为阳极，被保护的水室、管板和管端变成阴极。所以受蚀的是此阳极，故称为牺牲阳极法。

(2) 外部电源法。此法为在凝汽器的水室内装入一个外加电极，将水室本体作为另一电极，外接直流电源。外加的电极接正极，水室接负极，则水室便变成电解槽的阴极，受到保护。外部电源法的阳极材料，一般采用磁性氧化铁或铅合金。

4. 加装套管

为了防止在凝汽器的冷却水入口端发生冲击腐蚀，可在这部分的铜管上加装一段套管，把铜管表面覆盖起来。套管必须紧贴管壁，否则发生振动，反而引起腐蚀。这种套管可用塑料制成，如聚氯乙烯。

除以上防腐措施之外，还可以在凝汽器两端的多孔管板上涂刷一层防腐涂料（如环氧树脂），以隔离管板与冷却水的接触。也有采取在管板上安装一块牺牲阳极板进行阴极保护。这些措施也都已取得了较好的效果。

供热站水质处理

第八章

第一节　热网水质的特点

热电厂供热系统有两种基本形式，一是背压式热电厂供热系统，一是抽汽式热电厂供热系统。供热介质有蒸汽和热水两种。对于蒸汽热网，其热网回水应当以不影响电厂给水质量为前提，满足 GB 12145—1999《火力发电机组及蒸汽动力设备水汽质量标准》中对生产回水的要求，不会对电厂热力设备产生损害。根据标准规定，生产回水硬度应当小于或等于 $5\mu mol/L$，铁小于或等于 $100\mu g/L$，油小于或等于 $1\mu g/L$。而根据 CJJ34－2002《城市热力网设计规范》的规定，城市蒸汽热力网，由用户热力站返回热源的凝结水质量，应符合下列规定：总硬度小于或等于 $50\mu mol/L$；含铁量小于或等于 $0.5mg/L$；含油量小于或等于 $10mg/L$。这一规定值与电厂要求的回水质量相比还有一定距离。因此这部分回水需要在电厂中进行集中处理。

为了确保电厂水循环系统内水的品质，很多热电厂系统设置大型热网换热器，热网换热器的疏水由于不受任何污染，可以直接返回电厂热力系统。而对其他用户的蒸汽凝结水，由于难以控制回水的质量，较少回收利用。热网换热器作为热力管网的热源，供给热用户。

热力管网有闭式和开式两种。在开式供热系统中，补水量很大，因为除了要补足管网的漏汽、漏水量之外，还要补足热用户的消耗量。为了充分利用水资源，在可能的情况下，应当尽量采用闭式管网。在闭式供热系统中，由于供热介质经热用户时夹带了各种杂质，为了保证供热系统可靠、持久和安全地工作，必须对热网回水和补水进行处理。热力网的补水在加热器、管道和局部系统中应不产生水垢和沉渣，也不应腐蚀金属材料。

热力网内的工质多数为热水，由于热网内工质温度较低，加上人们对热网用水水质不良的危害认识不足，目前热网的补充水多数直接来自城市自来水。

事实上，热网循环水硬度小于 $100\mu mol/L$ 时才能保证系统及设备不易结垢，但作为热网补充水的自来水硬度一般都超过 $450\mu mol/L$。热网补水含氧量超过 $0.1mg/L$ 时，水中的溶解氧在正常供热温度下极易与金属发生氧化反应，铁的氧化物在氧气充足条件下呈棕红色，在氧气不足的情况下进一步与铁反应生成黑色氧化物，沉积在管路、除污器、换热器管壁等处，其直接后果是影响了供热质量、经济性及安全性。但实际自来水溶解氧的含氧量远大于此值。

热网水质不良的后果有以下几方面：

（1）换热站加热器堵塞。由于补水未除氧，热力管道被严重氧化，产生大量氧化物；由于热网补水硬度超标，水中的悬浮物、阴阳离子和铁锈等氧化物在换热器受热面浓缩、沉积下来，甚至造成结垢，一方面增加了热交换的流动阻力、减少换热流通面积甚至堵塞换热通道；另外由于垢的传热系数极低，严重影响换热器的换热效果。同时增加了检修维护的工作量，清洗负担也加重。

（2）热力管网和用户系统堵塞。基于与上述相同的原因，热力管网和用户室内管网及设备同样产生结垢。而用户系统的冲洗是一项非常复杂的工作。

（3）补入的自来水影响换热效果。新补入的自来水在温度升高以后，溶于水中的空气析出，很容易造成系统存气，影响供热运行。

（4）热力系统及设备腐蚀。一般供热设备中遭到的腐蚀是溶解氧腐蚀，供热系统氧腐蚀也是造成供热管道、供热设备泄漏的主要原因，对供热的安全运行产生极大的威胁。除此之外，由于自来水中氯含量很高，是不锈钢设备（板式换热器、波纹补偿器等）产生晶间腐蚀的主要原因。

根据《城市热力网设计规范》的规定，以热电厂为热源的城市热水热力网，补给水采用炉外化学处理时，其补给水水质应当满足：溶解氧小于或等于 0.1mg/L；总硬度小于或等于 0.7mmol/L；悬浮物小于或等于 5mg/L；pH（25℃）＝7～8.5。

当热力网设计供水温度小于或等于 95℃ 或采用炉内加药处理时，补给水水质应符合下列规定：总硬度小于或等于 6mmol/L；悬浮物小于或等于 20mg/L；pH（25℃）＞7。

开式热水热力网补给水质量除应符合上述规定外，还应符合 GB 5749—2005《生活饮用水卫生标准》的要求。

由于热网加热器由多种材料制成，制造厂对热网循环水水质有另外的要求。某热网加热器要求的水质如下：pH＝8.5～10.0；电导率（25℃）小于 1000μS/cm；溶解固形物小于 600mg/L；氢氧根碱度为 0，总碱度小于 2.7mmol/L；硬度小于 0.25mmol/L；氯离子小于 30mg/L；溶解氧小于 50μg/L 等。

调查结果表明，热网加热器损坏的主要原因是不锈钢的应力腐蚀破裂。应力腐蚀是由拉应力和特定的腐蚀介质共同引起的金属破裂，开始只是一些微小的裂纹，然后发展为宏观裂纹。它是特定的材料在特定介质中才会发生的腐蚀破裂，如奥氏体不锈钢在氯化物溶液和高温、高压蒸馏水中，铜和铜合金在氨蒸汽中等，其影响因素主要为应力、材料和环境。

一般认为应力腐蚀是机械拉力和电化学腐蚀共同作用的结果。由于加热器的管段多为 U 形管，其加工的残余应力是不可避免的。对于奥氏体不锈钢，在含有氯离子的水中，当运行中温度较高情况下，极易发生点蚀。以点蚀区为起点，即点蚀区为阳极，金属表面钝化膜为阴极，形成小阳极、大阴极的电化学腐蚀，在拉应力的作用下，造成腐蚀破裂。

据资料介绍，奥氏体不锈钢在低浓度氯离子溶液中，微量氧就能促使应力腐蚀开裂。试验表明，如果溶液中不含氧或氧化剂，氯离子浓度即使高达 1000mg/L 也不发生应力腐蚀破裂。但如果含有几个 mg/L 的氧，即使氯离子只有十几个 mg/L，也会发生应力腐蚀破裂。同时，溶解氧也是导致点蚀的原动力。不锈钢本是在氧化性环境下能充分发挥耐蚀性的材料，然而在含氯的水溶液中，溶解氧量越多越易引起点蚀。因此，奥氏体不锈钢在高温水中使用，溶解氧对应力腐蚀及点蚀均起着重要的促进作用。

第二节　供热站水质处理方法

一般的电厂供热系统为间断供热，在供热结束后，热网管道需要放水，在供热前，再进行灌水，水含氧量为饱和状态。在热网运行后，水中的氧起阴极去极化作用，氧逐渐被消耗，对普通碳钢和奥氏体不锈钢均会造成腐蚀。如果灌水为未经处理的自来水，则由于水中含有结垢成分，在热网加热器和管网中都可能造成结垢影响。

一、热网补给水的处理

热网的补给水主要来源于城市自来水，还有一部分来自蒸汽的冷凝水。目前很多的热网系统，热源蒸汽不进行回收，其蒸汽的凝结水补充到热网系统中。由于热源蒸汽杂质含量很少，因此这种形式的热网一般不需要另外的补给水处理系统。除非系统补水量巨大，凝结水不能满足补水要求，而需要另外的补水。

众所周知，大型热网的热源蒸汽多来自于电厂的主蒸汽抽汽或背压供汽，为了保证电厂锅炉及汽轮机的安全经济运行，电厂对补给水进行了深度除盐处理。如果其送出的蒸汽不进行回收，则势必导致其补水量增加，因此从整个系统的经济性考虑，热源蒸汽应当尽量回收，要求热网换热站自备补给水处理系统。

热网系统的补给水应该根据其特点进行适当处理。高温热网运行温度在 130℃左右，在这个温度下，水中的结垢成分能够析出沉淀，导致热网换热器和系统发生结垢。低温热网系统工作温度在 95℃左右，也存在结垢的可能。因此热网补给水应当进行必要的防垢处理。另外很多热网系统是一个开口系统，热网水与空气有接触的机会，会溶入一些氧气，特别是在系统漏水量较大，补给水不及时时，系统会漏入一些空气，造成系统水中溶解氧含量很大，而用自来水作为补充水时，水中的溶解氧接近饱和状态。在热网运行温度下水中的溶解氧会对系统及其设备造成电化学的腐蚀，因此热网需要采取一定的除氧措施。

1. 补给水的软化及除盐

为了防止热网系统和设备发生结垢，最根本的方法是除去水中的结垢成分，通常可采用软化或除盐工艺对补给水进行处理。

软化处理通常采用钠离子交换软化法，采用的设备为钠离子交换器。当含有钙镁离子的生水，流经离子交换器中的钠离子交换剂层时，水中的钙镁离子被交换剂中的钠离子置换，从而将在系统中可能形成水垢的钙镁盐类，转变为易溶性钠，使水得以软化。其反应方程式已在第四章中详述。

经过钠离子交换后，生水硬度大大降低或基本消除，一般出水残余硬度可以降到低压锅炉水质标准要求；总碱度基本不变，但在加热状态下，水中的 $NaHCO_3$ 将转化为 Na_2CO_3、$NaOH$ 等，使苛性碱浓度增加；软化水含盐量略有增加，因为钙、镁离子与钠离子等摩尔交换，而钠的摩尔质量为 23g，钙、镁的摩尔质量分别为 20、12g。

钠离子交换器失效后，采用含有大量钠离子的食盐水，对交换剂进行还原再生，即用盐水中的钠离子将树脂中吸附的钙、镁离子置换出来，使交换剂重新获得可交换的钠型，从而恢复其软化能力。

实用的钠离子交换和再生系统如图 8-1 所示。主要由盐贮存槽、盐液泵、盐液粗滤池、盐过滤器、钠离子交换器等组成。常用的钠离子交换器有顺流再生固定床、逆流再生固定床和浮动床交换器，其基本结构和运行步骤已在第四章中介绍，这里不再赘述。

值得注意的是，钠离子交换器再生时排放出大量氯离子，这部分离子如果进入热网系统，可能对不锈钢造成严重的腐蚀，因此钠离子交换器再生后的要求水冲洗至出水氯离子含量不变为止。

补给水除盐常用一级复床除盐，其系统设置与电厂的离子交换除盐和再生系统完全相同，在此不再赘述。

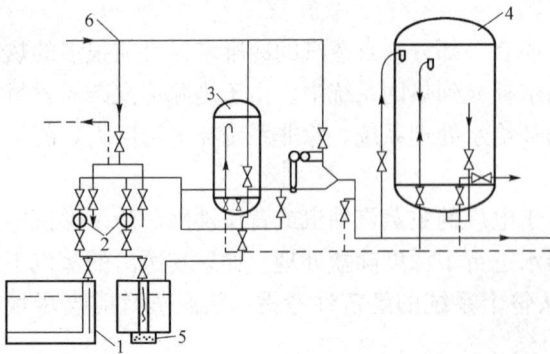

图 8-1　钠离子交换系统

1—盐贮存槽；2—盐液泵；3—盐过滤器；4—钠离子交换器；

5—盐液粗滤池；6—进水管

2. 补给水的除氧处理

为了防止和减少热水供暖系统氧腐蚀现象的发生，对于大型的高、中温热水供暖系统，在设计上应正确选用除氧设备和装置，对系统的补水及第一次充水进行除氧处理，使其符合规范的要求。在一些低温、小型、不具备条件设除氧设备和装置的热水供暖系统中，保证系统的正常排气，是减少系统氧腐蚀现象发生的重要措施。在运行管理中，通常是利用设在管路及用户最高点的手动或自动排气阀来排气。也可通过设在供暖系统中除污器上的排气管集中、连续地排放系统中的游离气体。系统中的溶解氧随着水的压力降低而减少。在热水供暖系统中，除污器处的压力相对最小，因而氧气溶解能力也最小，有利于游离气体从水中分离出来。因而除污器排气更为集中、彻底，且操作简便。

目前除氧通用的有热力除氧和化学除氧两种方式。对于中压以上的大型锅炉，大都以热力除氧为主；对低压锅炉，可以采用热力除氧、解吸除氧、化学除氧或其他方法除氧。热水管网的运行工况与热水锅炉相近，水循环量很大，水的除氧可参照低压热水锅炉的除氧方法。但由于热网有足够的蒸汽来源，也可以采取热力除氧的方法。

大气式热力除氧就是用蒸汽将水加热至饱和温度，使水沸腾而将氧气释放出来。常用的有喷雾式热力除氧器和淋水盘式热力除氧器。喷雾式热力除氧器将给水由进水管输入，进入除氧器的除氧头，经喷嘴向四面喷出呈雾状的水滴，被上升的蒸汽预热后，沿着预热室的边缘流下，形成一水幕；经过导向圈再次与蒸汽接触，完成主要的热交换除氧过程。喷雾式热力除氧器可使除氧水中的溶解氧含量降到 0.03mg/L 以下，二氧化碳含量降低至 2mg/L 以下。这种除氧器具有质量轻、体积小、负荷适应性强等优点。淋水盘式热力除氧器，将给水送入除氧器除氧头内，自上向下流过几个开有许多小孔的淋水盘，分散成细小的水流和水珠。蒸汽由除氧头下部进入，向上流动，并迅速将给水加热。加热的给水和部分蒸汽的凝结水落入除氧水箱中。从水中析出的气体和部分蒸汽由除氧头顶部的排气口逸出。

真空除氧的原理与设备结构与热力除氧相似，它是使低温水在真空状态下沸腾，从而达到除氧的目的。除氧器的真空状态可借助蒸汽喷射泵或水喷射泵来形成。当除氧器内水温为 60℃，相应的真空保持在 79999.2Pa，水的溶解氧含量可降低至 0.05mg/L，从而满足低压锅炉的给水标准。

化学除氧就是往含溶解氧的水中投加某种还原性药剂或使含溶解氧的水流经吸氧物质，使之发生化学反应，以达到除氧的目的。锅炉给水除氧常用的还原性药剂有亚硫酸钠（Na_2SO_3）和联氨（N_2H_4）等。由于联氨有毒，不能应用于生活用锅炉和采暖系统。

亚硫酸钠是白色粉末状结晶物，易溶于水，与水中溶解氧起化学反应，生成无害的硫酸钠，其反应式为

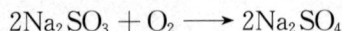

$$2Na_2SO_3 + O_2 \longrightarrow 2Na_2SO_4$$

通常控制亚硫酸钠的过剩量为维持水中 SO_3^{2-} 量为 $10 \sim 40mg/L$。

使水通过钢屑层，水中溶解氧与有活化表面的钢屑起化学作用，钢屑被氧化，水中溶解氧也就被除去。钢屑表面氧化反应很复杂，氧化产物是 FeO、Fe_2O_3、Fe_3O_4 等铁的氧化物的混合物。

钢屑除氧设备简单，但反应要保持一定的温度，由于反应产物阻隔铁与氧的接触，反应产物不能及时排出等原因，其除氧效果不稳定，且残余氧含量较高，仅在更换填料或运行初期时效果较好，故实际采用的不多。

热水系统除氧采用较多的是解析除氧器。解析除氧的原理是将不含氧的气体与待除氧水强烈混合，因气体中氧气分压力接近于零，所以水中的溶解氧向无氧空间扩散，从而达到降低水中溶解氧的目的。

解析除氧器具有待除氧水不需加热、设备制造简单、运行方便和不用投加化学药品等优点。但在实际设备中，解析除氧器所需要的二氧化碳气体来源于除氧器机组内，将木炭或活性炭与解析出的氧气在 $300℃$ 左右温度下氧化。由于在解析氧气过程中，难以避免水蒸气的产生，水蒸气进入反应器导致还原剂变湿，氧气与碳不能达到足够的反应，二氧化碳气体产生量不足。如果再提高反应温度，将会使机组制造难度加大，造价增加，实施比较困难。根据对该种设备的长期观察，发现其除氧效果不很稳定。

解析除氧器一般能将水中溶解氧处理至 $0.1mg/L$ 以下。

解吸除氧系统的缺点之一是除氧水中的 CO_2 含量有所增加，pH 值降低，当水的 pH 值小于 7 时，可向水中加入少量碱来提高水的 pH 值，以防止 CO_2 产生酸性腐蚀。

二、供热系统阻垢及防垢处理

大型的供热系统，补给水进行离子交换软化或除盐处理，可以从根本上消除水中的结垢成分，但投资和运行费用都大大增加，也增加了换热站运行管理的麻烦。事实上，由于供热系统中的水循环使用，且运行温度较低，类似电厂的循环冷却水，其结垢倾向并不很严重，因此可以采用阻垢及防垢处理的措施，以减少离子交换器的运行费用。

（一）化学法防垢、除垢

在工业热网中，传统的单一组分防蚀、阻垢药剂，如纯碱、磷酸盐、聚磷酸盐逐步被复合型药剂所取代，如腐殖酸钠（简称腐钠）、纯碱二元组分、淀粉磷酸盐等。在美国锅炉水处理剂主要的趋势是要求耐温性好的聚合物，更多地使用氢醌、酰肼、二乙基羟胺等药剂和包括腐钠、丹宁酸钠、淀粉、木质素、乙二醇衍生物、$NaOH$、磷酸三钠等在内的多组分（Hydro—x）。

1. 纯碱

纯碱的成分是 Na_2CO_3，热网中的结垢成分主要发生的反应为

$$Ca^{2+} + CO_3^{2-} \Longleftrightarrow CaCO_3 \tag{8-1}$$

$$Ca^{2+} + SO_4^{2-} \Longleftrightarrow CaSO_4 \tag{8-2}$$

$$Ca^{2+} + SiO_3^{2-} \Longleftrightarrow CaSiO_3 \tag{8-3}$$

热网中加入 Na_2CO_3 后，相当于人为地增加了 CO_3^{2-} 的浓度，促使 Ca^{2+} 和 CO_3^{2-} 的离子浓度之积大于其溶度积，在一定的 pH 值条件下，生成 $CaCO_3$ 水渣。式（8-1）的反应向右移动，而式（8-2）和式（8-3）的反应将向左移动，从而减少形成 $CaSO_4$ 和 $CaSiO_3$ 水垢的可能。

另外加入纯碱后，部分 Na_2CO_3 水解，产生 OH^-，有利于产生 $Mg(OH)_2$ 水渣和提高水的 pH 值。保持较高的碱度和 pH 值使新生的 $CaCO_3$ 结晶核的表面容易吸附 OH^-，阻碍结晶增长，致使其分散成无定形的水渣。

2. 腐殖酸钠

腐殖酸钠简称腐钠，它是由风化煤经过提炼而制取的，属天然大分子有机物。它的主要作用是在水中能离解成腐殖酸根离子（$R\text{-}COO^-$），可与水中的 Ca^{2+}、Mg^{2+} 结合生成不溶性的腐殖酸盐，在热网水中呈疏松状态的水渣。腐钠处理生成的沉淀物，大部分晶体分散变小，无清晰轮廓，使水垢晶体发生畸变，干扰碳酸盐类晶体的有序排列生长，使其变成细小的、易流动的颗粒。

腐钠中还含有使金属表面生成保护膜的成分，可以消除金属表面与致垢物质之间的静电吸引力，抑制钙、镁盐类在金属表面的聚积，同时腐植酸钠还具有一定的吸氧作用，防止产生热解氧化腐蚀。

3. 氢氧化钠

NaOH 是一种辅助药剂，除与 Na_2CO_3 有相同的作用外，主要是维持热网水的碱度和pH 值，使其他药剂在适合的条件下有效地阻垢、防腐。

4. 木质素

木质素是一种分散剂和螯合剂，而且木质素能够渗透到锅炉及热网的孔隙中，当温度升高时，木质素发生膨胀，使水垢从金属表面剥离，再分散为疏松微细的晶粒，转化为流动的污泥。此外，淀粉和 NaOH 等也具有分散泥渣、调节污泥的作用。

5. 丹宁酸衍生物

具有亲水基团和疏水基团，亲水基团吸附在金属上，而疏水基团对外界形成壁垒，阻止水及溶解氧扩散到金属表面上，这种吸附膜为单分子膜，过剩的丹宁酸存在于液体中用于修补膜，所以循环水中少量的丹宁酸就足以防止系统的腐蚀。

此外，碱性条件使金属钝化，腐钠、磷酸盐也可使金属表面与钙、镁、硅、铁等离子形成保护膜，同时丹宁酸钠、腐钠的渗透和溶蚀作用可使部分老垢老锈脱落，运行中有一定除垢、除锈作用。

一般加药处理投药后的水质控制指标为 pH＝$9.5\sim9.8$，腐钠浓度 $20\sim25mg/L$，丹宁酸钠 $5\sim15mg/L$，总硬度大于总碱度。

（二）电磁防垢、除垢

水系统的防垢采用化学方法，其效果显著，但成本高、操作复杂，也增加了环境负荷。而成本低、无污染的电场、磁场防垢技术具有特有的优势和广阔的应用前景。

我国从 20 世纪 50 年代就开始了磁技术用于锅炉水除垢和防垢的研究与应用，并于1959 年生产出了第一台永磁处理器，但应用中几经反复，虽有一些厂家生产磁处理器，其应用的范围还很窄、规模也小；近十年由于稀土永磁材料的开发，有些超强磁处理器新产品问世。鉴于磁场与电场的关系，电场防垢装置、静电水处理器（高压直流）、电子水处理器（低压直流）和高频电子水处理器等也相继被开发出来。尤其是一些高出力的电场（高频达10MHz 以上、高压达 7000V 以上）防垢、除垢装置，它们弥补了永磁装置磁感应强度小（小于 1T）的缺点，因而得到了广泛的应用。

水经外界磁场作用后，化学成分基本不变，但原水和磁水所结水垢的晶体结构及形貌却有显著差异，因而它是一种物理水处理方法。

磁处理防垢作用机理大致为：一方面磁场造成悬浮结晶中心。这些数量极大的结晶中心（粒子）的表面积大大超过受热面的面积，因而磁化水在蒸发过程中析出的 $CaCO_3$ 结晶主要以悬浮于水中的亚微观粒子为结晶中心，即磁水垢主要以悬浮于水中的粉状颗粒（水渣）出现，它可随排污除去。另一方面，磁场引起晶体结构的变化。磁场造成了水中 Ca^{2+} 与 CO_3^{2-} 的接触机会增大，这两种离子在外界磁场作用下还被极化，即每一个离子内的正负电荷不再重合，产生了偶极现象，此时离子的形状不再是球形，大小也有变化。当磁场使其强烈极化时，阴阳离子的电子云便发生相互穿插，从而缩短了离子间的距离，导致了配位数的降低。由于晶体结构本质上是这些离子按一定方式相互配置的产物，因此经磁场处理后的水进入受热面蒸发后，所含盐的结晶就向着配位数低的方解石进行。可见是磁场引起的离子强烈极化导致了晶体结构的改变。

磁化防垢效果与被处理的原水水质有很大关系，不同的水质有不同的效果。从目前运行的情况看，只有水的总硬度中的碳酸盐硬度 $[Ca(HCO_3)_2]$，磁化后能变成疏松的方解石，从而达到防垢目的，而其他硬度成分仍将生成水垢。

磁场的强度是决定磁处理效果的关键参数之一，磁场在流体中是呈梯度分布的，只有磁场强度达到足够大时，才对通过的流体都有作用，但对通过的流体的作用是有差异的。在较低的磁场作用下（如 0.2T 左右），只对接近磁极附近的紊流流体起作用，磁场作用的这种不均匀性也决定了磁处理需要进行循环作用才能保证其作用的效果。当磁场与流体的流动方向垂直时，磁作用最强，效果也最好，故通常采用正交式磁场。

流体的流速、磁场作用时间也是决定磁处理效果的关键参数，通常认为在磁感应强度为 0.6～0.8T 时，最佳的流速为 2m/s 左右。一般认为磁场强度、流速和磁作用时间的乘积存在一最佳值。

采用电磁处理时，应当加强定期排污，防止水渣沉积形成二次水垢。另外，水中的铁垢可能会引起磁场短路失效。

（三）超声波防垢

超声波防垢器主要是利用超声波的强声场处理流体，使流体中的结垢物质在超声场的作用下，其物理形态和化学性能发生一系列变化，使之分散、粉碎、松散、松脆而不易附着管壁形成水渣。

超声波的防垢机理主要表现在：

（1）空化效应。超声波的辐射能使被处理的水中产生大量的空穴和气泡，当这些空穴和气泡破裂或互相挤压时，产生一定范围的强大的压力峰，这一强压力峰能使结垢物质粉碎，悬浮于液体介质中，并使已生成的垢层破碎导致其易于脱落。

（2）活化效应。超声波在水中通过空化作用，可以使水分子裂解为 H^* 和 HO^* 自由基，甚至 H^+ 和 OH^- 等。而 OH^- 与成垢物质离子可形成诸如 $Ca(OH)^+$、$Mg(OH)^+$ 等的配合物，从而增加水的溶解能力，使其溶垢能力相对提高。

（3）剪切效应。水分子裂解产生的活性 H^* 的寿命比较长，它进入管道后将产生还原作用，可以使生成的积垢剥落下来。因超声波辐射在垢层和管壁加热管上的吸收和传播速度不同，产生速度差，形成垢层与管壁界面上的相对剪切力，从而导致垢层产生疲劳而松脆。

（4）抑制效应。超声波改变了液体主体的物理化学性质，缩短了成垢物质的成核诱导期，刺激了微小晶核的生成。新生成的这些微小晶核，由于体积小、质量轻、比表面积大，悬浮于液体中，生成比壁面大得多的界面，有很强的争夺水中离子的能力，能抑制离子在壁面处的成核和长大，因此减少了黏附于换热面上成垢离子的数量，从而减小了积垢的沉积速率。

可见，超声波不仅可以降低积垢的沉积速率，而且能够有效地强化积垢的脱除过程，提高脱除速率，从而达到溶垢、除垢的目的。

实际使用情况表明，超声波功率一定时，频率低，作用时间长，防垢效果较好；超声波频率一定时，功率大，作用时间长，防垢效果较好。同时，超声波防垢效果还与流体的流量与压力、液体的黏度与温度、超声波传输电缆长度、原已生成积垢的程度等因素有很大的关系。

三、热网除污

热力管网中的管道、设备内部含有很多杂物，由于管道及设备的腐蚀，还有很多腐蚀产物，另外采用防垢、除垢等处理后，系统中还会形成很多沉渣。这些固体物质如果不及时除去，会在系统低洼处和水流速度比较低的部位产生沉积，增加水流阻力，严重时将堵塞管道。有些沉积物还会在系统中产生二次水垢。因此热网系统应采用除污器，并做到及时排污。

除污器的主要作用有两个：一是用来清除和过滤管路中的杂质和污垢，以保证系统内水质的洁净，减少阻力和防止堵塞调压孔板、管路和换热器。二是在除污器的顶部安装自动排气阀，排出管内的空气，保证管网循环水泵和锅炉及其换热设备的安全运行。

除污器的工作原理是：管网中高速流动的水进入除污器后，由于流动截面突然扩大而流速突降，系统中的杂质、污物便沉积在除污器底面由排污阀排出，系统中的空气则浮在除污器的顶部，从自动排气阀排出。

常用的除污器有立式直通除污器、卧式直通、角通除污器和旋流除污器等。立式直通除污器的结构如图 8-2 所示。除污器的过滤网，立式直通除污器采用孔直径 4mm 的花管，卧式直通和角通除污器采用 32×18 目镀锌铁丝网。除污器的公称压力应适应供热系统的工作压力。除污器接管直径应与干管直径相同。

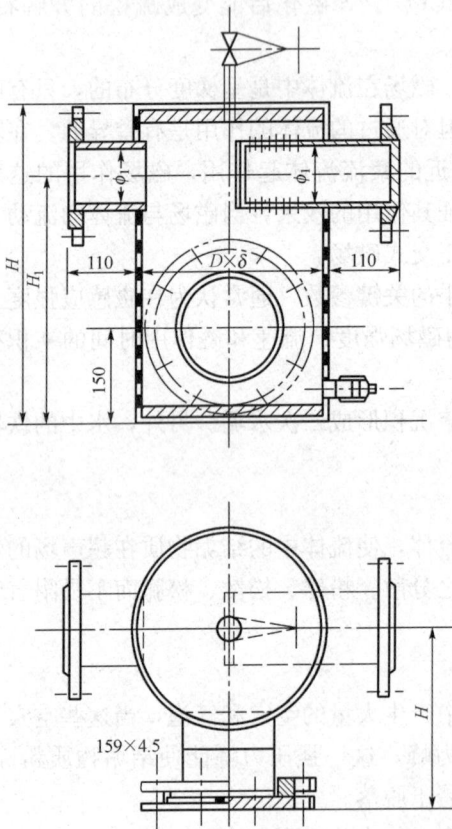

图 8-2　立式直通除污器的结构

旋流除污器应用离心分离的原理进行除污，其结构如图 8-3 所示。水通过进水管后，沿筒体的圆周切线方向做旋转运动。杂物在水流离心力和自身重力的作用下，沿锥体壁面落入渣斗 10 中，通过挡板 6、蝶阀 7 在水压的作用下流出除污器。干净的水经出水管 2 排出。

旋流除污器占地面积和一次投资上相对都比较节省。

旋流除污器除污效率高，而且清洗方便、可靠。对应于平均容重为 $1800kg/m^3$ 的铁锈、泥砂等杂质，其分割粒径为 $0.07mm$，当粒径为 $0.3mm$ 时，其除污效率可达 97%。

旋流除污器可在运行中清污，即清洗时不必关闭循环水泵，并且漏水量较小。

旋流除污器中没有过滤网，不存在网孔被污物堵塞而使阻力增加的问题。

除污器在管网设计、安装、使用过程中应该注意的事项：

（1）除污器安装时应在进、出水管一侧各装一块适合于工作压力的压力表，用于观察除污器两侧压力是否正常。

（2）为了便于排污和清除黏附在滤网上的污物，除污器应设计旁通管路如图 8-4 所示。正常运行时旁通阀门关闭，需要排污或对滤网进行反冲时，关闭进、出水阀门，打开旁通阀，使系统保持正常运行状态，然后再打开排污阀，进行无压排

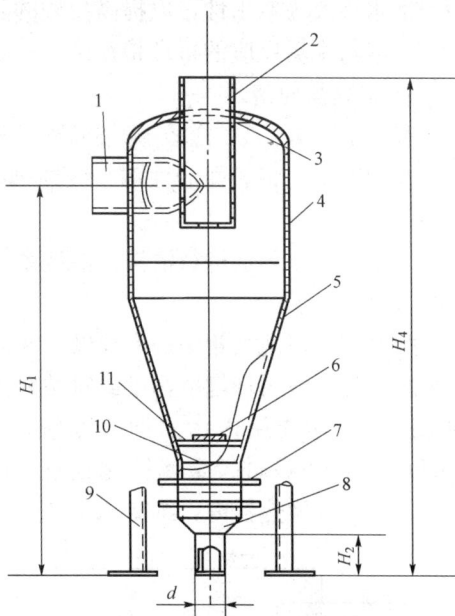

图 8-3　旋流除污器

1—进水管；2—出水管；3—排气孔；4—筒体；5—锥体；6—挡板；7—蝶阀；8—排渣管；9—支腿；10—渣斗；11—十字托

污。为了彻底冲洗掉筒底杂质和黏附在滤网上的污物，要稍稍打开除污器已关闭的出水管阀门，并适当控制流量，使少部分水流返回除污器进行反冲。严禁高压大流量排污或反冲滤网，以免发生意外。

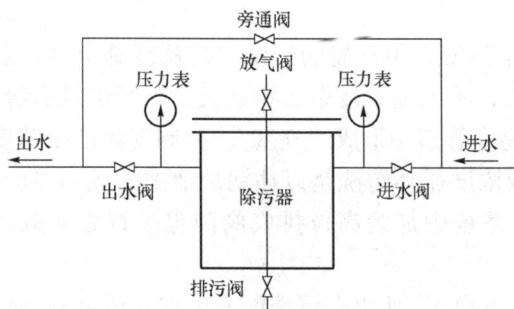

图 8-4　除污器安装

（3）新建管网投入运行时，也是杂质、污物最多的时候，应采取非常措施进行排污，即第 1～2 天每隔 4h 就应进行一次排污和反冲，第 3～4 天每隔 8h 排污反冲一次，此后，即可按常规进行排污和反冲，以保持除污器的正常运行。

（4）除污器排污管下方应设置排水沟或引水管，将排出的水及污物妥善进行处置。

（5）各种除污器的进、出水均有方向性，在设计、选购、安装中应予以注意。

（6）每隔 3～5a，可视运行情况对除污器进行一次检修，必要时可打开法兰，对筒底、滤网进行彻底清理，必要时也可以更换滤网。

四、热网及换热器的清洗除垢

对于热网和加热器的酸洗，目前国家尚无统一的规定，在酸洗过程中暂依据 DL/T 794—2001《火力发电厂锅炉化学清洗规则》执行。热网和加热器中的水垢主要是 $CaCO_3$，可以用盐酸作为除垢剂的主要成分，另外加入缓蚀剂来减少盐酸腐蚀，加入表面活性剂将水

垢的憎水性改为亲水性，以提高盐酸的除垢效果。

盐酸与水垢反应的机理将在第十一章进行详述，这里只简单介绍热网系统清洗的工艺。

1. 加热器的清洗

酸洗液配方：5％盐酸＋0.8％B-125（缓蚀剂）＋2％AP221（表面活性剂）。

在塑料桶内将表面活性剂、缓蚀剂按规定的比例加入盐酸中，充分搅拌，使药剂混合均匀。

采用强制循环法进行清洗。清洗系统由酸洗液箱、酸洗泵、清洗管线和换热器组成循环回路（见图8-5）。

酸洗后在清洗液箱中加入纯碱，并循环1h以上，将清洗液pH值调整到6～9之间，以减少酸性清洗液对环境的污染或对站内污水回收系统的腐蚀。用清水彻底清洗换热器，排出的水进污水池或站内污水回收系统，出口水变清后再冲洗30min。酸洗后的换热器用 $Na_3PO_4 \cdot 12H_2O$ 进行金属钝化处理。配制0.3％的 $Na_3PO_4 \cdot 12H_2O$ 溶液，加热至80～90℃，加入到换热器内，维持4h，钝化完成，放掉钝化液。

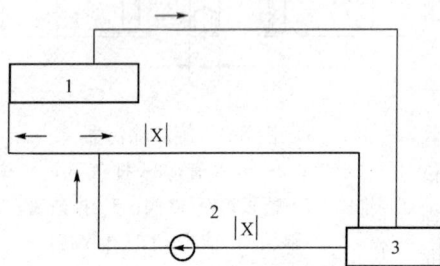

图8-5　热网换热器的清洗
1—换热器；2—酸洗泵；3—酸洗液箱

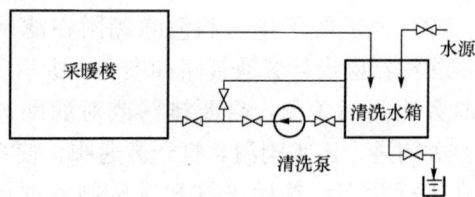

图8-6　采暖楼房清洗系统

2. 热网清洗

从热网系统及水垢类型看，对热网进行化学清洗，用常规的清洗工艺从理论上是可行的，但在现场实施有较大的难度。如清洗工序长、系统庞大复杂、垢量大、管径细且有缝、镀锌管居多等问题，且产生的 CO_2 气体量大，易在管道中形成"气塞"。控制气体产生速度是热网清洗的关键步骤之一。采用静态浸泡和低浓度循环清洗是以往锅炉清洗的成功经验。此外，为防止 CO_2 产生过多造成系统憋压，在系统中加装高位排气阀门也是行之有效的方法。

考虑到垢样中有较多的泥沙垢（主要成分为 SiO_2），所以在清洗配方中加入适量的NaF助溶，使 SiO_2 生成可溶性的 H_2SiF_6 随酸液排掉。NaF除了对硅有助溶作用外，还能络合 Fe^{3+}。

低压供热管网经化学清洗后，金属内壁裸露，必须进行钝化处理，以防锈蚀。但考虑到清洗周期长，酸洗后用大量清水冲洗，故可省略漂洗过程，直接采用2％ Na_3PO_4（80～90℃）钝化24h。

热网清洗时需注意以下几个问题：在清洗主网系统时，各热用户出入口阀门应关死，并加装堵板，以防酸液漏入引起腐蚀；将庞大的热网系统划分为几个独立循环系统；在清洗时，可采用循环与静泡交替进行；清洗泵出口及各循环回路的最高点必须安装排气阀，排除

产生的 CO_2，保证清洗的顺利进行；循环结束后将采暖系统恢复供热时，可加入适量的 Na_3PO_4，循环 4～6h，保护效果更好。

由于热网清洗环境的特殊性，现场人员多，特别是儿童多，加上管网系统多为低压材料，镀锌有缝管材居多，清洗时容易泄漏。因此在清洗过程中，必须加强巡视，及时检查与消缺，以保证安全和清洗的顺利进行。

五、热网停用时加热器和管网的保护

在非供暖期，将加热器与管网加热器隔开，分别进行保护。对于加热器，由于停用时间较长，可采用类似锅炉长期停用保护的方法，一般可采用充氮保护。在供热结束后，对加热器的水侧，用一级除盐水进行冲洗，至氯离子浓度小于 1mg/L。对加热器管子逐根进行空气吹扫，同时汽侧灌水、查漏。并通过探伤检查加热器管的损伤情况，发现损坏的管子，应进行堵管、修复或更换。然后在加热器本体汽、水侧阀门前加堵，进行充氮保护。当氮气含量大于98％时，关闭排气门，继续充氮至表压为 0.03～0.05 MPa。要求充氮的氮气纯度大于 99.5％。在整个保护期，定期测定氮气纯度，保证氮气压力不低于 0.03 MPa，否则补充氮气。定期检查保护期内的设备表面状况，以及在汽、水侧悬挂腐蚀指示片，检查锈蚀情况。

在供暖期结束后，热网外网的管道内水一般不放空，此水水质一般硬度为 $300\mu mol/L$，氯离子浓度在 10mg/L 以下，电导率约为 $200\mu S/cm$ 左右（25℃），pH 为 9.5～9.8。该水质条件下，对碳钢管一般不会造成腐蚀，但对不锈钢材质，在这段时间由于水中杂质的沉积，氧量较低，有可能造成沉积物下的点蚀。热网管系（包括各个换热站）在非供暖期的防锈蚀保护应引起重视。热网不放水时，首先应严格防止热网、换热器及热用户的水损失，并定期进行补水，防止系统缺水时漏入空气造成溶解氧腐蚀。必要时，在系统停用前，补充加入一定的除氧药剂。热网漏水量较大难以保持满水时，应彻底放空管网内的水。

第九章

水汽系统化学监督

第一节 化学监督仪表的作用及配置

为保证火力发电厂热力设备安全、可靠和经济运行，就要求对运行设备中的工质（水、汽、油等）的质量，进行及时、连续和准确的分析和监督。随着电力工业的发展，高温、高压、大容量机组越来越多地投入生产，采用人工分析、监控的方法很难满足这些要求。因此，在火力发电厂实现化学监督仪表化和自动化，是现代化电力生产所必须具备的手段。

水汽循环系统中配置的化学监控仪表承担着直接监督水汽品质、监控化学添加物的剂量、监督污染源、监控设备运行工况、直接监视腐蚀速度等任务，以达到监控给水、凝结水、炉水、蒸汽、冷却水（包括循环水和发电机冷却水）的品质，防止结垢、积盐，减缓系统中金属部件的腐蚀，保证系统的安全经济运行，延长热力设备的检修周期和使用寿命的目的。

现代中小型火力发电厂水汽循环系统化学监控的采样点的选取和各点监控仪表的配置各厂并不一致（一般在线化学监控仪表的配置可参见图 9-1 和表 9-1）。

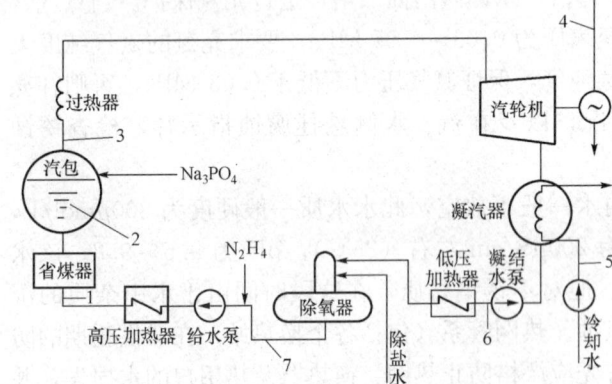

图 9-1 中小机组水汽循环系统化学监控采样点

1—省煤器入口；2—汽包下部（炉水）；3—汽包上部（饱和蒸汽）；4—发电机冷却水入口；5—循环水泵出口；6—凝结水泵出口；7—除氧器出口

表 9-1 　　　　　　　　　　中小机组水汽系统监控仪表配置

采样点部位	监测参数	仪表量程范围
凝结水泵出口	溶解氧（$\mu g/L$） 阳离子电导率（$\mu S/cm$，25℃）	0～50 0～20
除氧器出口	溶解氧（$\mu g/L$） pH 阳离子电导率（$\mu S/cm$，25℃）	0～20 4～10 0～10
省煤器入口	联氨（$\mu g/L$）	0～10
汽包下部（炉水）	磷酸根（mg/L） 电导率（$\mu S/cm$，25℃）	0～20 0～100
汽包上部（饱和蒸汽）	PNa 硅酸根（$\mu g/L$）	4～7 0～100
循环水泵出口	pH 值	4～7
发电机冷却水入口	电导率（$\mu S/cm$，25℃）	0～10

　　锅炉补给水处理系统化学仪表监控工作在火力发电厂中越来越得到重视。水处理系统配置化学监控仪表的主要目的是监督水净化设备生产的除盐水的质量，保证净化水设备的安全、经济运行以及按环境保护规定的排放标准监督废液的排放。水处理系统配置的监控仪表见图 9-2 和表 9-2。

表 9-2　　　　　　　　　　　水处理系统监控仪表的配置

采样点部位	监测参数	主要作用	仪表量程
除盐水箱出口	电导率	监视水污染	$0\sim1\mu S/cm$（25℃）
混床出口	二氧化硅 电导率 pH	监控交换器工况和 除盐水水质	$0\sim50$ $0\sim1\mu S/cm$（25℃） $4\sim10$
阴床出口	二氧化硅 电导率（终点计）	监控交换器工况	$0\sim100\mu g/L$ 调整确定
阳床出口	电导率（终点计） 钠	监控交换器工况	调整确定 $4\sim7pNa$
无阀滤池出口	浊度	监控运行工况	$0\sim5FTU$
澄清器出口	浊度 pH 值	监控澄清器效果	$0\sim20FTU$ $4\sim7$
澄清器混凝区	pH 值	监控混凝条件	$4\sim7$
酸喷射器出口	酸浓度	监控树脂再生条件	$0\sim5\%$
碱喷射器出口	碱浓度	监控树脂再生条件	$0\sim8\%$
中和池	pH 值	监控排放条件	$4\sim10$

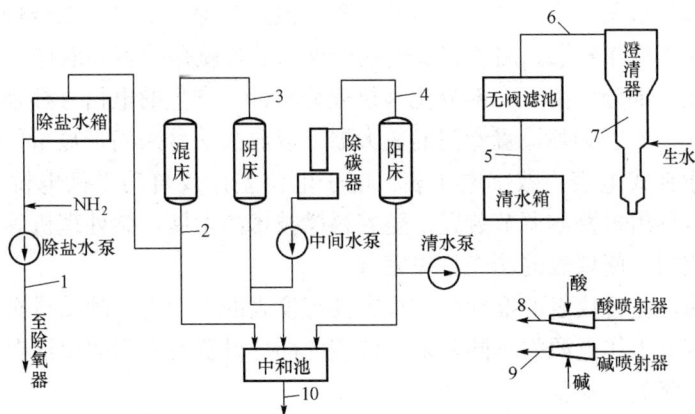

图 9-2　补给水处理系统化学监控采样点
1—除盐水箱出口；2—混床出口；3—阴床出口；4—阳床出口；5—无阀滤池
出口；6—澄清器出口；7—澄清器混凝区；8—酸喷射器出口；9—碱喷射器
出口；10—中和池

　　配置化学监控仪表，除上述直接目的外，还能检验水净化设备的运行效果，分析异常情况及事故原因，为水净化设备和水汽系统防腐措施的改进提供可靠依据。由于化学事故是水汽品质长期不良积累的结果，所以长期的和连续的资料积累尤为重要，化学监控仪表配置记录仪就能很好地承担这个任务。

化学监控仪表代替手工分析，不仅是为了节省人力、减轻劳动强度、改善劳动条件，仪表监控在准确、灵敏、及时、连续等方面是手工分析无法比拟的，这对现代化火力发电厂是十分重要的。

第二节　常用在线化学监督仪表

一、化学监督仪表的组成

化学试验室中，最常见的电化学式分析仪器有电导仪、pH 计、pNa 计、通用离子计、电位滴定仪等；光学式仪器有比色计（如 ND-2105 型硅酸根分析仪）、分光光度计（72 型、721 型、751 型）、浊度仪等；物性测定仪有量热计、黏度计、闪点仪等。此外，还有气相色谱仪、液相色谱仪等。

化学监督仪表测量原理各不相同，种类繁多、结构复杂，但是各种仪表大致上都由以下几个基本部分所组成。

（1）分析部分。这部分主要由检测器、检测系统、发送器、传感器等元件或装置所组成。它们应用不同的测量原理，将被分析物质的含量或物理性能转换成某种电信号（如电阻、电导、电位、电流等），并经过特定的测量电路转变成电流或电压信号，经放大器放大处理后供显示或控制用。

（2）取样及预处理装置部分。由于各种仪表的测量原理和方法不同，因此对被监测对象也有不同的取样方式和要求。有些在取样前尚需先经过过滤器、分离器、干燥器、冷却或加热器等；有些在取样过程中则需加入一定量的酸、碱或其他添加物，以维持和满足被测对象特定的 pH 值或其他特殊要求。用于完成这些要求的装置就是仪表的取样和预处理装置。

（3）放大及显示部分。由于大部分化学仪表分析部分产生的电信号都是十分微弱的，不足以驱动显示装置，所以必须设置专门的放大器，以放大信号来满足显示仪表的要求。显示仪表一般由动圈指针式电表、数字电压表、电子电位差计或自动平衡电桥等构成。根据需要，有的还附设有输出报警或调节装置。随着科学技术的发展，微处理机等小型数据处理装置也日益得到了应用，使仪表的功能日臻完善。

（4）稳压电源。监督仪表的准确性和稳定性与仪表的工作电源的质量有直接的关系。所以，根据不同仪表对工作电源的不同要求，仪表内部均设置有专门的稳压电源，以满足仪表的工作条件和保证测量精确度。

（5）特殊部分。有些仪表对被测对象的物理参数有比较严格的要求。例如温度范围，那么为了保证仪表能长期安全的可靠运行，就需设置专门的温度保护装置；此外，还有的仪表设有程序控制器或其他辅助装置，这些均归类为特殊部分。

二、电导式分析仪器

能导电的物质称为导体，导体可分为两类，第一类导体依靠自由电子的运动导电。例如，金属、石墨和某些金属的化合物等。当电流通过第一类导体时，导体本身不发生化学变化，随着温度升高，其导电能力降低。第二类导体依靠离子在电场作用下的定向迁移来导电。例如电解质溶液和熔融状态的电解质等。电解质水溶液是最常见的第二类导体。

为了使电流流过电解质水溶液，常将两个第一类导体（称为电极）浸入溶液，与溶液一起构成导电通路，当在电极上施以外加电压，电极与电解质溶液的界面上便发生电极反应，这时溶液中的正、负离子分别向两电极定向迁移，产生导电现象。与第一类导体相反，随着温度的升高，第二类导体的导电能力增大。常用电导率这个物理量来表示第二类导体的导电能力。测量第二类导体电导率的仪器属于电导式分析仪器。用测量溶液电导率确定电解质溶液含量的方法称为电导分析法。

把两块金属板放在电解质溶液中，就可以构成电导池。若把电源接到两块金属板（电极）上，就有电流流过溶液，溶液所呈现的电阻和金属导体一样可用公式计算，即

$$R = \rho \frac{L}{A}$$

式中　L——电解质溶液导电的平均长度，cm；

A——电解质溶液导电的有效截面积，cm^2；

ρ——电解质溶液的电阻率，$\Omega \cdot cm$。

不同种类或不同浓度的溶液一般具有不同的电阻率，ρ 值的大小表示了溶液的导电能力。工程上习惯用电阻率 ρ 的倒数 $K \left(K = \frac{1}{\rho}，称为电导率 \right)$ 来度量溶液的导电能力。

另外，溶液的导电能力也可用电阻的倒数电导 $S \left(S = \frac{1}{R} \right)$ 来表示，其单位为 S。关系式为

$$S = \frac{A}{L} K$$

其中 $\frac{L}{A}$ 称为电极常数，用字母 Q 表示，则溶液的电导率计算式为

$$K = QS = Q/R$$

电极常数 Q 数值通常由电导率已知的氯化钾溶液用试验方法测出电导后得到，一般厂家也都标注出该电极的电极常数，其计算式为

$$Q = \frac{K_{KCl}}{S_{KCl}}$$

电导式分析仪器在火力发电厂水汽监督中使用最早、最广，电导率已经成为水质监督的一项常规指标。一级化学除盐水电导率（25℃）小于或等于 $10\mu S/cm$，一级化学除盐＋混床处理出水电导率（25℃）小于或等于 $0.2\mu S/cm$。

电导式分析仪器由电导池（传感器）、变送器和显示器三部分组成。电导池按工作原理可分为电极式和电磁感应式两种。电导池的作用是把被测电解质溶液的电导率转换为易测量的电量。变送器的作用是把传感器的电导转换成显示装置所要求的信号形式。变送器常包括前置放大、测量电路、放大器、信号转换部分、校正电路、模数转换等。显示部分是根据工艺生产和研制所要求的功能来选定或设计的，如模拟显示、数字显示、打印、记录、报警、控制等，其作用主要是把传感器检测来的信号按被测参数数值显示出来。有些仪器还根据电导（或电阻）与溶液浓度的关系，直接按浓度刻度。

电导率仪的测量原理如图 9-3 所示。从图中看出，溶液电阻 R_x 与分压电阻 R_m 构成分压电路，交流电源加在 R_m 和 R_x 上，取 R_m 上的分压送到放大器进行放大，由指示仪表显示出 E_m 的值。在放大器的输入阻抗远大于 R_m 的条件下，E_m 和溶液的电导率的关系为

$$E_m = \frac{ER_m}{R_m + R_x} = \frac{ER_m}{R_m + Q/K}$$

图 9-3 电导率测量原理

式中　E、R_m——固定常数。

当 $R_m \ll Q/K$ 时，则

$$E_m = \frac{ER_m K}{Q}$$

E_m 的数值与电导率 K 成正比。

目前工业上常用的电导率测量仪器是 DDD-32B 型工业电导仪，近年来由于计算机技术的大力发展，采用微电脑控制和显示的电导率仪已大量面世。

DDD-32B 型工业电导率仪取样及预处理装置部分为连续流通式。由于电极材料为有机玻璃，不能承受高温和高压。因此水样进入发送器前需经减温、减压和冷却处理。

仪器的主要技术指标如下：

量程：$0\sim0.1\mu S$，$0\sim1\mu S$，$0\sim10\mu S$，$0\sim100\mu S$，$0\sim1000\mu S$。

配套发送器的常数有三种，其对应的测量范围为：

(1) 电导池常数 0.01，测量范围为 $0\sim0.1\mu S$，$0\sim1\mu S$，$0\sim10\mu S$。

(2) 电导池常数 0.1，测量范围为 $0\sim1\mu S$，$0\sim10\mu S$，$0\sim100\mu S$。

(3) 电导池常数 1，测量范围为 $0\sim10\mu S$，$0\sim100\mu S$，$0\sim1000\mu S$。

仪表工作条件如下：

环境温度	$0\sim40℃$
相对湿度	$<90\%$
被测介质温度	$0\sim60℃$
被测介质压力	$\leqslant0.98MPa$
电源电压	AC 220V，50Hz
电磁场干扰	$<398A/m$
输出信号	DC $0\sim10mA$，$0\sim10mV$
最大外接负荷电阻	$R\leqslant470\Omega$
精确度	基本误差小于或等于满量程的 $\pm3\%$
稳定性	在连续运行 24h 后，漂移小于或等于满量程的 0.5%
灵敏度	$\leqslant0.5\%$
消耗功率	2W

三、电位分析方法

电位式分析法是指通过测量电极系统与被测溶液构成的测量电池（原电池）的电动势，获知被测溶液离子浓度的分析方法。用于该分析法的仪器称为电位式分析仪器。

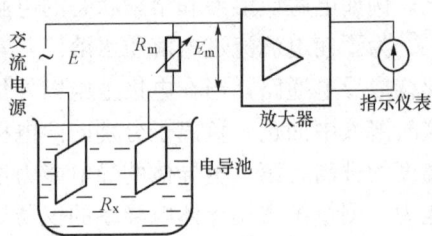

电位式分析仪器主要由测量电池和高阻毫伏计（或离子计）两部分组成。测量电池由指示电极、参比电极和被测溶液构成的原电池，参比电极的电极电位不随被测溶液浓度的变化而变化，指示电极对被测溶液中的待测离子有敏感作用，其电极电位是待测离子浓度的函数，所以原电池的电动势与待测离子的浓度呈对应关系。高阻毫伏计是测量电池电动势的电子仪器，如果它兼有直接读出待测离子浓度的功能就称其为离子计。

在电厂水汽分析中，氢、钠离子含量的测定广泛采用电位式分析仪器。

1. 电位分析的基本原理

把锌片插入 $ZnSO_4$ 溶液中，铜片插入 $CuSO_4$ 溶液中，用素烧瓷将两溶液隔开，使两溶液不相混，但允许离子迁移。用两根导线分别将锌片、铜片相接，它们的另一端再分别接到电流计的两个接线柱上，如图 9-4 所示。从电流计指针偏转的方向可知电流从铜极流向锌极，同时还可以观察到锌片不断变成 Zn^{2+} 进入溶液，溶液中的 Cu^{2+} 不断变为铜在铜极上析出。化学反应式为

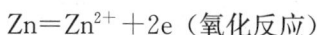

$$Zn = Zn^{2+} + 2e\text{（氧化反应）}$$
$$Cu^{2+} + 2e = Cu\text{（还原反应）}$$

图 9-4　原电池装置
1—锌片；2—电流计；
3—铜片；4—素烧瓷

这类能把化学能转变成为电能的装置称为原电池。上述装置是原电池的一种，叫做铜锌电池或丹尼尔电池。

原电池由两个电极和接通两电极的电解质溶液组成。由于两电极的电极电位不同，两电极间存在一电位差，该电位差等于原电池的电动势。在电化学中，通常标准氢电极的电极电位为零，将未知电位的电极与标准氢电极组成一个原电池，测得该电池的电动势即为该电极的电极电位。

电池的电极反应式为

$$\text{氧化态} + ne = \text{还原态}$$

则该电极的电位表达式为

$$E = E_0 + \frac{RT}{nF} \ln \frac{[\text{氧化态}]}{[\text{还原态}]}$$

式中　　E——平衡时的电极电位；

R——气体常数，$8.314J/（℃ \cdot mol）$；

F——法拉第常数，$96485℃/mol$；

T——热力学温度 $（273+t）$ K；

n——电极反应中电子转移数；

$[\text{氧化态}]$——氧化态的浓度，mol/L；

$[\text{还原态}]$——还原态的浓度，mol/L，纯固体不计浓度，气体以大气压表示；

E_0——标准电极电位。

能指示溶液中离子浓度的电极称之为指示电极，通常指示电极有以下几种类型：

（1）金属—金属离子电极（第一类电极）。凡是能发生可逆氧化还原反应的金属，在插

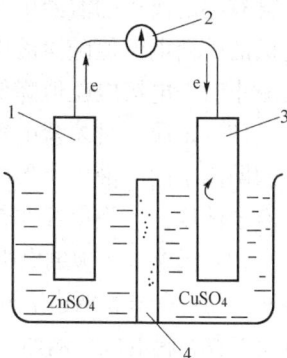

入含有它的离子的溶液中时，其平衡电极电位能准确反映出溶液中该金属离子的浓度。该类电极的平衡电位值随溶液中的金属离子的浓度的对数值呈直线变化，当溶液中金属离子的浓度减小时，电极电位值降低。

（2）金属—难溶盐电极（第二类电极）。将一种金属及其相应的难溶盐浸入含有该难溶盐的阴离子的溶液中所形成的电极称为金属—难溶盐电极。它能指示该溶液中金属难溶盐的阴离子浓度。该类电极非常稳定，常用作参比电极。

（3）膜电极（玻璃电极，也称离子选择电极）。当把一个玻璃膜放在氢离子浓度不同的两溶液之间，在薄膜两边溶液中各插入一个完全相同的参比电极，两电极之间存在电位差，这一电位差称为膜电位。例如对氢离子具有响应的玻璃膜，其玻璃敏感膜的膜电位计算式为

$$E_{H^+} = E_0 + \frac{2.303RT}{F}\lg[H^+] = E_0 - \frac{2.303RT}{F}pH$$

2. 工业酸度计

工业酸度计主要用于连续测定水、汽工质的 pH 值。酸度计的指示电极是玻璃电极。这种电极下端为一玻璃泡，泡下部是用特殊材料制成的敏感膜（玻璃膜）。泡内装有一定 pH 值的缓冲溶液，里面插有 Ag-AgCl 参比电极。当待测溶液中的 H^+ 离子浓度与玻璃电极内的 H^+ 不等时，就在玻璃膜两边产生电位差，这一电位差在一定温度下与溶液的 pH 值呈直线关系，以此可制成 pH 计（酸度计）。

使用较广泛的工业酸度计有 PHG-21B 型和 DW-101 型等。

PHG-21B 型工业酸度计采用电极电位法测量原理，即通过测定溶液在不同酸度时的电极电位来表明被测溶液的 pH 值。

仪表的分析部分由酸度发送器内的玻璃（测量）电极、甘汞（参比）电极和温度补偿元件（铂电阻）等构成。

与 PHG-21B 型工业酸度计配合使用的酸度发送器的不锈钢壳体即是仪表的取样装置。取样方式为流通式。常用的酸度发送器有以下四种类型：

1）PHGF-12 型沉入式。适用于测量液槽内的溶液。

2）PHGF-13 型沉入清洗式。适用于测量液槽内对电极有微量沾污的溶液。

3）PHGF-22 型压力流通式，适用于管道内测量，允许压力≤0.98MPa 的溶液。

4）PHGF-23 型流通清洗式，适用于管道内的常压测量，对电极有微量沾污的溶液。

PHG-21B 型工业酸度计主要技术指标如下：

量程：双量程 pH 值 0～7，7～14，最小分度 0.2pH。

　　　单量程 pH 值 2～10，最小分度 0.2pH。

仪表输出信号：DC，0～10mA、0～10mV。

最大外接负载电阻：双量程小于或等于 50Ω。

　　　　　　　　　单量程小于或等于 1200Ω。

测量精确度：0.2pH。

稳定性：±0.02pH/24h。

灵敏度：不低于 0.02pH。

仪表工作条件：

环境温度：0～45℃。

环境相对湿度：≤85%。

电源电压：AC，220V（±10%），50～60Hz。

被测溶液温度：5～60℃（按电极而定）。

被测溶液压力：按发送器而定，一般为常压。

仪表消耗功率：约 4W。

3. 钠离子浓度计

测量 Na^+ 离子浓度的原理与玻璃电极测量溶液的 pH 值相似。当钠电极浸入溶液时，钠电极的敏感玻璃与溶液之间产生一定的电位，此电位的大小取决于溶液中 Na^+ 离子的浓度，即

$$E = E_0 + \frac{2.303RT}{F}\lg[Na^+] = E_0 - \frac{2.303RT}{F}pNa$$

用另一只具有固定电位的参比电极与之配对，得到两者的电位差。

工业上常用的钠离子浓度计为 DWS-51 型。这种仪器专门为测量水溶液中的含钠量而设计的，可用于对电厂高纯水（如蒸汽凝结水、锅炉给水）、炉水和天然水的品质监督。

该仪器的主要技术规范如下：

测 量 范 围　pNa 0～9

　　　　　　　Na^+ 0.023μg/L～23g/L

仪表输出信号　DC 0～10mV

仪器最小分度　0.01 pNa

精　　　　度　0.02 pNa

使用环境温度　5～40℃

湿　　　　度　≤85%

电 源 电 压　AC 220V（±10%）

频　　　率　50 Hz

耗 电 量　约 20W

与 pH 值测量不同的是标准 pNa 溶液不是缓冲溶液，容易引起污染，H^+ 也会引起干扰，因此测量时需要加碱试剂（二异丙胺或氢氧化钡）使溶液 pH 值在 10 左右。

四、电流分析方法

电流式分析仪表是指通过将被分析物质的浓度变化转换为电流信号变化来测量物质浓度的一类仪表。按工作原理不同，仪表分为原电池式和极谱式两种。下面介绍的 DJ-101 型水中溶氧分析仪和 SJG-7830 型联氨分析仪表属于原电池式，SYY-Ⅱ型溶氧分析仪表属于极谱式。

（一）DJ-101 型水中溶解氧分析仪

1. 工作原理

水中溶解氧被纯氢置换出来，由氢气携带进入分析室进行检测。

任何气体在溶液中溶解的量和该气体的分压力有关，即在一定温度和平衡状态下，气体在液体中的溶解度和该气体的平衡分压成正比，表示式为

$$p = Kx$$

式中　x——溶解气体在溶液中的摩尔分数；

　　　p——平衡时液面上该气体的分压；

　　　K——亨利常数，其数值取决于温度以及溶质和溶剂的性质。

上述定律称为亨利定律。对于稀溶液，可简化为

$$p = Kc$$

式中　c——气体的质量摩尔浓度。

由亨利定律可知，当不含氧的纯氢和溶有一定数量（浓度）氧气的水溶液共存时，因为纯氢中氧的分压为零，所以水中溶解的氧气便从水中逸出，进入气相（氢气），水样中溶氧浓度便逐渐减少，而气相（氢）中氧的浓度逐渐增大，这样水中溶解的氧逐渐被氢置换。氢气中的含氧量与被测水样中的溶解氧量成正比。

本仪表的分析电极由黄金丝和铂丝平行绕制而成。铂丝表面镇上一层铂黑，以增大其表面积及增强铂表面对氢气的吸附能力。在分析电池表面滴注电解质溶液后便形成一个测量原电池，黄金丝为正极，铂丝为负极。含有微量氧的氢气与电极表面接触时，铂黑对氢强烈吸附，当铂黑表面为氢气所饱和时，便会发生原电池的电极反应。

正极（金电极，原电池的阴极）发生氧的还原反应为

$$O_2 + 4e + 2H_2O = 4OH^-$$

负极（铂电极，原电池的阳极）发生氢的氧化反应为

$$2H_2 - 4e = 4H^+$$

原电池的总反应为

$$2H_2 + O_2 = 2H_2O$$

这时连接两极的外电路便有电流流过。被测水样中溶解氧含量发生变化（增大或减小）时，经过电极的氢气含氧量也随着变化（增大或减小），原电池外电路的电流也相应地发生变化（增大或减小），此电流的大小与溶解氧的浓度成正比。因此测量该电流的大小，便可知道被测水样中溶解氧的浓度大小。

2. 分析流程

分析流程如图 9-5 所示。

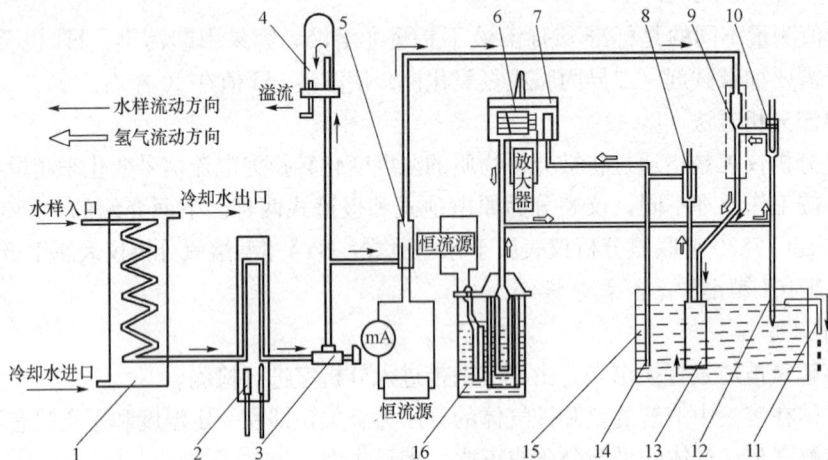

图 9-5　溶解氧分析仪的分析流程

1—水样冷却器；2—加热器；3—流量调节阀；4—溢流器；5—校正电池；6—分析电极；7—分析室；8—零位检查炉；9—置换器；10—净化炉；11—排水管；12—氢气恒压管；13—水汽分离室；14—水汽分离管；15—集水箱；16—氢气发生器

被测水样进入水样冷却器 1，调节冷却水流量，使水样温度在 25～35℃范围内。水样经过加热器 2 加热，温度升高并恒定在某一确定的温度值。水样进入传感器，其流量由流量调节阀 3 进行调节。水样进入传感器后分两路，一路经溢流器 4 排出，一路经校正电池 5 进入置换器 9。当溢流器有水样溢出时，进入校正电池的水样流量为 250mL/min。

校正电池是一电解池，它以恒流源（300V，1A）作电源，其电解水产生的氧用于标定仪器。

从氢气发生器 16 产生并不断循环的氢气被吸入水样中与水充分混合，将水样中溶解的氧置换出来。水气混合物在水气分离器 13 中进行分离，水经分离器底部开口流到集水箱 15 后排出，含有被置换出的氧气的氢气经过零位检查炉 8 进入分析室 7。当进行零位检查时，零位检查炉通电，产生高热，氢气和氧气在此燃烧生成水，氢气中氧的含量达到零，这时进入分析室的是纯氢，故可标定零位。若零位检查炉不启动（测定状态），则氢气携带氧气进入分析室，完成对溶解氧的测定。氢气发生器是用电解 KOH 的方法制取氢气的，用以不断补充氢气的消耗。

DJ-101 型水中溶氧分析仪由水样冷却器、水样加热器、传感器、温度控制器、主放大器和电子电位差计等六大部件组成。

（二）SYY-Ⅱ型溶氧分析仪

1. 工作原理

SYY-Ⅱ型溶解氧分析仪是电厂常用的在线化学仪表之一。采用的是电流分析法中的极谱分析法，即在以金、银为电极的电解池中，于两极间加上恒定的极化电压。当溶液中有氧存在时，氧在金电极上起去极化作用，产生的去极化电流与溶液中氧的含量成正比，通过测定去极化电流的大小，定量地表示被测溶液的溶解氧含量。

分析仪传感器结构如图 9-6 所示。传感器是一个特殊的电解池，其阳极是大面积（64cm^2）的银电极，阴极是小面积（仅有 0.8cm^2）的金电极，支持电解液是浓度为 0.7～1mol/L 的 KCl 溶液。经测定，该传感器在某浓度下的氧极谱曲线如图 9-7 所示。从中可以看出当电解池的外加（极化）电压在 0.67～0.77V 之间时，电解液中的溶解氧产生的去极

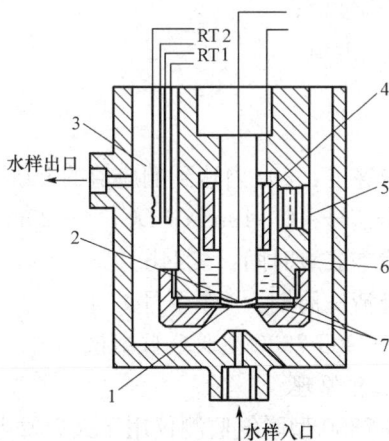

图 9-6　溶氧分析仪传感器结构示意

1—透气膜；2—金电极；3—流通室；4—银电极；
5—充液孔；6—电解液；7—O 形密封圈

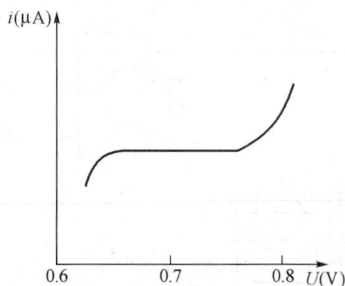

图 9-7　氧极谱曲线

化电流具有极限扩散电流的特征，即电流的大小与电解池的工作电压无关，因此设计时将仪表传感器的外加工作电压确定为 0.745V，这时电极上的电极反应为：

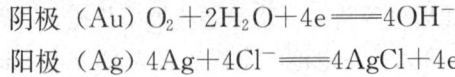

$$阴极（Au）O_2+2H_2O+4e \Longrightarrow 4OH^-$$
$$阳极（Ag）4Ag+4Cl^- \Longrightarrow 4AgCl+4e$$

根据极谱分析原理，此传感器在一定温度下，电解液中溶解氧产生的极限扩散电流与溶解氧的浓度成线性关系。

该仪表电解池中的电极、电解液与被测水样用覆盖在电解池上一层疏水透气的聚四氟乙烯（或聚乙烯）薄膜隔开，当被测水样在流经流通室时，水样只与透气膜接触，水中的溶解氧可透过薄膜进入电解池的电解液中，在金电极上发生电极反应，水中的其他离子透不进电解池内，因而测定水中溶解氧浓度时，不受水样的 pH 值、电导率及其他杂质的影响。透过膜的氧量与水中溶解氧浓度成正比，因而传感器的极限扩散电流与水中溶解氧浓度成正比。

2. 仪表工作条件

仪表的工作条件如下：

环境温度：5~45℃。

环境湿度：≤85%。

水样温度：15~40℃之间任一恒定温度，允许波动±2℃，最佳工作温度为 25±2℃。

水样流量：200~500mL/min 之间任一恒定流量，最佳流量为 300mL/min。

水样压力：<0.196MPa。

干扰：传感器不受水样 pH 值、电导率及其他杂质的影响。

工作电压和频率：220^{+20}_{-30}V，AC，50±1Hz。

消耗功率：≤10W。

外磁场：≤398A/m。

其技术指标如下：

测量范围：0~25μg/L，0~50μg/L，0~100μg/L，0~1000μg/L。

稳定度：0~25μg/L 量程，24h 内小于±4%满刻度值；

0~50μg/L 量程，24h 内小于±2%满刻度值。

转换器准确度：±1%。

转换器外接负载：<1.5kΩ。

图 9-8　联氨测量原理

1—NaOH 溶液；2—氧化银电极；3—微孔陶瓷；
4—铂电极；5—水样

响应速度：20s 内达到响应值的 90%。

输出信号：0~10mA，DC；4~20mA，DC。

消除本底氧时间：≤24h。

电极清洗周期：≥3 个月。

（三）SJG-7830 型联氨监测仪

1. 工作原理

SJG-7830 型联氨监测仪用于火力发电厂锅炉给水中联氨含量的连续监测，一般安装在省煤器入口。

测量原理如图 9-8 所示。该型仪表是根据原电池原理工作的。铂电极、氧化银电极、NaOH

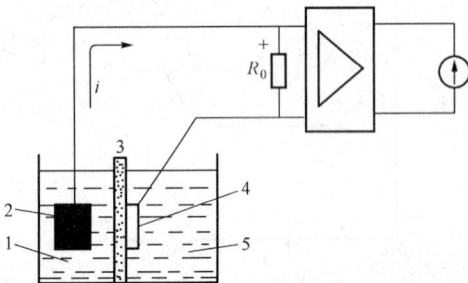

电解液和被测水样组成原电池，联氨为还原剂，在铂电极上失去电子被氧化，氧化银为氧化剂，获得电子被还原。电极反应式为

铂电极（阳极）：$\qquad$ $N_2H_4 + 4OH^- - 4e \longrightarrow N_2 + 4H_2$

氧化银电极（阴极）：$\quad 2Ag_2O + 2H_2O + 4e \longrightarrow 4Ag + 4OH^-$

在原电池结构、铂电极面积、水样流速、温度一定条件下，扩散电流与水中联氨浓度成正比。

2. 技术指标和工作环境

仪器的主要技术指标：测量范围在 $0 \sim 100\mu g/L$；仪器的准确度，不大于满量程的 $\pm 15\%$；重现性为不大于满量程的 $\pm 2\%$；响应时间，指示值达到稳定值的 90% 经历的时间不大于 3min；输出信号为 $0 \sim 10mA$ 或 $4 \sim 20mA$。

仪器的工作条件：环境温度在 $0 \sim 40℃$；相对湿度不大于 90%；水样温度在 $10 \sim 35℃$；水样的 pH 值范围 $8.5 \sim 10$；水样流量不小于 10L/h；水样压力为 $13.8 \sim 137.8kPa$；工作电源 $AC220 \pm 22V$，$50 \pm 1Hz$。

五、水质在线自动分析仪器

水质自动监测仪器仍在发展之中，欧、美、日本、澳大利亚等国均有一些专业厂商生产。目前，比较成熟的常规监测项目有：水温、pH 值、溶解氧（DO）、电导率、浊度、氧化还原电位（ORP）、流速和水位等。常用的监测项目有：COD、高锰酸盐指数、TOC、氨氮、总氮、总磷。其他还有：氟化物、氯化物、硝酸盐、亚硝酸盐、氰化物、硫酸盐、磷酸盐、活性氯、TOD、BOD、UV、油类、酚、叶绿素、金属离子（如六价铬）等。

目前的自动分析仪一般具有如下功能：自动量程转换，遥控、标准输出接口和数字显示，自动清洗、状态自检和报警功能（如液体泄漏、管路堵塞、超出量程、仪器内部温度过高、试剂用尽、高/低浓度、断电等），干运转和断电保护，来电自动恢复，COD、氨氮、TOC、总磷、总氮等仪器具有自动标定校正功能。

1. 常规五参数分析仪

常规五参数的测量原理分别为：水温为温度传感器法、pH 值为玻璃或锑电极法、DO 为金—银膜电极法、电导率为电极法（交流阻抗法）、浊度为光学法（透射原理或红外散射原理）。

常规五参数分析仪经常采用流通式多传感器测量池结构，无零点漂移，无需基线校正，具有一体化生物清洗及压缩空气清洗装置。如：英国 ABB 公司生产的 EIL7976 型多参数分析仪、法国 Polymetron 公司生产的常规五参数分析仪、澳大利亚 GREENSPAN 公司生产的 Aqualab 型多参数分析仪（包括常规五参数、氨氮、磷酸盐）。另一种类型（"4+1"型）常规五参数自动分析仪的代表是法国 SERES 公司生产的 MP2000 型多参数在线水质分析仪，其特点是仪器结构紧凑。

2. 化学需氧量（COD）分析仪

COD 在线自动分析仪的主要技术原理有 6 种：①重铬酸钾消解—光度测量法；②重铬酸钾消解—库仑滴定法；③重铬酸钾消解—氧化还原滴定法；④UV 计（254nm）；⑤氢氧基及臭氧（混和氧化剂）氧化—电化学测量法；⑥臭氧氧化—电化学测量法。

从原理上讲，方法③更接近国标方法，方法②也是推荐的统一方法。方法①在快速 COD 测定仪器上已经采用。方法⑤和方法⑥虽然不属于国标或推荐方法，但鉴于其所具有

的运行可靠等特点，在实际应用中，只需将其分析结果与国标方法进行比对试验并进行适当的校正后，即可予以认可。但方法④用于表征水质 COD，虽然在日本已得到较广泛的应用，但欧美各国尚未推广应用，在我国尚需开展相关的研究。

从分析性能上讲，在线 COD 仪的测量范围一般在 10（或 30）～2000 mg/L，因此，目前的在线 COD 仪仅能满足污染源在线自动监测的需要，难以应用于地表水的自动监测。另外，与采用电化学原理的仪器相比，采用消解—氧化还原滴定法、消解—光度法的仪器的分析周期一般更长一些（10min～2h），前者一般为 2～8min。

从仪器结构上讲，采用电化学原理或 UV 计的在线 COD 仪的结构一般比采用消解-氧化还原滴定法、消解—光度法的仪器结构简单，并且由于前者的进样及试剂加入系统简便（泵、管更少），所以不仅在操作上更方便，而且其运行可靠性也更好。

从维护的难易程度上讲，由于消解—氧化还原滴定法、消解—光度法所采用的试剂种类较多，泵管系统较复杂，因此在试剂的更换以及泵管的更换维护方面较繁琐，维护周期比采用电化学原理的仪器要短，维护工作量大。

从对环境的影响方面讲，重铬酸钾消解—氧化还原滴定法（或光度法、库仑滴定法）有铬、汞的二次污染问题，废液需要特别的处理。而 UV 计法和电化学法（不包括库仑滴定法）则不存在此类问题。

3. 高锰酸盐指数分析仪

高锰酸盐指数在线自动分析仪的主要技术原理有 3 种：①高锰酸盐氧化—化学测量法；②高锰酸盐氧化—电流/电位滴定法；③UV 计法（与在线 COD 仪类似）。

从原理上讲，方法①和方法②并无本质的区别（只是终点指示方式的差异而已），在欧美和日本等国是法定方法，与我国的标准方法也是一致的。将方法③用于表征水质高锰酸盐指数的方法，在日本已得到较广泛的应用，但在我国尚未推广应用。

从分析性能上讲，目前的高锰酸盐指数在线自动分析仪已能满足地表水在线自动监测的需要。另外，与采用化学方法的仪器相比，采用氧化还原滴定法的仪器的分析周期一般更长一些（2h），前者一般为 15～60min。

从仪器结构上讲，两种仪器的结构均比较复杂。

4. 磷酸盐和总磷分析仪

磷酸盐自动分析仪主要的技术原理为光度法。总磷在线自动分析仪的主要技术原理有：①过硫酸盐消解—光度法；②紫外线照射—钼催化加热消解，FIA—光度法。

从原理上讲，过硫酸盐消解—光度法是在线总氮和总磷仪的主选方法，是各国的法定方法。基于密闭燃烧氧化—化学发光分析法的在线总氮仪和基于紫外线照射—钼催化加热消解，FIA—光度法的在线总磷仪主要限于日本。前者是日本工业规格协会（JIS）认可的方法之一。

从分析性能上讲，目前的在线总氮、总磷仪已能满足污染源和地表水自动监测的需要，但灵敏度尚难以满足评价一类、二类地表水（标准值分别为 0.04 mg/L 和 0.002 mg/L）水质的需要。另外，采用化学发光法、FIA—光度法的仪器的分析周期一般更短一些（10～30min），前者一般为 30～60min。

从仪器结构上讲，采用化学发光法或 FIA—光度法的在线总氮、总磷仪的结构更简单一些。

第三节 汽水取样装置

火力发电厂进行水质、汽质监督时，从锅炉及其热力系统的各个部位取出具有代表性的水、汽样品是正确地进行水质、汽质测量和监督的前提。所谓有代表性的样品，就是说这种样品能反映设备和系统中水质、汽质的真实情况。为了取得有代表性的水、汽样品，必须做到以下几个方面：

（1）合理地选择取样地点。

（2）正确地设计、安装和使用取样装置（包括取样器和取样冷却装置）。

（3）正确地保存样品，防止取得的样品被污染。

一、水的取样

锅炉及其热力系统中的水大都温度较高，在取样时应将样品引至取样冷却器内进行冷却。一般冷却到 $25\sim30℃$（南方地区夏季不超过 $40℃$）。

取样的导管用不锈钢管制成，不能用普通钢管和黄铜管，以免样品在取样过程中被取样导管中的金属腐蚀产物所污染。

取样导管上，靠近取样冷却器处，装有两个阀门：前面一个为截止阀，后面一个通常为针形节流阀（对于低压水取样，也可用截止阀）。取样器在工作期间，前一个阀门应全开，用后一个阀门调节样品的流量，一般调至 $350\sim500mL/min$。通过改变冷却水的流量来调整样品的温度。将样品的流量和温度调整稳定后，使样品连续稳定流动，取样时不再调动。

为了保证样品的代表性，机组每次启动时，必须冲洗取样器。冲洗时，将阀门全部打开，让样品水以大流量流出，使取样器和取样冷却器都得到冲洗，冲刷一段时间后，将样品水流量调至正常流量。在机组正常运行期间，也应定期进行这样的冲洗。

1. 锅炉水取样

火力发电厂锅炉给水和炉水的取样，是从高温、高压系统中采取水样。在此条件下取样，一方面要消除高温、高压的影响；另一方面在给水或炉水 pH 值条件下，某些待测成分如铁、铜等金属元素，除以离子形态存在外，还有相当一部分以悬浮或胶态存在，这样对给水和炉水的取样增加了许多困难。

锅炉水样品一般从汽包的连续排污管中取出，为保证样品的代表性，取样点应尽量靠近排污管从汽包的引出口，并尽可能装在引出汽包后的第一个阀门之前。取样系统如图9-9所示。

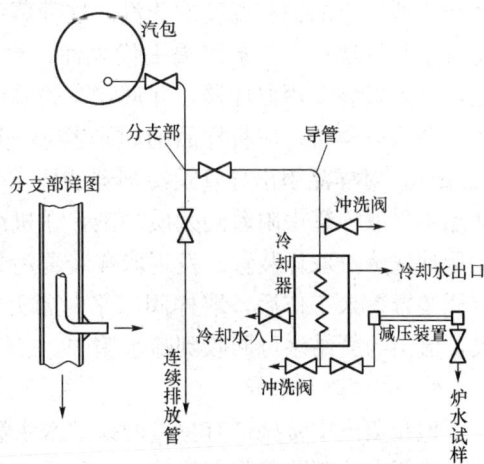

图 9-9 锅炉水取样系统

2. 给水取样

给水取样点一般设在锅炉给水泵之后、省煤器以前的给水管路上，最好在给水管的垂直管路上接一小管；给水样品由此小管流出，引至取样冷却器。为了监督除氧器的运行情况，也应在除氧器出口给水取样，为了保证样品的代表性，取样点应设在离出口不大于1m的水流通畅处，从取样点引至取样冷却器的导管长度

应不大于 $5\sim8m$，此导管不能采用碳钢管制造。

炉水和给水的取样系统会有附着物聚集，应定期冲洗，尤其是新运行锅炉和大修后投入运行的装置更应长时间冲洗。取样前 1h，调节水流量 $500\sim700mL/min$，在此流量下冲洗管路和取样容器，然后取样，取样体积一般为 5L。

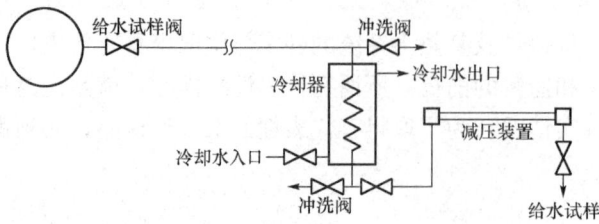

图 9-10　给水取样系统

3. 凝结水取样

凝结水取样点，一般设在凝结水泵出口端的凝结水管道上。在取样点处的凝结水管道上接一小管，凝结水样品由此小管流出。凝结水温度较低，无需设置取样冷却器。

4. 疏水取样

疏水一般在疏水箱中取样，取样点通常设在距疏水箱底 $200\sim300mm$ 处，用小管取出，然后引至取样冷却器。

二、蒸汽的取样

锅炉蒸汽中所含的杂质大体可分为：能形成固体的物质，如氢氧化钠、氯化钠、硫酸钠、碳酸盐、磷酸盐、二氧化硅等；液体物质，如蒸汽的湿分；气体物质，如二氧化碳、氨、联氨等。因此采集蒸汽样品时，均匀性问题很突出，这是蒸汽采样的困难所在。在设计、安装取样器和选定取样方法时都要充分考虑到蒸汽的均匀性问题。

蒸汽可分为饱和蒸汽和过热蒸汽两类。在一定的压力和温度下，在水的汽化和水蒸气的凝结过程中，汽液两相平衡共存，此种状态称为饱和状态，处于饱和状态的蒸汽称为饱和蒸汽。这种蒸汽刚从汽包导出，含有一定湿分，不均匀性明显。过热蒸汽是指蒸汽温度高于与其压力所对应的饱和温度的蒸汽。这种蒸汽是经过热器加热后的蒸汽，虽然湿分极小，但是易发生盐析现象，使蒸汽失去代表性，给采样带来一定困难。为了获得有代表性的蒸汽样品，必须安装专用取样器，并遵守有关采样规定。

蒸汽取样时，应将样品通过取样冷却器，将蒸汽凝结成水。蒸汽的流量一般为 $20\sim30kg/h$。对样品引出导管及冷却器的要求与水的取样相同。为了取得正确的蒸汽样品，使样品不受取样管中附着的杂质污染，在机组启动时应将所有取样阀门全部打开，长时间、大流量冲洗蒸汽取样装置。发现取样装置污染严重时，应使取样点排出蒸汽，进行排汽冲洗。取样装置投入工作后，取样阀门平时常开，使蒸汽凝结水不断地流出，为了减少水量的损失，流出的凝结水可回收到疏水箱中。

1. 饱和蒸汽取样

饱和蒸汽中常携带有少量的锅炉水水滴。当饱和蒸汽沿着管道流动且流速较低时，携带的水滴便有一部分黏附在管壁上，形成水膜，造成水滴在管内分布不均匀。饱和蒸汽的这种流动特点使其取样变得非常困难，不管是在管道的中心还是在管壁上，都不能取得代表性的样品。在管道中心取样，取出的蒸汽样品中湿度较低，样品的含钠量（或含硅量）也就偏低；在靠近管壁处取样，取得样品的湿度较大，含钠量（或含硅量）会偏高。

为了取得有代表性的饱和蒸汽样品，取样过程必须同时满足以下几个条件：

（1）饱和蒸汽中的水分在管内应均匀分布。这就需要管道内饱和蒸汽的流速必须远大于饱和蒸汽的破膜速度（5～6 倍）。应将取样点设置在具有这样流速的管道中。

（2）取样器进口的蒸汽流速应与管道内的流速相等，即等速取样。

（3）取样器应装设在蒸汽流动稳定的管道内，远离阀门、弯头；此外还应力求减少取样器本身对汽流的干扰。取样器的进样品口必须对着蒸汽流动方向，入口部分应光滑，以减少对汽流的扰动。

常用的取样器有探针式取样器和缝隙式取样器两种。

单口型取样器由一根锥形不锈钢管制成，入口为一小孔，外形像针，故亦称探针型取样器，如图 9-11 所示。通常安装在汽包或饱和蒸汽管出口的蒸汽管道内，从管壁插入，并焊接在管壁上，取样口居于蒸汽管的中心线上，与蒸汽流向相反。缝隙型取样器是在一根不锈钢管上焊两块平行的不锈钢板，使之形成一条缝隙，缝宽 3～5mm，在缝中间的管壁上钻一定数量的小孔，间距为 10～20mm，孔径 2mm，如图 9-12 所示。

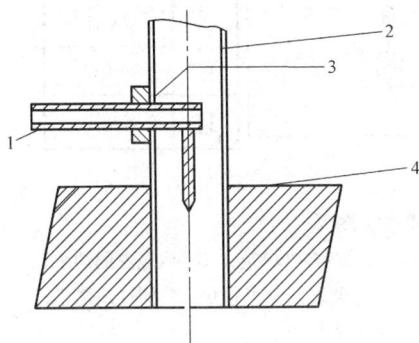

图 9-11 单口型取样器
1—蒸汽样品连接管；2—饱和蒸汽出口管；
3—取样器插入口；4—汽包壁

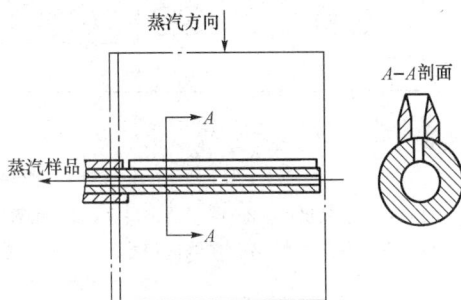

图 9-12 缝隙型取样器

2. 过热蒸汽的取样

与饱和蒸汽不同，过热蒸汽中没有水分，所以较容易取得代表性的样品。取样点可设在过热蒸汽母管上，一般采用的取样器如图 9-13 所示，也有采用缝隙式的。取样时只要保证取样孔中的蒸汽流速与管道中的蒸汽流速相等，就可取得有代表性的样品。

三、水汽取样分析装置

近年来，许多电厂水汽取样采用了国产成套水汽取样分析装置，构成完整的水汽取样系统，如图 9-14 所示。每台机炉配置一套，水汽取样装置的冷却水使用除盐水，由闭式循环系统供给。

该装置可将不同参数的样品集中进行减温减压处理，使样品的压力、温度等参数适合人工取样及满足分析仪表的要求，便于运行监督。对进入某些在线仪表的水样提供恒温装置，提高测量精确度。各类分析仪表、记录表都集中在此装置上，可以实现连续取样、连续监测和自动记录。设有人工取样盘可作人工取样分析之用。

水汽取样分析装置的取样系统由高压阀、减压阀、

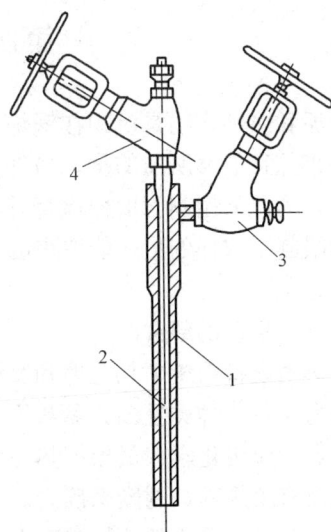

图 9-13 过热蒸汽取样器
1—外管；2—内管；3、4—注水阀或取样阀

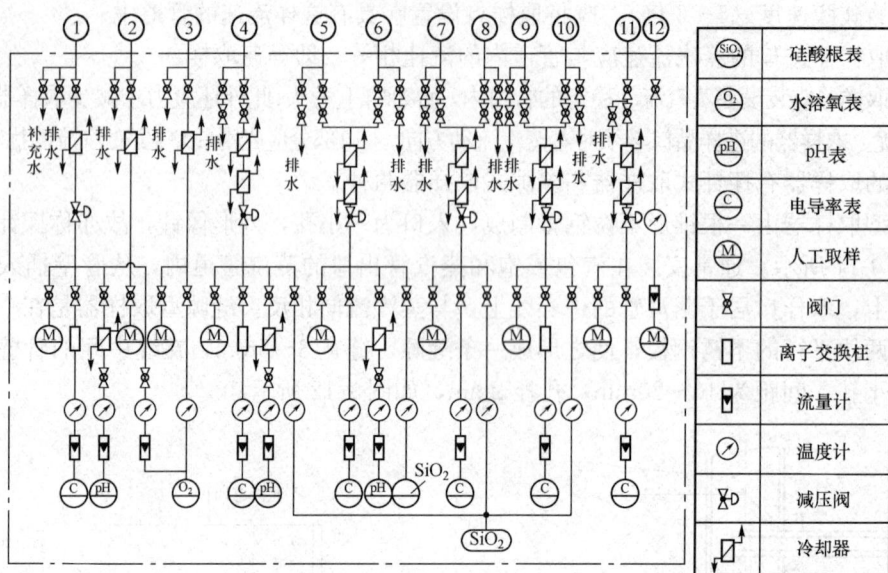

图 9-14　机炉水汽取样系统图

1—凝结水泵出口；2—除氧器进口水；3—除氧器出口水；4—省煤器入口给水；5—汽包左侧炉水；
6—汽包右侧炉水；7—左侧饱和蒸汽；8—右侧饱和蒸汽；9—左侧过热蒸汽；10—右侧过热蒸汽；
11—再热器入口蒸汽；12—除盐冷却水

中压阀、恒温热交接器、冷却器、离子交换树脂柱、温度计、流量计等组成。视样品的参数不同，所用的器件有所不同。监测系统中主要包括各类在线化学分析仪表，如硅表（记 SiO_2）、钠表（记 Na）、电导率表（记 C）、pH 表（记 pH）、溶解氧表（记 O_2）和磷酸根表（记 PO_4^{3-}）等。还有记录仪表，样品送入相应的仪表后进行分析、监测和记录。

第四节　垢样的采集与鉴别

垢和腐蚀产物是沉积在锅炉受热面上的一层较致密而且又很薄的物质，很难轻而易举地取下来并且取够所需的量。另外某些局部受热面的代表性很强，必须在该处进行检查并采取垢样，为此采用割管取样检查方法。但这种方法的采样面积很小，不可能大面积地割开管取样，限制了取样的量，能取得的几克垢样显得非常宝贵、重要。因此对于垢样的采集有特殊的规定。

一、采样的部位

热力设备系统中凡是垢和腐蚀产物聚集的地方，都属于垢和腐蚀产物的采样部位。考虑到热力设备的种类繁多、参数不一致，结垢和腐蚀可能在多处发生，为了选择最有代表性的采样点，应由化学人员根据热力设备结垢、腐蚀的实际情况、热力设备的运行工况和历史状况以及有关规程、制度来确定。

在确定了采样部位的基础上，对于热负荷相同或对称部位，则可多点采集等量的单个试样，混合成平均样。但对颜色、坚硬程度明显不同的垢和腐蚀产物，即使是同一部位，也应分别采取单个试样进行化验分析。

确定采样数量的原则是首先要保证能够做平行试验的样品量，其次要有足够的留存量，还应保证留有对第一次试验结果有疑问时用于校正试验样品的量。因此每一种样品的量应大于 4g。对片状、块状、色泽很不均匀的垢样，更应多取一些，一般应在 10g 左右。

对垢样有一定的代表性或疑问很多的个别部位，必须采集样品，当垢量极少，不能满足要求时，不应因量不足而不采取样品，而应尽量多取，试验时可对垢样做特殊处理（如做光谱测定等）。

二、垢样的采集方法

1. 刮取样品

刮取样品时，可使用普通钢、不锈钢、竹片或其他非金属薄片制成的小铲、小刀，也可用小毛刷、毛笔等刷扫。这些小工具都是根据具体情况自己制造的。金屑的小刀铲不能过于钝或锐利，钝了铲不下垢来，锐利又易损伤管壁而污染垢样。

刮取垢样不能过急，要有耐心，这样才能保证垢样的代表性。例如对一层水垢，应当刮取上、中、下三个层次，过急地刮取虽然快，但可能造成下层水垢取量不足或损伤管壁的问题。

2. 挤压采样

割管采样时，若试样不易刮取，可用车床先将割下的管样尽可能地车到最薄，然后人为地借用钳子等工具，挤压弯折管样，使金属变形后垢样自己脱落下来，之后收集垢样。

三、垢样的保存

为便于查对或校验，不论是何种垢样，都应较长时间地保存。保存期要在一年以上，对分析意见不统一、成分定不准的垢样更应长期地保存，直至经多次检验，成分确定后，才能处理留存的垢样。

存放的垢样可以是研制后的粉末，也可以是原取的状态。应将其装入小的广口瓶中，贴上标签，标签上必须注明垢样所在的热力设备名称、采样部位、采样日期、采样原因（大修、事故或其他）、采样者姓名等事项。

垢样应放于专门的存放柜内并保持干燥，还应有原始记录和化验台账。

四、垢样的制备与分解

1. 垢样的制备

垢样的制备就是将采集的垢样、水渣、腐蚀产物及盐垢研制成细度能全部通过 120 目筛的混合均匀的试验用样品。其步骤如下：

（1）若垢样是潮湿的，应放在室温下 24h 使其自然干燥，在干燥过程中不要用热风吹，而最好是将垢样放在自然通风良好的地方。

（2）若垢样（包括水渣、腐蚀产物等，以下同）大于 8g，则首先用人工将其在干净的平板上碾碎成粒度在 1mm 以下的粉末，用四分法缩分至 4～8g。

（3）取缩分后的样品 2g，置于玛瑙研钵中，慢慢研磨到样品全部通过 120 目筛网。取一半放入洗净并干燥的小广口瓶内留样，另一半留做下一步分解或直接溶解供化验使用。

（4）若垢样量很少，仅 2～4g，可不经过缩分直接经玛瑙研钵研细，并通过 120 目筛网，而后按上条进行留样、分析。

（5）对于盐垢，往往因盐类含结晶水，虽经自然干燥，但研磨后仍不易通过 120 目筛网，对此可以尽量地研磨至最细，不经过 120 目筛网而直接取样化验。在称量时视情况加大取样量，制成溶液后，采用稀释的方法来降低浓度，或不经稀释进行化验。

2. 垢样的分解

垢样的分解就是把已经粉碎、缩分和研磨并称量过的垢样，用化学方法分解，使待测的成分溶解到溶液中，制得供测定试样中各成分用的分析试液。常用的分解方法如下。

（1）酸溶样法。对大多数碳酸盐、磷酸盐垢可用酸溶解完全，但对难溶的氧化铁垢、铜垢、硅垢往往留有少量酸不溶物，可用氢氧化钠熔融法或碳酸钠熔融法将酸不溶物溶解，与酸溶物合并。称取磨细的试样 0.2g（称准至 0.2mg），置于 200mL 烧杯中，加 15mL 浓盐酸，盖上表面皿加热至完全溶解，若有黑色不溶物，可加 5mL 浓硝酸，继续加热至近干，冷却后加 10mL 盐酸溶液（1∶1），温热至干的盐类全部溶解，加水 100mL。

1）若溶液透明，说明试样已完全溶解，将溶液转入 500mL 容量瓶中，用水稀释至刻度。

2）若加硝酸处理后，仍有少量不溶物，则可将烧杯中的溶液过滤，热水洗涤，将滤液和洗涤液移入 500mL 容量瓶中，洗干净的酸不溶物连同滤纸一起放入坩埚中炭化、灰化，然后按氢氧化钠熔融法或碳酸钠熔融法把酸不溶物分解，经熔融法制得的溶液合并于上述 500mL 容量瓶中，用水稀释至刻度。若要测定酸不溶物的含量，则可将洗干净的酸不溶物连同滤纸一起放入已恒重的坩埚中炭化，放入 800～850℃ 的高温炉中灼烧 30min，冷却后称重，反复操作直至恒重，求得酸不溶物含量。

（2）氢氧化钠熔融法。称取干燥的分析试样 0.2g（称准至 0.2mg），置于盛有 1 克氢氧化钠的银坩埚中，加 1～2 滴酒精润湿。手拿坩埚，在桌上轻轻地振动，使试样黏附在氢氧化钠的颗粒上面，再覆盖 2 克氢氧化钠，加盖后置于高温炉中，由室温缓慢升温至 700～720℃，在此温度下保温 20min，将高温炉降温至 100℃ 以下，取出坩埚冷却至室温。将坩埚放入聚乙烯烧杯中，并置于沸腾的水浴锅中，加入约 20mL 煮沸的蒸馏水于坩埚内，盖上表面皿，继续在水浴里加热 5～10min，待熔块浸散后，取出银坩埚，用装有热蒸馏水的洗瓶，冲洗坩埚的内、外壁及盖。在不断搅拌下，迅速加入 20mL 浓盐酸，再继续在水浴里加热 5min。此时，熔块完全溶解，溶液透明。将此溶液冷却后，转入 500mL 容量瓶中，用水稀释至刻度，即可制得多项分析试液。

（3）水溶性盐垢的分解。在蒸汽流通的部位（如过热器、主蒸汽门、调速汽门、汽轮机喷嘴和叶片等部位）上的盐垢，其成分中有相当一部分甚至绝大部分为水溶性。若用以上方法分解试样，则一些成分可能会发生变化，直接用水溶解反而能很容易地测定其成分。对于其中用水不能溶解的部分则可用氢氟酸处理。

五、垢样的鉴别

定性或半定量地鉴别垢的主要成分，往往是采用简易的鉴别法，通过某些元素或官能团的特征反应进行。

成分的预先鉴别可以为选择定量分析方法、得出分析结果提供有价值的依据。

1. 物理鉴定方法

物理鉴定方法是通过对垢的颜色、状态、坚硬程度、有无磁性等外观进行观察和试验，以确定垢的大致成分。如三氧化二铁呈赤红色；四氧化三铁有磁性，呈黑色；氧化铜呈黑色；钙、镁的硫酸盐垢和碳酸盐垢呈白色；硅垢（二氧化硅）一般较坚硬，钙镁垢则较疏松。用以上的一些特征，大体上能确定垢的成分，结合垢所在的部位可以分析它们产生的原因。

2. 化学鉴别方法

化学鉴别方法是通过垢和某些化学试剂发生特征反应来鉴别成分。鉴别时首先要简单地制备样品的试液，即称取研磨后的试样 0.5g，置于 100mL 的烧杯中，加水 50mL，配制成悬浊液，然后作水溶液试验（见表 9-3）和加酸试验（见表 9-4）。注意每次取出悬浊液时，要先对烧杯中的悬浊液进行充分的搅拌后，再吸取试液。

表 9-3　　　　　　　　　　　水 溶 性 试 验

试验项目	试验方法	现象和可能存在的成分
pH	取澄清液 20～30mL，用 pH 计（玻璃电极法）测定 pH 值	pH>9，说明有氢氧化钠、磷酸三钠等强碱性盐类存在；pH<9，说明试样中无强碱性水解盐类存在
硝酸银试验	取数滴澄清液，置于黑色滴板上，加 2～3 滴酸性硝酸银（5%溶液）	若有白色沉淀物生成，说明有水溶性氯化物存在
氯化钡试验	取数滴澄清液，置于黑色滴板上，加 2～3 滴 10%氯化钡溶液，再加 2 滴盐酸溶液（1：1）	若有白色沉淀物生成，而且加酸不溶解，说明有水溶性硫酸盐存在

表 9-4　　　　　　　　　　　加 酸 试 验

试验方法	现　　　象	可能存在的成分
取少量带悬浊物的试液注入试管中，加 1～2mL 盐酸	产生气泡，碳酸盐含量越多，气泡越多	碳酸盐
取少量带悬浊物的试液注入试管中，加 1～2mL 盐酸和硝酸	溶解缓慢，可看到白色不溶物	硅酸盐
取少量带悬浮物的试液注入试管中，加 1～2mL 冷盐酸，若难溶，再加 1～2mL 硝酸，加热后溶解	溶解后溶液呈淡黄色，加 5%硫氰酸铵溶液数滴，溶液变红色；或者加入 5%亚铁氰化钾溶液数滴，溶液变蓝色	氧化铁
取少量带悬浮物的试液注入试管中，加 1～2mL 冷盐酸，若难溶，再加 1～2mL 硝酸，加热后溶解	溶解后溶液呈淡黄绿色或淡蓝色，取一部分溶液注入另一试管，加浓氨水，生成氢氧化铁和氢氧化铜沉淀物，继续加氨水，氢氧化铜溶解，生成铜氨络离子，蓝色加深；另取数滴溶液，加 5%亚铁氰化钾溶液数滴，生成红棕色沉淀物	氧化铜
取少量带悬浊物的试液注入试管中，加 1～2mL 盐酸	取一部分溶液，加入 10%钼酸铵溶液，生成黄色磷钼黄沉淀物，加浓氨水使溶液呈氨碱性，黄色沉淀物溶解	磷酸盐
取少量带悬浊物的试液注入试管中，加 1～2mL 盐酸和硝酸	取一部分溶液，加入 10%氯化钡溶液数滴，溶液浑浊，有白色沉淀物生成	硫酸盐

第十章

锅炉及凝汽器的清洗

第一节 锅炉化学清洗

锅炉的化学清洗就是用含有化学药剂的水溶液溶解除去锅炉汽水系统中的金属腐蚀产物和其他沉积物（杂质），使金属表面清洁并形成良好防腐保护膜的过程。清洗液往往由清洗介质、缓蚀剂及添加剂组成。化学清洗是保证锅炉水质和防止锅炉金属腐蚀的一种有效的技术措施。一般包括碱洗（或碱煮）、酸洗、漂洗和钝化等几个工艺过程。

随着锅炉参数和容量的日益增高，电力生产对受热面清洁度和炉内水质的要求更加严格。近年来化学清洗工艺日趋完善，锅炉的化学清洗已成为保证锅炉安全运行的重要措施之一。新建锅炉投入运行前必须进行化学清洗，已经投入运行的锅炉，运行一段时间后也要根据情况进行化学清洗。

一、锅炉化学清洗的范围

1. 新建锅炉的化学清洗

新建锅炉在制造、贮运和安装过程中，表面上不可避免地会存在高温氧化皮、腐蚀产物、泥沙和防锈漆等污物，如果在启动前不进行化学清洗，水汽系统内的各种杂质和附着物在锅炉运行后将会产生严重危害。

（1）直接妨碍炉管管壁的传热或者导致水垢的产生，而使燃料消耗量增加，并能引起炉管金属过热和损坏。

（2）促使锅炉运行中发生沉积物下腐蚀，致使炉管变薄、穿孔而引起爆管。

（3）在炉水中形成碎片或沉渣，从而引起炉管堵塞或者破坏正常的汽水流动工况。

（4）使炉水的含硅量等水质指标长期不合格，导致蒸汽品质不良，危害汽轮机的正常运行。

新建锅炉启动前进行化学清洗，不仅有利于锅炉的节能降耗和安全生产，而且还由于改善了锅炉启动时期的水、汽质量，使之较快地达到锅炉运行标准，从而大大缩短新机组启动到正常运行的时间。

目前新建锅炉在启动前都要进行化学清洗，通过化学清洗除去锅炉在制造过程中形成的氧化皮和在贮运、安装过程中形成的腐蚀产物、焊渣以及设备出厂时刷涂的防护剂等各类附着物，同时除去在锅炉制造、安装过程中进入或残留在设备内部的杂质，如泥沙、尘土、保温材料碎渣等。

中小型电站锅炉清洗的范围包括：

（1）蒸汽压力在9.8MPa以下的汽包锅炉，特殊情况下需要进行化学清洗，但必须进行碱煮。

（2）再热机组的再热器，一般不进行化学清洗，但锈蚀特别严重时除外。清洗时必须保证管内流速大于0.15m/s，过热器进行化学清洗时，必须有防止立式管产生气塞和腐蚀产物在管内沉积的措施。

（3）凝结水及高压给水管道的化学清洗，应根据管道内壁的腐蚀产物情况决定。

2. 运行锅炉的化学清洗

运行锅炉化学清洗的目的在于：除掉锅炉运行过程中在金属受热面上积聚的氧化铁垢、钙镁水垢、硅酸盐垢及油垢和金属腐蚀产物等沉积物，以免炉内沉积物过多而影响锅炉的安全运行。

运行中的锅炉是否需要清洗以及清洗的时间间隔应根据锅炉的类型、参数、工作方式、燃烧方式、补给水质及脏污程度决定。通常采用割管检查的方法确定管内沉积物的量。选择最容易结垢和腐蚀的部位进行割管检查，割管的主要区域包括：燃烧器附近、卫燃带上部距火焰中心最近处、冷灰斗和焊口处等。以管内向火侧沉积物的量确定是否需要清洗。实际锅炉化学清洗时，除了考虑水冷壁管内沉积物量外，还要考虑锅炉的运行年限。运行锅炉化学清洗间隔周期和沉积物量的极限值见表 10-1。当水冷壁管内的沉积物量或锅炉化学清洗的间隔时间超过表中的极限值时，就应安排化学清洗。锅炉化学清洗的间隔时间，也可根据运行水质的异常情况和大修时锅炉的检查情况，作适当变更。燃油、燃气锅炉和液态排渣锅炉，应按表中规定提高一级参数锅炉的沉积物极限量确定化学清洗。一般只需清洗锅炉本体，蒸汽通流部分是否进行化学清洗，应根据实际情况决定。

表 10-1　　　　　　　　　　　　化学清洗参照标准

炉　　型	汽　包　锅　炉	
主蒸汽压力（MPa）	＜5.8	5.9～12.6
沉积物量（g/m²）	600～900	400～600
清洗间隔年限（a）	一般 12～15	10

注　表中的沉积物量是指在水冷壁管热负荷最高处向火侧 180°部分割管取样，用洗垢法测得的沉积物量。

二、锅炉化学清洗的基本原理

通常用含缓蚀剂和某些添加剂的酸性水溶液进行清洗，使其与氧化皮或水垢进行化学或电化学反应，并辅以机械剥离作用，将各种金属腐蚀产物和沉积物溶解和剥落。

（一）清洗剂

目前常用的清洗剂有盐酸、氢氟酸、EDTA 和柠檬酸等。

1. 盐酸

盐酸能与许多金属氧化物和水垢作用生成易溶的氯化物，不仅能将各种水垢和沉积物溶解，而且能将附着物剥落下来。其除垢机理如下：

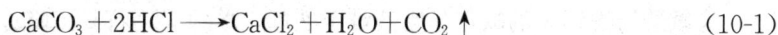

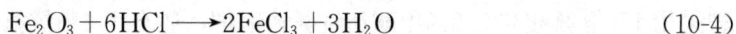

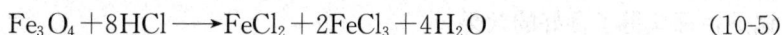

$$CaCO_3 + 2HCl \longrightarrow CaCl_2 + H_2O + CO_2 \uparrow \tag{10-1}$$

$$MgCO_3 + Mg(OH)_2 + 4HCl \longrightarrow 2MgCl_2 + 2H_2O + CO_2 \uparrow \tag{10-2}$$

$$FeO + 2HCl \longrightarrow FeCl_2 + H_2O \tag{10-3}$$

$$Fe_2O_3 + 6HCl \longrightarrow 2FeCl_3 + 3H_2O \tag{10-4}$$

$$Fe_3O_4 + 8HCl \longrightarrow FeCl_2 + 2FeCl_3 + 4H_2O \tag{10-5}$$

用 HCl 进行清洗时，实际发生的过程并不是将这些氧化物全部溶解，而是当它和部分氧化物作用时，特别是与 FeO 起作用时，破坏氧化皮与金属的连接，使氧化皮层从金属表面上脱落下来。反应中生成的气体 CO_2，也有利于对附着物进行剥落。

除上述主要反应外，夹杂在氧化皮中的金属铁的微粒也会与 HCl 发生反应而放出氢气。

$$Fe + 2HCl \longrightarrow FeCl_2 + H_2 \uparrow \qquad (10\text{-}6)$$

氢气自氧化皮中逸出时，起到将铁的氧化物从金属表面上剥离下来的作用，从而加速盐酸清除氧化皮的过程。

盐酸清洗速度快、价格便宜且废液容易处理，是目前应用最广泛的一种清洗剂。但盐酸的缺点是不能清洗奥氏体钢，因为盐酸中的氯离子能促使奥氏体钢发生应力腐蚀，故清洗范围一般只限于锅炉本体。此外，对于以硅酸盐为主要成分的水垢，用盐酸清洗的效果也较差。此时，在清洗液中往往需要补加氟化物等添加剂。

在用盐酸进行清洗时，也会发生金属的腐蚀过程。这是由于在清洗时钢材有裸露出来的金属表面，会与清洗液中的 HCl 发生反应，不仅使金属遭到腐蚀，而且还会产生许多氢气。所以在清洗时要加入缓蚀剂，抑制腐蚀发生。

2. 氢氟酸

氢氟酸是一种弱酸，但对 Fe_2O_3 和 Fe_3O_4 有很强的溶解能力，因为 F^- 有很好的络合能力，它有一对孤对电子，容易填入 Fe^{3+} 的外层电子空轨道中，形成 6 个配价键的络合物，促使氧化铁溶解，化学反应式为

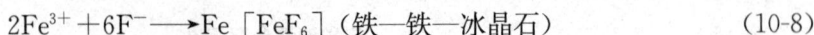

$$HF \Longrightarrow H^+ + F^- \qquad (10\text{-}7)$$
$$2Fe^{3+} + 6F^- \longrightarrow Fe[FeF_6] \text{（铁—铁—冰晶石）} \qquad (10\text{-}8)$$

氢氟酸还具有很强的除硅能力，反应式为

$$SiO_2 + 6HF \longrightarrow H_2SiF_6 + 2H_2O \qquad (10\text{-}9)$$

当 HF 与具有络合能力的有机酸如柠檬酸（H_3Cit）混合使用时，HF 中的 F^- 不再具有络合作用，HF 只起催化作用，反应式为

$$Fe_3O_4 + 8HF + 3H_3Cit \longrightarrow FeCit + H[FeCit] + 8HF + 4H_2O \qquad (10\text{-}10)$$

HF 不仅对硅酸盐和 Fe_2O_3 及 Fe_3O_4 具有独特的溶解能力，而且对钢铁的腐蚀速度比较低，一般为 $2g/(m^2 \cdot h)$。用氢氟酸清洗时，通常是将清洗液一次流过清洗的设备，无需像用盐酸清洗时那样，要将清洗液在清洗系统中反复循环流动，所以清洗液与金属表面的接触时间很短，加上酸的含量小、温度较低，而且还可以添加适当的缓蚀剂，所以对金属的腐蚀较轻。如添加的缓蚀剂恰当，清洗时，对某些钢材的腐蚀速度可小于 $1g/(m^2 \cdot h)$。另外HF 对各种钢材都有良好的适应性，氢氟酸可用于清洗由奥氏体钢等多种钢材制作的钢炉部件，加上它对金属的腐蚀性极小，所以清洗时可不必拆卸锅炉水汽系统中的阀门等附件，这样，清洗时的临时装置也就很简单。此外，采用氢氟酸清洗锅炉时，水和药品消耗量也比较少。

氢氟酸清洗锅炉的缺点是废液难于处理，单独采用石灰沉降处理 $[2F^- + Ca^{2+} \longrightarrow CaF_2$（萤石）] 往往达不到排放要求（$F^- < 10mg/L$），必须辅助以压缩空气搅拌和絮凝沉降处理。

氢氟酸除了单独用作锅炉的清洗剂外，还可与有机酸组成复合清洗剂。例如，有的电厂曾采用 1% 氢氟酸与 0.3% 甲酸清洗新建锅炉，还有用 2% 氢氟酸与 0.6% 甲酸清洗运行后的锅炉，都获得了良好的效果。

3. 乙二胺四乙酸（EDTA）

EDTA 及它的钠盐、铵盐也是一种清洗剂，因为是络合物，可以与 Fe^{3+}、Cu^{2+}、Ca^{2+}、Mg^{2+} 等形成络合物，而且这些络合物易溶于水。EDTA 的络合能力与水的 pH 值有关，pH 值越高，越有利于组合清洗，但 pH 值过高时（如 pH > 12），容易生成溶解度很小

的 Fe（OH）$_3$ 沉淀，反而不易被 EDTA 络合溶解。一般采用 EDTA 钠盐清洗锅炉，pH 值在 5.0～6.0 时，EDTA 二钠盐和三钠盐共存。在清洗过程中，随着络合反应的进行，清洗液 pH 值会上升，清洗结束时，pH 值达到 8.0～10.0。

EDTA 作为清洗剂，不仅操作安全和清洗效果好，而且钝化和清洗可以一步完成，废液也易处理。其缺点是清洗费用高，EDTA 废液虽可用 H_2SO_4 回收，但比较麻烦。

（二）缓蚀剂

缓蚀剂是减缓清洗剂对金属腐蚀的一种添加剂，它可以是无机物，也可以是有机物。适用于做缓蚀剂的药品需要满足以下性能要求：加入极少量（千分之几或万分之几），就能大大地降低酸对金属的腐蚀速度；不会降低清洗液去除沉积物的能力；不会随着清洗时间的推移而降低抑制腐蚀的能力；在使用的清洗剂浓度和温度的范围内，能保持其有效抑制腐蚀的性能；对金属的机械性能和金相组织没有任何影响；无毒性，使用时安全、方便；清洗后排放的废液不会造成环境污染或公害。每一种清洗剂都有适合于自己的缓蚀剂。

缓蚀剂的缓蚀作用表现在以下方面：①缓蚀剂的分子吸附在金属表面，形成一种很薄的保护膜，从而抑制了腐蚀过程；②缓蚀剂与金属表面或溶液中的其他离子反应，其反应生成物覆盖在金属表面上，从而抑制腐蚀过程。

究竟采用哪种缓蚀剂及其添加量为多少，与清洗剂的种类和含量有关；此外，还与清洗温度和流速有关。因为每种缓蚀剂都有它所适用的温度和流速范围。缓蚀剂降低腐蚀速度的效果，一般随清洗液温度的上升和流速的增大而降低，所以缓蚀剂的选用应通过小型试验来确定。

1. 盐酸缓蚀剂

盐酸清洗的缓蚀剂有许多种，主要类型及其性能见表 10-2。

表 10-2　　　　　　　　　国产大型锅炉酸洗用盐酸缓蚀剂性能

缓蚀剂种类			IS-129	IS-156	7793	801	IMC-5	TPRI-1
静态腐蚀速度 [g/（m²·h）]①			0.43～0.65	0.2～0.22	0.47～0.52	0.58～0.65	20 号钢，15CrMo＜1	0.54
腐蚀效率（%）			98.1～97.1	99	97.73～98	97.2～97.4	99	97.5
不同铁离子浓度下的腐蚀速度 [g/（m²·h）]②	铁离子浓度（mg/L）	0	0.42	0.44	0.38	0.63	0.9*	
		100	0.76	0.76	0.81	0.76	1.4	
		300	1.33	1.45	1.24	1.33	2.2	
		500	1.85	2.11	1.80	1.65	3.3	
		1000	3.25	3.14	3.24	—	5.0	4.06
出现局部腐蚀的 Fe³⁺ 浓度（mg/L）			＞1000 时有点蚀		＞500 时有点蚀		＞1000 时有点蚀	

① 试验温度为 50±5℃，钢材为 20 号钢，浸泡 6h。

② 试验温度为 50±2℃，钢材为 20 号钢，浸泡 6h。

* 试验温度为 50℃，在 6%HCl 溶液中加入 0.2%IMC-5，钢材为 20 号钢。

2. 氢氟酸缓蚀剂

部分 HF 缓蚀剂见表 10-3，它们的腐蚀速率可达到 0.35～1.0g/（m²·h），缓蚀效率都在 99% 以上。

表 10-3 　　　　　　　　　　　　　　氢氟酸缓蚀剂的性能

缓蚀剂种类	腐蚀速率 [g/(m²·h)]	缓蚀效率 (%)
配 1	0.754	99.59
配 2	0.35	99.8
新洁尔灭	1.77	98.78
SH416	0.73	99.50
IMC5	<1	99
TPRI-Ⅲ	0.34～0.48	99.7

（三）添加剂

在锅炉化学清洗中，为了提高清洗效果，常加入一定量的还原剂、助溶剂及界面活性剂等添加剂，以提高清洗效果。例如为了消除清洗液中 Fe^{3+} 对金属基体的腐蚀（$Fe+2Fe^{3+} \longrightarrow 3Fe^{2+}$），必须控制 $Fe^{3+} < 300mg/L$，为此，常加入氧化亚锡，以降低清洗液中 Fe^{3+} 的浓度，其反应为 $2Fe^{3+} + Sn^{2+} \longrightarrow 2Fe^{2+} + Sn^{4+}$。又如为了清除硅酸盐水垢，可加入 0.5%～2.0% 的氟化钠或氟化铵，氟化物在清洗液中生成氢氟酸，可以促进硅酸盐的溶解。

对不同的水垢和金属材料，应选用合适的酸洗剂和助溶剂，一般选择如下：对碳酸盐水垢，一般采用盐酸清洗。对硅酸盐水垢，可在盐酸中添加氢氟酸或氟化物清洗。对硫酸盐水垢或硫酸盐与硅酸盐混合的水垢，应预先碱煮转型，然后再用盐酸或盐酸添加氟化物清洗。对氧化铁垢，可在盐酸中添加氟化物或采用硝酸清洗。当电厂锅炉中氧化铁垢中含铜量较高时，应采取防止金属表面产生镀铜的措施，一般可选用盐酸加氟化物及硫脲等清洗助剂。奥氏体钢的清洗，不可选用盐酸作清洗剂。对于含铬材料的锅炉部件的清洗，一般可选用氢氟酸、EDTA、柠檬酸或甲酸、乙酸等有机混合酸作清洗剂。

三、锅炉化学清洗系统

锅炉的清洗方式应根据清洗介质和炉型来选择，一般盐酸、柠檬酸、EDTA 等采用循环清洗，氢氟酸采用开式清洗。

化学清洗系统应根据清洗工艺条件、锅炉结构、沉积物状况及现场条件拟定。原则是：安全可靠、简单、方便易行。在拟定化学清洗回路时，除应考虑流速、选择合适的清洗泵以及合理划分清洗回路外，还应考虑清洗溶液箱的大小、加热方式及安装位置等。

确定锅炉的清洗回路时，应考虑以下几点：

（1）清洗箱应耐腐蚀并有足够的容积和强度，可保证清洗液畅通，并能顺利地排出沉渣。

（2）清洗泵应耐腐蚀，泵的出力应能保证清洗所需的清洗液流速和扬程，并保证清洗泵可靠运行。

（3）清洗泵入口或清洗箱出口应装滤网，滤网孔径应小于 5mm，且应有足够的通流截面。

（4）清洗液的进管和回管应有足够的截面积以保证清洗液的流量，且各回路的流速应均匀。

（5）锅炉顶部及封闭式清洗箱顶部应设排气管。排气管应引至安全地点，且应有足够的流通面积。

（6）应标明监视管、采样点和挂片位置。

（7）清洗系统内的阀门应灵活、严密、耐腐蚀。含有钢部件的阀门、仪表等应在酸洗前拆除、封堵或更换成涂有防腐涂料的管道附件。过热器内应充满加有联氨（100～300mg/L）或乙醛肟（100～300mg/L）、pH值为9.5～10.0（用氨水调pH值）的除盐水作保护。所有不参与清洗的系统、管道等都应严密隔离。

（8）必要时可装设喷射注酸装置、蒸汽加热装置和压缩空气装置。

（9）应避免将炉前系统的脏物带入锅炉本体和过热器。一般应将锅炉分为炉前系统、炉本体和蒸汽系统三个系统进行清洗。

清洗系统的安装应符合下列要求：安装临时系统时，水平敷设的临时管道，朝排水方向的倾斜度不得小于1/200。应保证临时管道的焊接质量，焊接部位应位于易观察之处，焊缝不宜靠近重要设备。所有阀门在安装前，必须研磨，更换法兰填料，并进行水压试验。阀门压力等级必须高于清洗时相应的压力等级。阀门本身不得带有铜部件。阀门及法兰填料应采取耐酸、碱的防腐材料。EDTA清洗时，升温后应检查并紧固循环系统内所有的法兰螺栓。清洗箱的标高及液位应能满足清洗泵的吸入高度，以防泵抽空。安装泵进、出口管道时，应考虑热膨胀补偿措施，不使水泵受到过大的推力。可在锅筒上设临时液位计及液位报警装置。根据循环流速的要求，在锅筒下降管口设节流装置，并将锅筒放水管加高。清洗系统中的监视管段应选择脏污程度比较严重，并带有焊口的水冷壁管，其长度为350～400mm，两端焊有法兰盘，监视管段一般安装于循环泵出口，必要时高压锅炉还应在水冷壁管处设置监视管装置。

不参加化学清洗的设备、系统应与化学清洗系统可靠地隔离，拆除锅筒内不宜清洗的装置；水位计和所有不耐腐蚀的仪表及取样、加药等管道均应与清洗液隔离；过热器若不参加清洗，应采取充满除盐水等保护措施。为维持锅炉清洗液的温度，应严密封闭炉膛及尾部烟道出口。在锅筒水位监视点、加药点及清洗泵等处，应设通信联络点。应将清洗系统图挂于清洗现场，系统中的阀门应按图纸编号，并挂编号牌。管道设备应标明清洗液流动方向，并经专人核对无误。系统安装完毕后应清理系统内的砂石、焊渣和其他杂物。

四、化学清洗工艺

（一）清洗前的准备工作

机组热力系统已安装或检修完毕，并经水压试验合格。临时系统安装完毕后，应通过1.5倍清洗工作压力的热水进行水压试验。清洗泵和各种计量泵及其他转动机械经试运转无异常。储、供水的质量和数量已能满足化学清洗和冲洗的用水需要。废液处理临时或正规设施应安装完毕，并能有效地处理排放废液。安装在临时系统中的温度、压力、流量表计及分析仪器应经计量校验合格，并备齐全。腐蚀指示片、监视管等制作完毕。

（二）电站锅炉化学清洗工艺

一般清洗工艺步骤为：系统水冲洗、碱洗、碱煮转型、碱洗后的水冲洗、酸洗、酸洗后的水冲洗、漂洗和钝化。

1. 系统水冲洗

在用化学药品清洗前，必须首先进行水冲洗。对于新建锅炉是为了除去新锅炉安装后脱落的焊渣、铁锈、尘埃和氧化皮等；对于运行后的锅炉，是为了除去运行中产生的某些可被冲掉的沉积物，节省化学药品。此外，水冲洗还有检验清洗系统是否有泄漏的作用。在化学清洗前可用过滤后的澄清水或工业水进行分段冲洗，冲洗流速一般为 0.5～1.5m/s。冲洗终点以出水达到透明无杂物为准。

2. 碱洗或碱煮

碱洗就是用碱液清洗，碱煮就是在炉内加碱液后，锅炉升火进行烧煮。这两种方法的采用常因锅炉具体情况不同而不同。

碱类能松动和清除部分沉积物，例如 SiO_2，因为它能与 NaOH 作用生成易溶于水的 Na_2SiO_3。

$$SiO_2 + 2NaOH \longrightarrow Na_2SiO_3 + H_2O$$

碱煮使用的药品主要是 NaOH 和 Na_3PO_4，这两种药品大都混合使用。碱液中药品的总剂量可为 1%～2% 左右或者更大些，有时还含有 0.05%～0.2% 的合成洗涤剂（例如烷基磺酸钠等）。

中小型电站新建锅炉一般仅实施碱煮。碱煮的方法为：当炉内加入碱液后，将锅炉点火，使炉内水煮沸且汽压升到 0.98～1.96MPa，在维持压力和排汽量为额定蒸发量 5%～10% 的条件下，煮炉 12～14h（时间长短根据锅炉内部的脏污程度来确定）。在煮炉过程中，需由底部排污 2～3 次，煮炉结束后进行大量换水，待排出水和正常炉水的浓度接近，且 pH 值降至 9 左右、水温降至 70～80℃，即可将水全部排出。煮炉后应对锅炉进行内部检查，要求金属表面无腐蚀产物和浮锈，且形成完整的钝化保护膜。同时应清除堆积于锅筒、集水箱等处的污物。

酸洗前的去油碱洗，一般应采用循环清洗或循环与浸饱相结合的方法。碱洗后用过滤澄清水、软化水或除盐水冲洗，洗至出水 pH 值达到 8.4、水质透明为止。

运行后的汽包锅炉，一般采用碱洗，当炉内沉积物较多或硫酸盐、硅酸盐含量较高时，为提高除垢效果，可在酸洗前先进行碱煮转型。当炉内沉积物中含铜较多时，在碱洗后还应进行氨洗。

3. 酸洗及酸洗后的水冲洗

监视管段应在清洗系统进酸至预定浓度后，投入循环系统，并控制监视管内流速与被清洗锅炉水冷壁管内流速相近。酸洗时必须按清洗方案严格监控酸洗液的温度、循环流速、锅筒和酸槽的液位等，并每小时记录一次。按时巡回检查，如实记录出现的问题。当每一回路循环清洗到预定时间时，应加强酸液浓度和铁离子浓度的测定。当各回路酸洗液中酸液浓度和铁离子浓度趋于稳定、预计酸洗将结束时，可取下监视管检查清洗效果。若管段内仍有污垢，应再把监视管段装回系统继续酸洗。至监视管段内部清洗干净，再循环 1h，方可停止酸洗。

为防止活化金属表面产生二次锈蚀，酸洗结束时，不得将酸直接排空，应上水进行冲洗。因为空气进入炉内会使其发生严重的腐蚀，可用纯度大于 97% 的氮气连续顶出废酸液，也可用除盐水顶出废酸液。酸液顶出后采用变流量水冲洗，冲洗时水流速应达到清洗流速的一倍以上，并尽可能缩短冲洗时间，以防酸洗后金属表面生锈。水冲洗至排出液的 pH 值为 4～4.5，含铁量小于 50mg/L 为止。

对沉积物或垢量较多的锅炉，酸洗后如有较多未溶解的沉渣堆积在清洗系统及设备的死角时，可在水冲洗至出水 pH 值为 4～4.5 后，再排水用人工方法清除锅炉和酸箱内的沉渣。用此法冲洗后，须经漂洗才能进行钝化。

4. 漂洗和钝化

采用氮气或水顶酸，即在炉内金属未接触空气的情况下可免做漂洗，若退酸、水冲洗后有二次锈蚀产生的，则须进行漂洗。

一般在酸洗结束并用除盐水（或软化水）冲洗后，要再用稀柠檬酸溶液进行一次冲洗，通常称为柠檬酸漂洗。这是利用柠檬酸能将铁离子络合的作用，除去酸洗和水冲洗后残留在清洗系统内的铁离子，以及水冲洗时在金属表面可能产生的铁锈。经验证明，漂洗可以使酸洗后的金属表面很清洁，从而为钝化处理创造有利条件；而且当有漂洗措施时，酸洗后水冲洗的时间可以适当缩短，冲洗时的用水量也就可以减少。

漂洗时一般采用 0.2%～0.4% 的稀柠檬酸溶液，含有 0.05% 的缓蚀剂，并用氨水将其 pH 值调节为 3.5～4.0 左右，溶液温度维持为 75～90℃，循环冲洗 2～3h，漂洗就可以结束。

经酸洗、水冲洗或漂洗后的金属表面，当暴露在大气中时非常容易受到腐蚀，应立即进行防腐处理。用某些药液处理，使金属表面上形成保护膜，这种处理通常称为钝化（除 EDTA 清洗钝化一次完成外）。如漂洗后钝化的，漂洗液中的铁离子总量应小于 300mg/L，若超过该值，应用热的除氧水更换部分漂洗液至铁离子含量小于该值。目前的钝化的方法有以下几种：

（1）亚硝酸钠钝化法。此法通常是用 1.0%～2.0% 的 $NaNO_2$ 溶液，并加氨水将其 pH 值调节到 9～10，温度维持为 50～60℃，使溶液在清洗系统内循环 6～10h，然后将溶液排出。钝化过程结束，也可在循环后再浸泡 1h。在进行钝化处理时，一般是先往系统中加氨水，将水的 pH 值迅速提高，当 pH 值提高到大于 9 时，就可将 $NaNO_2$ 溶液加入。此法能使酸洗后的新鲜金属表面上形成致密的钢灰色（或银灰色）的保护膜。排去钝化液后，用除盐水进行冲洗，以防残余的 $NaNO_2$ 在锅炉运行时引起腐蚀。

（2）联氨钝化法。用除盐水配制浓度为 300～500 mg/L 的联氨溶液，并加氨调节 pH＝9.5～10（或氨浓度 10～20mg/L），温度维持为 90～100℃，使溶液在清洗系统中循环 21～50h。当采用此法时，溶液温度高些、循环时间长些，钝化的效果往往要好一些。此法处理后，金属表面通常生成棕红色或棕褐色的保护膜。

钝化处理结束后，可将钝化液放干净，也可将它留在设备中作为防腐剂（直到机组启动前）。由于此溶液中含有除氧剂，且水的 pH 值较高，因而可以起到防止金属表面生锈的作用。

钝化过程中，应定时取样化验，如钝化液浓度降至起始浓度的 1/2 时，应及时适量补加钝化液。

5. 循环清洗中的注意事项

酸洗时，应维持酸液液位在正常水位线上，水冲洗时，应维持液位比酸洗时液位略高一些，钝化时的液位应比水冲洗的液位更高。清洗液的循环方式与锅炉的结构和受热面结垢的程度等因素有关。对结垢严重的回路应先进行循环清洗，其余回路静止浸泡，待该回路循环一定时间后，再依次倒换。必要时可对结垢严重的回路重复进行循环清洗。为了提高清洗效果，每一回路最好能正反向各循环一次（取决于炉管和锅筒连接的情况）。如通向锅筒的某些导汽管位置较高，只能进行单向循环时，酸液应由高位管进入，低位管排出。

（三）清洗后的内部检查和系统的恢复

清洗后，应打开锅筒、集箱等能打开的检查孔，彻底清除洗下的沉渣。一般应对水冷壁进行割管检查，判断清洗效果。对于运行锅炉应在热负荷较高部位割管；对于新建锅炉应在清洗流速最低处，割取带焊口的管样。对于新建锅炉，如能确定清洗效果良好的，也可视具体情况免作割管检查。清洗检查完毕后，应将锅筒内和系统中拆下的装置和部件全部复位，并撤掉所有的堵头、隔板、节流装置等，使系统恢复正常。

（四）清洗过程的化学监测及留样分析项目

清洗系统中应在有代表性的部位设置便于操作的监视取样点。一般锅筒式锅炉的监视取样点布置在系统回路的入、出口处。清洗过程应定时对清洗液进行取样化验。

1. 清洗监督

（1）煮炉和碱洗过程：锅筒式锅炉取盐段和净段的水样，每 2h 测定碱度和 PO_4^{3-} 一次；换水时每 2h 测定碱度一次，直至水样碱度与正常炉水碱度相近为止。

（2）碱洗后的水冲洗：每 15min 测定一次出口水的 pH 值，每隔 30min 收集一次冲洗出口水留样分析。

（3）循环配酸过程：每 10～20min 分别测定酸洗回路出、入口酸浓度一次，直到浓度均匀，并达到指标要求为止。

（4）酸洗过程：每 30min 分别测定酸洗箱出口、酸洗回路出、入口的酸浓度和 Fe^{3+} 及 Fe^{2+} 的含量。用 EDTA 清洗时，每 1h（酸洗后期每 30min）分别测定酸洗回路出口、入口清洗液中 EDTA 的浓度、pH 值和总铁含量。开式酸洗系统在开始进酸时，每 5min 测定一次锅炉出、入口酸液的浓度。酸洗过程中，每 10min 测定一次锅炉出、入口酸液的酸浓度及含铁量。为了计算洗出的铁渣量，在酸洗过程中还应定期取排出液混合样品，测定其悬浮物和总铁量的平均值。

（5）酸洗后的水冲洗：每 15min 测定一次出口水的 pH 值、酸浓度。冲洗接近终点时，每 15min 测定一次含铁量。

（6）漂洗过程：每 30min 测定一次出口漂洗液的酸浓度、pH 值和含铁量，并在漂洗结束时留样分析。

（7）钝化过程：每 1～2h 测定一次钝化液浓度和 pH 值。

2. 留样分析项目

碱洗留样，主要测定碱度、硅酸化物和沉积物含量；酸洗留样，主要测定悬浮总铁量；漂洗留样，主要测定沉积物含量。

3. 清洗质量验收要求

被清洗的金属表面应清洁，基本上无残留氧化物和焊渣，无明显金属粗晶析出的过洗现象，不允许有镀铜现象。用腐蚀指示片测量的金属腐蚀速度的平均值应小于 $6g/(m^2 \cdot h)$，且腐蚀总量不大于 $60g/m^2$。锅炉清洗表面应形成良好的钝化保护膜，金属表现不出现二次浮锈，无点蚀。固定设备上的阀门等不应受到损伤。

第二节　锅炉清洗后的保养及停用保护

锅炉清洗后以及其后的停用期间，如不采取有效的保护措施，锅炉水汽系统的内表面会遭到溶解氧的腐蚀。当锅炉放水后，大量空气会进入锅炉水汽系统内，此时，锅炉虽已放水，但在炉管金属的内表面上往往因受潮而附着一薄层水膜，空气中的氧便溶解在此水膜中，使水膜中含有饱和的溶解氧，所以很易引起金属的腐蚀。若停用后未将炉内的水排放或者未放尽，使一些金属表面仍被水浸润，则同样会因大量的氧溶解在水中，而使金属遭到溶解氧腐蚀。

一、停炉保护

当停用锅炉的金属表面上还有沉积物或水渣时，停用时的腐蚀过程会进行得更快。这是因为沉积物和水渣吸收空气中的湿分，水渣本身也常含有一些水分，故沉积物（或水渣）下的金属表面上仍然会有水膜。而且，在被沉积物（或水渣）覆盖的金属表面和未被沉积物覆盖的金属表面之间，溶解氧浓度差别很大，这使金属表面产生了电化学不均匀性，使金属遭到腐蚀。此外，沉积物中有些盐类物质还会溶解在金属表面的水膜中，使水膜中的含盐量增加，加速溶解氧的腐蚀，所以在沉积物和水渣的下面最容易发生停用腐蚀。

锅炉停用期间的溶解氧腐蚀比锅炉正常运行时给水除氧不彻底所引起的氧腐烛严重得多。这是因为停用时进入系统内的氧量多，而且停用时在锅炉的各个部位都能发生腐蚀。

停用腐蚀的危害性不仅是它在短期内会使大面积的金属发生严重损伤，而且会在锅炉投入运行后继续产生不良影响。停用时金属的温度低，其腐蚀产物大都是疏松状态的 Fe_2O_3，它们附着在管壁上的能力不大，很容易被水流带走，所以当停用机组启动时，大量腐蚀产物就会进入炉水中，使炉水的含铁量增大，这会加剧锅炉炉管中沉积物的形成。停用腐蚀使金属表面上产生的沉积物及所造成的金属表面呈粗糙状态，也会成为运行中腐蚀的促进因素。

防止锅炉水汽系统发生停用腐蚀的方法较多，其基本原则主要有：

（1）不让空气进入停用锅炉的水汽系统内。

（2）保持停用锅炉水汽系统金属内表面干燥。实践证明，当设备内部相对湿度小于20％时，就能避免腐蚀。

（3）在金属表面形成具有良好防腐蚀作用的薄膜（即钝化膜）。

（4）使金属表面浸泡在含有除氧剂或其他保护剂的水溶液中。

锅炉停用保护的方法大体上可分成满水保护和干燥保护两类。

（一）满水保护法

这类方法是用具有保护性的水溶液充满锅炉，借以杜绝空气进入炉内。根据所用水溶液组成的不同，有以下几种形式：

1. 联氨法

联氨法是用除氧剂联氨配制成保护性水溶液充满锅炉。具体做法为：在锅炉停运后不进行放水，而是用加药泵将氨水和联氨注入锅炉（添加氨水的目的是调节水的 pH 值），使锅炉水汽系统各部分都充满加有氨和联氨的水，而且各处的浓度都很均匀。控制炉水中的过剩联氨含量为200mg/L，pH 值（25℃）大于10。如果锅炉是在大修后或放水检查后进行保护的，就首先往炉内灌满给水或经除氧的除盐水，然后再往水中加联氨和氨水。当没有给水或经除氧的除盐水时，可先充灌未除氧的除盐水，然后将锅炉点火，使炉水汽化，并将汽压升至稍高于大气压，排出蒸汽，将炉内的水进行热力除氧后再加入联氨和氨水。

当炉内充满保护性溶液后，应关闭所有阀门并进行水汽系统严密性的检查，最好用泵将炉内的保护性水溶液升压至 1MPa 左右，以防止空气漏进而消耗联氨，或者在锅炉最高位置加装适当大小的水封箱，箱中装有保护性溶液，以保证锅炉各部分均充满保护溶液。

在停炉保护期内，应定期（3～7 天）取样分析锅炉水汽系统各部分的联氨浓度和 pH 值，发现联氨浓度或 pH 值下降时，应补加联氨或氨水。

在冬季采用满水保护法时，炉水有结冰的可能，必须采取防冻措施。可以将锅炉间断升火，使炉内水保持一定温度。

联氨法适用于停炉时间较长或者备用的锅炉。用于保护锅炉本体、过热器以及炉前热力系统。对于中间再热式机组的再热器，不能采用联氨法或其他满水保护法，因为再热器是与汽轮机系统连接在一起的，如用上述方法，汽轮机内会有进水的危险，一般是用干燥的热空气进行停用保护。

采用联氨溶液保护的锅炉，在启动前应将保护用药液排放到地沟中。因为联氨有毒，排放时应就地给予稀释以保安全，排放后应对炉内进行冲洗。在锅炉点火后汽轮机暖机前，锅炉应先向空排汽，排汽到蒸汽中含氨量小于 2mg/kg 时才可送汽。这是为了防止凝汽器等设备的铜管被联氨在高温高压下分解产生的氨腐蚀。

2. 氨液法

氨液法是用凝结水或补给水配制成含氨量为 800mg/L 以上的稀氨水溶液，充满汽水系统使金属免遭腐蚀的方法。

锅炉充氨液前，应将存水放掉，立式过热器内的存水可用氨液顶出。因为氨液对铜制构件有腐蚀作用，因此使用氨液法保护时，应拆除或者隔离可能与氨液接触的铜件。氨液容易蒸发，故水温不宜过高，系统要严密。

将氨液用泵打入锅炉水汽系统内，并使其在系统内进行循环，直到各采样点取得样品的氨液浓度趋于相同，然后将锅炉所有阀门关严，以免氨液泄漏。在保护期间，每星期应分析氨液浓度一次，若发现氨的浓度显著下降，应寻找原因，采取预防措施并补加新氨液。

锅炉启动前，应将氨液排净后再进水。在锅炉点火、升压后，用蒸汽冲洗过热器并对空排汽，直到蒸汽中含氨量小于 2mg/kg 时才可将锅炉出口蒸汽并入主蒸汽管道或向汽轮机送汽。采取这种措施的目的是为了防止蒸汽含氨量太高引起铜制件的腐蚀。

液氨法适用于保护长期停用的锅炉。在冬季炉水有结冰的可能，也必须采取防冻措施。

3. 保持给水压力法

保持给水压力法是在锅炉内充满除氧合格的给水，并用给水泵顶压，使炉内水的压力达到 0.5～1.0MPa 后，关闭水汽系统所有阀门，以防止空气漏入炉内而达到防腐的目的。保护期间应严密监督炉内的压力，并每天分析水中溶解氧一次。如果发现水压下降，应查明原因，再送给水顶压；若含氧量超过给水所允许的标准，应换含氧量合格的给水。

此法一般适用于短期停用的锅炉。冬季采用此法保护时，也应有防冻措施。

4. 保持蒸汽压力法

对于小容量锅炉或经常启、停的锅炉，可在停用后，用间断升火的方法保持锅炉蒸汽压力为 0.5～1.0MPa，以防止空气漏入锅炉水汽系统内。在保护期间，炉水磷酸根含量应维持运行时的标准。当炉水中溶解氧不合格时，应升火排汽。

此法操作简单、启动方便，适用于热备用的锅炉。

（二）干燥保护法

这种方法是使锅炉金属表面保持干燥，从而防止腐蚀的方法。主要有以下几种方法：

1. 烘干法

在锅炉停运后，当压力降至规定值（0.3～0.8MPa）、炉水水温降至130～180℃时，迅速放净炉水（常称热炉放水）。当水放尽后，利用炉内余热或利用点火设备，在炉内点微火，也可以将部分热风送入炉膛中将炉内金属表面烘干。此法适用于锅炉检修期间的防腐。在检修期间如需要清除锅炉水汽系统内的沉积物，应安排在检修将近结束时进行。锅炉检修完毕并进行水压试验后，如不能立即投入运行，则必须采取其他停用保护措施。

2. 充氮法

此法是将氮气充入锅炉水汽系统内，并使其保持一定的压力，以阻止外界空气漏入。由于氮气是一种惰性气体，没有腐蚀性，所以可以防止锅炉的停用腐蚀。操作方法为：在炉内压力降至0.3～0.5MPa时，接好充氮临时管路。当炉内压力降至0.05MPa时，由氮气罐或氮气瓶经充氮管路向锅炉汽包和过热器等处送入氮气。

所用氮气的纯度应在99%以上。充氮时，可将锅炉水汽系统中的水放掉，也可以不放水。对于未放水的锅炉或锅炉中不能放尽水的部分，充氮前最好在炉内存水中加入一定剂量的联氨，用氨将水的pH值调至10以上，并定期监督水中溶解氧和过剩联氨量等。充氮时，锅炉水汽系统的所有阀门应关闭，并应严密不漏，以免泄漏使氮气消耗量过大和难以维持氮气压力。充氮后，锅炉水汽系统中氮气的压力应维持在0.05MPa以上，要经常监督锅炉水汽系统中氮气的压力和锅炉的严密性。

锅炉启动时，在上水和升火过程中即可将氮气排入大气中。

充氮法具有操作简便、启动方便的优点，适用于短期停用锅炉的保护。

3. 干燥剂法

干燥剂法是采用吸湿能力很强的干燥剂，使锅炉水汽系统保持干燥，以防止腐蚀的方法。其具体方法为：锅炉停用后，当锅炉水水温降至100～120℃时，将锅炉各部分的水彻底放空，并利用炉内余热或利用点火设备在炉内点微火烘烤，将金属表面烘干，清除掉沉积在锅炉水汽系统内的水垢和水渣，然后在炉内放入干燥剂，并将锅炉上的阀门全部关严，以防外界空气进入。

常用的干燥剂有：无水氯化钙（粒径约为10～15mm）、生石灰和硅胶（硅胶应先在120～140℃干燥）。

4. 气相缓蚀剂法

采用适当的工艺，使气相缓蚀剂挥发出的气体能均匀分布在被保护部分的金属表面上。根据锅炉的容量、结构和材质等，选用合适的气相缓蚀剂。此法应在锅炉停运并用余热烘干后才能实施。一般可利用压缩空气作载体，由锅炉底部排放水管系统、经下联箱将气相缓蚀剂引入炉内，充满锅炉各部分金属内表面。在充入气相缓蚀剂时，定时从锅炉炉顶气门或排气门处抽出气体，测定气相缓蚀剂的含量。当气相缓蚀剂的含量符合规定时，停止充气并迅速封闭锅炉。停用保护期间，气相缓蚀剂的含量（每周测一次），应符合规定的控制标准。

二、化学清洗后的保护

锅炉化学清洗后的保护与停炉保护类似。如在一个月内不能投入运行，应采用防腐蚀方法进行保护。

（1）氨液保护。钝化液排尽后，用1%的氨液冲洗至排出液不含钝化剂，再用0.3%～

0.5%的氨液充满锅炉，进行保护。

（2）氨—联氨溶液保护。将浓度为 500mg/L 的 NH_3 和 300～500mg/L 的 N_2H_4（pH 值为 9.5～10）保护液充满锅炉，进行保护。

（3）氨—乙醛肟（C_2H_5ON）溶液保护。将浓度为 300～500mg/L 的 C_2H_5ON，加氨水调 pH 值为 9.5～10 的保护液充满锅炉，进行保护。

（4）气相保护法。在严冬季节，可采用充氮法保护或气相缓蚀剂保护。使用的氮气纯度应大于 99.9%，锅炉充氮压力应维持在 0.02～0.05MPa。

第三节 凝 汽 器 清 洗

冷却水经过一定的处理后，可以减轻凝汽器铜管内附着物的量，但并不能确保将附着物完全消除。另外凝汽器长期运行后难免也会结一些水垢，所以，凝汽器需要经常进行清洗。目前普遍采用的清洗方法是海绵胶球清洗和化学清洗。

一、海绵胶球自动清洗

海绵胶球自动清洗是一种独特的清洗方法。在运行的凝汽器的冷却水中投入一定数量特制的海绵胶球，使他们连续地通过凝汽器铜管，对冷却管内壁进行自动冲刷。这种方法是防止凝汽器铜管产生附着物的有效措施。

1．胶球清洗的基本原理

凝汽器胶球清洗中使用的胶球有两种：一种是半硬球，其直径较冷却管内径小 1～2mm，另一种是软胶球（亦称微孔胶球或海绵球），其直径较冷却管内径大 1～2mm。这两种胶球在系统、设备上几乎无差别，但清洗机理却不相同。

半硬球清洗的机理，主要是通过胶球在冷却管内行进时的跳动、碰撞与水流的冲刷作用，达到清洗的目的。由于胶球直径比冷却管内径稍小，密度为 0.9～1.28g/cm³，因此在冷却水流中实际上处于悬浮状态。当胶球进入冷却管后，便在管内不规则地跳动、碰撞，将污垢清除。此外，冷却水沿胶球周围流过时引起的湍流扰动也能起到清除污垢的作用。由于半硬球与冷却管内壁总有间隙存在，不可能将内壁完全清洗干净，因此使用不广泛。目前凝汽器胶球清洗装置广泛采用软胶球，这种胶球用天然橡胶或合成树脂制作，质地柔软，具有多孔和可压缩性能，类似海绵，故也称为海绵球。由于胶球直径比冷却管内径稍大，因此在冷却水流的动压作用下，胶球进入冷却管后被挤成椭球形，依靠胶球与管壁接触所提供的擦拭作用，将管壁上的污垢抹下来，并带出冷却管外。可见，这种软胶球的清洗作用比半硬球的清洗作用强，不过也增加了胶球在冷却管内被卡住的危险性。

2．胶球清洗系统

胶球自动清洗系统如图 10-1 所示。通过专设的水泵使水形成一个单独的循环回路，海绵球被这一股水流带动，通过凝汽器和回收网等作循环运动。系统中的回收网，最初用的是固定式的，呈锥形。当海绵球不运行时，由于回收网产生阻力，便白白地消耗能量。为此将它做成活动板式的，如图 10-2 所示。这样在不运行时，活动板合上，以减少水流阻力。

海绵球清洗系统使冷却系统增加的水流阻力约为 6～8kPa。如无专用水泵，可以使用适当的污水泵。

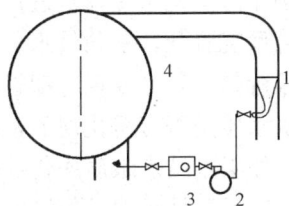

图 10-1　胶球清洗系统
1—海绵球回收网；2—水泵；
3—加球室；4—凝汽器

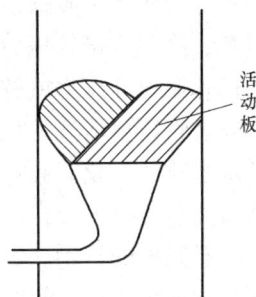

图 10-2　活动板式回收网

3. 胶球清洗应注意的问题

胶球的清洗效果与清洗频率和用球量有关。胶球量一般按一次清洗中每根铜管平均通 3～5 个球，按铜管总数的 5％～10％进行投加。清洗间隔时间及清洗时间与水质有关。当以海水作冷却水时，可每两天通球 1 次，每次清洗 30min。水质比较清洁时，可每星期通球 1 次。

根据运行经验，胶球清洗装置运行中应注意的问题为：

(1) 合理地选、换胶球。胶球是清洗装置中最重要的元件，在设计时必须对胶球的规格、性能、质量和供货验收标准提出严格的要求。由于胶球在使用一段时间后需要更换，因此在胶球清洗装置运行管理过程中也有合理地选、换胶球的问题，切不可任意使用胶球，而必须根据具体的运行条件，分析运行经验，甚至通过必要的试验，方可定下球种。

1) 首先要考虑凝汽器铜管的脏污情况。如果脏污严重，应先采用软一点、小一点的胶球，才能保证胶球畅通无阻。然后再改用稍硬、稍大一点的胶球。这样既能保证较高的收球率，又取很良好的清洗效果。

2) 要考虑冷却水进口阻力和通过冷却管的压差。如果冷却水压力较低，压差较小，则需选用软一点、小一点的胶球。

最后还要注意，有的胶球吸水性能差，投入后的湿密度仍小于 1，胶球在装球室上部回旋，不进入清洗系统，影响清洗效果。

(2) 制订合适的清洗时间和清洗频率。胶球清洗装置的运行，应根据机组针对不同季节条件所制订的规定进行。为了确保清洗效果，清洗时间应根据运行条件下的水质状况和污物种类来确定，其原则是：在间隔时间内，冷却管内不形成坚实的污垢附着物或藻类物质。有的电厂每天清洗一次，每次 15～30min，也有的电厂每周清洗一次，每次 0.5h。间隔时间太长，会影响凝汽器真空，还可能发生胶球被卡住现象。当生物类污垢较多时，还会使胶球在通过第一流程后，由于稀泥黏污而使密度增大，沉在水室底部，降低收球率。间隔时间太短，会造成清洗过渡，甚至损害冷却管保护膜，引起铜管腐蚀。

(3) 监督与测算。要监督胶球清洗系统中有关自动装置的正确运行。根据二次滤网及收球网的压差变化，及时地进行排污和清洗。定期检查胶球，计算和记录收球率，及时地补充和剔除磨损到最小直径以下的胶球。运行中发现胶球循环速度降低时，应检查胶球输送系统的工作情况，发现问题及时处理。运行中还应注意凝汽器端差的变化，定期地测算凝汽器的清洁系数，以检验胶球的清洗效果。

（4）保证冷却水母管压力。胶球清洗装置的正常运行是以冷却水达到一定压力值为前提的。当电厂机组较多、冷却水母管压力较低时，应在胶球清洗装置投入运行前增开冷却水泵台数。如果冷却水母管原设计压力就较低，则只能关小非清洗机组冷却水进口阀门，以提高冷却水母管压力，或者将所要清洗的机组与冷却水母管系统脱开，单独供水。

（5）注意凝结水水质的变化。胶球清洗装置投入运行前，若已发现冷却管泄漏，则应该更换或堵塞。胶球清洗装置投入运行后，应注视凝结水水质是否有恶化现象，因为胶球可能把本来堵住一些微小泄漏处的污垢、木屑等一起抹掉。如果凝结水水质恶化，则应采取堵漏措施，或从装球室中加入湿木屑，暂时将泄漏处堵住，然后酌情采取其他措施。

二、化学清洗

凝汽器铜管内的垢主要是碳酸盐水垢，用胶球清洗难以清除这些垢类，往往需要用化学药剂进行清洗。一般清洗所用的药品为酸，利用酸和碳酸钙的反应，使垢转变成易溶的钙盐，随冲洗液排走。反应式为

$$CaCO_3 + 2H^+ \longrightarrow Ca^{2+} + H_2O + CO_2 \uparrow \qquad (10\text{-}11)$$

1. 酸的选择

通常可采用的酸有盐酸、醋酸和磷酸。盐酸的除垢效果好、作用快、价格便宜，一般情况均能采用。盐酸对铜管的腐蚀速度比其他酸大，但可用加缓蚀剂的方法，降低腐蚀速度。醋酸的酸性弱、作用慢，故酸洗操作应在加热至 $40\sim60℃$ 的情况下进行；但醋酸对铜管的腐蚀速度比盐酸小。磷酸的效果与醋酸的相似。至于硫酸，因为和 $CaCO_3$ 反应时会生成溶解度较小的 $CaSO_4$ 附着在垢面上，阻碍垢的进一步溶解，所以不适用。

2. 温度和酸浓度

盐酸和碳酸盐垢类的反应在室温下就可进行。一般清洗开始时采用 $3\%\sim5\%$ 的盐酸溶液，清洗终了时采用盐酸的浓度为 1%。当设备结垢较多，酸箱较小，以致用 5% 的酸液仍然剂量不够，则可在酸洗过程中补加新鲜的酸。

3. 缓蚀剂的选择

缓蚀剂的缓蚀效率与金属的种类有关，通常对钢铁腐蚀有效的缓蚀剂，并不一定对铜有效。在几种对铜有效的缓蚀剂中，亚铁氰化钾效率最高，但药品有毒，废液排放和处理较困难；若丁中加有表面活性剂，泡沫多，使酸与垢接触不良，影响酸洗效果。较为理想的是二邻甲苯硫脲，它有用量省、效率高等优点，同时它也是铜的缓蚀剂。

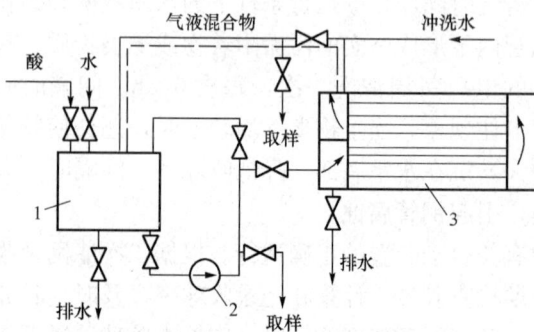

4. 进酸方式

根据凝汽器进酸和排酸部位的不同，酸洗凝汽器铜管有三种进酸方式：

第一种是上进下排，即酸洗液从凝汽器的上部进入，通过铜管后，由凝汽器的下部排出。这种方式的优点是首先和酸接触的为结垢较多的出口部分，这是比较理想的。但其缺点是酸和气流逆向流动，排气不畅，会造成气塞，影响酸洗效果。

第二种是下进上排（见图 10-3），即酸洗液从凝汽器的下部进入，通过铜管后，

图 10-3　凝汽器铜管的下进上排酸洗系统
1—酸洗液箱；2—酸液泵；3—凝汽器

由凝汽器的上部排出。这种方式的优点为气、液流向相同，排气较顺畅，只需在酸液出口设一个排气管即可。但缺点是新进的浓度大的酸与结垢较轻的下部铜管先接触。

第三种是上、下交替轮流进酸法，这样洗垢的效果好，但操作和监督比较复杂，一般不采用。

5. 排气

酸洗凝汽器时会产生大量 CO_2 气体，如排气不当会造成事故，且对酸洗的效果也有很大影响。

当下部进酸洗液时，可采用单侧单点排气；上部进酸洗液或上、下交替进酸洗液时，应采取双侧多点排气（见图 10-4）。

6. 化学监督

从进酸洗液开始，每 5min 应分析一次进出口酸洗液中酸的含量，含量稳定时，应再连续测两次，确认它们的含量基本不变时，可判断已洗净，即可结束酸洗。酸洗所需的时间一般为 $1\sim2h$。

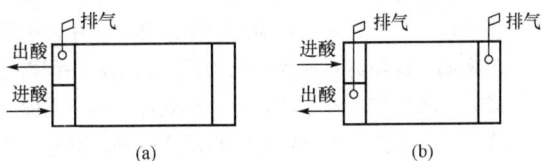

图 10-4　凝汽器酸洗的排气点
(a) 单侧单点排气；(b) 双侧多点排气

各种清洗方法均难免对铜管有腐蚀作用，因此，目前凝汽器的清洗也有用压力水冲洗的方法。一些电厂购置冲洗水泵，或委托专业冲洗队伍进行压力水冲洗以代替酸洗。

参 考 文 献

［1］ 肖作善，施燮钧，王蒙聚. 热力发电厂水处理：上、下册. 3 版. 北京：中国电力出版社，1998

［2］ 李培元. 火力发电厂水处理及水质控制. 北京：中国电力出版社，2000

［3］ 周柏青. 电厂化学. 北京：中国电力出版社，2004

［4］ 辽宁省电力工业局. 电厂化学. 北京：中国电力出版社，1999

［5］ 张葆宗. 反渗透水处理应用技术. 北京：中国电力出版社，2004

［6］ 冯逸仙. 反渗透水处理系统工程. 北京：中国电力出版社，2004

［7］ 陆柱，陈中兴，蔡兰坤，等. 水处理技术. 上海：华东理工大学出版社，2000

［8］ 高秀山，张渡. 火电厂循环冷却水处理. 北京：中国电力出版社，2004

［9］ 周本省. 工业水处理技术. 北京：化学工业出版社，2002

［10］ 承慰才，王中甲. 电厂化学仪表. 3 版. 北京：中国电力出版社，1998